热能转换与利用

（第 2 版）

北京科技大学　汤学忠　主编

北　京

冶 金 工 业 出 版 社

2022

内 容 提 要

本书主要讲述热能转换与利用的基本原理和分析方法，介绍实际转换设备与转换系统的特点和设计计算，以及用系统工程观点评价能源系统的基本方法。

全书共分六章，各章内容主要有能源及其利用的基本知识，能量转换的基础理论，热力系统分析，工业企业中的热能利用，热能回收所用的换热设备以及能源管理与能源系统模型。各章均附有习题与思考题。

本书体系新颖，实用性强，可作为动力、能源等类专业学生的教材，也可供从事相关专业工作的工程技术人员使用。

图书在版编目（CIP）数据

热能转换与利用/汤学忠主编 . —2 版 . —北京：冶金工业出版社，2002.3
（2022.1 重印）

ISBN 978-7-5024-2931-7

Ⅰ．热… Ⅱ．汤… Ⅲ．①热能—能量转换 ②热能—应用
Ⅳ. TK11

中国版本图书馆 CIP 数据核字（2002）第 004383 号

热能转换与利用 （第 2 版）

出版发行	冶金工业出版社	电　话	（010）64027926
地　址	北京市东城区嵩祝院北巷 39 号	邮　编	100009
网　址	www. mip1953. com	电子信箱	service@ mip1953. com

责任编辑　宋　良　高　娜　美术编辑　彭子赫　版式设计　张　青
责任校对　朱　翔　责任印制　李玉山
北京中恒海德彩色印刷有限公司印刷
1989 年 5 月第 1 版，2002 年 3 月第 2 版，2022 年 1 月第 9 次印刷
787mm×1092mm 1/16；17.5 印张；423 千字；268 页
定价 45.00 元

投稿电话　（010）64027932　投稿信箱　tougao@cnmip. com. cn
营销中心电话　（010）64044283
冶金工业出版社天猫旗舰店　yjgycbs. tmall. com
（本书如有印装质量问题，本社营销中心负责退换）

第 2 版前言

《热能转换与利用》(第 1 版)出版至今已有 10 余年的历史,编写初衷是供冶金系统高校的热能工程专业教学使用,后来国内一些重点大学也相继采用本书作为热能工程专业的教材。但令我深感遗憾的是,原书过分强调结合冶金行业实际,所举的实例都是与钢铁企业相关,其局限性影响了本书的使用价值。近年来,随着高等教育改革的深入,教育部对大学的专业设置做了大幅度的调整,拓宽了专业范围,将原先所有的有关能源、动力的专业均合并成一个"热能与动力工程"专业,强调在大学的学习主要是要打好扎实的基础,有宽厚的知识面,着重培养学生能力的指导思想,这更使我感到原书的不足,也就是在第二版中所要弥补的主要之处。

本书基本保持原有的特色和系统性,即在专业课中突出对专业基础理论的应用,着重让学生掌握运用基本理论解决实际问题的方法;在课程中包含较宽的知识面,归纳具有普遍性意义的材料;不就事论事,避免专业课成为单纯叙述性的内容。这正是拓宽专业面后的专业课所必需的。

新版仍分为 6 章,章节的编排也基本与第 1 版相同。第 2 版的主要修改之处在于:(1) 根据多年的教学经验,完善原有的文字叙述,使得更便于自学;(2) 删减有关冶金企业的实例,增加其他行业与热能利用相关的实例,进一步拓宽专业适应面;(3) 删除已陈旧的数据,补充新的数据资料;(4) 补充已颁布的能源国家标准中的规定及数据;(5) 增加多年来积累的思考题与习题。

目前全国设置有"热能与动力工程"专业的高等学校有 98 所,在教学计划中安排的专业课各不相同,类似于本课程的有"节能原理与技术"、"能源利用与开发"、"能源管理"等。虽然课程名称不同,但是本教材基本涵盖了相关的内容,可作为专业课的参考教材,对从事相关工作的工程技术人员也有参考价值。

在本教材的修订中,北京科技大学热能工程系的姜泽毅负责第 5 章的修订工作。

最后向参考文献中所列的各著作的作者表示谢意,这些文献为本教材的编写提供了有价值的数据、资料,有些内容还在本书中被引用。

虽然第 2 版纠正了第 1 版中的印刷错误或不当之处,难免还有不足之处,欢迎广大读者批评指正。

编　者
2001 年 5 月

第 1 版前言

本书是根据热能工程专业教学计划和"热能转换与利用"教学要求编写的，在北京科技大学热能系所用讲义的基础上，经广泛征求意见修改而成。

冶金工业是耗能大户，占全国总能耗的 12% 左右。我国的能耗指标与先进国家相比要高得多，因此，要发展冶金工业，节约能源消耗，提高能源利用率是一个重要环节。

在能源的利用中，绝大部分是通过热能这一形态加以利用的，或由热能转换成其他形式的能量后再加以利用。在未被充分利用的余能中，绝大部分也是以余热的形式存在。对各种余热的回收与利用，也离不开热能转换与利用的知识。本课程是要介绍有关热能转换与利用的基本原理、分析方法，以及实际转换设备与系统的特点和设计计算方法；还要阐述用系统工程的观点评价能源系统的方法。热能工程专业的学生通过本课程的学习，可掌握热能转换的基本原理，并具备一定的分析研究和解决热能利用中的具体问题的能力，为今后在实际工作中，管好、用好能源，降低企业的能源消耗，提高能源利用率打下基础。

本书共分 6 章。第 1 章是能源概述。在介绍有关能源的一些基本概念的基础上，认识能源的重要性，了解能源利用现状，明确能源工作者的任务。第 2 章是能量转换的基本理论。重点介绍能量的质量分析——㶲分析的方法。详细叙述了不同条件下的㶲、㶲损失的计算方法及其影响因素，并介绍实际热工设备的㶲平衡、㶲效率的分析方法。第 3 章是用㶲分析方法具体分析热力循环和热力系统，弄清影响效率的因素和提高效率的途径。重点分析动力循环、热电联产系统和热泵系统。第 4 章是企业中的余热资源及其利用方法。以钢铁企业为例，分析企业的能源平衡、能耗指标以及余热资源情况。还介绍各种不同的余热资源的回收方法，回收系统对节能效果的影响。叙述了高炉炉顶余压发电、干熄焦、烧结矿余热回收系统等成功的实例，以及余热制冷和蒸汽蓄热器等节能设备的工作原理。第 5 章叙述余热回收用的各种换热器的工作原理及设计计算方法，包括热管换热器、流化床换热器等新型换热器和换热器的发展趋向。第 6 章以能源系统模型为中心，介绍与能源管理、能源规划及决策分析有关的内容，包括统计模型、网络模型、线性规划方法及投入产出方法在能源系统分析中的应用。

本书的体系新颖，内容的实用性强，可作为热能工程专业的教材，对从事热能工作的工程技术人员和设计人员也有参考价值。

　　本书由北京科技大学热能系徐业鹏教授主审。东北工学院、重庆大学、马鞍山钢铁学院以及昆明工学院等院校的同行们对教材提出了许多宝贵的意见，在编写过程中，引用了有关书刊中的数据和图表，在此一并表示衷心的谢意。

　　由于编者的水平有限，难免会有不当之处，希望广大读者和专家批评指正。

编　者

1988 年 4 月

目　录

1　概述 ··· (1)
  1.1　能源及其分类 ··· (1)
  1.2　热能资源 ··· (3)
    1.2.1　燃料化学能 ··· (3)
    1.2.2　太阳能 ··· (3)
    1.2.3　核能 ··· (5)
    1.2.4　地热能 ··· (5)
    1.2.5　海洋热能 ··· (6)
  1.3　能源与社会发展 ·· (6)
  1.4　能源结构 ··· (8)
  1.5　能耗指标与能源利用率 ·· (9)
  1.6　能源工作者的任务 ··· (12)
  思考题与习题 ··· (14)

2　能量转换基础 ··· (15)
  2.1　能量转换 ·· (15)
  2.2　能量平衡 ·· (17)
  2.3　㶲（可用能） ·· (18)
    2.3.1　热量㶲 ·· (19)
    2.3.2　能级 ·· (20)
    2.3.3　开口体系工质的㶲 ··· (21)
  2.4　㶲的计算 ·· (22)
    2.4.1　温度㶲 ·· (22)
    2.4.2　潜热㶲 ·· (25)
    2.4.3　水及水蒸气的㶲 ·· (26)
    2.4.4　压力㶲 ·· (26)
    2.4.5　混合气体的㶲 ·· (28)
    2.4.6　化学㶲 ·· (30)
  2.5　㶲平衡 ·· (37)
    2.5.1　流动过程的㶲平衡 ··· (38)
    2.5.2　混合过程 ·· (39)
    2.5.3　分离过程 ·· (40)

  2.6 㶲损失计算 ………………………………………………………… (41)
    2.6.1 燃烧㶲损失 ………………………………………………… (41)
    2.6.2 传热㶲损失 ………………………………………………… (43)
    2.6.3 散热等㶲损失 ……………………………………………… (46)
    2.6.4 燃烧产物带走的㶲损失 …………………………………… (48)
  2.7 㶲分析与㶲效率 ……………………………………………………… (49)
    2.7.1 㶲分析的方法 ……………………………………………… (49)
    2.7.2 㶲效率的一般定义 ………………………………………… (50)
    2.7.3 各种热工设备的㶲效率 …………………………………… (51)
  2.8 㶲分析举例 …………………………………………………………… (55)
    2.8.1 锅炉的热平衡与㶲平衡 …………………………………… (56)
    2.8.2 钢材连续加热炉的热平衡与㶲平衡 ……………………… (58)
  2.9 㶲分析的意义 ………………………………………………………… (59)
    2.9.1 㶲的性质 …………………………………………………… (59)
    2.9.2 㶲分析的作用 ……………………………………………… (60)
    2.9.3 㶲分析的发展 ……………………………………………… (63)
  思考题与习题 ……………………………………………………………… (64)

3 热力系统分析 ………………………………………………………………… (69)
  3.1 蒸汽动力循环的㶲分析 ……………………………………………… (69)
    3.1.1 朗肯循环的㶲分析 ………………………………………… (69)
    3.1.2 提高蒸汽动力装置㶲效率的主要途径 …………………… (74)
    3.1.3 凝汽式发电厂的能耗指标 ………………………………… (79)
  3.2 燃气-蒸汽联合循环 ………………………………………………… (80)
  3.3 热电联产系统分析 …………………………………………………… (82)
    3.3.1 热能和电能联合生产的概念 ……………………………… (83)
    3.3.2 热电联产的热经济性分析 ………………………………… (84)
    3.3.3 热电联产总热耗的分配 …………………………………… (85)
    3.3.4 热电联产的节能效果 ……………………………………… (88)
    3.3.5 热电联产的热平衡与㶲平衡计算实例 …………………… (90)
    3.3.6 热电联产的实际应用 ……………………………………… (93)
  3.4 中低温余热动力回收的热力系统分析 ……………………………… (95)
    3.4.1 变温热源的动力回收效率 ………………………………… (95)
    3.4.2 闪蒸发电系统 ……………………………………………… (97)
    3.4.3 低沸点工质发电系统 ……………………………………… (100)
  3.5 热泵系统分析 ………………………………………………………… (105)
    3.5.1 热泵的工作原理 …………………………………………… (105)
    3.5.2 热泵的应用 ………………………………………………… (110)
    3.5.3 热泵系统的经济性分析 …………………………………… (113)

　　　思考题与习题 ··· (116)

4　工业企业中的热能利用 ·· (118)
　4.1　企业能量平衡 ··· (118)
　　4.1.1　能源的计量与统计 ·· (118)
　　4.1.2　能量平衡关系 ·· (119)
　　4.1.3　企业能量平衡体系模型 ·· (120)
　　4.1.4　能源消耗指标 ·· (122)
　　4.1.5　能源利用效率 ·· (124)
　　4.1.6　能量平衡结果分析 ·· (127)
　4.2　余能资源的回收利用途径 ·· (127)
　　4.2.1　余热资源及其质量 ·· (128)
　　4.2.2　余热利用的途径 ·· (130)
　　4.2.3　余热（能）资源的回收利用指标 ································ (133)
　4.3　气体余压能的回收 ·· (133)
　4.4　工业炉烟气余热回收系统 ·· (136)
　　4.4.1　工业炉烟气余热回收量 ·· (136)
　　4.4.2　余热回收系统 ·· (137)
　　4.4.3　预热器回收系统分析 ·· (138)
　　4.4.4　余热锅炉蒸汽利用系统分析 ···································· (139)
　4.5　冷却介质余热回收系统 ·· (143)
　　4.5.1　汽化冷却系统 ·· (143)
　　4.5.2　干熄焦余热回收系统 ·· (146)
　　4.5.3　热媒式余热回收系统 ·· (147)
　4.6　余热制冷系统 ··· (150)
　4.7　热能的贮存系统 ·· (153)
　　4.7.1　热用户的热负荷 ·· (153)
　　4.7.2　蒸汽蓄热系统 ·· (154)
　　4.7.3　蓄热器的热力设计 ·· (156)
　　4.7.4　蓄热器的应用 ·· (157)
　　思考题与习题 ·· (158)

5　热回收用换热设备 ·· (160)
　5.1　热回收用换热设备概述 ·· (160)
　　5.1.1　热回收用换热设备的分类 ······································ (160)
　　5.1.2　换热器设计基础 ·· (161)
　　5.1.3　换热器设计的制约因素 ·· (163)
　5.2　高温余热回收装置 ·· (166)
　　5.2.1　高温换热器的形式 ·· (166)

  5.2.2 高温换热器的选择 ·······················(168)

  5.2.3 高温换热器在使用中的问题 ···············(169)

 5.3 余热锅炉 ·······································(170)

  5.3.1 余热锅炉的特点 ·······················(170)

  5.3.2 余热锅炉的结构型式 ···················(173)

 5.4 回转式换热器 ·································(176)

 5.5 热管换热器 ···································(181)

  5.5.1 热管的工作原理 ·······················(182)

  5.5.2 热管的材质 ···························(184)

  5.5.3 热管的工作极限 ·······················(186)

  5.5.4 热管换热器 ···························(187)

  5.5.5 热管换热器的设计计算 ·················(192)

 5.6 流化床式换热器 ·······························(196)

  5.6.1 流化床的工作原理 ·····················(196)

  5.6.2 流化床层内的传热 ·····················(197)

  5.6.3 流化床式换热器 ·······················(199)

 5.7 热交换器的发展趋势 ···························(201)

  5.7.1 强化传热的目的与任务 ·················(201)

  5.7.2 强化传热的途径 ·······················(202)

  5.7.3 强化传热技术效果评价 ·················(206)

 5.8 换热器的优化设计 ·····························(206)

  5.8.1 换热器优化设计简介 ···················(206)

  5.8.2 余热回收用的换热器的最佳回收条件 ·······(208)

  5.8.3 换热器的最佳工作条件 ·················(209)

 思考题与习题 ·······································(210)

6 能源管理与能源系统模型 ·························(212)

 6.1 能源管理概述 ·································(212)

 6.2 企业的节能 ···································(214)

  6.2.1 节能的概念 ···························(214)

  6.2.2 企业节能量的计算 ·····················(214)

  6.2.3 企业节能量与宏观节能量的关系 ···········(218)

  6.2.4 节能率 ·······························(219)

 6.3 能源技术经济 ·································(221)

  6.3.1 热能利用的技术经济比较原则 ·············(221)

  6.3.2 热能利用方案技术经济比较的基本方法 ·······(223)

  6.3.3 节能措施的经济评价 ···················(225)

 6.4 能源系统模型概述 ·····························(228)

 6.5 能源统计模型 ·································(230)

  6.5.1 基本统计量 ·· (230)

  6.5.2 回归分析 ·· (231)

  6.5.3 时间序列分析 ·· (235)

  6.5.4 单位能耗的统计分析 ·· (237)

 6.6 能源系统网络模型 ·· (240)

  6.6.1 能源系统网络图的结构 ······································ (241)

  6.6.2 能流网络图内过程的效率 ···································· (242)

  6.6.3 能流平衡分析 ·· (242)

 6.7 能源系统线性规划模型 ·· (243)

  6.7.1 热能供应系统线性规划模型 ·································· (244)

  6.7.2 线性规划问题的求解 ·· (247)

  6.7.3 能源供应系统的多目标决策分析 ······························ (249)

 6.8 能源投入产出模型 ·· (250)

  6.8.1 投入产出分析的基本原理 ···································· (251)

  6.8.2 完全消耗系数 ·· (252)

  6.8.3 能源投入产出分析 ·· (254)

  6.8.4 载能值的计算 ·· (256)

 6.9 能源预测技术概述 ·· (261)

  6.9.1 弹性系数法 ·· (262)

  6.9.2 部门分析法 ·· (264)

思考题与习题 ·· (265)

参考文献 ·· (267)

1 概　述

1.1　能源及其分类

　　能量是指物质做功的本领。广义而言，任何物质都可以转化为能量，但其转化的难易程度有很大的差别。比较集中又较易转化的**含能物质**称为能源，例如燃料。另一种是在宏观运动中所转化的能量，例如水能和风能，这种**能量过程**也称为能源。因此，**能源**可定义为：比较集中的含能体或能量过程。

　　一次能源是指存在于自然界，未经加工或转换的能源。有煤炭、石油、天然气、植物燃料、水能、风能以及太阳能、核能、地热能、海洋能、潮汐能等等。

　　由一次能源经过人工加工转换而成的能源产品，例如煤气、石油制品、焦炭、电能、蒸汽、沼气、酒精、氢气等，叫做**二次能源**。这些产品都是为了给生产或生活提供使用更方便的能源，或是为了满足生产工艺的要求。

　　另外一些能源物质在生产中不是为了利用它的能量，而是因为生产工艺的需要，例如氧气、压缩空气、鼓风、压力水（生活水，工业水）等，因为得到这些物质需要消耗能量，因此使用这些物质也就间接地消耗了能量，通称**耗能工质**。广义上说，它也属于二次能源的范围。

　　地球上的能源来自三个方面，如图1-1所示。

　　1) 来自太阳的辐射能。它除了直接向地球提供光和热之外，还成为其他一次能源的来源。例如，靠太阳的光合作用促使植物生长，形成植物燃料；煤炭、石油、天然气、油页岩等矿物燃料都是古代生物接受太阳能后生长，又长期积沉在地下形成的；至于水能、风能、海洋能等，归根到底也都来源于太阳辐射能。

　　2) 地球本身蕴藏的能源。主要是以热能形式存在的"地热能"，它包括已被利用的地下热水、地下蒸汽和热岩层，以及目前还无法利用的火山爆发能、地震能等。此外，地壳内和海洋中蕴藏的各种核燃料也属于地球本身可提供的能源，它经过核反应可以释放出能量来。

　　3) 地球与其他天体的相互作用。例如，太阳和月球对地球表面海水的吸引作用而产生的潮汐能就属于此列。

　　一次能源还可以根据它们能否"再生"分为两类。**可再生能源**是指每年能重复产生的自然能源，例如太阳能、水能、风能、海洋能、潮汐能、植物燃料等。它们是人类取之不竭、用之不尽的能源。**不可再生能源**是指那些随着不断被开采和使用将会枯竭的能源，例如煤炭、石油、天然气、油页岩，以及核燃料铀、钍、钚等。

　　从能源性质来看，还可以分为**燃料能源**和**非燃料能源**两类。燃料能源有矿物燃料、生物燃料（柴草，沼气等）、化工燃料（丙烷、甲醇、酒精等）、核燃料四种。非燃料能源中有机械能（风能、水能、潮汐能等）、热能（地热能，海水热能等）和光能（太阳光能）三种。

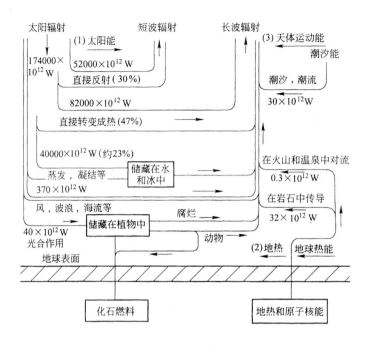

图 1-1 进入和离开地球表面的能量

从能源的应用广泛程度来看，可分为**常规能源**和**新能源**；根据对环境的影响又可分为**清洁能源**和**不清洁能源**（例如矿物燃料及核燃料）。

综上所述，能源的分类可归纳如表 1-1 所示。

表 1-1 能源分类表

类　　别		第　一　类		第　二　类	第　三　类
		常　规　能　源	新　能　源		
一次能源	再生能源	水能 植物燃料	太阳能 风能 生物质能 海水温差 海洋波浪 海水动力 （雷电能）	地热能 （火山能） （地震能）	潮汐能
	非再生能源	各种煤 石油 天然气	油页岩	核燃料—铀 钍、钚、氘 氚	
二次能源		焦炭 煤气 汽油 柴油 煤油 石油液化气 电能 蒸汽		酒精 沼气 氢能	

1.2 热能资源

热能是人类使用最为广泛的一种能量形式，约有85%～90%的能源是转换成热能后再加以利用的。在一次能源中，热能资源也占了绝大部分。最主要的常规能源为燃料热能，新能源有太阳能、核能、地热能和海洋热能等。

1.2.1 燃料化学能

煤炭、石油、天然气是世界上使用量最大的、最主要的常规能源，约占总能耗的90%。

化石燃料是不可再生能源，目前探明的经济可采储量以及年开采速度见表1-2。估计可开采年限多则数百年，少则只有几十年。对人类来说，如何节约使用这些宝贵的财富是重大的共同课题，能源新技术是新技术革命的三大支柱之一。

表 1-2　燃料的经济可采储量以及年开采速度

		煤 炭		石 油		天 然 气	
		Mt	%	Mt	%	万亿 m³	%
可采储量	中国	114500	11.0	3900	2.8	1.7	1.2
	全世界	1043864	100	137300	100	141.0	100
1995 年产量	中国	1298.0	28.6	149.0	4.85	0.17198	0.77
	全世界	4530.4	100	3072.2	100	2.22066	100
预计可采年限		200～500 年		40～50 年		50～100 年	

相对来说，煤炭的储量最大，但是，它的开采、运输、储存不如油、气方便，并且在燃烧时易造成对环境的污染，因此，对燃料进行改质和改进燃烧过程，以保证完全燃烧，减少对环境的污染，是燃料利用过程中的重要研究课题。

燃料的改质措施有：

1）煤的气化与液化，包括新的气化方法及煤的地下气化的研究；

2）煤水浆（CWM）的制备、运输储存、燃烧的研究；

3）煤油混合燃料（COM）；

4）油页岩中油的提取；

5）油的掺水乳化等。

燃料燃烧的研究有：

1）固体燃料的沸腾燃烧、旋风燃烧；

2）液体燃料的雾化燃烧、分层燃烧；

3）新型燃烧装置的开发等等。

1.2.2 太阳能

太阳的表面温度为6000℃左右，不断以电磁波方式向宇宙空间辐射能量。虽然只有二十亿分之一到达地球大气层，但是也有174万亿kW的功率；到达地球表面的约为47%，功率为81万亿kW，其中到达陆地上的有17万亿kW。一年内地球接受太阳辐射的总能量约有10^{18}kW·h，相当于地球上全部化石燃料能的十倍，全世界年耗能量的三万倍。太阳能是最丰富的、对环境又无污染的清洁能源，是最有潜力的新能源。我国国土面积的2/3日照时间超过 2000h，年均辐射量约为 $5.9GJ/m^2$，主要分布在西部地区。

太阳之所以未作为常规能源而广泛地被利用，是由于它的能流密度低，并随季节、昼夜、气候及地区不同而变化很大。表示太阳辐射强度的物理量是**太阳常数**。它是指在无中间反射及吸收的情况下（大气层外），在与光线垂直的单位黑体表面所获得的能量，约为 $1350W/m^2$。实际上，在地球表面很少有超过 $1kW/m^2$ 的，夜间则降为 0。因此，要大规模地、广泛地、经济地利用太阳能，尚需解决一系列的技术问题。例如，如何自动跟踪太阳光线，并有效地把它集中起来，以增大能流密度；如何增加集热表面的吸收率，使更多的辐射能有效地转变为热能；如何经济地利用多变的太阳能，解决太阳能的储存问题；如何提高光-电的转换效率等。

目前，太阳能的利用有四种方式：

1）光-热转换；

2）光-热-电转换；

3）光-电转换；

4）光-化学转换。

光-热转换是将太阳能转换成热能加以利用。分低温利用和高温利用两种。最方便的低温利用系统是太阳能温室、太阳能供暖系统——太阳房以及太阳能干燥器。另一种是通过集热器将太阳能收集起来的太阳能热水系统，为生活提供热水。集热器有许多类型，它的效率（实际得到的热与投射能量之比）取决于吸热体的吸收率的高低、向外散射的能量的大小等。目前公认的效率较高的是玻璃真空管集热器；由于真空绝热，散失的热量少，在冬季也不会冻结，常年可以使用。一般 $1m^2$ 的集热面积每天可提供 $100kg60℃$ 左右的热水，每年可节约 $100\sim150kg$ 标准煤。它适合于家庭及公共浴室用。据不完全统计，全国使用太阳能热水器达 $5\times10^6m^2$，被动式太阳房 $1.8\times10^6m^2$，太阳能干燥器 $13200m^2$。

高温利用需通过反射率高的聚光镜片将太阳能集中起来，提高能流密度，可以达到很高的温度。例如，用直径为 $1.3\sim1.6m$ 的聚光反射镜构成的太阳灶，可将锅底加热到 $400\sim650℃$ 的温度，功率达 $700\sim1000W$，可作生活炊事用。全国约有太阳灶 14 万台，每台每年可节约柴草 $500\sim700kg$。设计完善的大型旋转抛物面反射镜，在焦点处可达 $3000℃$ 的高温，称为太阳炉，可用于熔炼高熔点的金属。

光-热-电转换是首先将太阳能集中起来，加热水而产生蒸汽，然后通过蒸汽动力装置转换成电能。由于太阳的能流密度低，产生一定规模电能，需要很大的集热面积。欧洲的一套 1MW 的太阳能试验电站，使用了 182 个总面积为 $6200m^2$ 的定日镜，产生压力为 $6.4MPa$、温度为 $512℃$ 的蒸汽，发电效率为 16%。这种发电方式占地大，投资高。美国的一座 10MW 的太阳能电站占地 600 亩，投资 1.2 亿美元。目前难以与其他发电方式相匹敌。

光-电转换是利用半导体材料直接将太阳光能转换成电能，也叫太阳能电池。它的转换效率取决于半导体材料的性能，一般的单晶硅电池组件的转换效率在 5%～10%，高的达 14%，$1m^2$ 的面积约可产生 150W 的电功率。采用砷化镓新型半导体材料，最高效率已可达 30%。由于半导体材料的成本较高，光电转换主要适用于微型电源（例如计算器、手表等的电源），和供电困难的灯塔、草原、航天器等的电源。目前，最大的太阳能电池发电设备的功率为 1000kW。由于在空间的光电转换效率高，曾有建设同步轨道太阳能光电系统电站的 SSPS 计划，将数万吨材料送至空间，建立 $50km^2$ 的太阳能电池板，产生 5000～10000MW

的电能，再用微波方式送回地球。这是一个耗资巨大的宏伟设想。

光-化学转换由植物的光合作用完成。人工的光合作用的研究是生物工程的重大研究课题，不属于本课程的范围之列。

1.2.3　核能

利用核反应释放的热能是新能源利用的一条重要途径。核反应分**核裂变**和**核聚变**两种，目前技术成熟的是利用核裂变的能量。1kg U^{235} 核裂变反应可释放出 69.5×10^{10} kJ 的热能，即使只利用其中的 10%，也已相当于 2400t 标准煤的发热量。

核能利用主要是用来发电。将反应堆内产生的热能通过冷却介质取出，再在蒸汽发生器中将热传给水，产生的蒸汽供汽轮发电机组发电。反应堆有沸水堆、压水堆、石墨气冷堆、快中子增殖堆等多种型式，但是蒸汽动力循环与一般的火电厂无原则区别。

核电站从 20 世纪 50 年代开始试运行，至 1995 年底，全世界已有核电站 437 座，容量 3.44 亿 kW，占总发电能力的 17%。正在计划兴建的有 55 座，4500 万 kW。我国在 20 世纪 80 年代在浙江秦山兴建第一座 30 万 kW 的核电站，又在深圳大亚湾兴建第二座 90 万 kW 的核电站，揭开我国核电事业发展的序幕。核反应堆的堆型采用压水堆，以 60 万 kW 机组作为主力机型，研究开发 100 万 kW 级的机组并实现国产化。计划到 2010 年核电装机达 2000 万 kW，到 2020 年总容量在 4600 万 kW 以上，届时发电量能占总发电量的 10%。

核电站的投资较高，目前每 1kW 的造价约为 2000 多美元，为火电站的 1.5～2 倍，但是发电成本只有火电站的 50%～90%。随着燃料价格的上涨，大型核电站在经济性方面已可与火电站相匹敌。

但是，作为核裂变的主要核燃料 U^{235}、Th（钍）等也是不可再生能源。在估计的铀矿储量 4Mt 中，只有 0.7% 是 U^{235}，其余为半衰期很长的 U^{238}，只有在快中子增殖堆中才有可能得到利用。

核聚变的原料是重氢（氘），它的氧化物是重水。1g 氘聚变反应能放出的能量是 1g 普通化学燃料的 100 万倍。而在 1t 水中就有 140g 重水。1 桶水中重水含有的能量相当于 400 桶石油。因此，如果能利用核聚变的能量，对人类可以说已是用之不竭。但是，聚变反应要求几千万度的高温，反应区达 40×10^6 K 的温度。低温核聚变研究，以及高温下热能回收利用问题还未成熟，远未到实用化的程度，还不能把氘等元素列入核能资源。

1.2.4　地热能

地球本身是一个巨大的热库。距地球表面 6370km 的地心深处有 4500℃ 的高温。地壳厚度 26～50km，温度在 200～1000℃ 的范围，温度梯度为 20～30℃/km。在地层 10km 内的储热量有 10.5×10^{23} kJ，相当于 3.57×10^{16} t 标准煤，大致为储煤量的 2000 倍。

地热的形式分为：

1）热水型　温度在 50～200℃，约占 29.5%；

2）蒸汽型　压力可达 3.5MPa，温度 250℃，约占 0.5%；

3）热岩　在 6km 深处，岩体温度可达 200℃，约占 30%；

4）熔岩　火山喷发出来的地心岩浆有 2000℃ 以上的温度，约占 40%。

我国现已查明的热水型地热资源面积 10149.5km²，可采量 92.6×10^{15} kJ。推测资源面积 49809.5km²，可采量 341.8×10^{15} kJ。

地热最简单的利用方式是热利用。直接利用温泉或热水井的热水供温室或供暖用。但这种利用受到地域的限制。建立地热电站将地热转换成电能是最灵活的利用方式。对蒸汽型可直接供汽轮发电系统发电。对高温、高压的热水，可用闪蒸法，让高压热水扩容降压蒸发，再由产生的蒸汽发电。对中温热水，可作为低沸点工质的热源，由产生的低沸点工质蒸气进行发电。对干热岩，可通过打深井，注入高压水，再将受热后产生的热水或蒸汽抽出加以利用。

我国温泉有 2000 多处，利用地热供暖的能力可达 2410MW。其中西藏羊八井有 1.6MPa、200℃左右的蒸汽型地热，现已安装 12 台 7000kW 以上的发电机组，总装机容量 125MW，占拉萨地区供电量的 50%，为世界第 12 大地热电站。据估计，我国西南地区可利用发电的地热资源为 200～500MW。日本的地热资源丰富，最大的发电机组在 50MW 以上，正在建立 200～300MW 的大型地热电站。目前世界地热发电的总容量有 325 万 kW，到 21 世纪初可达 700 万 kW。

1.2.5　海洋热能

海洋占地球表面积的 71%。估算海水数量有 1.42×10^{18} t。根据热力学第二定律，单热源的热机是不可能的，环境温度下的海水热能不可能简单地加以利用。但是，海水的表面被太阳照射后，在 1m 深的海水范围内将被海水吸收掉 80% 的太阳辐射能，形成表面温度（25～28℃）与深处（500～1000m，4～7℃）有 15～20℃ 的温差，构成两个热源。因此，利用海洋上、下的温差发电，在理论上是完全可行的。它可用表面的海水将低沸点工质（例如氨、氟利昂等）加热产生蒸气，通过汽轮机做功发电。深部低温海水作为膨胀做功后的低压蒸气冷凝的冷源。据估算，利用海水温差发电的潜在能力为 10^{10} kW，为世界现有发电能力的五倍。国外已有 7500kW 的试验机组投入运行，目前尚不能推广的原因是发电成本过高。

1.3　能源与社会发展

人类社会发展的历史与能源的开发和利用水平密切相关，它是人类生存和发展的重要物质基础。

能源利用的每一个新发明，均给生产带来一次新的飞跃。蒸汽机的发明引起了产业革命。蒸汽机作为冶金炉鼓风的动力，也推动了冶金工业的发展。内燃机的发明，推动了交通运输技术的进步。电的发明引起生产工艺机械化、自动化的重大变革，使人类社会的生产和生活进入电气化新时代。原子能的发现为人类利用能源开辟了一条新的途径。

任何工农业产品的生产都离不开能源，他们对能源的需要量不仅表现在生产中直接消耗掉的能源，还包括生产设备本身及原材料在生产过程中间接消耗的能源。因此，每个国家的国民经济的发展与能源消费量增长之间有着密切的关系。一般用**能源消耗弹性系数**来表示，即一次能源的年增长率与国民生产总值年增长率的比值。表 1-3 是发达国家和发展中国家能源与经济增长的关系。

由表 1-3 可见，能源消费量基本上是随国民生产总值的增长而同步增加。任何一个国家，如果能源供应不足，将会直接影响到国民经济的发展。工业化初期，能源消耗弹性系数大于 1，而实现工业化后，随着能源利用率的提高以及工业在生产总值中的比重下降，使得能源消耗弹性系数降到 1 以下。优先发展能源工业，才能为国民经济各个部门的发展提供必要的条件。

表 1-3 1950～2030 年发达国家和发展中国家能源消耗弹性系数

地　区	指　标	1950～1975 年	1976～2000 年	2001～2030 年
发达国家	一次能源年增长率/%	4.5	2.2～2.9	1.6～2.0
	经济年增长率/%	4.8	2.8～3.8	1.8～2.5
	能源弹性系数	0.94	0.79～0.76	0.89～0.80
发展中国家	一次能源年增长率/%	8.6	4.4～5.9	2.9～4.0
	经济年增长率/%	6.0	3.6～5.2	2.6～3.6
	能源弹性系数	1.43	1.22～1.13	1.12～1.11

我国既是能源生产大国，也是能源消费大国。从 1949 年到 1993 年，实际国民生产总值增长了 30.80 倍，能源消费增长了 46.10 倍。但是，从 1980 年到 1993 年，实际国民生产总值增长了 2.24 倍，而能源消费仅增长了 0.85 倍。这说明我国的能源消耗弹性系数已由大于 1 下降到小于 1。

能源消费水平在一定程度上反映一个国家的工业发达程度，也间接反映人民生活水平高低。工业国家的总人口约占世界人口的三分之一，却用去世界能源总消费量的 80%。按人口平均，工业国家人均能源消费（标准煤）5.5t/a，世界人均能源消费（标准煤）2.0t/a，而我国人均能源消费（标准煤）不足 1t/a。根据世界资源研究所 1997 年发布的《世界资源报告》计算，1993 年的人均能耗水平如表 1-4 所示。

表 1-4 1993 年世界人均能耗水平

项　目	能耗值/GJ·a^{-1}·人$^{-1}$	能源量（标准煤）/t·a^{-1}·人$^{-1}$	相　对　比　例
全球人均	60.0	2.05	1.0
欧洲人均	136.0	4.64	2.26
美国人均	320.0	10.92	5.33
非洲人均	12.0	0.41	0.20
中国人均	25.0	0.85	0.42

根据估计，人民生活质量指数达到现代文明社会的标准时，人均能耗（标准煤）约需 1.6t/a，如表 1-5 所示。

表 1-5 现代文明社会人均能耗最低需要估计

项　目	所需能耗/GJ·a^{-1}·人$^{-1}$	所需一次能源（标准煤）/kg·a^{-1}·人$^{-1}$
衣	3.17	108
食	9.47	323
住	9.47	323
行	6.30	215
其　他	18.93	646
总　计	47.33	1615

我国的能源工业经过四十多年的建设，发展极其迅速。与解放初期相比，能源产量增加了三十倍。煤炭产量跃居世界第一位；原油生产从无到有，产量已为世界第六位；发电量为世界第二位。能源供应基本上满足了生产发展的需要。但是，我国人口众多，按人均来说，还是发展中国家的水平。

能源生产牵涉到地质、矿山、运输等许多环节，开发的周期长。要与国民经济发展同样的高速度相当困难。因此，我国的能源工业的发展方针是坚持"**节约与开发并举，把节约放在首位**"。能源科学技术的研究，将是我国科学技术研究中的重要组成部分。

1.4 能源结构

能源结构包括**能源生产结构**和**能源消费结构**两部分。能源生产结构是指各种能源的生产量在整个能源工业总产量中所占的比重。能源消费结构是指国民经济各部门所消费的各种能源量占能源总消费量的比重。

通过对能源结构的分析，可以使我们从能源生产和消费的平衡关系中，看出能源结构的特点和结构是否合理，以及能源有效利用情况。通过分析能源结构的变化，还可预测能源发展的趋势，为今后确定能源发展方向，规划能源生产提供依据。世界能源消费结构的部分数据如表1-6所示。

表1-6　世界能源消费结构　　　　　　　　　　　　　　%

国　　别（时间）	种　　　　类				
	石　油	天然气	煤　炭	水　力	核　能
中国（1996年）	17.5	1.6	75.0	5.5	0.4
美国（1996年）	39.1	26.7	24.2	1.4	8.6
日本（1996年）	53.8	11.9	17.6	1.5	15.3
世界平均（1996年）	39.5	23.5	26.9	2.6	7.4
预测中国（2020年）	19.6	9.0	61.3	7.3	2.9

各国的能源生产结构和消费结构不同，受到许多因素的影响。首先与本国的能源资源情况有关。我国的煤炭资源丰富，产量已居世界第一位，所以在我国的能源构成中，煤炭占70%以上。其次，能源结构与能源开发的经济性有关。例如，我国的水能蕴藏量为6.8亿kW，其中可供开发的容量为3.8亿kW，占世界第一位。但是，由于水电站的建设周期长，初投资大，目前在能源结构中只占5.5%。此外，能源结构还与一个国家的工业技术水平有关。例如，核能是一种很有发展前途的新能源，随着矿石燃料储量的减少，核能利用在世界的能源消费结构中已占7.4%。但是我国还是刚刚起步，核电占总能耗的比例还不到1%。

能源结构细化到各用能部门，可构成一张能源平衡表，反映出能源的收支平衡及供销平衡情况。表1-7是我国1992年的能源结构表。

能源收支的平衡关系为：

［能源消费量］＝［总产量］±［库存变化］±［进出口量］＝［实际消费量］＋［损耗量］

表1-7中未列出库存变化量、进出口量和损耗量，所以能源生产量与消费量不相等。

表 1-7　1992 年我国能源结构（标准煤）　　　　　　　　　　　　　　万 t

项　目	原　煤	石　油	天然气	电　力		能 源 合 计	
				水　电	火　电	绝对值	比例/%
一次能源总产量	79254.0	20256.1	1906.0	5292.4		106708.5	
二次能源火电量					25177.3		(24.7)
各部门能源消耗总量	53581.4 (76729.7)	17535.4 (19564.4)	1906.0	28854.2		101877.0	100
1. 工业部门	38315.0 (61463.3)	7736.0 (9765.0)	988.2	22140.0		69179.2 (94356.5)	67.90
(1) 重工业部门	21895.0	5035.4	781.8	10302.8		38015	37.32
(2) 电力热力部门	3491.5 (26639.8)	306.0 (2335.0)	10.9	4601.6		8410.0 (33587.3)	8.25
(3) 轻工业部门	12928.5	2394.6	195.5	7235.6		22754.2	22.33
2. 交通运输	1339.4	2979.2	13.4	549.8		4881.8	4.79
3. 农林部门	1262.6	1532.6		2110.5		4905.7	4.82
4. 电子通讯	85.9	74.0	2.4	104.2		266.5	0.26
5. 建筑部门	333.0	565.3	104.4	333.3		1336.0	1.31
6. 商业部门	684.2	199.6		449.7		1333.5	1.31
7. 其他部门	1417.1	1668.9	10.9	1076.7		4173.6	4.10
8. 民　用	10144.2	2779.8	786.7	2090.0		15800.7	15.51

注：括弧中的数据是包括热力发电对能源的消耗。由于各部门已按消耗电能记入，为避免重复，所以在统计时应按不加括弧的数据。

不同燃料的发热值不同,在统计时统一将它们折算为标准煤当量。将发热值为 7000kcal（29300kJ）的燃料定为 1kg 标准煤；1kg 原煤相当于 0.714kg 标准煤；1kg 原油相当于 1.429kg 标准煤；1m³ 天然气相当于 1.214kg 标准煤。水电换算成一次能源的标准煤时，我国是按发同样电量的火电平均煤耗（标煤量）来折算的。目前是按发电单位标煤消耗为 0.404kg/（kW·h）计算。火电为最常用的二次能源，当计入电能的产量和消费后，生产电能的燃料消耗则不应重复计算，表中用括号内的数字表示。

能源的消费结构也反映一个国家的技术水平和生活水平。我国工业部门的能耗占总能耗的 67.9%，而美国只占 36%。这正说明我国的工业技术水平低，能源利用率低，单位能耗高。民用能源的消费水平反映人民生活水平的高低。我国只占用 15.51%，美国要占到 36%。电能是使用最方便的二次能源，电能消耗的多少，也反映一个国家的生产和生活水平。工业发达国家的发电用能占总能耗的 30% 以上，而我国还只有 24.7%。

从能源结构的变化也可看出一个国家的发展。与 1979 年相比，轻工业能耗的比重从 10.1% 增加到 22.33%。反映国民生产总值增加及人民生活水平提高较快。交通运输部门的煤炭消耗从占部门能耗的 59.8% 下降为 27.4%，说明效率低下的蒸汽机车已逐渐被淘汰。

1.5　能耗指标与能源利用率

反映能源有效利用程度的指标通常用单位能耗和能源利用率表示。它可以反映一个工序、一个企业、一个部门或国家的能耗水平。

单位能耗分为**单位产量能耗**和**单位产值能耗**两种。单位产量综合能耗是指生产某种产品的总的综合耗能量与它的总产量之比，单位为 kg 标煤/t 产品；单位产值综合能耗是指生产某种产品的总的综合耗能量与其总产值之比，单位为 kg 标煤/万元。

　　单位产量能耗与产品的种类有关。金属、建材、化工等均属于高耗能产品。几种产品的单位产量综合能耗如表 1-8 所示。

表 1-8　国内外高耗能产品吨产量综合能耗（标准煤）　　　　　　　t

项　　目	国内平均	国外先进	相对差距/%
吨钢校正能耗	1.169	0.656	78.2
铝综合能耗	1.767	0.650	120
铜综合能耗	7.963	3.91	101
乙烯综合能耗	1.285	0.629	104
水泥熟料	0.175	0.1075	62.8

　　由表可见，我国的单位能耗与国外的先进水平相比，还有相当的差距，平均要高出 40% 左右，说明我国在节能方面还有很大的潜力。

　　单位产值能耗高，即单位能耗创的产值低。各国的每千克标准煤能源产生的国内生产总值见表 1-9。

表 1-9　国内外单位能耗（1kg 标煤）所创产值（美元）比较　　　$ \cdot kg^{-1}$

中　国	日　本	法　国	韩　国	印　度	世界平均
0.36	5.58	3.24	1.56	0.72	1.86

　　表中的数据包括汇率等许多不可比因素，但是，增加高附加值的高科技及轻工产品的比重，和居民生活用能的优质化等措施，可以提高单位产值。

　　能源效率是指在利用能源资源的各项活动（从开采到终端利用）中，所得到的起作用的能源量与实际消费的能源量之比。从消费的观点而论，能源效率是指为终端用户提供的能源服务与所消费的能源量之比，即反映能源的有效利用程度，也叫**能源利用率**。

　　从一次能源的开采，到最终的用户，要经过开采运输、储存、能量转换、分配输送、终端利用几个环节。因此，系统总的能源效率与能源利用过程的各个中间环节的效率有关。

　　我国 1995 年的能源效率计算结果如表 1-10 所示，能流图如图 1-2 所示。

　　由表 1-10 可见，中心电站转换环节的相对效率较低，这是因为在该环节，有（40307.43/123654.99）＝32.6% 的投入能源用于电能转换，而发电的平均效率（包括火电与水电）只有（16037.76/40307.43）＝39.79%（火力发电的效率为 33.53%）。

　　终端用能环节的相对效率为 45.21%，这是根据对各部门用能设备**能量利用率**、产品单位综合能耗、企业（部门）能量利用率以及耗能量所占比例进行综合分析计算得出。计算公式为

表 1-10　我国 1995 年能源效率计算结果　　　　　　（标准煤）万 t

活 动 项 目		作用于该环节	流经该环节	总　　计	环节相对效率	环节能源损失率	能源效率
开采输送	投入量	129445.98		129445.98	98.58%	1.42%	
	产出量	118930.30	8672.42	127602.72			
加工	投入量	40173.51	87429.21	127602.72	98.03%	1.94%	
	产出量	37665.93	87429.21	125095.14			
转换	投入量	16415.12	108680.02	125095.14	98.85%	1.11%	34.31%
	产出量	14890.15	108864.84	123654.99			
中心电站转换	投入量	40307.43	83347.56	123654.99	80.06%	19.05%	
	产出量	16037.76	82954.50	98992.26			
输送分配	投入量	98992.26		98992.26	99.14%	0.66%	
	产出量	98138.58		98138.58			
终端利用	投入量	98138.58		98138.58	45.25%	41.51%	
	产出量	44404.16		44404.16			

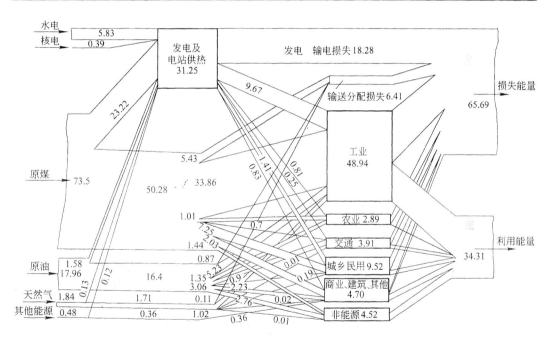

图 1-2　我国 1995 年能流图

$$\eta_{zd} = \frac{\Sigma(E_i \cdot \eta_{nli})}{E} = \Sigma(R_i \cdot \eta_{nli}) \tag{1-1}$$

$$\eta_{nli} = \frac{\Sigma(E_j \cdot \eta_{nlj})}{E_i} = \Sigma(R_{ij} \cdot \eta_{nlj}) \tag{1-2}$$

式中　η_{zd}、η_{nli}、η_{nlj}——分别为**能量终端利用效率**、i 部门的能量利用率、j 设备（或企业）
　　　　　的能量利用率；

E、E_i、E_j——分别为终端投入的总能量、投入 i 部门的能量、投入 j 设备（或企业）的能量；

R_i、R_{ij}——i 部门消耗的能量占总能量的比例、j 设备（或企业）消耗的能量占 i 部门消耗能量的比例。

我国 1995 年能量终端利用效率的计算结果如表 1-11 所示。

表 1-11　我国 1995 年能量终端利用效率

序　号	部　　门	投入能源量	所占比例/%	有效利用能量	部门能量利用率/%	终端利用效率/%
1	工业	64482.73	65.70	28472.62	44.16	29.01
2	农业	3802.98	3.88	1121.88	29.5	1.14
3	建筑	866.08	0.88	562.90	65.0	0.57
4	交通	5156.50	5.25	1546.95	30.0	1.58
5	商业	1419.59	1.45	709.80	50.0	0.72
6	其他	3912.14	3.99	1564.86	40.0	1.59
7	城市民用	6671.09	6.80	3002.00	45.0	3.06
8	农村民用	5872.43	5.98	1468.11	25.0	1.50
9	非能源用	5955.04	6.07	5955.04	100.0	6.07
合　　计		98138.58	100.00	44404.16		45.25

终端的能量利用率反映用能设备的先进程度，**系统的能源利用率**反映整个国家的对能源的有效利用程度。根据上述估算，我国的能源利用率在 34% 左右，而先进国家的能源利用率在 40% 以上。提高能源效率的途径从根本上说，要依靠技术进步，这是一个用技术和资金代替能源的长期过程。节约能源就是要采取技术上可行、经济上合理以及环境和社会可接受的一切措施，来更有效地利用能源资源。因此，加强各个环节的能源管理，避免不必要的损耗，提高能量转换设备的效率及用能设备的效率，是提高能源利用率，节约能源消耗的主要途径。

1.6　能源工作者的任务

我国在 21 世纪的能源发展战略是：贯彻开发与节约并重，改善能源结构与布局，能源工业的发展以煤炭为基础，以电力为中心，大力发展水电，积极开发石油、天然气，适当发展核电，因地制宜地开发新能源和可再生能源，依靠科技进步，提高能源效率，合理利用能源资源，减少环境污染。作为能源工作者就是要为完成这个战略任务而努力。

在能源的总消耗中，94% 是化石燃料，我国又是以煤炭为主。对它们的利用是通过燃烧，释放出热能后再加以利用。或直接利用（例如冶炼、加热等），或转换成电能、机械能（内燃机）后再利用。总之，在能源工程中，热能的转换与利用占能耗总量的 90% 以上。作为热能工程技术人员，在整个能源工程的新技术革命中，肩负着主要的责任。

能源工程包括的内容如图 1-3 所示。共包括以下五项工程：

1）**能量资源工程**：包括能源的开发技术，尤其是新能源的开发利用，解决经济性问题，

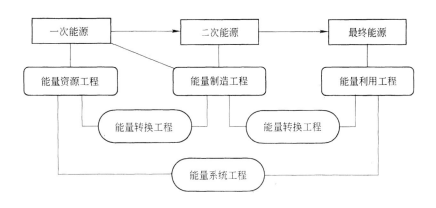

图 1-3 能源工程示意图

使之实用化；

2）**能量制造工程**：包括常规能源的改质——煤的气化、液化，CWM，COM 燃料、型煤的制备；重油的裂解；油页岩中油分的提取；新型燃料的利用等；

3）**能量转换工程**：包括改进转换设备（热机、燃烧器等），设法提高转换效率，减少转换过程的各种损失；改进动力循环等；

4）**能量利用工程**：改进用能设备或生产工艺，提高能量利用率；研究节能技术，加强余热回收，采用高效热设备（换热器等）；

5）**能量系统工程**：从整个能源系统考虑能源经济、能源规划、能源系统评价及能源系统最优化的问题。

本课程的任务是着重为后三项的内容，研究热能转换的基本原理；不同的能量转换系统，以及转换过程的效率、各项损失和提高效率的途径；热利用的系统和设备，各种节能技术；以及与能源管理相关的能源经济、热能系统优化的问题，使能源工作者学会运用能量基本理论，掌握分析问题的方法，提高解决实际问题的能力，为节能工作服务，为更有效地利用好有限的能源做出贡献。具体来说，有以下几方面的任务：

1）提高各种热装置的热效率。研究各种炉窑、工业锅炉、燃烧装置和能量转换装置等热装置的转换理论，开发新技术，不断改进设备，进一步提高热效率。

2）研究各种余热的回收技术，提高总的能源利用率。在生产过程中，特别是高温操作的生产工艺中（冶金生产是典型一例），不可避免地存在大量的各种形式的余能。例如，各工序中间产品及最终产品带走的显热、冷却水带走的热、烟气带走的热等。对于不同形态、不同温度水平的余热的回收，采用的方法也不同。需要研究各种新型的热交换装置以及有效的回收方法，例如热管换热器、热媒换热装置、热泵、热动力回收装置等。回收的能量可以替代其他的能源消耗，从而可以节约能源，提高能源总利用率。

3）用系统工程的观点搞好节能。在生产过程中，各生产环节相互联系。有时从局部工序看是节约了能源，但从整个系统来看可能反而会使能耗增加。例如，在冶金生产中炼焦用的洗精煤灰分增加，铁精矿粉的品位降低，对洗煤厂、选矿厂来说是减少了能源消耗，但会增加高炉炼铁的焦比。灰分变化1%，会影响焦比2%。而焦比降低又会降低高炉煤气的发热值，影响到厂内的煤气平衡。降低钢坯的出炉温度可以降低加热炉的能耗，但会增加轧制能耗，等等。因此，要用系统工程的观点，用最优化的方法，寻求整个能源系统的最优操作参数，使总能耗为最低。

从系统工程的观点还需考虑到生产工艺过程，比较不同的工艺流程，寻求节能最佳的合理流程。例如，采用连铸、热装、连轧，这本来是属于生产工艺的问题，但与节能也密切相关。生产工艺用热是采用单独的锅炉供汽系统，还是采用热电结合，对企业的节能效益也有很大影响。

4）加强对常规能源改质的研究。煤是我国储量最大、应用最广的常规能源。但是它有燃烧效率低、污染环境等缺点。要加强煤的开发利用，必须加强对它的改质研究。例如，煤的高效气化方法，COM 燃料、CWM 燃料的应用等。

5）加强对新能源的开发利用的研究。从长期的观点，需解决新能源利用的经济性问题，使之实用化。作为热能工作者，肩负着光荣的责任，在能源领域，还有许多问题有待进一步开拓。

本课程是通过对热能转换与利用中的理论和实际知识的介绍，为今后的实际工作打下一定的基础。

思考题与习题

1-1　何谓能源，能源如何分类？分别具体列举一次能源、二次能源、耗能工质。

1-2　何谓能量，能量怎样分类？

1-3　我国的常规能源有哪些特点？

1-4　怎样评价能源，新能源与常规能源的根本区别何在？

1-5　新能源发电（热电转换）有何共同的特点？

1-6　能源与发展国民经济有怎样的关系？

1-7　什么是单位产量能耗，什么是单位产值能耗？

1-8　什么叫能量利用率，什么叫能源利用率？二者有什么区别和联系？

1-9　1995 年我国生产原煤 13.6 亿 t、原油 1.49 亿 t，发电 1 万亿 kW·h。上述数据各折合若干标准煤？

1-10　根据我国能源结构，1992 年水电折合一次能源的总产量为 5292.4 万 t（标准煤），火电二次能源的总能耗为 25177.3 万 t（标准煤）。问：

（1）若发电标准煤消耗按 0.404kg/（kW·h）计，则水电、火电的年发电量各为多少kW·h？

（2）若发电设备的年平均工作时间为 5700h，则水电、火电的装机容量各为多少 kW？

1-11　根据我国 1995 年能源效率的数据，分析能源损失在各个环节所占的比例（总能源损失为 100%）。

1-12　一台风机的供风量为 7800m³/h，风压为 12000Pa，消耗电能为 36kW。试计算风机的能量利用率（风机效率）及能源利用率（相对一次能源的利用率），发电标准煤耗按0.404kg/（kW·h）计。

2 能量转换基础

人类的一切生产和生活，都离不开能量的消耗、转换和利用。对自然界存在的各种能源，通常需要经过转换成所需要的形式后再加以利用。能量转换过程中必须遵守的基本规律是能量守恒定律。但是，对涉及热能的转换，单从能量在数量上守恒关系分析，掩盖了不同形式的能量在质量上的差异。因为不同温度水平的热能，即使在数量上相等，而其利用价值并不相同。因此，为了有效地利用热能，正确地指导节能工作的开展，找到能量损失所在，需要结合热力学第一定律和第二定律，从量和质两个方面全面地进行分析。本章就是要运用工程热力学的理论，介绍分析能量转换过程的方法，着重介绍㶲分析的方法。

2.1 能量转换

自然界是由不断运动着的物质构成，而物质的运动形态是多种多样的。物质的每一种运动都具有做功能力，就是通常所说的具有"能"。不同运动形式的能分别被称为"机械能"、"热能"、"化学能"、"电能"、"光能"、"原子能"等。在工业企业中涉及到的主要的能的形式有：

1) **热能**。提供冶炼过程的还原反应所需的热量；物料（原料或中间产品）加热、融化过程所需的热量；以及提供生产工艺所需的加热源（水蒸气等）。它主要是利用燃料的燃烧热能，是企业消耗的最主要的能源之一，对钢铁企业，约占 80% 左右。

2) **机械能**。用于流体的输送和压缩，例如鼓风机、泵、压缩机等；物料的运输、提升；物料的压延、破碎、机械加工等。机械能大部分由电能转换而来，也有利用蒸汽动力装置直接拖动的。

3) **电能**。主要是通过电动机转换成机械能，同时可提供照明、电热等。但是，电能本身实际上又是由机械能带动发电机转换而来。机械能多数又是来自热能。

4) **化学能**。最常见的是燃料燃烧，将燃料蕴藏的化学能转换成热能。在转炉炼钢过程中，铁中碳的氧化反应也是使化学能转换成热能。

在这四种工业生产中所利用的主要能量形式之间，相互转换的关系如表 2-1 所示。不同

表 2-1　四种主要能量形式之间的相互转换过程

输 入 能	输 出 能			
	热　能	化　学　能	机　械　能	电　能
热能	传热过程	吸热反应	热力发动机	热电偶
化学能	燃烧过程	化学反应	肌肉、渗透压	电池
机械能	摩擦		机械传动	发电机
电能	电热	电解	电动机	变压器

形式的能量之间的转换，有些是可能的，有些是不可能的；有些可以全部转换，有些只能部分地转换；有的在理论上正向、逆向都相同，有的需要一定条件。例如，电能与机械能之间，理论上可百分之百地相互转换，它们又可完全转换成热能。反之，热能则绝对不可能达到百分之百地转换成机械能。并且，热能只可能从高温向低温方向传递。

由一次能源向常用形式能的转换及其所用的转换装置如表 2-2 所示。

表 2-2　各种能源间的转换方式

能 源 种 类	转 换 方 式	转 换 装 置
水能，风能	机械能→机械能	水车，风车，水轮机
潮汐，波浪	机械能→电能	水力发电，风力发电
太阳能	光能→热能	太阳能取暖，热水器
	光能→热能→机械能	太阳能热机
	光能→热能→机械能→电能	热力发电装置
	光能→热能→电能	热电及热电子发电
	光能→电能	太阳能电池，光化学电池
煤、石油等化石燃料	化学能→热能	燃烧装置，锅炉
氢、酒精等二次燃料	化学能→热能→机械能	各种热力发动机
	化学能→热能→机械能→电能	热力发电厂
	化学能→热能→电能	磁流体发电，热电发电，燃料电池
地热能	热能→机械能→电能	蒸汽透平发电
核能	核裂变→热能→机械能→电能	现有的核电站
	核裂变→热能→电能	磁流体发电，热电发电，热电子发电

一次能源具有不同的固有特性。例如，太阳能的绝对数量极大，但辐射到地面上的能流密度很小，而且随时随地不断变化；水力资源的能量比较集中，但受到地域限制，就地不能全部利用，需要解决能量的储蓄和输送问题；化石燃料虽具有现成的化学能，但不能直接利用，要通过燃烧过程转换为热能后才便于使用。而且，来源不同的各种化石燃料中，能量也有集中或分散使用的技术经济问题；目前技术水平尚无法控制和有效利用热核聚变能量。由此可知，充分认识初始能源的固有特性，对于选择能源以及能量转换和利用是很必要的。从人们实际大量用能的过程来看，目前绝大多数一次能源都首先经过转换成热能的形式，或者直接使用，以满足各种工艺流程和生活的需要；或者通过热机等进一步转化为机械能和电能后再利用。经过热能这个重要环节而被利用的能量，在我国占 90% 以上，世界各国平均也超过 85%。因此，分析和研究热能转换特点，对有效利用能量有着重要的意义。

在实现能量转换时，对转换装置有以下几项基本要求：

1) **转换效率**要高。转换效率的一般定义是指转换后得到的能量（收益）与转换前耗费的能量（支付）之比。转换效率可以是指一个设备，也可以是指一个系统。能量可以是指数量而言，也可以是指质量（㶲）而言。例如，煤气的燃烧效率比煤的燃烧效率要高得多，但是，城市煤气多数也是由煤转换而来。在比较转换效率时，要对煤→煤气→热能的转换系统与煤→热能的转换系统进行比较才有意义。由于煤气的转换系统效率比煤直接燃烧的效率高，城市的煤气化是节能的一个重要方向。就热机来说，蒸汽机的效率只有 $7\% \sim 8\%$，蒸汽机车已处于将被淘汰的境地。

2）**转换速度**要快，能流密度要大。一般的能量转换装置希望用尽量紧凑的设备转换更多的能量。例如，一般的热交换器希望传热强度尽可能大，单位面积上传递的热量尽可能多，可以用最小的装置满足热交换的要求。尤其是在一些移动式设备上，例如汽车、火车等，要求装置尽可能紧凑。目前，内燃机比燃料电池的转换速度和能流密度都要大得多，所以燃料电池还不适于用在汽车上。在一些通过化学反应进行能量转换的过程中，往往可以通过提高反应温度或使用触媒来增加转换的速度。

3）具有良好的**负荷调节性能**。一种能量转换装置往往需要根据用能一方的要求来调节转换能量的多少。电能是调节最方便的二次能源，因此使用最广泛。为了调节负荷的需要，必要时需采用蓄能装置。

4）满足环境的要求和经济上的合理。燃烧过程的污染是造成环境污染的主要根源，防止燃烧污染是当前能量转换领域的重要课题。但是这一要求通常与经济性又有矛盾。太阳能、风力等均为清洁能源，但是，要大规模地利用在经济上还不尽合理。所以，应当把降低污染与经济性的统一作为努力的方向。

2.2 能量平衡

热力学第一定律表达了能量守恒这一自然规律。即：能量可以由一种形式转换为另一种形式，从一个物体传递给另一个物体，但在转换和传递过程中，其总能量是保持不变的。

对任何的能量转换系统来说，能量守恒定律可写成下列简单的文字表达式：

$$[输入能量] - [输出能量] = [储存能量的变化] \tag{2-1}$$

对于封闭系统，热力学第一定律的表达式为

$$Q = \Delta E + W \tag{2-2}$$

式中，Q 表示输入的热量；W 表示输出的功量，当实际为输出热量或输入功量时，则取负值；ΔE 表示储存能量的变化，包括宏观运动的动能、位能以及热力学能的变化，存储能量增加时取正值。

对生产上实际的能量转换装置，或整个生产工序，在正常情况下，其物流与能流均可看成是稳定的。如果将它作为研究系统（如图 2-1 所示），则为一个稳定流动系统。一般情况下，可忽略宏观的流动动能及位能的变化。输入的能量为流体带入的焓 H_i，以及输入的热量 Q_i 和功量 W_i。输出的能

图 2-1　稳定流动系统

量为流体带出的焓 H_e，以及输出的热量 Q_e 和功量 W_e。对稳定流动来说，体系内部储存的能量保持稳定不变，则式（2-1）可写成

$$(H_i + Q_i + W_i) - (H_e + Q_e + W_e) = 0$$

$$H_i + Q_i + W_i = H_e + Q_e + W_e \tag{2-3}$$

$$Q = (H_e - H_i) + W \tag{2-3'}$$

式中　Q——表示净输入的热量，$Q = Q_i - Q_e$；

$\quad\quad W$——表示净输出的功量，$W = W_e - W_i$。

上式是稳定流动系统的第一定律表达式，也就是能量平衡关系式。

对单纯的热设备，例如加热炉，$W=0$，则

$$H_i + Q_i = H_e + Q_e \qquad (2\text{-}4)$$

式（2-4）即为热平衡关系式。在进行热工设备的热平衡测定时，就是要测定为了计算各股物流的焓值及热量所需的数据，还可根据热平衡关系校核测定的准确性，然后可计算出热效率以及各项热损失的大小。

焓的绝对值是不能求得的。在计算各项焓值时，实际上是指该状态的焓值与基准状态下的焓值的差值，并取基准状态（例如 0℃，1 标准大气压）下的焓值为 0。所取的基准状态不同，不影响平衡结果。但是，在同一平衡关系中，需注意基准状态的一致。

供给热设备的燃料，实际是在炉内（体系内）进行燃烧反应而释放出热量。因此，对热平衡关系式（2-4）来说，可认为 $Q_i = 0$。而在 H_i 中应包括燃料与氧气的焓，在 H_e 中应包括燃烧产物（CO_2、H_2O 等）的焓。按这种方法考虑的能量平衡关系也叫"焓平衡"。对于焦炉来说，装入炉内的洗精煤，绝大部分是作为加工成焦炭的原料，并不参加燃烧反应，因此，用焓平衡计算较为方便、合理。对于一般的加热炉、锅炉等热工设备，燃料是作为热源提供者，习惯上是用燃料的发热值代替燃料与燃烧产物的焓差，作为 Q_i 项计入。

在热平衡关系式中，焓与热量具有相同的单位。但是，焓是指能量，"某物料带入多少热量"的说法，严格来讲是不确切的。

在国际单位制中，能量的单位是焦（J），与以往习惯采用的工程单位千卡（kcal）之间的关系为：

$$1\text{kcal} = 4.1868\text{kJ}$$
$$1\text{kW} \cdot \text{h} = 860\text{kcal} = 3600\text{kJ}$$

2.3 㶲（可用能）

热力学第一定律说明了不同形式的能量在转换时，数量上的守恒关系，但是它没有区分不同形式的能量在质上的差别。

热力学第二定律指出能量转换的方向性。它指出：自然界的一切自发的变化过程都是从不平衡状态趋于平衡状态，而不可能相反。例如，热能自发地从高温传向低温，高压流体自发地流入低压空间等。相反的过程，例如让一杯温水中的一半放出热量变为冷水，另一半吸收热量变为热水，虽不违反热力学第一定律，但这样的过程不可能自发地发生。绝热节流过程是节流前后能量不变的过程，但是节流后的压力降低，能量的质量下降。

不同能量的**可转换性**不同，反映了其**可利用性**不相等，也就是它们的质量不同。当能量已无法转换成其他形式的能量时，它就失去了它的利用价值。能量根据可转换性的不同，可以分为三类：

第一类，可以不受限制地、完全转换的能量。例如电能、机械能、位能（水力等）、动能（风力等），称为"**高级能**"。从本质上来说，高级能是完全有序运动的能量。它们在数量上与质量上是统一的。

第二类，具有部分转换能力的能量。例如热能、物质的热力学能、焓等。它只能一部分转变为第一类有序运动的能量。即根据热力学第二定律，热能不可能连续地、全部变为功，它的热效率总是小于1。这类能属于"中级能"。它的数量与质量是不统一的。

第三类，受自然界环境所限，完全没有转换能力的能量。例如处于环境状态下的大气、海洋、岩石等所具有的热力学能和焓。虽然它们具有相当数量的能量，但在技术上无法使它转变为功。所以，它们是只有数量而无质量的能量，称为**"低级能"**。

从物理意义上说，能量的品位高低取决于其有序性。第二、三类能量是组成物系的分子、原子的能量总和。这些粒子的运动是无规则的，因而不能全部转变为有序的能量。

为了衡量能量的可用性，提出以"可用能"或"㶲"（**Exergy**）作为衡量能量质量的物理量。它定义为：在一定环境条件下，通过一系列的变化（可逆过程），最终达到与环境处于平衡时，所能做出的最大功。或者说，某种能量在理论上能够可逆地转换为功的最大数量，称为该能量中具有的可用能，用 Ex 表示。由此可见，㶲是指能量中的可用能那部分。即能量可分成"可用能"和"不可用能"两部分，将可用能称为㶲；不可用能称为㶲（**Anergy**），用 An 表示。即

$$E = Ex + An \tag{2-5}$$

对环境状态而言，能量中没有可用能部分，即对于低级能，$Ex=0$，$E=An$；

对高级能，能量中全部为可用能，即 $E=Ex$，$An=0$；

对热能这样的中级能，$E>Ex$，$E=Ex+An$。

根据热力学第一定律，在不同的能量转换过程中，总㶲与总㶲之和（即总能量）应保持不变；根据热力学第二定律，总㶲只可能减少，最多保持不变。

2.3.1 热量㶲

如上所述，热能是属于第二类能量。它具有的可用能（㶲值）取决于它的状态参数（温度、压力等），同时与环境状态有关。当参数与环境相同，即与环境处于平衡状态时，其㶲值为零。但是，只要与环境处于不平衡状态，它就具有一定的㶲值。在向环境趋向平衡的变化过程中，能够做出功。

热量是一个系统通过边界以传热的形式传递的能量。系统所传递的热量在给定环境条件下，用可逆方式所能做出的最大功称为该热量的㶲。

热量所能转变为功的数量与它的温度水平有关。如果从热力学温度 T 的恒温热源取得热量 Q，当环境温度为 T_0 时，根据卡诺定理，通过可逆热机它能转换为功的最大比例（最高效率）是取决于卡诺热机的效率：

$$\eta_c = 1 - \frac{T_0}{T} \tag{2-6}$$

η_c 也称为**卡诺因子**或**卡诺系数**。

因此，由热量可能得到的最大功 W_{max} 为

$$W_{max} = Q\left(1 - \frac{T_0}{T}\right) \tag{2-7}$$

它即为热量㶲 Ex_Q。由式可见，热量㶲等于该热量与卡诺因子的乘积。传递的热量的温度水平愈高，环境温度愈低，则卡诺因子及热量㶲愈大。表 2-3 列出了卡诺因子（相当于单位热量具有的㶲值）随 t 和 t_0 的变化关系。

热量㶲是热量本身的固有特性。当一个系统吸收热量时，同时吸收了该热量中的㶲；反之，当放出热量时，同时放出了该热量中的㶲。通过可逆热机可将㶲以功的形式表现出来。

表 2-3　不同温度 t 和 t_0 下卡诺因子 η_c 的值

$t_0/℃$	$t/℃$								
	100	200	300	400	500	600	900	1000	1200
0	0.2680	0.4227	0.5234	0.5942	0.6467	0.6872	0.7455	0.7855	0.8146
20	0.2144	0.3804	0.4885	0.5645	0.6208	0.6643	0.7268	0.7697	0.8010
40	0.1608	0.3382	0.4536	0.5348	0.5950	0.6414	0.7082	0.7540	0.7874
60	0.1072	0.2959	0.4187	0.5051	0.5691	0.6185	0.6896	0.7383	0.7739

热量中不能转换为功的部分为 $Q \cdot T_0/T$，即为"炕"（An_Q）。热量为热量㶲与热量炕之和：

$$Q = Ex_Q + An_Q \tag{2-8}$$

当热源的热容量有限，放热过程中热源温度发生变化时（变温热源），对微小的放热过程 δQ，式（2-7）的关系仍然成立。即

$$\mathrm{d}Ex_Q = \left(1 - \frac{T_0}{T}\right)\delta Q$$

对整个放热过程 Q，则热量㶲为

$$Ex_Q = \int_1^2 \left(1 - \frac{T_0}{T}\right)\delta Q$$

热源放出热量，焓将减小，在无相变时，温度将降低。它们的关系为

$$\delta Q = -\mathrm{d}H = -mc_p\mathrm{d}T$$

热源放出热量 Q，温度从 T 降至 T_0 时的热量㶲为

$$
\begin{aligned}
Ex_Q &= \int\left(1 - \frac{T_0}{T}\right)\delta Q = -\int\left(1 - \frac{T_0}{T}\right)mc_p\mathrm{d}T \\
&= mc_p(T - T_0) - T_0 mc_p\ln\frac{T}{T_0} = mc_p(T - T_0)\left(1 - \frac{T_0}{T - T_0}\ln\frac{T}{T_0}\right)
\end{aligned} \tag{2-9}
$$

式中　m——热源质量，kg；

c_p——热源的质量定压热容，J/（kg·K）。

2.3.2　能级

对于高级能，由于它可以无限制地相互转换，即它的能量全部为㶲，$E = Ex$，炕 $An = 0$。对于低级能，它不可能转换为高级能，能量中全部为炕，$E = An$，㶲 $Ex = 0$。由此可见，在能量中所含㶲的多少反映了该能量的质量的高低。通常将能量中㶲所占的比例称为"能级"，也叫"有效度"，用 λ 表示。即

$$\lambda = \frac{Ex}{E} \tag{2-10}$$

对于高级能，$\lambda = 1$；对于低级能，$\lambda = 0$。对于中级能，$\lambda < 1$。

就恒温热源的热量 Q 来说，它具有的能级为

$$\lambda_Q = \frac{Ex_Q}{Q} = \frac{Q\left(1 - \frac{T_0}{T}\right)}{Q} = 1 - \frac{T_0}{T} = \eta_c \tag{2-11}$$

由式（2-11）可见，恒温热源的热量的能级即为卡诺因子，温度越高，其能级也越高，

但不可能达到 1。

2.3.3 开口体系工质的㶲

对处于稳定流动状态的工质,如果它的状态参数分别为压力 p,温度 T,焓 H,熵 S,如图 2-2 所示。当忽略宏观运动的动能和位能时,工质具有的能量为焓,它所具有的㶲值(也叫**焓㶲**)是指经过一系列状态变化过程后,最终达到与环境平衡时(环境状态下各状态参数用下标 0 表示)所能做出的最大功 $W_{\max}$。

要使做出的功为最大,这一系列的过程必须是可逆过程。设在这些过程中,共做出功 W_1,放出热 Q_1。因为放热过程并不是在环境温度下进行,在该热量中还具有一定的做功能力,可以假想通过一个可逆热机可做出功 W_2,最终向环境放出热 Q_0。因此,它共能做出的最大功应为 $W_{\max}=W_1+W_2$。

根据能量平衡关系,将热机也包括在体系之内,则

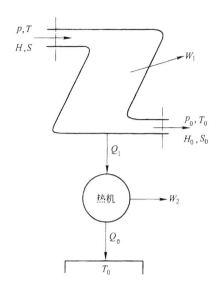

图 2-2 开口体系的㶲

$$H = H_0 + W_1 + W_2 + Q_0$$

它所具有的㶲值为

$$Ex = W_{\max} = W_1 + W_2 = H - H_0 - Q_0$$

由于上述的所有过程均为可逆,对可逆过程,总熵变(包括体系与环境的熵变之和)应为零。而工质本身的熵由 S 变化到 S_0;热机循环的熵变为零;环境接受热量 Q_0,熵增为 Q_0/T_0。因此,总熵变为

$$S_0 - S + \frac{Q_0}{T_0} = 0$$

$$Q_0 = T_0(S - S_0)$$

代入前式可得

$$Ex = (H - H_0) - T_0(S - S_0) \tag{2-12}$$

此式是计算一定状态下稳定流动体系工质的㶲的基本公式。由于实际所遇到的过程绝大多数是流动体系,因此,焓㶲也可看成是㶲的基本表示式。由式(2-12)可见,相对于一定的环境状态,㶲由状态参数可以确定,所以它本身也是一个状态参数。

对于 1kg 工质,单位㶲(比㶲)为

$$e_x = (h - h_0) - T_0(s - s_0) \tag{2-13}$$

对于开口体系,在不考虑宏观运动的动能和位能时,工质具有的总能即为其焓,与环境状态相比,所具有的能量为

$$e = h - h_0$$

因此,它的能级为

$$\lambda = \frac{e_x}{h - h_0} = \frac{(h - h_0) - T_0(s - s_0)}{h - h_0} = 1 - T_0 \frac{\Delta s}{h - h_0} \tag{2-14}$$

由上式可见,它的能级也小于 1。能级的高低与熵差 Δs 有直接关系,$T_0 \Delta s$ 即为炕。在转变

为功的过程中，工质的熵变量越大，炕就越大，相应的㶲值就越小，能级越低。因此，熵变量也可以用来评价热能的品质。

2.4 㶲的计算

式（2-12）、式（2-13）是计算工质㶲的最基本的公式。它是在不计宏观动能和位能时，稳定物流所具有的㶲。或者说，它是物流的焓这种能量中所具有的可用能。所以，有些著作中也把它称为稳定物流的"焓㶲"，它是由物理状态参数确定的可用能，属于物理㶲的一种。针对不同的具体条件，可进一步推导出各种条件下㶲的具体计算公式。

2.4.1 温度㶲

当只是工质的温度（T）与环境温度（T_0）不同，压力与环境相同时，它所具有的㶲值叫温度㶲。当工质无相变，并已知其比热容时，由于

$$\mathrm{d}h = c_p \mathrm{d}T$$

$$\mathrm{d}s = \frac{\delta q}{T} = \frac{c_p \mathrm{d}T}{T}$$

则根据式（2-13），可得其温度㶲为

$$e_{xT} = \int_{T_0}^{T} c_p \mathrm{d}T - T_0 \int_{T_0}^{T} \frac{c_p}{T} \mathrm{d}T \tag{2-15}$$

2.4.1.1 高温物质的㶲

当物质的温度高于环境温度时，由于温度的不平衡所具有的可用能即为其温度㶲。当其定压比热容近似地视为常数时，则

$$e_{xT} = c_p \int_{T_0}^{T} \mathrm{d}T - c_p T_0 \int_{T_0}^{T} \frac{\mathrm{d}T}{T} = c_p \left[(T - T_0) - T_0 \ln \frac{T}{T_0} \right]$$

$$= c_p (T - T_0) \left[1 - \frac{T_0}{T - T_0} \ln \frac{T}{T_0} \right] = (h - h_0) \left[1 - \frac{T_0}{T - T_0} \ln \frac{T}{T_0} \right] \tag{2-16}$$

它的能级为

$$\lambda_T = \frac{e_{xT}}{h - h_0} = 1 - \frac{T_0}{T - T_0} \ln \frac{T}{T_0} \tag{2-17}$$

λ_T 与 T/T_0 的关系如表 2-4 所示。表中的数据是按 $T_0 = 273\mathrm{K}$、$T > T_0$ 时计算得的。由表可见，它的能级只与温度有关，而与物质的种类无关。温度越高，能级也越高，说明在其焓中的可用能越大。它可以用来估计利用余热转换为动力时，可能回收的理论最大功。实际所能回收的可用能只不过是理论值的一半左右。

表 2-4 高温物质的能级 λ_T（$T_0 = 273\mathrm{K}$、$T > T_0$）

T/T_0	1	2	3	4	5	6	7	8	9
0.0	0	0.307	0.451	0.538	0.598	0.642	0.676	0.703	0.725
0.2	0.088	0.343	0.471	0.552	0.607	0.649	0.682	0.708	0.729
0.4	0.159	0.375	0.490	0.564	0.617	0.656	0.687	0.712	0.733
0.6	0.217	0.403	0.507	0.576	0.625	0.663	0.693	0.717	0.737
0.8	0.265	0.428	0.523	0.587	0.634	0.669	0.698	0.721	0.741

如果需要考虑比热容 c_p 随温度变化时，一般把比热容与温度的关系表示成幂函数的关系：

$$c_p = a + bT + cT^2 \tag{2-18}$$

将它代入式（2-15），经整理后可得㶲的计算公式为

$$e_{xT} = \int_{T_0}^{T} (a + bT + cT^2)\mathrm{d}T - T_0 \int_{T_0}^{T} \left(\frac{a}{T} + b + cT\right)\mathrm{d}T$$

$$= a(T - T_0)\left\{\left(1 - \frac{T_0}{T - T_0}\ln\frac{T}{T_0}\right) + (T - T_0)\left[\frac{b}{2a} + \frac{c}{6a}(2T + T_0)\right]\right\}$$

$$\tag{2-19}$$

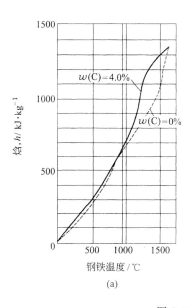

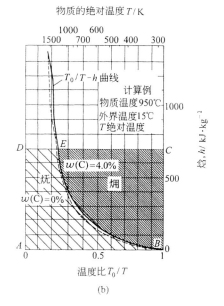

图 2-3　温度㶲的图示方法

（a）钢铁的焓温图；（b）㶲评价线图

对于高温固体的㶲，也可采用相同方法计算。如果已知焓 h 随温度的变化曲线，则物质的高温㶲及其㶲的大小也可用作图法来表示。具体方法如图 2-3 所示。图 2-3（a）是钢的焓-温图，根据焓-温曲线可作出图 2-3（b）所示的焓 h 与 T/T_0 的关系曲线。该曲线的右侧的面积即表示其㶲的大小，左侧的面积表示㶲的大小。因为图中的横坐标宽度为 1，而高度 AD 表示对应温度的焓，当取 $h_0 = 0$ 时，则 $AD = h - h_0$，由于图中的宽度 AB 为 1，因此，面积 $ABCD = h - h_0$。而面积 $ABED$ 相当于对纵坐标积分

$$\int_{T_0}^{T} \frac{T_0}{T}\mathrm{d}h = T_0 \int_{T_0}^{T} \frac{\delta q}{T} = T_0(s - s_0)$$

因此，此面积即相当于㶲，而剩余的面积 BEC 为

面积 $[ABCD]$ － 面积 $[ABED]$ $= (h - h_0) - T_0(s - s_0) = e_x$

它即相当于比㶲的大小。

由此可见，$h\text{-}T_0/T$ 图也可叫**㶲评价线图**。

2.4.1.2 低温物质的烟

在式（2-15）的温度烟的计算公式的推导过程中，并没有要求必须是 $T > T_0$，对 $T < T_0$ 时（低温物质）也同样可以适用。当比热容为常数时，式（2-16）以及式（2-17）也适用于低温物质。

当温度低于环境温度时，$(T-T_0) < 0$，按式（2-17）计算的能级 λ_T 将为负值，但按式（2-16）计算的温度烟仍为正值。即低于环境温度的物质，它也具有可用能。这是不违背热力学基本定律的。

焓的数值是一个相对值，通常将在环境温度下的焓设为零，当物质的温度低于环境温度时，就认为它的能量（焓）为负。但是，根据热力学第二定律，要获得低于环境的温度，需要消耗外部一定的能量。所以，从可逆过程来看，将它回复到环境状态时，也应具有一定的对外做功的能力，即具有正的烟值。

相对于低于环境的温度 T，环境（温度为 T_0）成为高温热源，工质（温度为 T）为低温热源，它们之间可以实现一个卡诺循环，从环境吸取热量对外做功，同时向低温热源放热。根据卡诺定理，从环境吸热 δq_1 时，所能做出的最大功为

$$\delta w_{\max} = \delta q_1 \frac{T_0 - T}{T_0}$$

而根据第一定律，$\delta q_1 = \delta w_{\max} + \delta q_2$，工质吸热 δq_2 后，其焓增为 $\mathrm{d}h$，所以

$$\delta w_{\max} = (\delta w_{\max} + \mathrm{d}h)\frac{T_0 - T}{T_0}$$

$$\delta w_{\max} = \frac{T_0 - T}{T}\mathrm{d}h > 0 \tag{2-20}$$

因此，当低温工质在吸热后，最终达到与环境平衡时所能做出的功，应等于它具有的烟值：

$$e_x = w_{\max} = \int_T^{T_0} \frac{T_0 - T}{T}\mathrm{d}h = -\int_T^{T_0}\mathrm{d}h + T_0\int_T^{T_0}\frac{\mathrm{d}h}{T} = (h - h_0) - T_0(s - s_0) \tag{2-21}$$

由式（2-21）可见，虽然式中的 $(h-h_0) < 0$，但是，由于 $(s-s_0)$ 也小于 0，最终对外做出的功为正值，所以其烟值仍大于 0。

低温物质的能级的负值 $-\lambda_T$ 如表 2-5 所示。

表 2-5　低温物质的能级的负值 $-\lambda_T$

T/T_0	0.0	0.1	0.2	0.3	0.4	0.5	0.6	0.7	0.8	0.9
0.00	∞	1.558	1.012	0.720	0.527	0.386	0.277	0.189	0.116	0.054
0.02	2.992	1.409	0.941	0.676	0.496	0.362	0.258	0.173	0.103	0.042
0.04	2.353	1.286	0.878	0.635	0.466	0.340	0.240	0.158	0.090	0.031
0.06	1.993	1.182	0.820	0.596	0.438	0.318	0.222	0.143	0.077	0.021
0.08	1.745	1.091	0.768	0.561	0.411	0.297	0.205	0.129	0.065	0.010

由表可见，温度越低，能级的绝对值越大，说明它具有的可用能越大，或者说，要获取低温所需消耗的功越多。当 T 趋近于 0K 时，λ_T 将趋近于负无穷大。这说明要接近热力

学温度零度，要消耗大量的能量；根据热力学第三定律，要达到热力学温度零度是不可能的。

2.4.2 潜热㶲

当物质在发生融化或气化等相变时，需要吸收热量，但温度保持不变。单位质量的物质相变所需的热量 r 叫"**相变潜热**"。潜热㶲是指单位物质从相变开始至相变结束，吸收相变（融化或气化）潜热所产生㶲的变化。因此，潜热㶲是指物质在**相变前后㶲的变化**。

由㶲的定义式（2-13）可得，潜热㶲的计算公式为

$$\Delta e_x = e_{x2} - e_{x1} = (h_2 - h_1) - T_0(s_2 - s_1) = r - T_0\frac{r}{T} = r\left(1 - \frac{T_0}{T}\right) \qquad (2-22)$$

由式可见，潜热㶲即为恒温热量㶲的一种形式，式中的 T 为相变温度。

在融化（或气化）时需要吸收热量，r 为正值。但是，吸收热后，物质的㶲是否必将增加呢，这还取决于融化（或气化）温度 T 是高于环境温度 T_0 还是低于环境温度。当 $T > T_0$ 时，式（2-22）中括弧内为正值，表示吸热后㶲将增加；当 $T < T_0$ 时，则吸收热量后㶲反而减小。这是因为㶲实际上是取决于偏离环境状态的程度。当相变温度低于环境温度时，例如冰融化为水时，吸收潜热后是使偏离环境状态的程度减小，$0\,℃$ 水的㶲比 $0\,℃$ 冰的㶲要小。

当物质凝固（或液化）时，需要放出相应数量的潜热，r 为负值。潜热㶲的正负同样还要看相变温度 T 与环境温度 T_0 的比值。当 $T < T_0$ 时，放出潜热，例如水结成冰，r 虽为负值，但㶲反而增大，Δe_x 为正值，即冰的㶲比水的㶲要大，这是可以理解的。因为从水带走热量，制成冰的过程是一个制冷过程，需要消耗外部的能量，冰将比水具有更多的可用能。

表 2-6 给出了一些物质在融化或气化时的潜热㶲。表中的数据是取环境温度为 $15\,℃$ 计算的。表中的数据为负的，说明它的融化温度或气化温度低于环境温度。对凝固或液化的潜热㶲，数值与表中的相同，只是正负号相反。

表 2-6　一些物质在融化及气化时的潜热㶲（㶲的变化）

物　　质	融　　化			汽　　化		
	温度/℃	融化热/kJ·kg⁻¹	㶲变化/kJ·kg⁻¹	温度/℃	汽化热/kJ·kg⁻¹	㶲变化/kJ·kg⁻¹
氨	−77.7	351.6	−166.6	−33.4	1366.3	−275.4
一氧化碳	−205.1	30.1	−97.1	−191.5	215.8	−545.9
氧	−218.4	13.8	−59.0	−182.96	213.5	−468.4
氮	−209.86	25.5	−90.8	−195.8	204.3	−556.7
二氧化碳	−56.6	180.8	−59.9	−78.5	554.2	−266.2
丙烷	−188	80.0	−189.6	−42	431	−106.3
正丁烷	−138.3	80.4	−91.3	0.50	389	−20.5
甲烷	−182.8	58.6	−127.3	−161.5	523	−827.2
铁	1535	272.1	228.6	2750		
钾	63.5	60.3	8.79	774	1926	138.6
水银	−38.86	11.3	−2.51	356.66	295.5	160.3
硫（斜方）	112.8			444.7	326.5	195.5
氯化钠	800.4	485.6	355.4	1413		

2.4.3 水及水蒸气的㶲

水是最常用的一种工质。它的热力性质已详细地制成蒸汽表和线图，根据压力和温度可以查出相应的焓值及熵值。因此，它们的㶲值只要利用蒸汽图表查出该状态及环境状态下的焓、熵数据 h，s，h_0，s_0，不难由㶲值的基本公式（2-13）求得。环境状态下的数据取环境温度下的饱和水的值（或取环境温度下的饱和水蒸气的值，不影响结果）。在此基础上，同样可编制出不同状态下的㶲值表。在环境状态取定的情况下，㶲也可按状态参数处理。

如果能在热力性质图上直接查取㶲值，则更为直观、方便。在焓-熵图上查取㶲值的方法如图 2-4 所示。根据已知的压力 p 和温度 T，可在 h-s 图上确定一个状态点 A，其焓值为 h，熵为 s。根据 p_0 和 T_0 可确定一个环境状态点 O，其焓值为 h_0，熵为 s_0。

通过点 O 作等压线的切线，与等熵 AB' 交于 B 点。由热力学函数关系：

$$\left(\frac{\partial h}{\partial s}\right)_p = T$$

可知，对 O 点而言

$$\left(\frac{\partial h}{\partial s}\right)_p = \frac{\overline{BB'}}{\overline{OB'}} = \frac{\overline{BB'}}{(s - s_0)} = T_0$$

由此可得

$$\overline{BB'} = T_0(s - s_0)$$

由于

$$\overline{AB'} = h - h_0$$

所以

$$\overline{AB} = \overline{AB'} - \overline{BB'} = (h - h_0) - T_0(s - s_0) = e_x$$

根据上述原理，可以编制出类似于 h-s 图的 e_x-s 图。e_x-s 图的结构如图 2-5 所示。图中给出了饱和曲线，临界点 C，以及其他状态参数的等值线。也可采用以㶲和焓为坐标的 e_x-h 图，可查阅有关的参考书籍。

需要指出的是，在绘制 e_x-s 图时，环境温度和环境压力是取定的。当实际环境状态（主要是温度）与绘图时的取值不同时，需对㶲值进行修正。

2.4.4 压力㶲

压力㶲是指温度与环境温度相同，压力 p 与环境压力 p_0 不同时所具有的㶲值。

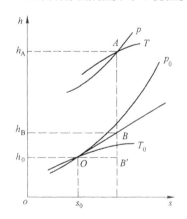

图 2-4 水蒸气㶲的图解法

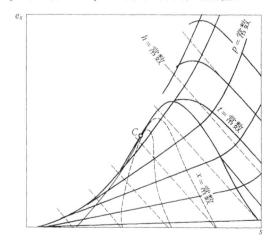

图 2-5 水蒸气的㶲-熵图

26

根据热力学中熵的微分关系式

$$ds = c_p \frac{dT}{T} - R_g \frac{dp}{p}$$

以及开口体系稳定流动时㶲焓的表达式可得：

$$de_x = dh - T_0 ds = c_p dT - \frac{c_p T_0}{T} dT + R_g T_0 \frac{dp}{p}$$

在 $dT = 0$ 的条件下，对**开口体系的工质的压力㶲**为

$$e_{xp} = \int_{p_0}^{p} R_g T_0 \frac{dp}{p} = R_g T_0 \ln \frac{p}{p_0} \tag{2-23}$$

式中 R_g——气体常数，J/（kg·K）。

压力㶲相当于工质在等温流动时由于膨胀做出的技术功。由式可见，当 $p < p_0$ 时，e_{xp} 将为负值。这是因为对压力低于环境压力的工质，流入环境状态内时必须要消耗外功，所以它的压力㶲为负值。

如果考虑封闭于气缸中的工质（闭口体系），温度为 T_0，压力为 p，体积为 V，则等温可逆膨胀到与外界压力 p_0 呈平衡状态时，气体做出的外功 W 为

$$W = \int_{V}^{V_0} p dV$$

但是，反抗大气压力 p_0 做的功并不能作为有效功加以利用，所以，其有效功，亦即**封闭体系的工质的压力㶲**为

$$Ex_p = W - \int_{V}^{V_0} p_0 dV = \int_{V}^{V_0} (p - p_0) dV \tag{2-24}$$

根据 $\qquad pV = nRT_0$

可得

$$p dV + V dp = 0$$

$$dV = -\frac{V}{p} dp = -nRT_0 \frac{dp}{p^2}$$

将它代入式（2-23），积分后可得

$$Ex'_p = -nRT_0 \int_{p}^{p_0} \frac{dp}{p} + nRT_0 p_0 \int_{p}^{p_0} \frac{dp}{p^2} = nRT_0 \Big[\ln \frac{p}{p_0} - \Big(1 - \frac{p_0}{p} \Big) \Big] \tag{2-25}$$

式中 n——气体的物质的量，mol；

R——摩尔气体常数，$R = 8.314$ J/（mol·K）。

由于每 1kmol 气体，在标准状态下占的体积为 22.4m^3，因此，每 1m^3（标准）的气体所具有的压力㶲（kJ/m^3）为

$$e'_{xp} = \frac{RT_0}{22.4} \Big[\ln \frac{p}{p_0} - \Big(1 - \frac{p_0}{p} \Big) \Big] \tag{2-26}$$

由上式可见，当 $p = p_0$ 时，压力㶲为 0。对封闭体系来说，当 $p \neq p_0$ 时，不论 $p > p_0$ 还是 $p < p_0$，压力㶲始终为正值。这是因为对真空空间来说，由于造成真空空间也需要消耗能量，由于它与环境存在压差，使气体从环境流入真空容器的过程中，同样可以做出功。

对单位真空空间（m³）具有的压力㶲e'_p为

$$e'_p = \frac{nRT_0}{V}\left[\ln\frac{p}{p_0} - \left(1 - \frac{p_0}{p}\right)\right] = p\ln\frac{p}{p_0} - (p - p_0) \quad (\text{kJ/m}^3) \qquad (2\text{-}27)$$

式（2-27）可用来计算获得真空空间所必需的理论功。

从 20 世纪 80 年代开始，在钢铁厂利用高炉炉顶气余压发电的装置得到成功的应用，取得很大的经济效益，它就是有效利用流动体系剩余压力㶲的一个典型实例。

2.4.5 混合气体的㶲

气体的混合过程是不同分子相互扩散的过程，它是一个不可逆过程，体系的总熵将增加，可用能（总㶲）将减少。设混合前两种气体具有相同的温度 T 和压力 p，分别有 n_1 和 n_2（mol）。混合前的㶲分别为

$$Ex_1 = n_1e_{x1} = n_1\left[c_{p1}(T - T_0) - c_{p1}T_0\ln\frac{T}{T_0} + RT_0\ln\frac{p}{p_0}\right]$$

$$Ex_2 = n_2e_{x2} = n_2\left[c_{p2}(T - T_0) - c_{p2}T_0\ln\frac{T}{T_0} + RT_0\ln\frac{p}{p_0}\right]$$

混合后的温度和总压力保持不变，分压力分别为 p_1 和 p_2，则混合物的㶲为

$$e'_{x1} = c_{p1}(T - T_0) - c_{p1}T_0\ln\frac{T}{T_0} + RT_0\ln\frac{p_1}{p_0}$$

$$e'_{x2} = c_{p2}(T - T_0) - c_{p2}T_0\ln\frac{T}{T_0} + RT_0\ln\frac{p_2}{p_0}$$

$$Ex_m = n_1e'_{x1} + n_2e'_{x2} = n_1e_{x1} + n_2e_{x2} + n_1RT_0\ln\frac{p_1}{p} + n_2RT_0\ln\frac{p_2}{p}$$

$$= \sum_1^2 n_ie_{xi} + RT_0(n_1\ln x_1 + n_2\ln x_2)$$

式中

$$N = n_1 + n_2, \quad x_i = \frac{n_i}{N} = \frac{p_i}{p}$$

因此，对每 1mol 混合气体

$$e_{xm} = \frac{Ex_m}{N} = \sum_{i=1}^2 x_ie_{xi} + RT_0\sum_{i=1}^2 x_i\ln x_i \qquad (2\text{-}28)$$

由于各组分的摩尔成分 $x_i < 1$，$\ln x_i < 0$，式中的第二项为负值。因此，**混合物的㶲值将小于组成混合气体的各组分的㶲值之和**。

实际上，混合过程温度保持不变（$T_1 = T_2 = T$），熵的变化为

$$\Delta S_1 = n_1\left(c_{p1}\ln\frac{T_1}{T} - R\ln\frac{p_1}{p}\right) = -n_1R\ln x_1$$

$$\Delta S_2 = -n_2R\ln x_2$$

$$\Delta S = \sum_{i=1}^2 \Delta S_i = -NR\sum_{i=1}^2 x_i\ln x_i$$

$$\Delta s = -R\sum_{i=1}^2 x_i\ln x_i$$

所以，式（2-28）可推广至由 k 种组分组成的混合气体，并改写为

$$e_{xm} = \sum_{i=1}^{k} x_i e_{xi} - T_0 \Delta s \tag{2-29}$$

由此可见，由于气体混合引起㶲减少的数值与其熵增成正比。

作为环境组成之一的大气，本身就是混合气体，并且，它的组成将随地点有所变化。一般以基准状态（25℃和0.1MPa）下的饱和湿空气作为基准，取其㶲值为0。环境大气的标准组成的规定如表2-7所示。

表 2-7　环境基准状态下的大气组成

组　分	N₂	O₂	Ar	CO₂	Ne	He	H₂O
组成（摩尔分数）	0.7557	0.2034	0.0091	0.0003	1.8×10^{-5}	5.24×10^{-6}	0.0316

当成分和组成与环境不同而具有的㶲称为**扩散㶲**。

以标准空气为基准，可以求出组成大气的各组分（纯气体）的**标准㶲值**。

根据式（2-28），**标准空气**的㶲为零，即

$$e_{xm0} = \sum_{i=1}^{7} x_{i0} e_{xi} + RT_0 \sum_{i=1}^{7} x_{i0} \ln x_{i0} = 0$$

因此

$$\sum_{i=1}^{7} x_{i0} e_{xi} = \sum_{i=1}^{7} x_{i0} RT_0 \ln \frac{1}{x_{i0}}$$

比较等式两边可知，要保持等式恒等，两边多项式对应的项应相等。则各组分（纯气体）的标准㶲值为

$$e_{xi}^{\ominus} = RT_0 \ln \frac{1}{x_{i0}} \tag{2-30}$$

根据表2-7中的各组分的标准摩尔分数 x_{i0}，就可计算出其㶲值。对氧的㶲值为

$$e^{\ominus}(O_2) = RT_0 \ln \frac{1}{0.2034} = 8.314(\text{J/mol} \cdot \text{K}) \times 298.15(\text{K}) \times \ln \frac{1}{0.2034} = 3948(\text{J/mol})$$

同理，对 N_2，CO_2，H_2O 的标准㶲值为

$$e^{\ominus}(N_2) = RT_0 \ln \frac{1}{0.7557} = 694(\text{J/mol})$$

$$e^{\ominus}(CO_2) = RT_0 \ln \frac{1}{0.0003} = 20108(\text{J/mol})$$

$$e^{\ominus}(H_2O) = RT_0 \ln \frac{1}{0.0316} = 8563(\text{J/mol})$$

利用空气为原料，将空气进行分离，制取氧气、氮气时，由于要提高㶲值，就必须消耗能量。并且，制取的气体纯度越高，所需消耗的能量就越大。

根据上面求得的各纯组分的标准㶲值，可以求出由它们组成的任意成分的混合气体的㶲值。设该混合气体的成分分别为 x_i，并将式（2-30）代入式（2-28），则混合气体的㶲值为

$$e_{xm} = \sum_{i=1}^{k} x_i e_{xi} + RT_0 \sum_{i=1}^{k} x_i \ln x_i = \sum_{i=1}^{k} x_i RT_0 \ln \frac{1}{x_{i0}} + RT_0 \sum_{i=1}^{k} x_i \ln x_i = RT_0 \sum_{i=1}^{k} x_i \ln \frac{x_i}{x_{i0}}$$

$$\tag{2-31}$$

例如，对含氧为 30%（摩尔分数）的富氧空气（其余为氮），其㶲值为

$$e_{xm} = RT_0 \left(0.30\ln\frac{0.30}{0.2034} + 0.70\ln\frac{0.70}{0.7557} \right) = 0.06299RT_0 = 156(\text{J/mol})$$

富氧空气的㶲值大于 0，但比纯氧的㶲值还要小得多。

式（2-28）同样适用于理想溶液。式中的第 2 项表示理想最小分离功，或叫**分离㶲**。

2.4.6 化学㶲

由于与环境的温度、压力不同是属于物理不平衡，因而具有的㶲叫物理㶲。但是，环境是由处于完全平衡状态下的大气、地表和海洋中的选定的参考物质所组成。因此，即使在环境温度 T_0 和压力 p_0 下，如果与环境存在化学不平衡，则仍可能具有可用能。这种由于**化学不平衡**具有的㶲称为化学㶲。

化学不平衡包括系统与环境的**成分不平衡**和**组成不平衡**。为了确定元素的化学㶲，首先需要规定与元素相对应的**基准物**。对在大气中所含的元素，以表 2-7 所示的大气组成为基准；对其他元素，以表 2-8 所列的对应的稳定的化合物（或纯物质）为基准物。这些基准物是环境（地壳、海水等）中存在的稳定化合物（例如 SiO_2，Fe_2O_3，Al_2O_3，$CaCO_3$，$NaCl$ 等）或元素（例如 Au，Pt 等）。或是对应的元素发生化学反应，生成的化合物中具有反应自由焓 $\Delta G_f^\ominus$ 为最大者。这些物质处于完全的热力学平衡，相互之间不会自发地进行化学反应而做出有用功。所以将这些在化学上完全安定的基准物的㶲值均规定为零。凡是与所规定的环境状态及基准物不处于化学平衡的物质，则都具有化学㶲。

处于物理基准状态下的纯物质的㶲称为该物质的标准㶲，即为**标准化学㶲**，记作 $e^\ominus$，该值通常取摩尔量。

2.4.6.1 化学反应的反应㶲

由热力学可知，在可逆等温反应过程中，稳定流动系统做出的最大有用功等于系统自由焓的减少。

$$W_{max} = -\Delta G = -[(H_2 - TS_2) - (H_1 - TS_1)] = -[(H_2 - H_1) - T(S_2 - S_1)]$$

$$(2\text{-}32)$$

式中　G——自由焓，$G = H - TS$；

$H_2 - H_1$——反应焓；

$S_2 - S_1$——反应熵。

如果反应是在标准状态下进行，所得的数据均为标准热力学数据，用上角标 $^\ominus$ 表示。可以从有关化学热力学书籍中查到这些标准数据。此时

$$-\Delta G^\ominus = -[\Delta H^\ominus - T_0\Delta S^\ominus] \tag{2-33}$$

等式右边即为化学反应引起的㶲的变化，称为**反应㶲**。由此可见，反应㶲即为化学反应前后标准自由焓的减少。

2.4.6.2 元素化学㶲的计算

对于存在于大气中的各元素，根据式（2-30）已可计算出其分子 O_2，N_2 等的标准㶲，则其元素的标准化学㶲为

$$e^\ominus(\text{O}) = \frac{1}{2}e^\ominus(\text{O}_2) = -\frac{1}{2}RT_0\ln x_{\text{O}_2}^\ominus$$

$$e^\ominus(\text{N}) = \frac{1}{2}e^\ominus(\text{N}_2) = -\frac{1}{2}RT_0\ln x_{\text{N}_2}^\ominus$$

对于以大气为基准物的 C 元素，由于 CO_2 的生成反应为

$$C + O_2 = CO_2$$

式中的 O_2 和 CO_2 都是标准大气的组成物，它们的标准㶲已可以确定，因此，只要知道该反应的反应㶲$-\Delta G_f^{\ominus}(CO_2)$，就可以计算出 C 的标准㶲：

$$e^{\ominus}(C) = -\Delta G_f^{\ominus}(CO_2) - 2e^{\ominus}(O) + e^{\ominus}(CO_2)$$

对于其他任意元素 X，需找出含有该元素的基准化合物（$X_xA_aB_b\cdots$），设其标准㶲为零，并已知该化学反应的反应㶲$-\Delta G_f^{\ominus}(X_xA_aB_b\cdots)$ 和元素 A、B$\cdots$的已知标准㶲，就可按化学式求取元素 X 的标准㶲：

$$e^{\ominus}(X) = \frac{1}{x}\left[-\Delta G_f^{\ominus}(X_xA_aB_b\cdots) - ae^{\ominus}(A) - be^{\ominus}(B) - \cdots\right] \qquad (2\text{-}34)$$

例如，要确定 Fe 元素的标准化学㶲，由表 2-8 可知 Fe 对应的基准物 Fe_2O_3，取其㶲值为零。Fe 与 O_2 反应生成 Fe_2O_3，可查得其反应㶲$-\Delta G_f^{\ominus}(Fe_2O_3) = 742.6kJ/mol$，因此，由反应式

$$2Fe + \frac{3}{2}O_2 = Fe_2O_3$$

可知，Fe 的标准化学㶲的计算式为

$$e^{\ominus}(Fe) = \frac{1}{2}\left[-\Delta G_f^{\ominus}(Fe_2O_3) - 3e^{\ominus}(O)\right] = \frac{1}{2}(742.6 - 3 \times 1.966) = 368.35(kJ/mol)$$

在确定元素的化学㶲时，首先要知道参与化学反应的其他元素的标准化学㶲和该化学反应的反应㶲。表 2-9 给出了元素的标准㶲，表 2-10 给出了一部分化学反应过程的反应㶲。反应㶲可以为正值，也可以是负值，反应㶲为负值表示为吸热反应，必须由外部供给能量才能进行反应。

表 2-8　元素的基准物

元素	基　准　物	元素	基　准　物	元素	基　准　物
Ag	AgCl	Ce	CeO_2	Ge	GeO_2
Al	Al_2O_3	Cl	NaCl	H	水（液）
Ar	空气	Co	$Co \cdot Fe_2O_4$	He	空气
As	As_2O_5	Cr	$K_2Cr_2O_7$	Hf	HfO_2
Au	Au	Cs	$CsNO_3$	Hg	$HgCl_2$
B	H_3BO_3	Cu	$CuCl_2 \cdot 3Cu(OH)_2$	Ho	$HoCl_3 \cdot 6H_2O$
Ba	$Ba(NO_3)_2$	Dy	$DyCl_3 \cdot 6H_2O$	I	KIO_3
Be	$BeO \cdot Al_2O_3$	Er	$ErCl_3 \cdot 6H_2O$	In	In_2O_3
Bi	BiOCl	Eu	$EuCl_3 \cdot 6H_2O$	Ir	Ir
Br	$PtBr_2$	F	$Ca_{10}P_6O_{24}F_2$	K	KNO_3
C	空气	Fe	Fe_2O_3	La	$LaCl_3 \cdot 6H_2O$
Ca	$CaCO_3$	Ga	Ga_2O_3	Li	$LiNO_3$
Cd	$CdCl_2 \cdot 5/2H_2O$	Gd	$GdCl_3 \cdot 6H_2O$	Lu	$LuCl_2 \cdot 6H_2O$

元素	基 准 物	元素	基 准 物	元素	基 准 物
Mg	$CaCO_3 \cdot MgCO_3$	Pr	$Pr(OH)_3$	Tb	$TbCl_3 \cdot 6H_2O$
Mo	$CaMoO_4$	Pt	Pt	Te	TeO_2
Mn	MnO_2	Rb	$RbNO_3$	Th	ThO_2
N	空气	Rh	Rh	Ti	TiO_2
Na	$NaNO_3$	Ru	Ru	Tl	Tl_2O_4
Nb	Nb_2O_5	S	$CaSO_4 \cdot 2H_2O$	Tm	Tm_2O_3
Nd	$NdCl_3 \cdot 6H_2O$	Sb	Sb_2O_5	U	$UO_3 \cdot H_2O$
Ne	空气	Sc	Sc_2O_3	V	V_2O_5
Ni	$NiCl_2 \cdot 6H_2O$	Se	SeO_2	Zn	$Zn(NO_3)_2$
O	空气	Si	SiO_2	W	$CaWO_4$
Os	OsO_4	Sm	$SmCl_3 \cdot 6H_2O$	Y	$Y(OH)_3$
P	$Ca_3(PO_4)_2$	Sn	SnO_2	Yb	$YbCl_3 \cdot 6H_2O$
Pb	PbClOH	Sr	$SrCl \cdot 6H_2O$	Zr	$ZrSiO_4$
Pd	Pd	Ta	Ta_2O_5		

表 2-9 元素的标准㶲

元 素	标准㶲/$kJ \cdot mol^{-1}$	元 素	标准㶲/$kJ \cdot mol^{-1}$	元 素	标准㶲/$kJ \cdot mol^{-1}$
Ag	86.32	Cu	143.80	La	982.57
Al	788.22	Dy	958.26	Li	371.96
Ar	11.673	Er	960.77	Lu	917.68
As	386.27	Eu	872.49	Mg	618.23
Au	0	F	308.03	Mn	461.24
B	610.28	Fe	368.15	Mo	714.42
Ba	784.17	Ga	496.18	N	0.335
Be	594.25	Gd	958.26	Na	360.79
Bi	296.73	Ge	493.13	Nb	878.10
Br	34.35	H	117.61	Nd	967.05
C	410.53	He	30.125	Ne	27.07
Ca	712.37	Hf	1023.24	Ni	286.40
Cd	304.18	Hg	131.71	O	1.966
Ce	1020.73	Ho	966.63	Os	297.11
Cl	23.47	I	25.61	P	865.96
Co	286.40	In	412.42	Pb	337.27
Cr	547.43	Ir	0	Pd	0
Cs	390.91	K	386.85	Pr	926.17

元　素	标准烟/kJ·mol^{-1}	元　素	标准烟/kJ·mol^{-1}	元　素	标准烟/kJ·mol^{-1}
Pt	0	Sm	962.86	Tm	894.29
Rb	389.57	Sn	515.72	U	1117.88
Rh	0	Sr	771.15	V	704.88
Ru	0	Ta	950.69	W	818.22
S	602.79	Tb	947.38	Y	932.45
Sb	409.70	Te	266.35	Yb	935.67
Sc	906.76	Th	1164.87	Zn	337.44
Se	167.32	Ti	885.59	Zr	1058.59
Si	852.74	Tl	169.70		

表 2-10　一些化学反应过程的反应烟

序　号	反　应　式		反应烟$-\Delta G^o$	
	反　应　系	生　成　系	kJ·mol^{-1}	kJ/kg 物质
(1)	$Fe+1/2O_2$	FeO	244.5	4379Fe
(2)	$2Fe+3/2O_2$	Fe_2O_3	742.6	6647Fe
(3)	$3Fe+2O_2$	Fe_3O_4	1014.7	6057Fe
(4)	Fe_3O_4+4C	$3Fe+4CO$	−465.7	−2780Fe
(5)	$Ca+1/2O_2+CO_2$	$CaCO_3$	730.7	18230Ca
(6)	$S+O_2$	SO_2	300.3	9368S
(7)	$S+3/2O_2$	SO_3	370.5	11560S
(8)	$Si+O_2$	SiO_2	857.1	30520Si
(9)	$Pb+1/2O_2$	PbO	189.0	913Pb
(10)	$PbO+H_2SO_4$	$PbSO_4 \cdot H_2O$	162.8	787Pb
(11)	SiO_2+FeO	$FeSiO_3$		−188 生成物
(12)	SiO_2+2FeO	Fe_2SiO_4	−33.6	−163 生成物
(13)	SiO_2+CaO	$CaSiO_3$	−89.04	−766 生成物
(14)	Al_2O_3+3CaO	$Ca_3Al_2O_6$		−322 生成物
(15)	$FeO+CaO+SiO_2$	$FeO \cdot CaO \cdot SiO_2$		−603 生成物
	57.6　12.0　30.4	100.0		
(16)	$FeO+CaO+Al_2O_3+SiO_2$	$FeO \cdot CaO \cdot Al_2O_3 \cdot SiO_2$		−557 生成物
	39.7　15.2　9.2　35.5	100.0		

注：1. 反应烟的负号表示吸热反应；

　　2. (15)、(16) 的反应式中的数值表示质量百分数。

2.4.6.3　化合物的标准烟的计算
由化合物的一般生成反应

$$aA + bB + cC + \cdots = A_aB_bC_c\cdots$$

生成化合物（$A_aB_bC_c\cdots$）的标准㶲可按下式计算：

$$e^\ominus(A_aB_bC_c\cdots) = \Delta G_f^\ominus(A_aB_bC_c\cdots) + ae^\ominus(A) + be^\ominus(B) + ce^\ominus(C) + \cdots \quad (2\text{-}35)$$

例如，要计算 Fe_3O_4 的标准㶲 $e^\ominus(Fe_3O_4)$，由于已知反应式为

$$3Fe + 2O_2 = Fe_3O_4$$

并已知反应㶲为 $-\Delta G_f^\ominus(Fe_3O_4) = 1014.7$ （kJ/mol），根据已知的 O_2 和 Fe 的标准㶲，就可以求出

$$e^\ominus(Fe_3O_4) = \Delta G_f^\ominus(Fe_3O_4) + 3e^\ominus(Fe) + 2e^\ominus(O_2)$$
$$= -1014.7 + 3 \times 368.3 + 2 \times 3.95 = 98.2(kJ/mol)$$

表 2-11 给出了部分无机化合物的标准㶲的数值；表 2-12 为一些主要有机化合物的标准㶲的数值。

表 2-11　部分无机化合物的标准㶲

化 合 物	聚 集 态	标准㶲/kJ·mol^{-1}	化 合 物	聚 集 态	标准㶲/kJ·mol^{-1}
AlCl$_3$	s	229.83	HgO	s	75.14
Al(SO$_4$)$_4$	s	60.84	Hg$_2$Cl	s	99.58
BaO	s	263.13	Hg$_2$SO$_4$	s	248.15
BaCl$_2$	s	20.67	HI	g	145.35
BaSO$_4$	s	32.55	H$_2$O	g	8.58
BaCO$_3$	s	19.92	H$_2$PO$_4$	l	113.72
CaO	s	110.33	H$_2$S	g	804.46
Ca(OH)$_2$	s	53.01	H$_2$SO$_4$	l	155.81
CaCl$_2$	s	11.25	KBr	s	40.75
CaOSiO$_2$	s	21.34	KCl	s	2.01
CaOAl$_2$O$_3$	s	88.03	K$_2$CO$_3$	s	124.52
CO	g	275.35	KCN	s	686.85
CO$_2$	g	20.13	KI	s	90.17
CuO	s	16.11	MgO	s	50.79
Cu$_2$O	s	143.59	MgCl$_2$	s	73.39
CuSO$_4$·H$_2$O	s	73.47	MgCO$_3$	s	22.59
FeAl$_2$O$_4$	s	103.18	Mg(OH)$_2$	s	23.64
Fe(OH)$_3$	s	30.29	MgSO$_4$	s	58.20
Fe$_2$SiO$_4$	s	217.90	Mn$_2$O$_3$	s	47.24
H$_2$	g	235.22	Mn$_2$O$_4$	s	108.37
HBr	g	98.53	Mn(OH)$_2$	s	85.35
HCl	g	45.81	N$_2$	g	0.67
HF	g	152.42	NaOH	s	100.63

化 合 物	聚 集 态	标准㶲/kJ·mol⁻¹	化 合 物	聚 集 态	标准㶲/kJ·mol⁻¹
NaBr	s	45.86	PbBr₂	s	146.02
Na₂SO₄	s	62.84	Pb(OH)₂	s	124.14
Na₂CO₃	s	89.96	PbSO₄	s	134.72
NaHCO₃	s	44.69	PbCO₃	s	128.2
NiSO₄	s	94.31	SO₂	g	306.52
NH₃	g	336.69	SO₃	g	238.32
NO	g	88.91	SnO	s	260.79
NO₂	g	55.61	ZnO	s	21.09
O₂	g	3.93	Zn(OH)₂	s	21.46
PbO	s	150.29	ZnCl₂	s	14.98
PbO₂	s	123.85	ZnSO₄	s	77.86
PbCl₂	s	70.08			

注: g——汽态; l——液态; s——固态。

表 2-12 主要有机化合物的标准㶲

化 合 物	聚 集 态	标准㶲/kJ·mol⁻¹	化 合 物	聚 集 态	标准㶲/kJ·mol⁻¹
CH₄	g	830.15	C₆H₆	l	3293.18
C₂H₆	g	1493.77	CH₃C₆H₃	l	39282.36
C₃H₈	g	2148.99	CH₃OH	l	716.72
C₄H₁₀	g	2801.06	C₂H₅OH	l	1354.57
C₅H₁₂	g	3455.61	C₃H₇OH	l	2003.76
C₅H₁₂	l	3454.52	C₄H₉OH	l	2659.10
C₆H₁₄	g	4109.48	C₅H₁₁OH	l	3304.69
C₆H₁₄	l	4105.38	C₆H₅OH	s	3120.43
C₇H₁₆	g	4763.44	HCOOH	l	288.24
C₇H₁₆	l	4756.45	CH₃COOH	l	903.58
C₂H₄	g	1359.63	C₃H₇COOH	l	2209.28
C₃H₆	g	1999.95	C₁₅H₃₁COOH	s	10019.89
CH₂=CHC₂H₅	g	2654.29	C₆H₅COOH	s	3338.08
C₂H₂	g	1265.49	HCOOCH₃	g	998.26
CH₃=CH	g	1896.48	CH₃COOC₂H₄	l	2254.26
C₅H₁₀	l	3265.11	(CH₃)₂O	g	1415.78
环戊烷			(C₂H₄)₂O	l	2697.26
C₆H₁₂	l	3901.16	HCHO	g	537.81
环己烷			CH₃CHO	g	1160.18

化 合 物	聚 集 态	标准㶲/kJ·mol^{-1}	化 合 物	聚 集 态	标准㶲/kJ·mol^{-1}
$(CH_3)_2CO$	l	1783.85	CH_3CN	l	1273.11
CH_3Cl	g	723.96	$CO(NH_2)_2$	s	686.47
CH_2Cl_2	l	622.29	$C_6H_5NO_3$	l	3201.76
$CHCl_3$	l	526.72	$C_6H_5NH_2$	l	3435.90
CCl_4	l	441.79	$C_6H_{12}O_6$	s	2966.92
CH_3Br	g	769.56	α-葡萄糖		
CH_3I	g	804.63	$C_{12}H_{22}O_{11}$	s	5968.52
CF_4	g	754.17	β-乳糖		
C_6H_5F	l	3284.44	$C_{12}H_{22}O_{11}$		5990.86
C_6H_5Cl	l	3164.02	蔗糖		
C_6H_5Br	l	3211.60	C_5H_5N	l	2822.40
C_6H_5I	l	3248.21	C_9H_7N	l	4783.15
CH_3NH_2	g	1031.19			

2.4.6.4 燃料的化学㶲

燃料在氧化反应中释放出热量，它的化学㶲的定义为：在基准状态 p_0、T_0 下，燃料与氧气一起稳定地流经化学反应系统时，以可逆方式转变到完全平衡的环境状态所能做出的最大可用功。它包括氧化反应的反应㶲以及燃烧产物在标准空气中的扩散㶲。但是，由于燃烧产物的扩散㶲实际上难以被利用，所以，习惯上暂不考虑扩散㶲。因此，燃料的基准化学㶲定义为

$$e_f^\ominus = -(\Delta H^\ominus - T_0\Delta S^\ominus) = Q_{dw} + T_0\Delta S^\ominus \tag{2-36}$$

式中　Q_{dw}——燃料的低位发热值；

　　　$\Delta S^\ominus$——反应熵，生成系熵中的 H_2O 按气态计算。

对于煤、石油和化学组成未知的其他燃料，虽然可由实验测定 $-\Delta H^\ominus$，但 $\Delta S^\ominus$ 的数据缺乏，因此，实际难以用式（2-36）求得燃料的化学㶲。国标 GB/T14909 建议采用朗特（Rant）的近似公式：

对气体燃料　　　　　　$e_f^\ominus = 0.95Q_{gw}$ 　　　　　　　　　　(2-37)

对液体燃料　　　　　　$e_f^\ominus = 0.975Q_{gw}$ 　　　　　　　　　(2-38)

对固体燃料　　　　　　$e_f^\ominus = Q_{dw} + 2438w$ 　　　　　　　(2-39)

式中　Q_{gw}——燃料的高位发热值，kJ/kg；

　　　w——固体燃料中含水质量百分率；

　　　2348 是水的汽化潜热，单位为 kJ/kg。

估算的燃料的化学㶲采用与发热值相同的单位 kJ/kg。

对单一成分的燃料，它的标准㶲值如表 2-13 所示。表中的数值未考虑燃烧产物向大气的扩散㶲。

表 2-13 单一成分燃料的标准㶲

气体			固体、液体		
物 质	$e_c^\ominus$		物 质	$e_c^\ominus$	
(分子式)	kcal/m³ (标)	kJ/m³ (标)	(分子式)	kcal/kg	kJ/kg
H_2	2480	10380	C	7990	33450
CO	2740	11470	S	2235	93560
CH_4	8520	35665	C_5H_{10}	10970	45920
C_2H_2	13120	54920	C_5H_{12}	11140	46630
C_2H_4	14050	58814	C_6H_6	9830	41110
C_2H_6	15510	64925	C_6H_{12}	10850	45420
C_3H_6	20730	86780	C_6H_{14}	11140	46630
C_3H_8	22300	93350	$C_6H_5CH_3$	9940	41610
C_4H_{10}	29070	121690	C_7H_{16}	11150	46670
H_2S	5290	22144	C_8H_{18}	11460	47970
NH_3	3500	14650	CH_3OH	5020	21010
			C_2H_5OH	6800	28800

对于气体燃料，如果已知其组成，可以根据表 2-13 中的数据，按下式计算出燃料的化学㶲：

$$e_t^\ominus = \sum_{i=1}^{k} x_i e_i^\ominus + R'T_0 \sum_{i=1}^{k} x_i \ln x_i \qquad (2-40)$$

式中　$e_i^\ominus$——可燃组分 i 的标准化学㶲；

　　　x_i——组分 i 的体积分数；

　　　R'——气体常数，$R' = 0.371 \text{kJ}/(\text{m}^3 \cdot \text{K})$。

归纳起来，纯物质的㶲包括物理㶲和化学㶲两部分。物理㶲取决于与环境的物理参数（温度、压力等）的不平衡程度；化学㶲取决于与环境化学参数（组分、组成等）的不平衡程度。由于标准化学㶲是以环境温度和环境压力为基准，所以，纯物质的㶲等于标准化学㶲与物理㶲之和。物理㶲又可分为温度㶲、压力㶲和潜热㶲（有相变时）等几部分。对理想气体，其㶲为

$$e(T,p) = e^\ominus + \int_{T_0}^{T} \left(1 - \frac{T_0}{T}\right) c_p dT + RT_0 \ln \frac{p}{p_0} \qquad (2-41)$$

等式右边第一项为标准㶲，第二项为温度㶲，第三项为压力㶲。

对于理想混合气体，总㶲则为

$$Ex(T,p) = \sum_{i=1}^{k} n_i e_i(T,p) + RT_0 \sum_{i=1}^{k} n_i \ln \frac{p_i}{p} \qquad (2-42)$$

式中　p_i——混合气体中 i 组分的分压。

2.5 㶲平衡

能量守恒是一个普遍的定律，能量的收支应保持平衡。但是，㶲只是能量中的可用能部分，它的收支一般是不平衡的，在实际的转换过程中，一部分可用能将转变为不可用能，

㶲将减少，称为㶲损失。这并不违反能量守恒定律，㶲平衡是㶲与㶲损失（不可用能）之和保持平衡。

设穿过体系边界的输入㶲为 Ex_{in}，输出㶲为 Ex_{out}，内部㶲损失为 I_{int}，㶲在体系内部的积存量为 ΔEx_{sys}，则它们之间的平衡关系为

$$Ex_{in} = Ex_{out} + I_{int} + \Delta Ex_{sys} \qquad (2\text{-}43)$$

对稳定流动体系，内部㶲的积累量为零。对多股流体，对照能量方程式：

$$\Sigma H_{1i} + Q = \Sigma H_{2i} + W$$

可写出㶲平衡方程式为

$$\Sigma Ex_{1i} + Ex_Q = \Sigma Ex_{2i} + W + \Sigma I_{int} \qquad (2\text{-}44)$$

式中，脚标 1 表示流入的各股流体携带的能（㶲）量；脚标 2 表示流出的各股流体携带的能（㶲）量。

此外，也可将体系的㶲分为支付㶲 Ex_p，收益㶲 Ex_g 以及未被利用的㶲 Ex_1，它也叫外部㶲损失，用 I_{ext} 表示。则㶲平衡关系可表示为

$$Ex_p = Ex_g + Ex_1 + I_{int} = Ex_g + I \qquad (2\text{-}45)$$
$$I = I_{int} + I_{ext}$$

外部㶲损失是由于㶲未被利用而造成的损失，相当于能量平衡中的能量损失项所对应的㶲损失，也叫第一类㶲损失，例如被高温烟气带走的㶲等，它通过适当的回收装置有可能被回收。内部㶲损失是由于过程不可逆造成的㶲损失，它不改变能量数量，只是降低能量的质量，使可用能转变为不可用能(炕)，这种损失项在能量平衡中往往没有反映，也称第二类㶲损失。炕已不可能转变为㶲，要减少这类㶲损失，只能从设法减小过程的不可逆性着手。

以下分析不同过程的㶲平衡。各过程均忽略动能、位能的变化以及由于保温不良造成的热损失。必要时可增加上相关项。

2.5.1 流动过程的㶲平衡

2.5.1.1 节流过程

通过阀门的流动过程是最简单的过程，如图 2-6 所示。流经阀门时压力降低，可看成是绝热节流过程。

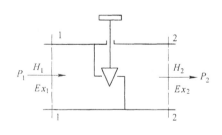

图 2-6 节流过程

节流过程与外界没有功量和热量的交换，因此，能量平衡关系式是进、出口的焓相等，认为是没有能量损失。即

$$H_1 = H_2$$

但是，从㶲平衡来看，它是一个不可逆过程，将有㶲损失。其㶲平衡关系为

$$Ex_1 = Ex_2 + I_{int}$$

内部㶲损失为

$$I_{int} = Ex_1 - Ex_2 = H_1 - H_2 - T_0(S_1 - S_2) = T_0(S_2 - S_1)$$

由上式可见，内部㶲损失与熵增成正比，即与过程的不可逆程度成正比。

2.5.1.2 输出功的过程

工质流经汽（气）轮机（透平）膨胀对外做功时，可看成是绝热膨胀输出功的过程。如

图 2-7 所示，其能量平衡关系为
$$H_1 = H_2 + W$$
㶲平衡的关系为
$$Ex_1 = Ex_2 + W + I_{int}$$
㶲收入为 $Ex_{in} = Ex_1$。输出功全部为可用能，㶲支出为 $Ex_{out} = Ex_2 + W$，因此，内部㶲损失为
$$I_{int} = Ex_{in} - Ex_{out} = Ex_1 - Ex_2 - W$$
该项㶲损失是工质在透平内膨胀时，由于摩擦、涡流等不可逆阻力损失造成的，在能量平衡中没有体现，它转换成热能后将被工质带走，包含在 H_2 中。

2.5.1.3 输入功的过程

工质流经压缩机、风机和泵的时候，可看成是绝热压缩的过程，需要消耗外功来提高其压力。如图 2-8 所示，其能量平衡关系为
$$H_1 + W = H_2$$

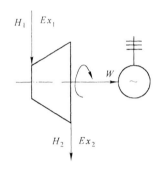

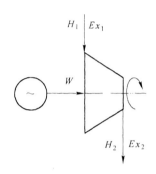

图 2-7　输出功的过程　　　　　　　　图 2-8　输入功的过程

㶲平衡的关系为
$$Ex_1 + W = Ex_2 + I_{int}$$
输入功全部为可用能，㶲收入为 $Ex_{in} = Ex_1 + W$。㶲支出为 $Ex_{out} = Ex_2$，因此，内部㶲损失为
$$I_{int} = Ex_{in} - Ex_{out} = Ex_1 + W - Ex_2$$
该项㶲损失是工质在压缩机内被压缩时，由于摩擦、涡流等不可逆阻力损失造成的附加功耗，它转换成热能后被工质带走，在能量平衡中包含在 H_2 中，没有体现该项损失。

2.5.2 混合过程

混合过程是一个不可逆过程。实际的混合过程常会产生热，所以，混合器分绝热混合器和有冷却的混合器两种。

2.5.2.1 绝热混合

绝热混合过程如图 2-9 所示。其能量平衡关系为
$$H_1 + H_2 = H_3$$
㶲平衡关系为
$$Ex_1 + Ex_2 = Ex_3 + I_{int}$$

此过程没有能量损失，但有㶲损失。内部㶲损失为
$$I_{\text{int}} = Ex_1 + Ex_2 - Ex_3$$

2.5.2.2 放热混合

如果混合器外有冷却水套，将混合热传给冷却水（如图 2-10 所示），则其能量平衡关系为
$$H_1 + H_2 = H_3 + Q$$

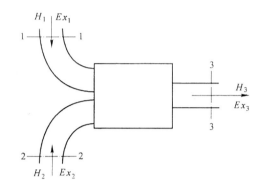
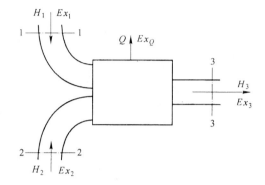

图 2-9　绝热混合过程　　　　　　　　图 2-10　放热混合过程

由于放出的热量中含有热量㶲Ex_Q，其㶲平衡关系为
$$Ex_1 + Ex_2 = Ex_3 + Ex_Q + I_{\text{int}}$$
该过程同样有内部不可逆㶲损失存在，可根据㶲的收支差计算：
$$I_{\text{int}} = Ex_1 + Ex_2 - Ex_3 - Ex_Q$$

2.5.3　分离过程

分离过程是混合的逆过程，必须要靠外部提供能量才能实现分离。根据提供的能量形式不同，可分为受热分离和受功分离两类。

2.5.3.1　受热分离

在蒸馏釜中实现的分离过程就是属于受热分离的一个例子。过程的示意图如图 2-11 所示。其能量平衡关系为
$$H_1 + Q = H_2 + H_3$$
在提供的热量 Q 中包含有热量㶲Ex_Q，其㶲平衡关系为
$$Ex_1 + Ex_Q = Ex_2 + Ex_3 + I_{\text{int}}$$
实际的分离过程也有内部不可逆㶲损失存在，同样可根据㶲的收支差计算：
$$I_{\text{int}} = Ex_1 + Ex_Q - Ex_2 - Ex_3$$

2.5.3.2　受功分离

制氧机实现的空气分离过程就是受功分离的一个例子，它主要是消耗压缩空气所需的功。此外，微分过滤、反渗透法分离也属于受功分离，它们均需要消耗压缩功 W。过程的示意图如图 2-12 所示。其能量平衡关系为
$$H_1 + W = H_2 + H_3$$
外界提供的功 W 全部为㶲，其㶲平衡的关系为

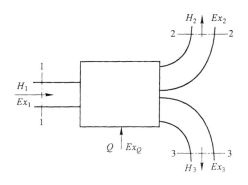

图 2-11 受热分离过程

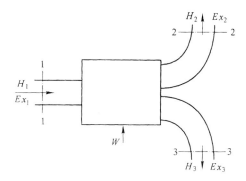

图 2-12 受功分离过程

$$Ex_1 + W = Ex_2 + Ex_3 + I_{int}$$

同样，过程的内部㶲损失可根据㶲的收支差计算：

$$I_{int} = Ex_1 + W - Ex_2 - Ex_3$$

归纳起来可见，任何实际过程㶲的收支是不平衡的，收支之差反映了由于过程的不可逆造成的内部㶲损失。因此，只有包含了该内部㶲损失项后，才能列出㶲平衡式。内部㶲损失是不可用能，属于能量的一部分，因此，㶲平衡式是反映了能量平衡关系，即仍是遵守能量守恒定律。对其他的过程，也可采用相同的方法，首先列出能量平衡和㶲平衡关系式，然后进行分析。

2.6 㶲损失计算

根据㶲平衡式确定的内部㶲损失，只能知道其总量的大小，并不清楚该㶲损失具体包括哪些项目，受哪些因素影响。因此，针对具体过程，需要利用上述的㶲平衡关系，才能具体确定其㶲损失的大小和影响因素，以便寻求减小㶲损失的途径。下面介绍几种主要㶲损失的计算方法。

2.6.1 燃烧㶲损失

燃烧过程是一个氧化反应过程。燃料与空气通过燃烧器混合、燃烧，释放出热量，转换成烟气携带的热能。在理想情况下，燃烧器内的燃烧过程可看作是绝热过程，没有能量（焓）损失。若以燃烧器为体系，如图 2-13 所示，分析它的能量平衡和㶲平衡，求得的内部㶲损失就是由于燃烧不可逆产生的㶲损失。

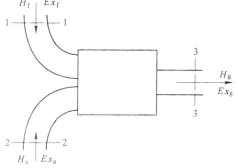

流入系统的两股流分别为燃料与空气，流出系统的是燃烧产物——烟气。其能量平衡关系式为

$$H_f + H_a = H_g$$

目前，在燃烧计算中习惯于将燃烧反应焓按燃料的发热值项 Q_{dw} 考虑，焓中只计其显热

图 2-13 燃烧㶲损失分析系统

部分。现以单位燃料（1kg 等）为基准，上式可改写为

$$Q_{dw} + h_f + V_a h_a = V_g h_g$$

$$Q_{dw} + c_{pf} t_f + V_a c_{pa} t_a = V_g c_{pg} t_{ad}$$

式中　V_a——每 1kg 燃料的助燃空气量，m^3/kg；

　　　V_g——每 1kg 燃料的燃烧产物量，m^3/kg；

　c_{pa}、c_{pg}——空气、燃烧产物的平均比热容，$kJ/(m^3 \cdot ℃)$；

　　t_f、t_a——燃料、空气的预热温度，℃；

　　　t_{ad}——理论绝热燃烧温度，℃。

根据能量平衡，可求得理论绝热燃烧温度：

$$t_{ad} = \frac{Q_{dw} + c_{pf} t_f + V_a c_{pa} t_a}{V_g c_{pg}} \tag{2-46}$$

当燃料与空气均未预热，以环境温度进入系统时，$t_f = t_a = t_0$，则

$$t_{ad} = t_0 + \frac{Q_{dw}}{V_g c_{pg}} \tag{2-47}$$

燃烧器的㶲平衡关系式为

$$Ex_f + Ex_a = Ex_g + I_r$$

$$e_f^o + e_{xf} + V_a e_{xa} = V_g e_{xg} + I_r \tag{2-48}$$

燃料带入的㶲包括燃料的化学㶲 e_f^o 和燃料的物理㶲（焓㶲）e_{xf}，化学㶲取决于它的发热值，焓㶲取决于它的预热温度。空气带入的焓㶲 e_{xa} 取决于空气预热温度。离开系统的燃烧产物带出的焓㶲 e_{xg} 取决于理论绝热燃烧温度。它们均可根据温度㶲的计算公式计算。对 e_{xg} 为

$$e_{xg} = c_{pg}(T_{ad} - T_0)\left(1 - \frac{T_0}{T_{ad} - T_0}\ln\frac{T_{ad}}{T_0}\right)$$

当燃料与空气均未预热时，$t_f = t_a = t_0$，其焓㶲均为零，则燃烧过程的㶲损失公式可简化为

$$I_r = e_f^o - V_g e_{xg} = Q_{dw} + T_0 \Delta S - V_g c_{pg}(T_{ad} - T_0)\left(1 - \frac{T_0}{T_{ad} - T_0}\ln\frac{T_{ad}}{T_0}\right) \tag{2-49}$$

将式（2-47）的理论绝热燃烧温度关系式代入上式的 $(T_{ad} - T_0)$ 项可得：

$$I_r = Q_{dw} + T_0 \Delta S - Q_{dw}\left(1 - \frac{T_0}{T_{ad} - T_0}\ln\frac{T_{ad}}{T_0}\right) = T_0 \Delta S + Q_{dw}\frac{T_0}{T_{ad} - T}\ln\frac{T_{ad}}{T_0} \tag{2-50}$$

需要注意的是，式（2-50）是按燃料及空气均未预热的特殊情况下推导出的。但是，影响燃烧㶲损失的主要因素还是可以体现的。由式可见，理论绝热燃烧温度越高，燃烧㶲损失越小。而 T_{ad} 与烟气量及预热情况有关。如果空气系数 n 接近于 1，则 V_g 接近理论烟气量，相对的烟气量较小，则 T_{ad} 较高；采用空气或燃料预热方式，同样可提高绝热燃烧温度，以减少燃烧㶲损失的目的。但是，此时的燃烧㶲损失应按式（2-48）、式（2-46）逐项计算。

燃烧㶲损失率 ξ_r 是指燃烧㶲损失与供给的㶲（消耗㶲）之比。即

$$\xi_r = \frac{I_r}{e_f^o + e_{xf} + V_a e_{xa}} = 1 - \frac{V_g e_{xg}}{e_f^o + e_{xf} + V_a e_{xa}} \tag{2-51}$$

空气预热温度及空气系数对燃烧㶲损失率的影响如表 2-13 所示。表中的数据是按燃料的化学㶲 $e_f^o = 43790kJ/kg$，环境温度 $T_0 = 303.15K$ 计算的。

表 2-13 燃烧㶲损失率与空气系数及空气温度的关系

空气温度 /℃	项 目 内 容	空 气 系 数 n			
		1.0	1.1	1.3	1.5
30	空气的焓㶲/kJ·kg^{-1}	0	0	0	0
	绝热燃烧温度/℃	2240	2080	1810	1615
	烟气的焓㶲/kJ·kg^{-1}	30140	29430	28210	27290
	燃烧㶲损失率 ξ_r/%	31.5	32.0	34.6	36.7
500	空气的焓㶲/kJ·kg^{-1}	3140	3460	3580	4130
	绝热燃烧温度/℃	2540	2420	2150	1980
	烟气的焓㶲/kJ·kg^{-1}	36335	35916	35748	35581
	燃烧㶲损失率 ξ_r/%	22.6	24.0	25.2	26.3

由表可见，一般情况下，燃烧㶲损失率高达 30% 以上。提高空气预热温度，可以显著地降低㶲损失率。

实际燃烧时，由于火焰向周围传热，烟气温度将会比绝热燃烧温度低 10%～30% 左右。

降低空气系数固然可以降低燃烧㶲损失率，但是，这是指完全燃烧而言的。如果供给的空气量不足，或者燃料与空气混合不充分，此外，由于温度过低而造成燃烧速度降低，或者由于燃烧温度过高而使 H_2O 和 CO_2 发生热离解，这些情况均会产生化学不完全燃烧损失。此时，一部分燃料的化学能未能转换成热能，随烟气散失到大气中。这部分化学㶲损失实际也应加算在燃烧㶲损失中。

2.6.2 传热㶲损失

物质实际的加热或冷却过程，是在有限温差下进行的传热过程。有温差的传热是不可逆过程，即使没有热量损失，也必然会产生㶲损失。

设从温度为 T_H 的高温物体向温度为 T_L 的低温物体传递了微小热量 δQ，环境温度为 T_0，且 $T_H > T_L > T_0$。在无散热损失时，能量平衡关系为

$$\delta Q = -\delta Q_1 = \delta Q_2$$

根据式 (2-7)，高温物体失去的热量㶲为

$$|dEx_1| = \delta Q \left(1 - \frac{T_0}{T_H} \right)$$

低温物体得到的热量㶲为

$$dEx_2 = \delta Q \left(1 - \frac{T_0}{T_L} \right)$$

传热造成的㶲损失为

$$dI_c = |dEx_1| - dEx_2 = T_0 \left(\frac{1}{T_L} - \frac{1}{T_H} \right) \delta Q = T_0 \frac{T_H - T_L}{T_H \cdot T_L} \delta Q \tag{2-52}$$

显然，传热过程将造成㶲减少，并且，传热温差越大，传热㶲损失也越大。同时，它还与两者的温度的乘积成反比。在相同的传热温差情况下，高温传热时的㶲损失比低温时要小。或者说，当要求㶲损失不超过某一定值时，温度水平高的情况下，可允许选用较大的传热温差；温度水平低的情况下，则应选用较小的传热温差。

如果高温物体在向低温物体传热的同时，向外界放散热量 $\delta Q'$，则这部分热量㶲将全部向外散失，它是属于外部㶲损失。系统的总㶲损失为

$$dI_c + dI'_c = T_0 \left[\left(\frac{1}{T_L} - \frac{1}{T_H} \right) \delta Q + \left(\frac{1}{T_0} - \frac{1}{T_H} \right) \delta Q' \right] \tag{2-53}$$

下面再讨论有限传热过程的传热㶲损失的计算。

2.6.2.1　恒温热源间的传热

当两个热源的热容量很大，放出或吸收热量 Q 温度均不变时，则对式（2-52）积分可得总的传热㶲损失为

$$I_c = \int T_0 \frac{T_H - T_L}{T_H \cdot T_L} \delta Q = T_0 \frac{T_H - T_L}{T_H \cdot T_L} Q \tag{2-54}$$

由式可见，传热㶲损失同样是与温差 $(T_H - T_L)$ 成正比，与 T_H、T_L 的乘积成反比。

2.6.2.2　有限热源间的传热

如果物体的热容量有限，随着放热或吸热过程，温度均发生变化，变化范围分别为对高温热源从 T_{H1} 降至 T_{H2}，对低温热源从 T_{L1} 升至 T_{L2}。如果只考虑两物体之间的传热，没有散热损失，则根据热平衡关系可得

$$\delta Q = - m_H c_H dT_H = m_L c_L dT_L \tag{2-55}$$

$$Q = - m_H c_H (T_{H2} - T_{H1}) = m_L c_L (T_{L2} - T_{L1}) \tag{2-56}$$

式中　m_H、c_H——热物体的质量与比热容，其乘积即为热物体的热容；

m_L、c_L——冷物体的质量与比热容。

此时的传热㶲损失需对式（2-52）用积分的方法求得。将上式代入式（2-52），经积分后可得传热总㶲损失为

$$I_c = T_0 \left(m_L \int_{T_{L1}}^{T_{L2}} \frac{c_L dT_L}{T_L} + m_H \int_{T_{H1}}^{T_{H2}} \frac{c_H dT_H}{T_H} \right) = T_0 \left(m_L c_L \ln \frac{T_{L2}}{T_{L1}} + m_H c_H \ln \frac{T_{H2}}{T_{H1}} \right)$$

$$= T_0 Q \left[\frac{\ln \frac{T_{L2}}{T_{L1}}}{T_{L2} - T_{L1}} - \frac{\ln \frac{T_{H2}}{T_{H1}}}{T_{H2} - T_{H1}} \right] = T_0 Q \left(\frac{1}{\overline{T_L}} - \frac{1}{\overline{T_H}} \right) = T_0 Q \frac{\overline{T_H} - \overline{T_L}}{\overline{T_L} \cdot \overline{T_H}} \tag{2-57}$$

$$\overline{T_L} = \frac{T_{L2} - T_{L1}}{\ln \frac{T_{L2}}{T_{L1}}}$$

$$\overline{T_H} = \frac{T_{H2} - T_{H1}}{\ln \frac{T_{H2}}{T_{H1}}}$$

式中　$\overline{T_L}$、$\overline{T_H}$——分别为冷、热物体的初、终态温度的对数平均值。

采用此平均温度代替，则传热㶲损失的公式与恒温热源时具有相同的形式，以前讨论的结论同样可以适用。传热㶲损失与它们的对数平均温度之差成正比。

当比热容不为常数，或在传热过程中发生相变时，转移的热量可按焓的变化进行计算：

$$\delta Q = - m_H dh_H = m_L dh_L$$

$$Q = - m_H \Delta h_H = m_L \Delta h_L$$

式中　h_L、h_H——冷、热物体的比焓。

代入式（2-52），则可得传热㶲损失为

$$dI_c = |dEx_H| - dEx_L = T_0 \left(- \frac{dQ}{T_H} + \frac{dQ}{T_L} \right) = T_0 (dS_H + dS_L) = T_0 dS$$

$$=T_0\left(\frac{M_{\mathrm{H}}\mathrm{d}h_{\mathrm{H}}}{T_{\mathrm{H}}}+\frac{M_{\mathrm{L}}\mathrm{d}h_{\mathrm{L}}}{T_{\mathrm{L}}}\right)$$

$$\tag{2-58}$$

$$I_{\mathrm{c}}=T_0\Delta S=T_0(M_{\mathrm{H}}\Delta s_{\mathrm{H}}+M_{\mathrm{L}}\Delta s_{\mathrm{L}})=T_0Q\left(\frac{\Delta s_{\mathrm{L}}}{\Delta h_{\mathrm{L}}}-\frac{\Delta s_{\mathrm{H}}}{\Delta h_{\mathrm{H}}}\right)$$

式中　Δs_{H}、Δs_{L}——热物体、冷物体的单位熵增；

ΔS——体系的总熵增。

由于传热是一个不可逆过程，体系的总熵增 $\Delta S > 0$，即有温差的传热始终总存在有传热㶲损失。并且，㶲损失与总熵增成正比。

2.6.2.3　换热器中的传热

换热器中冷、热流体之间的传热过程如图 2-14 所示，质量流量为 m_{H} 的热流体以温度 T_{H1} 状态（点 1）流入换热器，经放热后，出口温度为 T_{H2}（点 2）；冷流体的质量流量为 m_{L}，进口温度为 T_{L3}（点 3），出口温度为 T_{L4}（点 4）。在内部任意截面上，

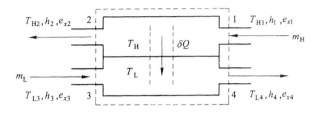

图 2-14　换热器中的传热

$T_{\mathrm{H}} > T_{\mathrm{L}}$，由热流体向冷流体传递热量 δQ，换热器的总传热量为 Q。

如果不考虑向外界散热，则根据热平衡关系可得传热量为

$$Q=m_{\mathrm{H}}(h_1-h_2)=m_{\mathrm{L}}(h_4-h_3) \tag{2-59}$$

传热㶲损失可以根据㶲平衡关系求得。热流体的㶲减少和冷流体的㶲增加分别为

$$\Delta Ex_{\mathrm{H}}=m_{\mathrm{H}}(e_{x1}-e_{x2})$$

$$\Delta Ex_{\mathrm{L}}=m_{\mathrm{L}}(e_{x4}-e_{x3})$$

传热的㶲损失为

$$I_{\mathrm{c}}=Ex_{\mathrm{in}}-Ex_{\mathrm{out}}=\Delta Ex_{\mathrm{H}}-\Delta Ex_{\mathrm{L}}$$

$$=m_{\mathrm{H}}[(h_1-h_2)-T_0(s_1-s_2)]-m_{\mathrm{L}}[(h_4-h_3)-T_0(s_4-s_3)] \tag{2-60}$$

$$=T_0[m_{\mathrm{H}}\Delta s_{\mathrm{H}}+m_{\mathrm{L}}\Delta s_{\mathrm{L}}]=T_0\Delta S$$

由式可见，换热器的传热㶲损失仍与系统的总熵增成正比，与式（2-58）的结果相同。在已知各点的温度、压力时，可以求得传热量和㶲损失。

当不计换热器内的流动阻力时，流体进出口焓㶲的变化可以只计温度㶲的变化。则式（2-58）可化为

$$I_{\mathrm{c}}=m_{\mathrm{H}}(h_1-h_2)\left(1-\frac{T_0}{T_{\mathrm{H1}}-T_{\mathrm{H2}}}\ln\frac{T_{\mathrm{H1}}}{T_{\mathrm{H2}}}\right)-m_{\mathrm{L}}(h_4-h_3)\left(1-\frac{T_0}{T_{\mathrm{L4}}-T_{\mathrm{L3}}}\ln\frac{T_{\mathrm{L4}}}{T_{\mathrm{L3}}}\right)$$

$$=QT_0\left(\frac{1}{\dfrac{T_{\mathrm{L4}}-T_{\mathrm{L3}}}{\ln\dfrac{T_{\mathrm{L4}}}{T_{\mathrm{L3}}}}-\frac{1}{\dfrac{T_{\mathrm{H1}}-T_{\mathrm{H2}}}{\ln\dfrac{T_{\mathrm{H1}}}{T_{\mathrm{H2}}}}\right)=QT_0\left(\frac{1}{\overline{T_{\mathrm{L}}}}-\frac{1}{\overline{T_{\mathrm{H}}}}\right)$$

$$\tag{2-61}$$

所得结果与式（2-57）的形式相同。但是，这里的 $\overline{T_{\mathrm{L}}}$ 与 $\overline{T_{\mathrm{H}}}$ 分别是冷、热流体进、出口温度的对数平均值。

传热㶲损失还可在以卡诺因子 $\eta_{\mathrm{c}}=(1-T_0/T)$ 为纵坐标，以传热量 Q 为横坐标的图

上表示，如图 2-15 所示。当不计流体内部的摩擦等不可逆因素时，流体㶲的变化应等于它的热量㶲，即

$$|\mathrm{d}Ex_\mathrm{H}| = \left(1 - \frac{T_0}{T_\mathrm{H}}\right)\delta Q$$

$$\mathrm{d}Ex_\mathrm{L} = \left(1 - \frac{T_0}{T_\mathrm{L}}\right)\delta Q$$

因此，根据式（2-52），传热㶲损失为

$$I_\mathrm{c} = \int|\mathrm{d}Ex_\mathrm{H}| - \int\mathrm{d}Ex_\mathrm{L} = \int_2^1\left(1 - \frac{T_0}{T_\mathrm{H}}\right)\delta Q - \int_3^4\left(1 - \frac{T_0}{T_\mathrm{L}}\right)\delta Q \qquad (2\text{-}62)$$

如果能求出冷、热流体沿换热器各截面的温度，就可在 $\eta_\mathrm{c}\text{-}Q$ 图上分别画出冷、热流体的温度变化曲线。对微元曲线段下的面积为 $\eta_\mathrm{c}\cdot\delta Q$，即为㶲的变化。曲线下的总面积 1-2-0-5-1 与 4-3-0-5-4 分别表示热流体与冷流体㶲的变化。因此，两条曲线之间的面积 1-2-3-4-1 即为传热㶲损失，如图中的阴影线所示的面积。由图可见，如果传热温差增大，将使两条曲线之间的距离扩大，传热㶲损失会增加。

$\eta_\mathrm{c}\text{-}Q$ 图还可表示出换热器不同截面处的㶲损失的分布情况。例如，图 2-15 中的面积 a-b-c-d-a 表示了某断面处的传热㶲损失 $\mathrm{d}I_\mathrm{c}$。利用这种图可方便地分析传热㶲损失，研究改善换热器的设计，以减少㶲损失。例如，当用饱和蒸汽进行加热时，由于热源蒸汽在冷凝放热时温度保持不变，在 $\eta_\mathrm{c}\text{-}Q$ 图上为一水平线，如图 2-16 所示。在低温段，由于传热温差大，将存在较大的传热㶲损失，如图 2-16（a）所示。如果采用两种不同压力的饱和蒸汽来进行加热，低温段采用温度较低的低压蒸汽，则可明显地减少传热㶲损失，如图 2-16（b）所示。

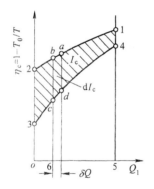

图 2-15　传热过程的 $\eta_\mathrm{c}\text{-}Q$ 图

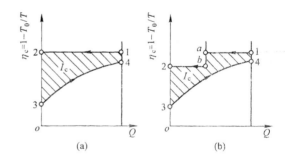

图 2-16　传热过程的改善

（a）一段加热；（b）两段加热

换热器内传热过程的㶲损失率可表示为

$$\xi_\mathrm{c} = \frac{I_\mathrm{c}}{\Delta Ex_\mathrm{H}} = 1 - \frac{\Delta Ex_\mathrm{L}}{\Delta Ex_\mathrm{H}} \approx 1 - \frac{\lambda_\mathrm{L}(H_\mathrm{L4} - H_\mathrm{L3})}{\lambda_\mathrm{H}(H_\mathrm{H1} - H_\mathrm{H2})} = 1 - \frac{\lambda_\mathrm{L}}{\lambda_\mathrm{H}}$$

2.6.3　散热等㶲损失

在加热炉等一般炉窑设备中，通过体系边界向外散热的损失包括：1）通过炉壁向外散失的热；2）通过炉门孔处向外辐射的热损失；3）被冷却水带走的热；4）由炉内的辅助设备，如链条、台车等带走的热。在这些散失的热量中，均具有一定的可用能。由于这些散

失的㶲一般不再被利用，因此也成为㶲损失的一部分，称为外部㶲损失。这些㶲损失的计算方法如下所述。

2.6.3.1 炉壁散热㶲损失

为了减少通过炉壁的散热，在砌筑炉墙时，敷有绝热保温层，以降低外壁温度 T_2，减小与环境的温差。散热量是根据炉壁与周围空气的对流换热进行计算的。在稳定时，通过炉内壁和外表面的热量应相等。

就散热㶲损失来说，由于热量㶲与温度有关，因此，通过炉墙的不同截面位置的㶲并不相等。如图 2-17 所示，炉的内壁温度为 T_1，通过内壁的㶲损失将大于通过外壁的㶲损失，一部分㶲在壁内不可逆传热过程中转变为炕。由于这部分㶲损失归根结蒂是来自炉膛内部，因此，散热㶲损失应按炉的内壁平均温度 T_1 计算。设散热量为 Q_{sr}，则散热㶲损失 I_{sr} 为

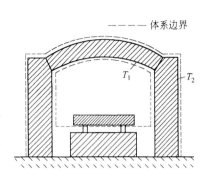

图 2-17 炉墙的散热

$$I_{sr} = \left(1 - \frac{T_0}{T_1}\right)Q_{sr} \qquad (2\text{-}63)$$

2.6.3.2 炉门辐射㶲损失

可根据辐射换热公式计算通过炉门的辐射热损失 Q_{fs}：

$$Q_{fs} = \varepsilon_s C_0 A_f \left[\left(\frac{T_1}{100}\right)^4 - \left(\frac{T_0}{100}\right)^4\right] \qquad (2\text{-}64)$$

式中　ε_s——系统黑度，对通过炉门孔的辐射可取 $\varepsilon_s = 1$；

C_0——黑体辐射系数，$5.67 \text{W}/（\text{m}^2 \cdot \text{K}^4）$。当 Q_{fs} 采用 kJ/h 为单位时，$C_0 = 20.4 \text{kJ}/（\text{h} \cdot \text{m}^2 \cdot \text{K}^4）$；

A_f——炉门孔面积，m^2；

T_1——炉膛内温度，K。

辐射热损失造成的㶲损失 I_{fs} 应根据炉内温度计算其热量㶲。即

$$I_{fs} = \left(1 - \frac{T_0}{T_1}\right)Q_{fs} \qquad (2\text{-}65)$$

当炉门位置不同，对应的炉内温度也不同时，应分别求出其辐射热损失 Q_{fsi} 和相应的及辐射㶲损失 I_{fsi}，再求其总和，得到总的辐射㶲损失。

当炉门间歇开闭时，需按开启的时间求其㶲损失。

2.6.3.3 冷却㶲损失

在加热炉中，为了保护金属构件，例如炉筋管等能在高温环境下正常工作，通常在管内需通水冷却。冷却水带走的热在造成热损失的同时，也引起㶲损失。

如果冷却水的流量为 m_{ls}，进口水温为 t_{s1}，对应的焓值为 h_{s1}，出口的水温为 t_{s2}，焓值为 h_{s2}，则热损失 Q_{ls} 为

$$Q_{ls} = 4.1868 m_{ls}(t_{s2} - t_{s1}) = M_{ls}(h_{s2} - h_{s1})$$

由于它是从炉内带走热量，因此，在计算㶲损失时，热量㶲的能级 λ_Q 同样应按炉内工作温度 T 计算：

$$\lambda_Q = 1 - \frac{T_0}{T}$$

所以，冷却㶲损失 I_{ls} 为

$$I_{ls} = \lambda_Q Q_{ls} = \left(1 - \frac{T_0}{T}\right) m_{ls}(h_{s2} - h_{s1}) \qquad (2\text{-}66)$$

冷却水具有的㶲则是取决于冷却水的出口温度。一般，在采用水冷却时，由于出口水温在 45℃ 以下，它的能级很低，㶲值也很小，所以难以加以回收利用。目前，较普遍地采用汽化冷却，出口为温度较高的蒸汽。它具有的能级 λ_q 为

$$\lambda_q = 1 - T_0 \frac{s_q - s_0}{h_q - h_0} \qquad (2\text{-}67)$$

式中 h_q、s_q——汽化冷却时出口蒸汽的焓与熵。

汽化冷却产生的蒸汽所具有的㶲可以加以回收利用，它具有的㶲为

$$Ex_q = \lambda_q Q_{ls} \qquad (2\text{-}68)$$

由于在一般情况下，可认为冷却水进口的焓 h_{s1} 即为环境温度下的焓 h_0，因此，实际的冷却㶲损失可表示为

$$I'_{ls} = I_{ls} - Ex_q = Q_{ls}(\lambda_Q - \lambda_q) \qquad (2\text{-}69)$$

2.6.4 燃烧产物带走的㶲损失

燃烧产物一部分会从炉门孔等处逸出，它的温度很高。逸气量的多少与炉内的压力以及开孔面积有关。逸气带走的热及㶲无法回收，形成逸气热损失与㶲损失。大部分燃烧产物在炉内将热量传给工件后，从烟道排走。它仍具有相当高的温度，构成排气热损失。排气中具有的㶲如果不加以回收，也将成为㶲的损失。这些损失也属于外部㶲损失。

2.6.4.1 逸气㶲损失

逸气是高温气体，它的㶲 e_{xy} 可按温度㶲公式（2-16）计算。如果根据炉内外压差及炉门面积可估算出逸气量 m_y，并测出逸气的温度，就可计算出它的单位㶲 e_{xy}，以及总的逸气㶲损失

$$I_y = m_y e_{xy} \qquad (2\text{-}70)$$

由于一部分炉气从炉门处逸出后，炉尾的排气量将相应减小。一般来说，逸气的温度高于排气温度，因此，逸气量增加，将使炉气带走的总㶲损失增大。

2.6.4.2 排气㶲损失

炉气从炉尾排走时，仍具有相当高的温度，它带走的热能伴随有㶲。如果未加回收利用，则构成㶲损失。它是属于未被利用的㶲，即外部㶲损失。

排气的单位㶲 e_{xg} 可根据排气温度，利用温度㶲式（2-17）进行计算。再乘以排气量，即为排气㶲损失。当不考虑逸气时，排烟量可根据燃料种类、空气系数以及燃料消耗量计算。图 2-18 给出以重油为燃料的工业炉单位排气㶲损失与排气温度及空气系数的关系。图中的曲线是按 $T_0 = 273K$ 画出的。由图可见，排气温度越

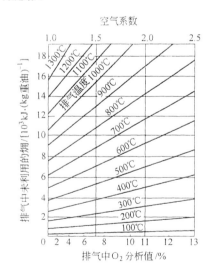

图 2-18 排气㶲损失

高，空气系数越大，排气㶲损失也越大。曲线是在未考虑逸气的情况下得出的。

除上述的㶲损失外，还有一些与热损失无关的㶲损失。例如，当炉膛为负压，周围空气通过炉门等缝隙侵入炉内时，将会降低炉膛温度，造成一部分㶲的能质降低而成为炕，并且，它将使排气量增加，在离开炉尾时多带走一部分㶲；烟气在向周围大气中扩散时，也存在不可逆㶲损失。但是，由于烟气扩散㶲实际无法利用，一般将它忽略。也有在计算燃料的化学㶲时，预先将烟气的扩散㶲扣除。

2.7 㶲分析与㶲效率

2.7.1 㶲分析的方法

2.7.1.1 分析目的

对热工设备或能源系统进行能量分析时，通过对能量形态的变化过程分析，定量计算能量有效利用及损失等情况，弄清造成损失的部位和原因，以便提出改进措施，并预测改善后的效果。

能量平衡分析可分热平衡（焓平衡）及㶲平衡分析两种。㶲分析是不仅考虑能量的数量，还顾及能量的质量。在作㶲分析时，需要计入各项㶲损失才能保持平衡。其中，内部不可逆㶲损失项在焓平衡中并无反映。因此，两种分析方法有质的区别。但是，相互之间又存在有内在的联系，㶲平衡是建立在能平衡的基础之上的。

1）定量计算能量（㶲）的各项收支、利用及损失情况。收支保持平衡是基础，能流的去向中包括收益项和各项损失项，根据各项的分配比例可以分清其主次；

2）通过计算效率，确定能量转换的效果和有效利用程度；

3）分析能量利用的合理性，分析各种损失大小和影响因素，提出改进的可能性及改进途径，并预测改进后的节能效果。

2.7.1.2 分析方法

能量分析有以下四种方法：

1）统计的方法。通过每天的运转数据，分析影响热效率和单位能耗的各种因素，找出其相互关系。统计分析有以下作用：①可以发现每天操作中突发性的异常现象；②可以知道装置随运转年限增加，性能下降的情况；③可以预测将来的操作数据的变化趋势；④可作为今后建设、设计的资料。随着计算机技术的发展，统计范围越来越广，数据处理也越来越快。

2）动态模拟的方法。对操作条件给予某一阶梯形的或正弦形的变化，以测定对其他量有何影响，对随时间与随空间的变化情况进行分析。它适合于负荷变动激烈或运转率低的装置，以及生产多品种产品的装置的分析。它可以预测对装置采用自动控制后所能取得的效果。但是，一般装置的动态特性相当复杂。

3）稳态的方法。用于锅炉、连续加热炉、高炉等热工设备的分析。正常情况下，工况几乎不随时间变化。通过对分析对象的物料及能量平衡测定，可弄清能流情况以及各项损失的大小。它是最常用的方法。

4）周期的方法。适用于间歇工作的热设备，例如锻造炉、热处理炉等。分析时至少要测定一个周期内的数据，并要考虑装置积蓄能量的变化。其物料平衡以及能量平衡的分析方法与稳态法相同。

2.7.1.3 分析步骤

分析步骤如下：

1）确定体系。首先要明确分析对象，确定体系的边界。所取体系可大、可小，大至一个部门、一个厂矿，小至一个车间、一个具体设备甚至一个部件。这主要取决于分析的需要。为了便于分析，对大体系，还可进一步划分成几个子体系。所以要用示意图标明所取体系的范围；

2）分析体系与外界的质量交换。物料平衡是分析的基础。要标明和计算出穿过边界的各股物质流的流量和成分；

3）分析体系与外界的能量交换。通过边界的能流包括功量、热量和物流携带的焓（烟），有的要通过测定温度、压力等参数后计算确定；

4）计算各项的数值，确定各项损失的大小。在计算时，要明确环境基准状态，要确定所需的热力学基础数据（物质的热容、焓和熵等）以及计算公式；

5）分析能量平衡和烟平衡。能量平衡是烟平衡的基础。在此基础上，建立体系的烟平衡关系，确定各项输入、输出烟及烟损失，画出能流、烟流图；

6）计算烟效率及局部烟损失率等评价指标；

7）评价与分析结果。根据计算结果，分析造成能量损失与烟损失的原因，探讨体系进一步提高有效利用能量的措施及可能性。

2.7.2 烟效率的一般定义

在能量转换系统中，当耗费某种能量，转换成所需的能量形式时，一般来说不可能达到百分之百地转换，实际总会存在各种损失。损失的大小并不能确切评价转换装置的完善程度，一般需采用"效率"这个指标。

效率的一般定义为效果与代价之比，对能量转换装置，也就是取得的有效能（收益能）与供给装置耗费的能（支付能）之比。

在热平衡中，用"热效率"的概念来衡量被有效利用的能量与消耗的能量在数量上的比值。它没有顾及能量在质量上的差别，往往不能反映装置的完善程度。例如，利用电炉取暖，单从能量的数量上看，它的转换效率可以达到100%，但是，从能量的质量上看，电能是高级能，而供暖只需要低质热能，所以用能是不合理的。对利用燃料热能转换成电能的凝汽式发电厂来说，它的发电效率是指发出的电能与消耗的燃料热能之比，目前，大型高参数的发电装置的最高效率也不到40%，冷凝器冷却水带走的热损失在数量上占燃料提供热量的50%以上。但是，热能在转换成机械能的同时，向低温热源放出热量是不可避免的。冷却水带走的热能质量很低，已难以利用。因此，要衡量热能转换过程的好坏和热能利用装置的完善性，热效率并不是一个很合理的尺度。

如前所述，烟损失的大小可以用来衡量该过程的热力学完善程度。为了全面衡量热能转换和利用的效益，应该从综合热能的数量和质量的烟的概念出发，用"烟效率"来表示系统中进行的能量转换过程的热力学完善程度，或热力系统的烟的利用程度。

烟效率是指能量转换系统或设备，在进行转换的过程中，被利用或收益的烟 Ex_g 与支付或耗费的烟 Ex_p 之比，用 η_e 表示。即

$$\eta_e = \frac{Ex_g}{Ex_p} \tag{2-71}$$

当考虑系统内部不可逆㶲损失及外部㶲损失时，支付㶲中需扣除这些㶲损失之和才为收益㶲。因此，㶲效率为

$$\eta_e = \frac{Ex_p - \Sigma I_i}{Ex_p} = 1 - \frac{\Sigma I_i}{Ex_p} = 1 - \Sigma \xi_i \tag{2-72}$$

式中 $\xi_i = I_i/Ex_p$，称局部㶲损失率或㶲损失系数。

根据各项㶲损失率的大小，可知㶲损失的分配情况，以及它们所占的相对地位，从而确定减少㶲损失的主攻方向。

当只考虑内部不可逆㶲损失时，它的㶲效率将大于包括外部㶲损失时的㶲效率。这种㶲效率能够反映装置的热力学完善程度。此时的㶲损失已转变为炕，并反映为系统熵增。因此，它的㶲效率可表示为

$$\eta'_e = 1 - \frac{An}{Ex_p} = 1 - \frac{T_0 \Delta S}{Ex_p} \tag{2-73}$$

㶲效率与热效率有本质的不同。㶲效率是以㶲为基准，各种不同形式的能量的㶲是等价的。而热效率只计及能量的数量，不管能量品位的高低。但是，它与㶲效率 η'_e 有一定的内在联系。现以动力循环为例加以说明，循环的热效率为循环做出的有效功与从热源吸取的热量之比，即

$$\eta_t = \frac{W}{Q_1}$$

而㶲效率为收益㶲（即为净功 W）与热量㶲之比，即

$$\eta'_e = \frac{W}{Ex_Q}$$

因此，热效率可表示为

$$\eta_t = \frac{W}{Q_1} = \frac{Ex_Q}{Q_1} \frac{W}{Ex_Q} = \lambda_Q \eta'_e \tag{2-74}$$

式中 λ_Q——热量的能级，即为卡诺因子。

对可逆过程，内部不可逆㶲损失为零，$\eta'_e = 100\%$，则最高热效率等于卡诺循环的效率。装置的不可逆程度越大，η'_e 越小，则热效率离卡诺效率越远。由此可见，㶲效率 η'_e 可以反映整个热能转换装置及其组成设备的完善性，也便于对不同的热能转换装置之间进行性能比较。

2.7.3 各种热工设备的㶲效率

㶲效率应用于热能转换过程可以是多方面的。例如：

1）针对热能转换的全过程或总系统，求出总的㶲损失，从而确定总的㶲效率；

2）只对热能转换的个别环节计算出㶲损失，从而得到某个局部环节的㶲效率；

3）综合分析总的㶲效率和局部㶲效率，可以找出改进热能转换效应的途径；

4）可以作为主要指标来评比工艺流程和设备的优劣。

如何认定收益㶲与消费㶲，针对不同的设备可以有不同的定义。即使对同一类设备，在不同的场合，也有不同的定义，因此计算出的㶲效率值就不同。例如，有的将输出㶲全部算作收益㶲，输入㶲全部作为消费㶲，这样定义的㶲效率可反映能量传递过程的效率，称为㶲的传递效率；也有以特定目的所获得的㶲作为收益㶲，消费㶲为输入㶲扣除其他非目的的输出㶲，这种㶲效率称为㶲的目的效率。对不同的热工设备，或不同的分析目的，可

以选择最合理、最能反映事物本质的㶲效率定义。但是，对相同类型的设备，只有均采用按同样方法定义的㶲效率，才具有可比性。

例如，对最简单的节流过程，由于阀门等节流装置的阻力，将产生不可逆内部㶲损失，使流出的㶲Ex_{out}小于流入的㶲Ex_{in}，它的㶲效率可定义为

$$\eta_e = \frac{Ex_{out}}{Ex_{in}} \tag{2-75}$$

它相当于上述的㶲的传递效率。$Ex_{in} - Ex_{out}$即为节流㶲损失。

2.7.3.1 热交换器的㶲效率

热交换器中，冷、热流体之间的传热过程产生的能量传递过程如图 2-19 所示。热流体放出热量，㶲由 Ex_{in1} 减为 Ex_{out1}；冷流体吸收热量，㶲由 Ex_{in2} 增至 Ex_{out2}。换热器存在内部的传热不可逆㶲损失 I_c 及外部散热㶲损失 I_{sr} 等㶲损失。根据㶲平衡关系，可以写出以下几种㶲平衡方程形式：

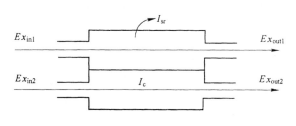

图 2-19 热交换器的㶲分析

1）一般的㶲效率。将冷流体作为被加热的对象，它增加的㶲（$Ex_{out2} - Ex_{in2}$）为收益㶲。而热流体出口的㶲Ex_{out1}不再回收利用，成为外部㶲损失时，㶲平衡方程为

$$Ex_{in1} = (Ex_{out2} - Ex_{in2}) + (Ex_{out1} + \Sigma I_i)$$

㶲效率为

$$\eta_{e1} = \frac{(Ex_{out2} - Ex_{in2})}{Ex_{in1}} = 1 - \frac{Ex_{out1} + \Sigma I_i}{Ex_{in1}} \tag{2-76}$$

2）目的㶲效率。收益㶲与上述相同，支付㶲只考虑热流体在该换热器内减少的㶲。㶲平衡方程为

$$(Ex_{in1} - Ex_{out1}) = (Ex_{out2} - Ex_{in2}) + \Sigma I_i$$

㶲效率为

$$\eta_{e2} = \frac{(Ex_{out2} - Ex_{in2})}{(Ex_{in1} - Ex_{out1})} = 1 - \frac{\Sigma I_i}{(Ex_{in1} - Ex_{out1})} \tag{2-77}$$

它适合于热流体出口㶲在下一道工序作为入口㶲进一步加以利用时的情况。

3）传递㶲效率。将流入体系的㶲均作为支付㶲，流出体系的㶲均作为收益㶲时，㶲平衡方程为

$$(Ex_{in1} + Ex_{in2}) = (Ex_{out1} + Ex_{out2}) + \Sigma I_i$$

㶲效率为

$$\eta_{e3} = \frac{(Ex_{out1} + Ex_{out2})}{(Ex_{in1} + Ex_{in2})} = 1 - \frac{\Sigma I_i}{(Ex_{in1} + Ex_{in2})} \tag{2-78}$$

它适合于评价装置本身㶲的损失率。或者对能源网络系统的各个节点，统一用这样的方式定义㶲效率。

按三种定义求得的㶲效率值是不等的，一般 $\eta_{e1} < \eta_{e2} < \eta_{e3}$。所以在给出换热器的㶲效率时，应具体说明是如何定义的。

2.7.3.2 锅炉的㶲效率

锅炉是将燃料的热能转换成蒸汽的热能。当燃料消耗量 $B\text{kg/h}$，发热值为 Q_{dw} 时，设产生的蒸汽产量为 $D\text{kg/h}$，蒸汽焓为 h_q，给水焓为 h_s，则热效率 η_{tg} 为

$$\eta_{tg} = \frac{D(h_q - h_s)}{BQ_{dw}}$$

相应地，支付的燃料㶲为，$Ex_p = Be_f^\theta$。收益㶲为给水进锅炉后吸热汽化时㶲的增加，设蒸汽㶲为 e_{xq}，给水㶲为 e_{xs}，则 $Ex_g = D(e_{xq} - e_{xs})$。因此，锅炉的㶲效率为

$$\eta_{eg} = \frac{D(e_{xq} - e_{xs})}{Be_f^\theta} = \frac{Q_{dw}}{e_f^\theta} \frac{(e_{xq} - e_{xs})}{(h_q - h_s)} \frac{D(h_q - h_s)}{BQ_{dw}} = \frac{1}{\lambda_f} \lambda_q \eta_{tg} \tag{2-79}$$

式中，λ_f 为燃料的能级，$\lambda_f \approx 1$；λ_q 为蒸汽的能级，$\lambda_q < 1$，因此，锅炉的㶲效率远低于其热效率。这是因为不可逆燃烧㶲损失及传热㶲损失在热平衡中没有体现，而根据㶲平衡关系，散热及排烟带走的热损失项，作为外部㶲损失项仍包括在其中。

当考虑整个锅炉房的㶲平衡时，锅炉附属的风机、水泵等所消耗的功 ΣW_i 也均应计入支付㶲中，以便全面衡量整个锅炉房的能量利用率。

2.7.3.3 轧钢加热炉的㶲效率

加热炉㶲效率的定义与锅炉的㶲效率相似，当燃料和空气没有预热时，支付㶲为所消耗的燃料㶲，收益㶲为被热钢坯得到的㶲。当加热钢坯量为 m（kg/h），热坯的㶲为 e_{x2}（kJ/kg），冷坯的㶲为 e_{x1}（kJ/kg）时，收益㶲为 $Ex_g = m(e_{x2} - e_{x1})$。当采用汽化冷却时，回收蒸汽的㶲也应归入收益㶲中。

当考虑整套加热炉装置时，风机等动力设备消耗的动力，也应归入支付㶲中。

对整个轧钢车间来说，轧机的电耗与钢坯的加热温度有关。加热温度低，加热炉的燃耗减少，而轧制电耗增加；加热温度高则反之。二者的能耗之和为最小时，节能效果最好。因此，通算轧钢车间的㶲效率时，支付㶲应是燃料㶲与消耗的电力㶲之和。

一些常用的热工设备或装置，其耗费㶲、收益㶲和㶲效率列于表 2-14。

表 2-14 常用热工设备或装置的㶲效率

序　号	热工设备	耗　费　㶲	收　益　㶲	㶲　效　率
1	锅炉	Be_f	$D(e_{x2} - e_{x1})$	$D(e_{x2} - e_{x1})/Be_f$
2	燃烧室	Be_f	$V_G e_{xG} - V_A e_{xA}$	$(V_G e_{xG} - V_A e_{xA})/Be_f$
3	透平	$D(e_{x1} - e_{x2})$	W	$W/D(e_{x1} - e_{x2})$
4	压缩机或泵	W	$m(e_{x2} - e_{x1})$	$m(e_{x2} - e_{x1})/W$
5	节流阀	me_{x1}	me_{x2}	e_{x2}/e_{x1}
6	闭口蒸汽动力循环	$\int_1^2 \left(1 - \dfrac{T_0}{T}\right) dQ$	W	$W/\int_1^2 \left(1 - \dfrac{T_0}{T}\right) dQ$
7	燃气轮机装置	Be_f	W	W/Be_f
8	压缩式制冷机	W	$\left(1 - \dfrac{T_0}{T_2}\right) Q_2$	$\left(1 - \dfrac{T_0}{T_2}\right) Q_2/W$
9	吸收式制冷机	$\int_1^2 \left(1 - \dfrac{T_0}{T_1}\right) dQ$	$\left(1 - \dfrac{T_0}{T_2}\right) Q_2$	$\left(1 - \dfrac{T_0}{T_2}\right) Q_2/\int_1^2 \left(1 - \dfrac{T_0}{T_1}\right) dQ$

序　号	热工设备	耗费㶲	收益㶲	㶲效率
10	压缩式热泵	W	$\left(1-\dfrac{T_0}{T_1}\right)Q_1$	$\left(1-\dfrac{T_0}{T_1}\right)Q_1/W$
11	表面式换热器	$m_1(e_{x1}^+-e_{x1}^-)$	$m_2(e_{x2}^--e_{x2}^+)$	$m_2(e_{x2}^--e_{x2}^+)/m_1(e_{x1}^+-e_{x1}^-)$
12	暖气取暖	$m(e_{x1}-e_{x2})$	$\left(1-\dfrac{T_0}{T_1}\right)Q$	$\left(1-\dfrac{T_0}{T_1}\right)Q/m(e_{x1}-e_{x2})$
13	电气取暖	$W=Q$	$\left(1-\dfrac{T_0}{T_1}\right)Q$	$1-\dfrac{T_0}{T_1}$

对于由多台设备串联而成的能量转换系统，其总的㶲效率可按各装置的㶲效率相乘来求得。例如，对热力发电装置，支付㶲为燃料的㶲 Ex_f，收益㶲为输出的电能 W_d。它由锅炉、汽轮机组、传动装置、发电机、变电送电设备等转换设备串连而成，可先分别计算各装置的㶲效率，再求出其总的㶲效率。即

$$\eta_e=\frac{W_d}{Ex_f}=\frac{Ex_q}{Ex_f}\frac{W_1}{Ex_q}\frac{W_2}{W_1}\frac{W_3}{W_2}\frac{W_d}{W_3}=\eta_{eg}\cdot\eta_{eq}\cdot\eta_i\cdot\eta_{dj}\cdot\eta_{sd}=\Pi\eta_{ei} \qquad (2\text{-}80)$$

式中　η_{eg}——锅炉的㶲效率；

η_{eq}——蒸汽动力循环（汽轮机组）的㶲效率；

η_i——机械传动效率；

η_{dj}——发电机效率；

η_{sd}——供电效率。

其总的㶲效率为局部㶲效率之连乘积。

对于有多种能量输出的热能转换系统，例如热电联产装置或燃气-蒸汽联合装置等，如图 2-20 所示，输入的㶲是燃料的㶲，输出的电能则有燃气透平发出的电力和蒸汽透平发出的电力两项。则其总的㶲效率为局部㶲效率之和。局部㶲效率是指各局部的收益㶲与总支付㶲之比，用 $\eta_{ei}(i=1,2,3,\cdots)$ 表示。即

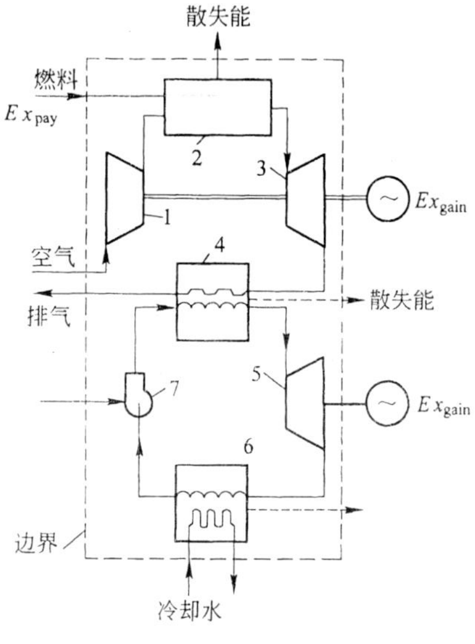

$$\eta_e=\frac{Ex_{g1}+Ex_{g2}+\cdots}{Ex_p}=\frac{Ex_{g1}}{Ex_p}+\frac{Ex_{g2}}{Ex_p}+\cdots$$
$$=\eta_{e1}+\eta_{e2}+\cdots \qquad (2\text{-}81)$$

对于完全并联的子系统，每个子系统有独立的输入㶲 Ex_{pi} 和收益㶲 Ex_{gi}，则系统的总㶲效率可将式（2-81）改写为

图 2-20　燃气-蒸汽联合装置

1—压气机；2—燃烧室；3—燃气透平；4—锅炉；
5—汽轮机；6—冷凝器；7—水泵

$$\eta_e=\frac{Ex_{g1}+Ex_{g2}+\cdots}{Ex_p}=\frac{Ex_{p1}}{Ex_p}\frac{Ex_{g1}}{Ex_{p1}}+\frac{Ex_{p2}}{Ex_p}\frac{Ex_{g2}}{Ex_{p2}}+\cdots$$
$$=a_1\eta'_{e1}+a_2\eta'_{e2}+\cdots=\Sigma a_i\eta'_{ei} \qquad (2\text{-}82)$$

式中　a_i——各子系统的输入㶲占总输入㶲的比例，即总㶲效率为各子㶲效率的加权之和。

2.8 㶲分析举例

实际的能量转换系统往往比较复杂，由多个设备组成，消耗多种形式的能量，经过多次能量转换过程。为了分析问题方便、清楚，可先画出能流系统图，划定体系范围，确定分析的对象。再将系统划分为若干个子系统，确定流经系统的各股物流、能流情况，然后再进行物料平衡和能量平衡分析。

图 2-21 是轧钢车间能流系统一例。它由轧钢加热炉和轧机组成。加热炉系统又可划分为燃料处理设备、燃烧设备、加热炉本体、空气预热器、余热锅炉等几个部分。在图中，对每个子系统的设备分别用边界线划分开，并标出了通过边界的各股物流和能流的状态值。通过能流图可以清楚地知道各子系统之间的相互关系以及与外界的联系。

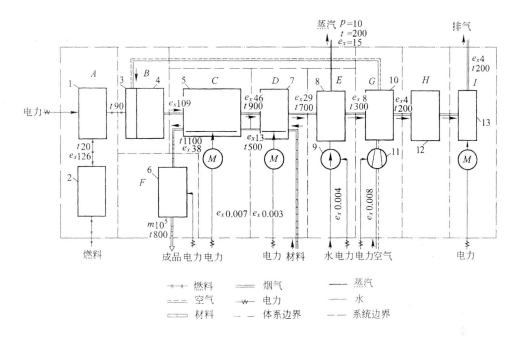

图 2-21　轧钢车间能流系统图

1—油泵及油加热器；2—贮油罐；3—烧嘴；4—燃烧室；5—加热室；6—轧机；7—预热段；

8—余热锅炉；9—给水泵；10—空气预热器；11—风机；12—除尘装置；13—引风机

m—材料处理量，kg/h；t—温度，℃；p—压力，$\times 10^5$Pa；e_x—㶲，GJ/h

在取定体系后，根据各股物流的情况以及与外界功量、热量交换的情况，可以列出能量平衡关系式。在能平衡（热平衡或焓平衡）的基础上，还可进一步列出㶲平衡的关系式。

热平衡与焓平衡是建立在热力学第一定律的基础上得出的能量平衡关系式。物流携带的能量以焓表示，带入的总能量为 ΣH_{in}，带出的总能量为 ΣH_{out}。燃料燃烧的反应焓（燃烧生成物与燃料、空气反应之焓差）一般习惯用燃料的发热值的形式表示，作为外界提供的热收入项 ΣQ_{in} 之一。热支出项 ΣQ_{out} 中包括散热损失等。对于与外界有功量交换的设备，还应包括收入功（消耗功）项 ΣW_{in} 和支出功（输出功）项 ΣW_{out}。所以，一般的能量平衡关系式可表示为

$$\Sigma H_{in} + \Sigma Q_{in} + \Sigma W_{in} = \Sigma H_{out} + \Sigma Q_{out} + \Sigma W_{out} \qquad (2\text{-}83)$$

在物流带出的焓中，包括有效利用的焓（例如被热物料的焓、蒸汽的焓等）和未被利用的焓（例如排气的焓等）。在建立了能量平衡关系后，分析哪些项属于消耗项（支付项），哪些项属于有效项（收益项），哪些项属于损失项，根据定义的能效率公式可求得其效率。当内部有化学反应时，例如钢坯被氧化烧损等，由此产生的热可单独计入反应热项。对焦炉来说，它是要将洗精煤加工成焦炭，煤是作为原料（不是作为燃料）进入系统，焦炭也是作为产品（不是作为产出热）离开系统，因此，它们的发热值不直接列入能平衡方程式内。

对周期性工作的热设备，例如间歇操作的热处理炉，由于它是不稳定的过程，一般应按操作周期列出平衡方程式，并需考虑炉体的蓄热项。

㶲平衡是建立在物料平衡和能平衡的基础之上的。它与热平衡不同的是，在考虑能量数量平衡的同时，还要考虑能量的质量。实际过程均为不可逆过程，将产生一部分㶲损失而转变为㶲。因此，按热平衡的结果计算对应项的㶲值，收支将不会平衡。只有加上各项内部不可逆㶲损失项才能保持平衡。由㶲平衡得出的㶲效率能够从本质上全面地反映能量转换和利用的实际效果。

2.8.1 锅炉的热平衡与㶲平衡

某燃煤蒸汽锅炉的蒸发量为 $D=410t/h$，蒸汽参数是：压力 $p=9.81MPa$，温度 $t=540℃$；给水温度 $t_s=220℃$；燃煤量 $B=44.5t/h$，其质量含水百分率 $w=5.54\%$，煤的低发热值 $Q_{dw}=25523kJ/kg$。每 1kg 燃料的排烟量为 $9.975m^3/kg$，排烟温度 $t_y=132℃$，排烟的比热容为 $c_p=1.3873kJ/(m^3 \cdot K)$。试对锅炉进行热平衡和㶲平衡分析。

取锅炉炉墙外侧，包括烟风道直至烟囱出口为体系，系统的示意图如图 2-22 所示。以周围的环境温度（20℃）为基准，进入锅炉的空气温度与环境温度相同，空气预热器在体系内部，因此，进入体系的空气㶲值为零。

图 2-22　燃煤蒸汽锅炉系统示意图

根据水和水蒸气热力性质图表，可查得给水的焓为 $h_s=943.37kJ/kg$，蒸汽的焓为 $h_q=3476.1kJ/kg$。蒸汽所吸收的有效热为

$$Q_1 = D(h_q - h_s) = 410 \times 10^3 (kg/h) \times (3476.1 - 943.37)(kJ/kg)$$
$$= 1038.93 \times 10^6 (kJ/h)$$

烟气带走的热损失为

$$Q_2 = BV_yc_p(t_y - t_0) = 44.5 \times 10^3 (kg/h) \times 9.975(m^3/kg) \times 1.3873[kJ/(m^3 \cdot K)] \times$$
$$[405.15(K) - 293.15(K)] = 68.97 \times 10^6 (kJ/h)$$

燃料提供的热为

$$Q = BQ_{dw} = 44.5 \times 10^3 (kg/h) \times 25523(kJ/kg) = 1135.77 \times 10^6 (kJ/h)$$

热量的收支之差

$$\Delta Q = Q - (Q_1 + Q_2) = (1135.77 - 1038.93 - 68.97) \times 10^6 (kJ/h) = 27.87 \times$$
$10^6 (kJ/h)$ 是锅炉的不完全燃烧和散热等其他热损失之和。

锅炉的热效率为

$$\eta_{tg} = \frac{Q_1}{Q} = \frac{1038.93 \times 10^6}{1135.77 \times 10^6} = 91.47\%$$

在热平衡的基础上，可进行㶲平衡计算。燃料提供的㶲为

$$Ex_f = B(Q_{dw} + 2438w) = 44.5 \times 10^3 (kg/h) \times (25523 + 2438 \times 0.0554)(kJ/kg)$$
$$= 1141.78 \times 10^6 (kJ/h)$$

给水的㶲为

$$Ex_s = D[(h_s - h_0) - T_0(s_s - s_0)]$$
$$= 410 \times 10^3 (kg/h)[(943.37 - 83.83)(kJ/kg) - 293.15(K)$$
$$(2.5172 - 0.2963)(kJ/(kg \cdot K))]$$
$$= 85.478 \times 10^6 (kJ/h)$$

蒸汽的㶲为

$$Ex_q = D[(h_q - h_0) - T_0(s_q - s_0)]$$
$$= 410 \times 10^3 (kg/h)[(3476.1 - 83.83)(kJ/kg) - 293.15(K)$$
$$(6.7347 - 0.2963)(kJ/(kg \cdot K))]$$
$$= 616.99 \times 10^6 (kJ/h)$$

如果不计排烟与环境大气化学成分不平衡的扩散㶲，烟气压力近似等于环境压力，则烟气带走的㶲只是温度㶲，即

$$I_2 = Ex_{Ty} = BV_y c_p[(T_y - T_0) - T_0 \ln(T_y/T_0)]$$
$$= 44.5 \times 10^3 (kg/h) \times 9.975(m^3/kg) \times 1.3873(kJ/(m^3 \cdot K))[(405.15 - 293.15)$$
$$- 293.15 \ln(405.15/293.15)](K)$$
$$= 10.558 \times 10^6 (kJ/h)$$

煤的理论燃烧温度为

$$t_{ad} = t_0 + \frac{Q_{dw}}{V_y c_p} = 20(℃) + \frac{25523(kJ/kg)}{9.975(m^3/kg) \times 1.3873(kJ/(m^3 \cdot ℃))} = 1864.37(℃)$$

燃烧产物具有的温度㶲为

$$Ex_{Tr} = BV_y c_p[(T_{ad} - T_0) - T_0 \ln(T_{ad}/T_0)]$$
$$= 44.5 \times 10^3 (kg/h) \times 9.975(m^3/kg) \times 1.3873(kJ/(m^3 \cdot K))[(2137.52 - 293.15)$$
$$- 293.15 \ln(2137.52/293.15)](K)$$
$$= 789.44 \times 10^6 (kJ/h)$$

因此，由于燃烧不可逆产生的内部㶲损失为

$$I_r = Ex_f - Ex_{Tr} = (1141.78 \times 10^6 - 789.44 \times 10^6)(kJ/h) = 352.34 \times 10^6 (kJ/h)$$

与 ΔQ 其他热损失项相对应的其他外部㶲损失 I_o，若近似地按燃烧温度计算其热量㶲，则

$$I_o = \Delta Q \left(1 - \frac{T_0}{T_{ad}}\right) = 27.87 \times 10^6 (kJ/h) \cdot \left(1 - \frac{293.15}{2137.52}\right) = 24.05 \times 10^6 (kJ/h)$$

根据㶲的收支差，应为其他的内部不可逆㶲损失，即传热㶲损失，即

$$I_c = Ex_f + Ex_s - Ex_q - I_2 - I_r - I_o$$
$$= (1141.78 + 85.478 - 616.99 - 10.558 - 352.34 - 24.05) \times 10^6 (kJ/h)$$
$$= 223.32 \times 10^6 (kJ/h)$$

锅炉的㶲效率为

$$\eta_{eg} = \frac{Ex_g}{Ex_p} = \frac{(Ex_q - Ex_s)}{Ex_f} = \frac{(616.99 - 85.478) \times 10^6}{1141.78 \times 10^6} = 46.55\%$$

由计算结果可见，锅炉的㶲效率远低于其热效率，这是因为在㶲平衡中，内部不可逆燃烧和传热㶲损失之和 $(I_r + I_c) = 575.66 \times 10^6$ （kJ/h）占燃料㶲的 50.42%，构成了㶲损失的主体，而在热平衡中没有体现。

2.8.2 钢材连续加热炉的热平衡与㶲平衡

连续加热炉的热平衡和㶲平衡分析方法与锅炉大致相同。但是，加热炉后的空气预热器是作为独立的烟气余热回收设备，在取分析体系时，可以将它划在体系之外。这时，进入体系的空气将为热空气，具有焓值和㶲值。表2-15给出了某连续加热炉的热平衡和㶲平衡的实际测定计算结果。它就是按这种方法取的体系。如果将预热器包括在体系内，则进入体系空气温度为环境温度，此项㶲值为零，预热器回收的热量属于在体系内部循环，应在循环项（表中的第41、91项）中标明该值。

表 2-15　连续加热炉的热平衡和㶲平衡

		热　平　衡					㶲　平　衡		
	序号	项　目	$GJ \cdot t^{-1}$	%	序号	项　目	$GJ \cdot t^{-1}$	%
收入项	1	燃料的燃烧热	1369	84.0	51	燃料的化学㶲	1423	89.4
	2	燃料的显热	4	0.2	52	燃料的物理㶲	0	0
	3	空气的显热	114	7.0	53	空气的㶲	60	3.8
	4	雾化剂带入的热	58	3.6	54	雾化剂带入的㶲	30	1.9
	5	装入钢材的热焓	7	0.4	55	装入钢材的物理㶲	0	0
	6	氧化铁皮的生成热	78	4.8	56	钢材氧化反应㶲	78	4.9
	10	总计	1630	100.0	60	总计	1591	100.0
支出项	21	加热钢材的热焓	754	46.3	71	加热钢材物理㶲	428	26.9
	22	氧化铁皮的显热	19	1.2	72	氧化铁皮物理㶲	11	0.7
	23	排气的显热	511	31.3	73	排气物理㶲	241	15.1
	24	不完全燃烧损失热	0	0	74	排气中可燃物化学㶲	0	0
	25	炉渣带走的热	0	0	75	炉渣带走的㶲	0	0
	26	冷却水带走的热	122	7.5	76	冷却水带走的热量㶲	83	5.2
	27	散热等其他热损失	224	13.7	77	炉体及其他散失㶲	161	10.1
					78	传热过程㶲损失	265	16.7
					79	燃烧过程㶲损失	402	25.3
	30	总计	1630	100.0	80	总计	1591	100.0
循环	41	预热装置回收的热	0	0	91	预热装置回收的㶲	0	0

由于采用油为燃料，常用蒸汽作为雾化剂；钢材在炉内的高温下，表面将被氧化而生成氧化铁皮，同时会放出热量，所以在收入项中增加这两项的数值。由于在焓的计算中采用了以 0℃ 为基准，所以常温下的燃料和空气仍有焓值，但环境温度下的㶲值为零。

由于加热炉的金属构件（炉底管、炉门框等）采用水冷却，所以在支出项中包括被冷却水带走的焓和㶲值。

由表可见，㶲平衡与热平衡相比，在支出项中增加了由于燃烧不可逆和传热不可逆产生的内部㶲损失项，并且占了相当大的比例。

加热炉的热效率按下式定义，则为

$$\eta_t = \frac{(21) - (5)}{(1) + (2) + (3) + (4) + (6)} = \frac{754 - 7}{1369 + 4 + 114 + 58 + 78} = \frac{747}{1623} = 46\%$$

而在㶲效率的定义中，支付㶲只计燃料和雾化剂的㶲，所以，㶲效率为

$$\eta_e = \frac{(71) - (55)}{(51) + (54)} = \frac{428}{1423 + 30} = 29.5\%$$

㶲效率远低于热效率就是因为内部㶲损失造成的。要提高㶲效率，首先要设法减少不可逆㶲损失。

目前，除了电炉外，要避免燃烧㶲损失是不可能的，只能设法尽量减小㶲损失。这就要采取前述的提高预热空气温度，减少过剩空气量，采用富氧燃烧等措施，以提高其绝热燃烧温度。

要减少由于传热不可逆造成的㶲损失，要尽可能减小燃烧产物与钢材的传热温差。为此要设法增大传热面积、提高传热系数和提高入料温度。采用热装或利用余热预热原料，延长炉长等措施，均可以达到减小预热段的传热温差的目的。

当然，在提高㶲效率的同时，也必然能提高其热效率，反之亦然。但是，通过㶲分析可以从根源上找到其节能潜力，并起到最大的节能效果。

2.9 㶲分析的意义

2.9.1 㶲的性质

通过上述对㶲、㶲损失、㶲平衡的分析、计算的掌握，可以进一步明确㶲的性质。㶲的性质归纳如下：

1）能量属性：㶲是能量中的可用能部分，应与能量具有相同的属性。对应于取决于物质状态的能量（焓等），㶲也有焓㶲等状态量；对应于取决于状态变化过程的能量（热量等），㶲有热量㶲等过程量。

2）等价性：不同性质的能量，其品质有所区别。因此，不仅要注意能量的数量，更要注意能量的质量。㶲是根据热力学第一定律和第二定律得出的，将能量的质量和数量加以统一的度量标准。按能量的做功能力大小（能量中㶲的大小）作为衡量能量的统一尺度。能量中㶲值越大，能量价值越高，有用程度越大；两种能量若具有相同的㶲值，则认为它们是等价的。尤其是对复杂的能源系统，采用㶲分析可以使不同质的能量有了统一的衡量尺度。

3）相对性：㶲是以环境为基准的相对值，在环境状态下的能量均为不可用能。因此，需要对环境规定统一的物理基准（温度、压力）和化学基准（组成、成分等）。

4）可分性：与能量具有可分（可加）性相同，㶲也具有可分性。㶲可以分为物理㶲和化学㶲；物理㶲又可以进一步分为温度㶲和压力㶲；化学㶲也可以进一步分为扩散㶲和反应㶲。每项㶲可以先单独计算，然后再进行累加。

5）非守恒性：热力学第一定律是能量守恒定律，热力学第二定律是说明过程的方向性，用数学式表示是一个不等式。对孤立体系：

$$dS_{iso} \geqslant 0$$

$$dEx_{iso} \leqslant 0$$

因此，孤立系统的㶲只可能减少，最多保持不变。实际过程㶲是不平衡的，只有加上㶲损失（不可用能）才能保持平衡：

$$\Sigma Ex_{in} = \Sigma Ex_{out} + \Sigma I_i$$

根据输入㶲与输出㶲之差可以确定系统由于不可逆造成的总的内部㶲损失。

2.9.2 㶲分析的作用

能量系统分析就是要搞清楚能量有效利用及损失的情况，以便寻求节能措施。但是，对能量的有效利用，首先是对㶲的有效利用；节能在很大程度上是要对㶲的节约。因此，在对系统作能平衡分析时，应进一步作㶲分析，才更为全面，所得结论更为可靠。

㶲效率是衡量能量转换设备或装置系统的技术完善程度或热力学完善程度的统一指标。㶲效率愈接近1，表示设备或系统的热力学完善程度愈好。通过㶲分析可以弄清装置（系统）中㶲损失率为最大的薄弱环节，为改进设备、节约能源提供主攻目标，以便采取相应的对策。

㶲分析包括：评价、诊断、指明方向三个方面。

2.9.2.1 合理评价能量有效利用程度

热能是一种在不同条件下，质量上有很大差别的能量，而又是在整个能源最终消费中，占有最重要地位的一种能量。因此，利用㶲分析的方法，正确地、合理地按质利用热能，对于提高热能的利用效果，节约能源有着十分重要的意义。

在热能的用户中，不同的生产工艺以及生活消费对热能的质量有不同的要求。要使热能得到合理利用，就必须根据用户需要，按质提供热能，不仅在数量上要满足，而且在质量上要相匹配，从而达到热尽其用。如果把高质量热能用于只需低质量热能的场合，必然是"大材小用"，造成了不必要的㶲值的浪费。

在使用热能的实际过程中，就有许多不是按质用热而造成热能浪费的现象。例如，在工厂中常见到把高参数（高品位）的蒸汽经过节流后降为低参数（低品位）蒸汽再使用。此时，尽管热能的数量基本上没有减少，但是它的㶲值损失就很大。例如，锅炉生产的1.3MPa的饱和蒸汽具有㶲值为1000kJ/kg左右，如果把它节流降压至0.3MPa后再使用，就会白白造成㶲损失170kJ/kg，约占原有㶲值的17%。

再如，利用燃料燃烧产生的热能直接对室内供暖时，实际上也是一种很不合理的用能方式。因为燃料作燃烧过程中，由于燃烧的不可逆，已损失掉30%左右的燃料㶲，就供热来说，也没有把1000℃以上的高温烟气的㶲值充分加以利用，又造成了很大的传热不可逆㶲损失。只是因为这种供热方式最为简便，目前利用最为广泛。实际上，它把优质热能用于低质热能完全可以满足要求的采暖上，其结果必然浪费了大量可用能。反之，如果先将燃料㶲通过热机系统转变为机械能，再利用机械能由"热泵"系统来提供采暖所需的低质热能，则可大大地节约能源。理论上讲，1kg 燃料㶲可以提供 12 倍采暖需要的低位热能。

在冶金企业，不同的工艺装置要求不同品位的蒸汽。例如，供动力拖动用的透平需要参数较高的蒸汽，而一般的工艺用汽要求的蒸汽参数较低。如果采用图 2-23 所示的单一供汽系统，势必需要生产高参数的蒸汽才能满足。而其中一部分蒸汽又需经降温、降压后再使用，导致高品位蒸汽降级，造成㶲损失，这也是不合理的。如果能从热能综合利用的角度出发，对用能过程进行全面的、合理的、综合的分析，让高蒸汽参数先通过透平做功，产生动力，再由背压透平排出的低参数蒸汽供给生产工艺用热，如图 2-24 所示。这样对蒸汽进行梯级利用，可以减少优质热能的浪费，节约大量能源。

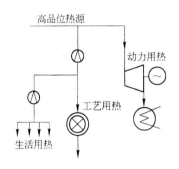

图 2-23　供气系统

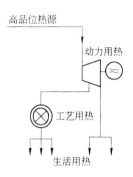

图 2-24　热电联产系统

冶金企业中使用的燃料种类很多，不但发热值有很大差别，而且理论燃烧温度也不同。因此，在利用燃烧产物的热能时，从㶲的观点，它的使用价值不仅要看热能的数量，还要看它的㶲值。而燃烧产物的㶲值与绝热燃烧温度有关。燃烧产物的能级为

$$\lambda = \left[1 - \frac{T_0}{T_{ad} - T_0} \ln \frac{T_{ad}}{T_0} \right]$$

在表 2-16 中列出了冶金企业几种主要燃料的燃烧产物的㶲值的数据。

表 2-16　燃料燃烧产物的㶲值

燃料种类	发热值 /[(kJ·m⁻³)或(kJ·kg⁻¹)]	理论燃烧温度 t_{ad}/℃	能级 λ	燃烧产物的㶲值 /[(kJ·m⁻³)或(kJ·kg⁻¹)]
重油	41860	2104	0.706	29550
焦炉煤气	16744	2038	0.701	11740
转炉煤气	8372	1656	0.664	5560
发生炉煤气	6279	1610	0.656	4120
高炉煤气	3767	1427	0.636	2400

由表可见，高热值燃料由于理论燃烧温度高，燃烧产物的㶲值与低热值燃料燃烧产物的㶲值相比，高出的倍数将大于热值相差的倍数。例如，1kg 重油的热值相当于 11.1m³ 高炉煤气，但从燃烧产物的㶲值看，它相当于 12.3m³ 高炉煤气。因此，在评价燃料时，单从

热值考虑是不够全面的,应当考虑燃料质的差异,并按不同设备对燃料能质的要求不同,合理地加以使用。在能源管理中,应按实际利用的燃烧产物的能级,选择所需的燃料才较合理。

2.9.2.2 科学诊断各项能量损失的大小及比例

有效利用能量就是要减少能量损失。但是,不仅要看损失的能量数量,更要注意能量的质量。"节能"实质上是要"节㶲"。减少能量损失首先是要减少㶲损失。要分析影响㶲损失的因素,寻找减少损失的途径。

减少外部能量损失,同时能减少外部㶲损失。但是,在㶲损失中,更主要是过程的不可逆造成的内部㶲损失。理论和实践都表明,凡是有热现象发生的过程,例如燃料的燃烧、化学反应、在有温差情况下的传热、介质节流降压、以及有摩擦的流动等,都是典型的不可逆过程,都要引起㶲值下降,造成㶲损失。热能工作者的任务就是要在用能过程中不要轻易地让㶲贬值。例如,燃烧和化学反应过程要尽量在高温下进行;加热、冷却等换热过程应使放热和吸热介质之间的温差尽可能小;力求避免介质节流降压和由于摩擦、涡流造成压力损失;在工艺流程中要尽量不使上述的不可逆过程多次重复。这些都是合理使用热能的一些基本原则。

对于使用热能的整个系统而言,不可逆造成的总㶲损失 ΣI_i 等于能量转换系统中包含的各个不可逆过程引起的㶲值损失 I_i 的总和。而 I_i 又与绝热系统熵增成正比: $I_i = T_0 \Delta S_i$。因此,对由 n 个不可逆过程的用能系统,总的㶲损失为

$$\Sigma I_i = \sum_{i=1}^{n} I_i = T_0 \sum_{i=1}^{n} \Delta S_i \tag{2-84}$$

相应的㶲损失率为

$$\xi = \frac{\sum_{i=1}^{n} I_i}{Ex_p} = \sum_{i=1}^{n} \frac{I_i}{Ex_p} = \sum_{i=1}^{n} \xi_i \tag{2-85}$$

显然,在使用热能过程中,设法降低各个环节的㶲损失率 ξ_i 的值,特别是其中㶲损失率为最大的环节,就可提高使用热能的合理性。

2.9.2.3 指导正确的节能的方向

在能量损失中,有的还有回收利用的价值,通常称为余能。对余能的回收利用是节能的重要方面,但是,不同的余能其利用价值不同。能量损失大的不一定㶲损失大,即不一定有利用价值。因此,只有正确评价余能,才能有效利用余能。采用㶲分析可以正确指导节能的方向。

物流离开系统时带出的㶲与不可逆过程的㶲损失不同,它是属于未被利用的㶲,由于温度水平不同,它们的质量有很大的差别。因此,它们的利用价值不能只看其数量。例如,对凝汽式火力发电厂,在蒸汽透平后的冷凝器中,被冷却水带走的热要占总耗热量的60%左右。但是,由于冷凝温度已接近环境温度,品质很低,没有什么利用价值,按其㶲值计算则不到支付㶲的5%。

冶金企业中有大量的余热资源。表2-24给出了钢铁企业余热资源数据。对各主要工序给出其余热形态、温度水平、按焓值和㶲值分别所占的比例。

从表2-17中的数据可以看出,随着余热温度水平不同,不同形态的余热的按焓值和按

焓值计算所占的比例有很大差别。固体物料余热的总焓约为冷却水的（37.8/8.5）＝4.47倍，而总㶲值则相差47.7倍。由此可见，各种余热的利用价值有很大差异，充分利用各种高温余热有更大的经济价值。目前由于经济和技术上的原因，高温固体余热的回收利用还未能达到工业上普遍推广的程度。

表 2-17　钢铁企业的余热资源

生产工序	余热形态及资源名称		温度水平/℃	焓值所占比例/%	㶲值所占比例/%
	物　态	名　称			
烧　结	固	烧结矿	750	14.6	16.88
	气	烟气	170	5.0	2.24
高　炉	熔渣	炉渣	1400	7.8	11.50
	气	炉顶气	200	6.67	3.38
	液	冷却水	50	4.17	0.51
热风炉	气	烟气	200	4.17	2.51
焦　炉	固	焦炭	1000	6.62	8.63
	气	焦炉气	700	4.70	5.26
	气	烟气	200	2.62	1.37
转　炉	熔渣	炉渣	1500	4.27	6.36
	固	钢锭	1200	6.04	8.87
	气	炉气	1400	2.19	4.00
连　铸	固	钢坯	900	6.14	7.77
	液	冷却水	50	4.38	0.51
轧　钢	固	钢材	900	4.33	5.38
	气	烟气	600	16.30	14.87
小　计	固体物料		750～1200	37.8	47.7
	熔渣		1400～1500	12.1	17.6
	烟气		170～1400	41.6	33.7
	冷却水		50	8.50	1.0
共　计				100.0	100.0

2.9.3　㶲分析的发展

㶲分析比能量分析更能反映事物的本质，对不同品质的能有了统一的度量标准。把㶲值相等的不同性质的能量认为它们是等价的。但是，不同性质的能量由于它们的转换难易程度不同，在转换过程中所花的代价不同，所以其实际价格也不同。例如，1kW·h 的电能与相同㶲值的燃料相比，约相当于标准煤 3600（kJ）/29270（kJ/kg）＝0.124kg，即与 0.124kg 标准煤等价。但是，实际的 1kW·h 电能的价格却约相当于 2kg 的标准煤。且不论此价格比是否合理，至少在㶲分析中并未考虑㶲的加工成本。实际上，同样㶲值的电能的成本就是要比燃料高。从技术经济的角度，对同样数量的不同的㶲，应该考虑有不同的价格。

㶲分析法的一个发展方向是，试图在能源系统设计中，形成一个切合实际的、将㶲分析和工程经济及系统工程相结合的方法，并正在形成一门新的学科——"热经济学"。它是对过程的开发、设计和操作进行合理评价与决策的一种科学的方法学，主要用于计算各种能量成本，进行过程开发、改造、设计优化、工况优化及维修优化等，为设计整个系统最优提供一条新途径。

应该指出，正确评价热能利用合理性是一项比较复杂的工作，不单纯是技术问题，有许多因素需要综合考虑。从大的方面来说，首先要明确减少㶲损失的理论根据。其次要考虑技术上是否有实现的可能。如果有此可能，就要进一步研究需要哪些物质条件，付出多少代价，然后再与提高㶲效率所带来的经济效益进行综合分析比较，从而得到比较合理的热能利用方案。因此，经济因素通常支配着过程的决策。在一定条件下，经济评价是最终评价。此外还要考察本方案是否符合环境保护条例，例如对环境污染、噪音等要求。

经验证明，各种能源的比价必须订得合理，否则就会影响正确选择节约热能的技术措施。例如，㶲效率高或㶲耗低的先进技术措施，往往会因为所用能源的价格过高，误认为不经济而被否定；而㶲效率低或㶲耗高的落后技术措施，反而被误认为经济而被保留下来。这些情况都会造成能源的浪费。例如，我国电与煤的比价过大，阻碍着热泵这一节能新技术的推广。

思考题与习题

2-1 为什么要提出能质的概念，表示能质的参数及其定义是什么？

2-2 㶲和熵都是热力学第二定律导出的状态参数，试述二者的区别。

2-3 㶲有哪些特性，有什么实际意义？

2-4 温度㶲均为正值，为什么开口体系的压力㶲有负值，而闭口体系的压力㶲又均为正值？

2-5 热量㶲均为正值，为什么潜热㶲有负值？

2-6 为什么㶲实际是不平衡的，是否违反热力学第一定律？

2-7 过程不可逆造成的㶲损失如何计算？

2-8 哪些因素影响燃烧㶲损失的大小，如何减少燃烧㶲损失？

2-9 哪些因素影响传热㶲损失的大小，如何减少传热㶲损失？

2-10 㶲损失与热损失有什么区别和联系？

2-11 㶲平衡与热平衡有什么区别和联系？

2-12 什么叫㶲效率，与热效率有什么区别和联系？

2-13 蒸汽以 3.5MPa、450℃ 的状态进入透平，在透平中绝热膨胀到 0.2MPa、160℃。若不计宏观动能，试求：(1) 蒸汽在透平进、出口状态下的焓㶲；(2) 透平实际输出功；(3) 在进、出口状态下，理论上透平可能做出的最大有用功；(4) 蒸汽由进口状态定熵膨胀到出口压力可能作出的功。已知环境压力和环境温度分别为 0.1MPa 和 20℃。

2-14 氟利昂 12（F12）在压缩式制冷装置的冷凝器中放热，若冷凝器的冷凝过程为 25℃ 时的定温、定压相变过程，环境温度为 15℃。试求 1kg 氟利昂的放热量 q、热量㶲 e_q 和热量炻 a_q。

2-15 在环境温度为 27℃ 条件下，将压力为 1bar、温度为 127℃ 的 1kg 空气可逆定压加热至 427℃，试求加热量中的㶲和炻。如果加热量由 500℃ 的恒温热源放出，则热量中的㶲和炻又为若干？设空气的定压比热容 $c_p = 1.004$kJ/（kg·K）。

2-16 利用水蒸气表，计算下列参数的水蒸气、水和冰的㶲值。设环境温度为 25℃，冰的凝固热为 334.88kJ/kg。

序号	状态	p/bar	t/℃	h/kJ·kg^{-1}	s/kJ·(kg·K)$^{-1}$	e_x/kJ·kg^{-1}
0	水	1.0	25			
1	汽	10.0	200			
2	汽	5.0	200			
3	汽	1.0	99.63			
4	水	1.0	99.63			
5	水	1.0	40			
6	冰	1.0	0			

2-17 计算 20℃（环境温度）给水经锅炉定压加热成 1.3MPa，350℃的过热蒸汽时㶲的变化。

2-18 水蒸气以 3.5MPa、450℃的状态进入蒸汽轮机，绝热膨胀到 0.2MPa、160℃后排出，试求：（1）蒸汽在汽轮机进、出口的㶲差；（2）汽轮机实际输出的单位功；（3）等熵膨胀到相同终压时所能输出的最大功。设环境状态为 0.1MPa，20℃。

2-19 一台可逆制冷机将冷库的空气从环境温度 $t_0 = 27$℃定压冷却至 -150℃，试求 1kg 空气的冷量㶲、冷量㶳和能质系数。若将冷库空气继续冷至 -200℃，此时 1kg 空气的冷量㶲、冷量㶳及能质系数又为若干？设空气的比热容为 $c_p = 1.0$kJ/（kg·K）。

2-20 一台可逆制冷机从温度为 -100℃的冷库取走 1000kJ 的热量，已知环境温度为 25℃，试求制冷机至少要消耗多少有用功，其冷量㶲与冷量㶳各为多少？

2-21 一台实际空气绝热透平，进口压力 $p_1 = 600$kPa、温度 $t_1 = 200$℃、流速 $v_1 = 160$m/s；出口压力 $p_2 = 100$kPa、温度 $t_2 = 40$℃、流速 $v_2 = 80$m/s。已知环境压力 $p_0 = 100$kPa、温度 $t_0 = 290$℃。试求：（1）进、出口状态下流动工质的㶲与㶳；（2）透平所作的实际有用功；（3）透平在上述进、出口状态下可能作出的最大有用功是多少？

2-22 一台压缩机将空气从环境状态 $p_0 = 1$bar，$T_0 = 298$K 等温压缩到 $p = 7$bar。试求压缩 1kg 空气所获得的有效能。如果为非等温压缩，空气温度升高到 80℃。求空气所获得的有效能。空气的比热容为 1.01kJ/（kg·℃）。

2-23 锅炉烟气排入大气时的温度为 150℃，其中含 CO_2 的摩尔成分为 17%。已知环境温度 25℃，大气中的 CO_2 的摩尔成分为 0.03%，求排气的单位温度㶲损失及扩散㶲损失。设烟气的摩尔定压比热容为 $c_p = 33.5$kJ/（kmol·K）。

2-24 计算每摩尔含氧为 95% 及 99.2% 的气体（其余为氮）的㶲值分别为多少？设环境温度为 20℃。空气的摩尔成分为 x（O_2）＝21%，x（N_2）＝79%。

2-25 已知重油的质量成分为 w（C）＝85.4%，w（H）＝13.5%，w（S）＝0.1%，试计算 1kg 重油的燃烧产物在 300℃ 和 800℃ 时的㶲值。设环境温度为 0℃。

2-26 已知城市煤气的体积成分如下：

	w(CO_2)	w(CO)	w(H_2)	w(CH_4)	w(C_2H_4)	w(C_3H_6)	w(H_2S)	w(O_2)	w(N_2)
%	2.1	7.0	54.7	28.6	4.1	0.6	0.3	2.5	0.1

试求其标准化学㶲。

2-27 若每 1kmol 燃料燃烧后生成由 1kmol CO_2、2kmol H_2O、10.53kmol N_2 和 0.8kmol O_2 组成的烟气。试计算温度分别为 411K、481K、788K、1167K、1567K 及 1873K 时烟气的焓㶲和扩散㶲。设环境温度为 298K。

2-28 试计算 1kmol CO 氧化反应的标准反应自由焓 ΔG_0。已知：

$$(\Delta G_f^\ominus)_{CO} = -1.374 \times 10^5 kJ/kmol, (\Delta G_f^\ominus) = -3.946 \times 10^5 kJ/kmol$$

2-29 C_2H_4 的生成反应方程式为 $2C + 4H = C_2H_4$，试确定其标准化学㶲。

2-30 钢锭在加热炉中的氧化烧损率为 0.45%，氧化皮的组成及分子量如下：

	FeO	Fe_2O_3	Fe_3O_4
质量分数	0.081	0.269	0.650
相对分子质量	72	160	232

试求加热每吨钢锭的氧化反应㶲为多少。

2-31 某燃烧器以重油为燃料。已知重油的低发热量为 42000kJ/kg，理论空气量为 $L_0 = 10.72m^3/kg$，理论燃烧产物量为 $V_0 = 11.39m^3/kg$。重油温度为 80℃，比热容为 1.9kJ/(kg·℃)。空气比热容为 1.34kJ/(m³·℃)，烟气比热容为 1.50kJ/(m³·℃)。环境温度为 20℃。试求下列三种情况下的每公斤燃料的燃烧㶲损失。

(1) 空气系数 $n = 1.1$，空气未预热；

(2) 空气系数 $n = 1.3$，空气未预热；

(3) 空气系数 $n = 1.1$，预热空气温度为 350℃。

2-32 已知燃料的低热值为 42496kJ/kg，反应熵为 4.2815kJ/(kg·K)。空气系数为 1.05，环境温度为 30℃。现采用含氧为 30% 的富氧空气，试计算此时的绝热燃烧㶲损失。设富氧空气的供给量为 8.47m³/kg 燃料，燃气的㶲值为 31400kJ/kg 燃料。若采用纯氧助燃，纯氧的供给量为 2.426m³/kg 燃料，纯氧的㶲值为 175.8kJ/m³，燃气的㶲值为 35119kJ/kg 燃料。试求此时的绝热燃烧㶲损失。

2-33 某一余热锅炉的进口烟气温度为 500℃，产生压力为 0.8MPa 的饱和蒸汽，设进水温度为环境温度，$t_0 = 20℃$。求烟气对水及蒸汽传热时的最小㶲损失率。（注：烟气温度降至环境温度时的㶲损失率为最小。）

2-34 一台逆流换热器的有关参数如下。试计算按不同定义的㶲效率，并进行比较。

名 称	$t/℃$	p/MPa	$H/GJ·h^{-1}$	$Ex/GJ·h^{-1}$	备 注
热流体进口 1	264	5.0	1.757	0.709	饱和蒸汽
出口 2	264	5.0	0.676	0.218	饱和水
冷流体进口 3	100	1.0	0.658	0.116	
出口 4	200	1.0	1.739	0.496	

2-35 一台空气预热器通过的烟气流量为 $V_y = 14000m^3/h$，进口温度 $t_{y1} = 600℃$，出口温度 $t_{y2} = 290℃$。通过的空气量为 $V_k = 13500m^3/h$，进口温度 $t_{k1} = 20℃$，出口温度 $t_{k2} = 350℃$，烟气的比热容为 $c_y = 1.5kJ/(m^3·℃)$，空气的比热容为 $c_k = 1.34kJ/(m^3·℃)$，假设环境温度为 20℃。计算换热器的 (1) 热损失；(2) 㶲损失；(3) 㶲效率。

2-36 空气流经一台逆流换热器，从 0.28MPa、25℃ 的状态被加热至 125℃。空气的流量为 1.2kg/s。燃气从 0.13MPa、250℃ 的状态冷却至 98℃。燃气的平均定压比热容为

0.84kJ/（kg·K），空气的平均定压比热容为 1.01kJ/（kg·K）。忽略散热损失、压力损失及动能的变化，环境状态为 0.1MPa 和 20℃。试求：（1）换热器中传热不可逆㶲损失；（2）换热器的㶲效率；（3）如果燃气离开换热器后排入大气，成为外部㶲损失，求此时的总㶲损失和㶲效率。

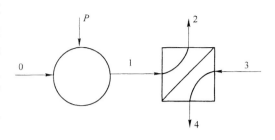

（题 2-37 附图）

2-37　由通风机和换热器组成的空气加热系统如图所示。风机消耗的功率为 $P=$ 4.42kW，环境空气温度 $T_0=285$K，其他各点的参数如表所示。试求：（1）通风机的㶲损失；（2）换热器的㶲损失；（3）换热器中空气侧压力㶲损失；（4）该系统的㶲效率。

	0	1	2	3	4
$t/℃$	12	16	55	70	48
$p/$MPa	0.1	0.1036	0.1	—	—
$m/$kg·s^{-1}	1.1	1.1	1.1	0.467	0.467
$c_p/$kJ·（kg·K）$^{-1}$	1.004	1.004	1.004	4.186	4.186
种　类	空　气			水	

2-38　某工艺流体需在换热器内从 0℃ 预热到 100℃，热负荷一定，换热器的传热面积一定，因此要求冷热流体的对数平均温差在 50℃ 以上。问应选择怎样的热流体的进出口温度 T_i 和 T_o 才能既保证传热量，又能使传热㶲损失为最小。设环境温度为 25℃。

2-39　$p_1=4.0$MPa，$t_1=460$℃ 的过热蒸汽经绝热节流压力降到 $p=0.7$MPa。已知环境温度为 25℃，忽略动能位能的变化。试求：（1）水蒸气在进、出口的㶲值；（2）单位质量流量时绝热节流㶲损失；（3）若由汽轮机绝热膨胀至相同终压，其相对效率为 80%，求此时的㶲损失；（4）若节流前的温度为 500℃，节流前后的压力同上，求此时的㶲损失。

2-40　某工业炉排出烟气量 $V=4027$m^3/h，温度为 $t_1=800$℃，比热容为 $c_p=1.49$kJ/（m^3·℃）。车间另需消耗冷却水 $m=56$t/h，出口温度 $t_2=40$℃，试比较两种余热资源的余热量和㶲量。设环境温度为 20℃。

2-41　一台加热炉每小时消耗 600kg 重油，将 12t 钢坯加热到 1200℃。试根据下列数据作简化的加热炉热平衡和㶲平衡计算。已知数据如下：

重油发热量	41860kJ/kg
排烟温度	800℃
烟气平均比热容	1.465kJ/（m^3·℃）
钢坯平均比热容	0.502kJ/（kg·℃）
炉内壁平均温度	900℃
环境温度	20℃

2-42　一台燃油蒸汽锅炉以重油为燃料，其成分为 w（C）＝85%，w（H）＝13%，w（W）＝2%，比热容为 $c_p=1.88$kJ/（kg·K），高位发热量为 $Q_{gw}=45092$kJ/kg，预热温度为 $t_f=80$℃，燃料消耗量为 $B_f=685$kg/h。锅炉的给水温度 $t_s=105$℃，产生的蒸汽参数为 p

$=2.94\text{MPa}$，$t=317℃$，蒸汽量为 $D=10\text{t/h}$。助燃空气温度为环境温度 $t_0=20℃$。求锅炉的热效率、㶲效率，以及热损失和㶲损失。

2-43　一台柴油机的比油耗为 $b_e=200\text{g}/(\text{kW·h})$，燃油的高位热值为 $Q_{gw}^y=44589\text{kJ}/\text{kg}$，其成分为 $w(\text{C})=84\%$，$w(\text{H})=12\%$，$w(\text{O})=1\%$，$w(\text{S})=3\%$，试求该柴油机的㶲效率。

2-44　一台逆流换热器。冷流体的流量为 $m_c=800\text{kg/h}$，加热前后的参数为 $t_{c1}=97℃$，$t_{c2}=122℃$，$c_{pc}=4.1868\text{kJ}/(\text{kg·K})$，热流体的流量为 $m_h=200\text{kg/h}$，冷却前后的参数为 $t_{h1}=227℃$，$t_{h2}=127℃$，$c_{ph}=4.1868\text{kJ}/(\text{kg·K})$。环境状态为 $p_0=0.101\text{MPa}$，$t_0=25℃$。试求此换热器的㶲损失和㶲效率。

3 热力系统分析

由工程热力学可知，实现热-功的连续转换，一般是在不同的热设备中分别完成一个能量传递或转换的过程，再由这些设备组成一套热装置系统，完成连续的转换过程。就工质来说，完成一个热力循环，对于热机，是按正循环完成工作的；对于制冷机及热泵，是按逆循环完成工作的。能量转换过程的效果好坏，主要取决于循环过程的完善程度。显然，能量转换过程越完善，㶲损失就越少，转换效果越好，㶲效率就越高。因此，能量转换过程的热力系统的分析就是要分析各个转换过程及系统的㶲损失大小，找出减少㶲损失的主攻方向，提出改进整个热力系统、提高㶲效率的主要途径。

本章将以几种主要的热力系统为例，介绍㶲分析的方法及节能途径。

3.1 蒸汽动力循环的㶲分析

在电能中，80％以上是由燃料通过蒸汽动力循环转换而来。核电站也离不开蒸汽动力循环，首先将核能转换成蒸汽热能，然后再转换成电能。大型钢铁联合企业的自备电站也是以燃料为能源的蒸汽电站；不少大型鼓风机的拖动，为了节约能源，也适宜用蒸汽轮机（透平）直接拖动。因此，蒸汽动力循环是应用最广、最重要的一种热力循环，即使将它的效率提高 0.1％，就全国来说，每年也将带来节约数十万吨标准煤的效益。

3.1.1 朗肯循环的㶲分析

朗肯循环是最基本的蒸汽热力循环。如图 3-1 所示，它由锅炉 B、汽轮机 T、冷凝器 C 和给水泵 P 等主要热力设备组成，并由管路相互连接，构成热力系统。

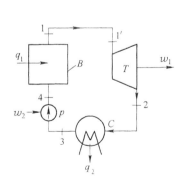

图 3-1　朗肯循环系统

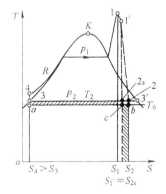

图 3-2　朗肯循环的 T-s 图

在不同的设备中完成的热力过程表示在 T-s 图上，如图 3-2 所示。图中 4-1 为水在锅炉中等压吸热而汽化；1-1′为蒸汽在流经管路和阀门时，由于阻力和散热造成的温降和压降；

$1'$-2 为蒸汽在汽轮机（透平）中绝热膨胀对外作功过程，膨胀后的焓（以及压力、温度）降低；2-3 为低压蒸汽在冷凝器中被冷却水冷却，冷凝成饱和水的过程；3-4 是低压水经水泵增压，供至锅炉，由此组成一个热力循环。系统分析的目的就是要计算每个设备中㶲的变化及㶲损失，从而计算每个设备与整个装置的㶲效率，分析影响㶲效率的主要因素及提高效率的途径。

设供给锅炉的燃料低发热值为 Q_{dw}（kJ/kg），锅炉的热效率为 η_{tg}，汽轮机的相对内效率为 η_{it}，水泵效率为 η_b。锅炉产生的蒸汽参数为 p_1、t_1；汽轮机的进口蒸汽参数为 p_1'、t_1'；冷凝器的冷凝压力为 p_2。汽轮机及水泵的效率说明实际过程与理想绝热过程的偏离程度。实际过程为不可逆绝热过程，熵值将增加：$s_2 > s'_1$，$s_4 > s_3$。根据其效率可确定 2 点及 4 点的状态。由蒸汽图表可确定各点的状态参数的数值。

3.1.1.1 锅炉

1kg 蒸汽在锅炉中的吸热量 $q_1 = (h_1 - h_4)$。因此，1kg 燃料所能产生的蒸汽量（kg）为

$$d = \frac{Q_{dw}\eta_{tg}}{(h_1 - h_4)} \tag{3-1}$$

1kg 工质通过锅炉所增加的㶲值，即锅炉的收益㶲为

$$\Delta e_{xg} = (e_{x1} - e_{x4}) = [(h_1 - h_0) - T_0(s_1 - s_0)] - [(h_4 - h_0) - T_0(s_4 - s_0)]$$
$$= (h_1 - h_4) - T_0(s_1 - s_4) \quad (\text{kJ/kg})$$

锅炉中的㶲损失（对 1kg 燃料而言），包括燃烧、传热不可逆㶲损失以及排烟、散热、不完全燃烧等造成的㶲损失，其总和应为锅炉的耗费㶲与收益㶲之差，即

$$I_g = e_f - d \cdot \Delta e_{xg} \tag{3-2}$$

锅炉的㶲效率为

$$\eta_{eg} = \frac{d \cdot \Delta e_{xg}}{e_f} = \frac{Q_{dw} \cdot \eta_{tg}}{e_f} \frac{(e_{x1} - e_{x4})}{(h_1 - h_4)} = \eta_{tg} \frac{Q_{dw}}{e_f}\left[1 - T_0 \frac{(s_1 - s_4)}{(h_1 - h_4)}\right] \tag{3-3}$$

由式（3-3）可见，锅炉的㶲效率与它的热效率成正比，热效率反映排烟、散热等损失的大小。而 Q_{dw}/e_f 为燃料能级的倒数，取决于燃料特性，接近于 1。最后一项为蒸汽的㶲增与焓增之比，即为蒸汽的能级。由于燃烧不可逆以及烟气与水之间传热的不可逆，所以此比值将远小于 1。因此，锅炉的㶲效率比热效率要小得多，其中，不可逆损失起着决定性影响。

3.1.1.2 蒸汽管路

由于管路的阻力及散热，蒸汽的㶲值由锅炉出口的 e_{x1} 至汽轮机进口降为 e'_{x1}。相应的㶲损失（对每 1kg 燃料而言）为

$$I_j = d \cdot (e_{x1} - e'_{x1}) = d \cdot [(h_1 - h_1') - T_0(s_1 - s_1')] \tag{3-4}$$

根据㶲效率的定义，相应的㶲效率为

$$\eta_{ej} = \frac{e'_{x1}}{e_{x1}} \tag{3-5}$$

㶲损失率为㶲损失占燃料㶲的百分数，即

$$\zeta_j = \frac{I_j}{e_f} = \frac{d \cdot (e_{x1} - e'_{x1})}{e_f} \tag{3-6}$$

3.1.1.3 汽轮机

蒸汽在汽轮机中绝热膨胀对外做出的有用功为

$$w_1 = d \cdot (h'_1 - h_2)$$

汽轮机进出口的㶲差为

$$d \cdot \Delta e_{xt} = d \cdot (e'_{x1} - e_{x2}) = d \cdot \left[(h'_1 - h_2) - T_0(s'_1 - s_2) \right]$$

因此，汽轮机中的㶲损失为

$$I_t = d \cdot \Delta e_{xt} - w_1 = d \cdot T_0(s_2 - s'_1) \tag{3-7}$$

由式（3-7）可见，汽轮机内的㶲损失是由于内部的摩擦、涡流等不可逆过程引起的。如果不可逆熵增 $(s_2 - s'_1)$ 越大，则㶲损失也越大。式中，单位㶲损失的大小 $T_0(s_2 - s'_1)$ 即为图 3-2 中的长方形面积 $b-s_2-s'_1-c$。

汽轮机的㶲效率为

$$\eta_{et} = \frac{w_1}{d \cdot \Delta e_{xt}} = 1 - \frac{I_t}{d \cdot \Delta e_{xt}} \tag{3-8}$$

由式（3-8）可见，汽轮机中的内部㶲损失越大，则㶲效率越低。理想情况下（可逆过程）无内部㶲损失，㶲效率为 1。即该㶲效率反映实际过程接近理想的程度。

汽轮机的㶲效率还可表示为

$$\eta_{et} = \frac{d \cdot (h'_1 - h_2)}{d \cdot (e'_{x1} - e_{x2})} = \frac{(h'_1 - h_2)}{(h'_1 - h_{2s})} \frac{(h'_1 - h_{2s})}{(e'_{x1} - e_{x2})} = \eta_{it} \frac{(h'_1 - h_{2s})}{(e'_{x1} - e_{x2})} \tag{3-9}$$

由式（3-9）可见，当汽轮机无内部损失时，熵增为零，进出口的焓差与㶲差相等，上式中的各项均为 1。当有内部损失时，由于摩擦等原因将造成出口温度升高，㶲值也有所增大。因此，右边的第 2 项将略大于 1。所以，汽轮机的㶲效率略高于其内效率。

汽轮机的总㶲损失率为

$$\zeta_t = \frac{I_t}{e_f} = \frac{d \cdot T_0(s_2 - s'_1)}{e_f} \tag{3-10}$$

3.1.1.4 凝汽器

蒸汽在凝汽器中向冷却水放出热量 $q_2 = d(h_2 - h_3)$ 而冷凝成水。它所减少的㶲并未被利用，全部构成㶲损失，即

$$\begin{aligned} I_n &= d \cdot (e_{x2} - e_{x3}) = d \cdot \left[(h_2 - h_3) - T_0(s_2 - s_3) \right] \\ &= q_2 - d \cdot T_0(s_2 - s_3) \end{aligned} \tag{3-11}$$

在 T-s 图上，h_2-h_3 为冷凝过程 2-3 等温线下的面积，$T_0(s_2-s_3)$ 为 T_0 等温线下相同宽度的长方形面积。因此，单位㶲损失在图上为 2-3-a-b 细长条面积。

同理可求得其总㶲损失率为

$$\zeta_n = \frac{I_n}{e_f} = \frac{d \cdot (e_{x2} - e_{x3})}{e_f} \tag{3-12}$$

3.1.1.5 水泵

水在水泵中被增压也可看成是绝热压缩过程。它所消耗的功为 $w_2 = d(h_4 - h_3)$。水经过泵后的㶲增为 $\Delta e_{xb} = d(e_{x4} - e_{x3})$。所以，泵的㶲损失为

$$\begin{aligned} I_b &= w_2 - \Delta e_{xb} = d \cdot \left\{ (h_4 - h_3) - \left[(h_4 - h_3) - T_0(s_4 - s_3) \right] \right\} \\ &= d \cdot T_0(s_4 - s_3) \end{aligned} \tag{3-13}$$

对该不可逆绝热过程，㶲损失的大小同样是正比于不可逆造成的熵增。

整个装置的总㶲损失为

$$\Sigma I_i = I_g + I_j + I_t + I_n + I_b \tag{3-14}$$

整个装置的总㶲损失率为

$$\zeta = \frac{\Sigma I_i}{e_f} = \Sigma \zeta_i \tag{3-15}$$

装置的净㶲效率为

$$\eta_e = \frac{e_f - \Sigma I_i}{e_f} = 1 - \zeta \tag{3-16}$$

同时，装置作的净功为

$$w_t = w_1 - w_2 = d \cdot [(h'_1 - h_2) - (h_4 - h_3)]$$

㶲效率也可写成

$$\eta_e = \frac{w_t}{e_f} = \frac{d \cdot [(h'_1 - h_2) - (h_4 - h_3)]}{e_f} \tag{3-17}$$

式（3-16）与式（3-17）可以互相校核计算的正确性。

例题 1 已知朗肯循环的各点参数如下：

$p_1 = 10$ MPa	$t_1 = 530℃$
$p'_1 = 9$ MPa	$t'_1 = 520℃$
$p_2 = 4$ kPa	$t_2 = 28.98℃$
燃料的低发热值	$Q_{dw} = 40500$kJ/kg
燃料㶲值	$e_f = 43000$kJ/kg
锅炉热效率	$\eta_{tg} = 0.90$
汽轮机内效率	$\eta_{it} = 0.80$
水泵效率	$\eta_b = 0.75$
环境温度	$t_0 = 12℃$

试求该装置的各项㶲损失及其㶲效率，并与热平衡结果分析比较。

解 根据已知参数及效率，利用蒸汽图表可查得或计算得各点的参数如表 3-1 所示。

表 3-1 装置循环的各点状态参数

状态点	压力 p	温度 t	焓 h/kJ·kg^{-1}	熵 S/kJ (kg·K)$^{-1}$
1	10MPa	530℃	3450	6.695
1′	9MPa	520℃	3386	6.723
2	4kPa	干度 0.894	2296	7.622
3	4kPa	28.98℃	121.4	0.423
4	10MPa	30℃	134.9	0.434

每 1kg 燃料产生的蒸汽量为

$$d = \frac{Q_{dw}\eta_{tg}}{(h_1 - h_4)} = \frac{40500 \times 0.90}{(3450 - 134.9)} = 11.0(\text{kg/kg})$$

朗肯循环的热效率为

$$\eta'_t = \frac{w_1 - w_2}{q_1} = \frac{(h'_1 - h_2) - (h_4 - h_3)}{(h_1 - h_4)}$$

蒸汽动力循环（包括锅炉）的热效率为

$$\eta_t = \frac{d\left[(h'_1 - h_2) - (h_4 - h_3)\right]}{Q_{dw}} = \eta_{tg} \frac{\left[(h'_1 - h_2) - (h_4 - h_3)\right]}{(h_1 - h_4)} = \eta_{tg}\eta'_t$$

㶲平衡的计算结果如表 3-2 所示。

热平衡的计算结果如表 3-3 所示。由于在汽轮机及水泵中可看成是绝热过程，所以没有热损失项。但有内部不可逆㶲损失。

表 3-2　㶲平衡表

项　目	符　号	单　位	公　式　及　计　算	结果	总㶲损率 $\zeta_i = \frac{I_i}{e_f}\%$ 或㶲效率 $\left(\eta_B = \frac{w}{e_f}\%\right)$
㶲损失 锅　炉	$(I)_g$	kJ/kg 燃料	$e_f - d[(h_1 - h_4) - T_0(s_1 - s_4)]$ $= 43000 - 11[(3450 - 135) - 285(6.695 - 0.434)]$	26163	60.8
管　道	$(I)_j$	kJ/kg 燃料	$d[(h_1 - h'_1) + T_0(s'_1 - s_1)]$ $= 11 \times [(3450 - 3386) + 285(6.723 - 6.695)]$	792	1.8
汽轮机	$(I)_t$	kJ/kg 燃料	$dT_0(s_2 - s'_1) = 11 \times 285 \times (7.622 - 6.723)$	2818	6.6
凝汽器	$(I)_n$	kJ/kg 燃料	$d[(h_2 - h_3) - T_0(s_2 - s_3)]$ $= 11 \times [(2296 - 121.4) - 285(7.622 - 0.423)]$	1356	3.2
水　泵	$(I)_b$	kJ/kg 燃料	$dT_0(s_4 - s_3) = 11 \times 285(0.434 - 0.423)$	34	0.08
总的㶲损失	$\Sigma(I)$	kJ/kg 燃料	$(I)_g + (I)_j + (I)_t + (I)_n + (I)_b$	31163	72.5
对外作的净功	w_t	kJ/kg 燃料	$e_f - \Sigma(I) = 43000 - 31236$	11837	27.6
校　核	w_t	kJ/kg 燃料	$d[(h'_1 - h_2) - (h_4 - h_3)]$ $= 11 \times [(3386 - 2296) - (135 - 121.4)]$	11836	27.6
燃料供给㶲	e_f	kJ/kg 燃料	$w + \Sigma(I)$	43000	100.0

表 3-3　热平衡表

项　目	符　号	单　位	公　式　及　计　算	结果	热损系数 $Q_i/Q_{dw}/\%$ 或热效率 $\left(w/Q_{dw}/\%\right)$
热损失 锅　炉	Q_g	kJ/kg	$Q_{dw}(1 - \eta_g) = 40500 \times (1 - 0.9)$	4050	10.00
管　道	Q_j	kJ/kg	$d(h_1 - h'_1) = 11 \times (3450 - 3386)$	704	1.74
凝汽器	Q_i	kJ/kg	$d(h_2 - h_3) = 11 \times (2296 - 121.4)$	23925	59.07

项 目	符 号	单 位	公 式 及 计 算	结果	热损系数 $\dfrac{Q_i}{Q_{dw}}/\%$ $\left(\text{或热效率}\ w/Q_{dw}/\%\right)$
总的热损失	ΣQ_i	kJ/kg	$Q_g + Q_j + Q_n$	28679	70.81
对外作的净功	w_t	kJ/kg	$Q_{dw} - \Sigma Q_i$	11821	29.19
校 核	w_t	kJ/kg	$d\left[(h_1' - h_2) - (h_4 - h_3)\right]$ $= 11 \times \left[(3386 - 2296) - (135 - 121.4)\right]$	11836	29.22
燃料供给的热	Q_{dw}	kJ/kg	$w_t + \Sigma Q_i$	40500	100.00

从两表的计算结果可以看出，热平衡认为装置的主要热损失是在凝汽器中，放给冷却水的热量占输入热的 59.07%。但是，从㶲平衡的角度看，凝汽器的㶲损失率只占 3.2%，因为它的温度接近环境温度，其中的可用能已很小，它的节能潜力并不大。而锅炉中的㶲损失率高达 60.8%，因此，只有采取降低锅炉㶲损失的措施，才有可能明显地改善蒸汽动力装置的效率。

蒸汽动力装置的㶲流图如图 3-3 所示。斜线部分表示㶲流，星点部分表示㶲流。锅炉的㶲损失主要由 A、B、C 三部分组成。A 为燃烧㶲损失，占 31.0%，B 为排气带走的㶲损失，占 4.0%，C 为传热㶲损失，占 25.8%。在管道、汽轮机、凝汽器、给水泵中的㶲损失分别为 D、E、F、G。㶲损失贬为㶲，因此，㶲流不断减小，㶲流不断增加。但是，㶲与㶲之和，即总能量应保持不变。因此，㶲流与㶲流之和也反映了能流图。

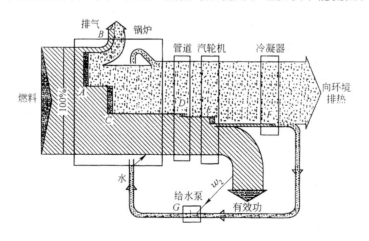

图 3-3　蒸汽动力循环㶲流图

各项㶲损失：A—燃烧；B—排气；C—给水传热；D—管道；E—汽轮机；

F—冷凝器；G—给水泵

蒸汽动力循环的㶲效率与热效率接近，但是损失的分配有很大差别。

3.1.2　提高蒸汽动力装置㶲效率的主要途径

如前所述，通过㶲分析，可以定量又定质地判明了装置各部分的㶲损失的大小和比重。

其中以锅炉的㶲效率对装置的总㶲效率影响最大。针对产生㶲损失的原因采取相应的改进措施。

锅炉热效率已可达 90% 以上，但是㶲效率只有 40% 多。单靠提高锅炉的热效率来提高其㶲效率的潜力有限。影响最大的是锅炉燃烧和传热的不可逆㶲损失。其中传热㶲损失与给水及蒸汽的参数有关，因此，要改进其效率，还要从整个装置的热力系统着手。

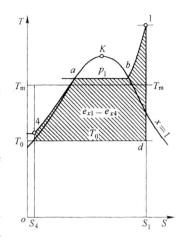

图 3-4 蒸汽吸热平均温度

水在锅炉中的吸热汽化过程表示在 T-s 图上，如图 3-4 所示。每 1kg 水加热成蒸汽所吸收的热量 $q_1 = h_1 - h_4$，在图上为面积 4-a-b-1-s_1-s_4-4，而㶲增 $(e_{x1} - e_{x4}) = (h_1 - h_4) - T_0(s_1 - s_4) = q_1 - T_0(s_1 - s_4)$，为图中所示的热量面积扣除 T_0 等温线下的面积 c-d-s_1-s_4-c，即为图中阴影线所示的面积。

由第二章中的式 (2-79) 可知，锅炉的㶲效率与其热效率的关系可表示为

$$\eta_{eg} = \eta_{tg} \frac{Q_{dw}(h_1 - h_4) - T_0(s_1 - s_4)}{h_1 - h_4} \approx \eta_{tg}\left(1 - T_0 \frac{s_1 - s_4}{h_1 - h_4}\right) \tag{3-18}$$

式中，比值 $(h_1 - h_4) / (s_1 - s_4)$ 为 T-s 图上水的汽化过程线 4-a-b-1 下的面积除以宽度 $(s_1 - s_4)$，即相当于宽度相同、面积相等的长方形的高度，用 T_m 表示。则

$$T_m = \frac{(h_1 - h_4)}{(s_1 - s_4)} \tag{3-19}$$

T_m 的量纲为热力学温度 K，称为工质的热力学吸热平均温度。

因此，式 (3-18) 可改写为

$$\eta_{eg} \approx \eta_{tg}\left(1 - \frac{T_0}{T_m}\right) \tag{3-20}$$

由此可见，要提高蒸汽动力装置的总㶲效率，关键是要提高锅炉的㶲效率。而要提高锅炉的㶲效率，首先要设法提高蒸汽吸热平均温度。因此，提高蒸汽动力装置的效率主要有以下几条途径。

3.1.2.1 提高蒸汽的初参数 t_1 和 p_1

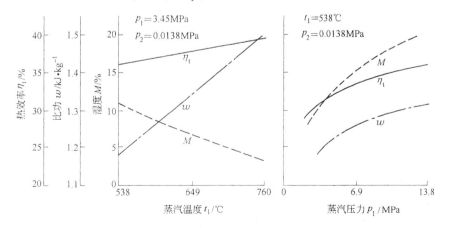

图 3-5 朗肯循环效率与蒸汽参数的关系

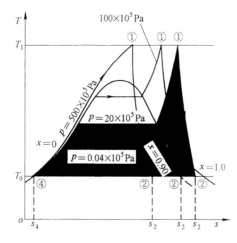

图 3-6 提高蒸汽压力与蒸汽品位的关系

提高蒸汽温度 t_1 和压力 p_1 既可以提高蒸汽吸热平均温度 T_m，又可以提高蒸汽动力循环的效率，从而使装置的㶲效率提高。图 3-5 给出了循环效率与蒸汽温度与压力的关系。在图中同时给出了单位质量蒸汽做的功（比功）和膨胀后蒸汽的湿度。由图可见，当只提高蒸汽压力时，蒸汽膨胀后的湿度将增大。这从蒸汽循环的温-熵图（图 3-6）可以看出，当蒸汽温度不变，只提高压力时，膨胀后的状态点 2 将往湿蒸汽区的左方移动，干度 X 减小。当干度 $X<0.90$（湿度超过 10%）时，在汽轮机的最后几级里，有部分蒸汽凝结成水滴，容易造成叶片损坏和汽轮机的内效率降低。所以，当蒸汽的温度和允许的蒸汽干度一定时，最高的蒸汽压力也就受到限制。当 $t_1=550℃$，$X=0.90$ 时，允许的最高蒸汽压力 $p_1=13MPa$。

就提高蒸汽吸热平均温度来说，当蒸汽压力比临界压力低得多时，由于汽化阶段温度不变，汽化潜热占总吸热量相当大的比例，只提高蒸汽温度而不提高压力，对提高蒸汽吸热平均温度的效果将减弱。因此，同时提高蒸汽温度和压力，对提高效率将可取得更明显的效果。

当锅炉给水温度一定时，热力学吸热平均温度 T_m 是蒸汽温度 T_1 和压力 p_1 的函数。如图 3-7 所示，对一定的蒸汽温度，对应一个吸热平均温度 T_m 最高的最佳蒸汽压力。即图中的等温线 $\partial T_m/\partial p=0$ 对应

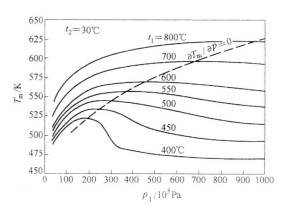

图 3-7 蒸汽初温、初压对吸热平均温度的影响

的压力 p_{opt}。例如，当蒸汽温度为 550℃ 时，对应的最佳蒸汽压力 $p_{opt}=373.5×10^5Pa$，这时 $T_m=558.1K$，卡诺因子为 $(1-T_0/T_m)=0.484$。

表 3-4 给出了参数对吸热平均温度及卡诺因子影响的数据。

表 3-4 参数对吸热平均温度的影响（$t_0=15℃$）

蒸汽初参数		给水温度	吸热平均温度 T_m	卡诺因子
压力/10^5Pa	温度/℃	/℃	/℃	$1-T_0/T_m$
13	340	105	265.2	0.3805
35	435	105	520.5	0.4463
90	535	215	590.4	0.5119
130	565	230	615.0	0.5314

蒸汽温度 T_1 受锅炉材料的限制, 对于常用的碳素钢, 其温度上限是 565℃, 实际使用的许可最高温度为 550℃。奥氏体合金钢的使用温度可提高到 600℃, 但费用要昂贵得多。

如前所述, 对应于蒸汽温度为 550℃ 时的最佳蒸汽压力为 373.5×10^5Pa, 但是, 随着压力增高, 对提高 T_m 的效果减弱, 却要大大增加装置耐压的费用, 在经济上并不合理。因此, 实际使用的最高蒸汽压力小于 16.5MPa。

根据装置的容量不同, 实际采用的蒸汽参数也有区别。由于水蒸气的临界参数为 $t_c = 374.15℃$, $p_c = 22.129$MPa, 按此划分的蒸汽动力装置的参数如表 3-5 所示。

表 3-5 蒸汽动力装置的参数

类 型	温度/℃	压力/MPa	装置容量/MW
亚临界参数	550, 535	16.5	300～600
超高参数	550, 535	13.5	125～200
高参数	535	9.0	50～100
中参数	435	3.5	6～25
低参数	340	1.3	1.5～3

3.1.2.2 采用再热循环

再热循环是将高温、高压蒸汽首先在高压透平内膨胀到某一中间压力 p_3, 温度也同时有所降低。然后又将蒸汽送回锅炉内再一次加热, 使蒸汽温度又升高到初始温度 $T_3 = T_1$, 再送至低压透平内膨胀作功。蒸汽再热器是作为锅炉受热面的一部分, 设计时预先布置在锅炉内的。再热循环的系统如图 3-8 所示, 循环在 T-s 图上的表示如图 3-9 所示。

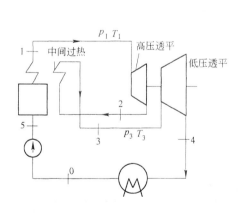

图 3-8 再热循环

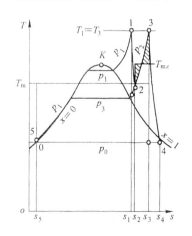

图 3-9 再热循环的 T-s 图

由图可见, 采用再热循环可以防止膨胀后的蒸汽湿度过大, 以保证汽轮机的长期、安全地运转。同时, 蒸汽再热后又提高了蒸汽的作功能力, 即提高了蒸汽的焓值和㶲值, 增大单位质量蒸汽膨胀所作的功。

再热循环还提高了吸热平均温度, 从而可以提高锅炉的㶲效率。这是因为采用了再热循环就可以提高蒸汽压力，无膨胀后蒸汽湿度过大之虞；另一方面，再热过程 2～3 有较高的吸热平均温度 T_{m2}，从而使总的吸热平均温度提高。例如，当 $p_1=18\text{MPa}$，$t_1=530℃$ 时，$T_{m1}=545\text{K}$。如果再热压力 $p_3=2.8\text{MPa}$，$t_3=530℃$，则 $T_{m2}=672\text{K}$，总的吸热平均温度 $T_m=569.7\text{K}$。

采用再热循环是综合考虑了蒸汽的品位、工程材料的性质和热能的有效利用三者之间的关系，已成为提高蒸汽动力循环效率的一个主要措施。但是，再热循环增加了系统的复杂性。将蒸汽从汽轮机车间再送回锅炉车间，还会增加管路的阻力损失和散热损失。因此，只有对大型汽轮发电机组（125MW 以上）才采用再热的方法来提高效率。

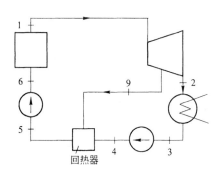

图 3-10　蒸汽回热循环

同时，中间再热的压力存在一个最佳值的问题，膨胀至此中间压力时再热，可使吸热平均温度最高。

3.1.2.3　采用回热循环

由吸热平均温度的定义可知，如果蒸汽的压力和温度一定，提高进入锅炉的给水温度，同样可提高吸热平均温度，从而可以提高锅炉的㶲效率。对蒸汽动力循环，可以通过改善热力系统来做到这一点。所谓回热循环，就是从汽轮机的中部抽出一部分作过功、但仍具有某一中间压力 p_k 的蒸汽，供至回热器（给水加热器）中，用来加热来自冷凝器的冷凝水，然后再经泵加压后一起供至锅炉。回热循环系统如图 3-10 所示。蒸汽的焓增来自锅炉，经回热器后部分热（焓）又返回到锅炉，所以称之"回热循环"。

回热循环在 T-s 图上的表示如图 3-11 所示。由图可见，抽气口的状态点 9 为压力 p_k 温度 T_9 的过热蒸汽，抽气份额为 α。它在回热器中定压下放出热量，冷凝成状态点 5 的水，将锅炉的给水从状态 4 加热至状态 5，使得锅炉中的吸热过程是从水泵压缩后的状态点 6 开始，至状态点 1。吸热量为 $q_1=h_1-h_6$，吸热平均温度为

$$T_m^* = \frac{h_1-h_6}{s_1-s_6} > \frac{h_1-h_4}{s_1-s_4}$$

显然，回热循环可以提高吸热平均温度，从而提高锅炉的㶲效率和循环的效率。

抽气份额 α 可根据回热器的热平衡确定。由于抽出 $\alpha\,\text{kg}$ 的蒸汽，则只有 $(1-\alpha)\,\text{kg}$ 的蒸汽继续膨胀作功，最后冷凝成水。因此，被加热的冷凝水量是 $(1-\alpha)\,\text{kg}$。它被加热后的状态点 5 与状态点 6 非常接近，所以热平衡关系可写为

$$\alpha(h_9-h_5)=(1-\alpha)(h_5-h_4)$$
$$\alpha = \frac{h_5-h_4}{h_9-h_4} \tag{3-21}$$

采用回热循环，抽汽部分做出的功将减少，因此，每 1kg 蒸汽所做出的功也将减少，即

$$w_1 = (1-\alpha)(h_1-h_2) + \alpha(h_1-h_9) \tag{3-22}$$

但是，由于产生每 1kg 蒸汽在锅炉内的吸热量 $q_1=h_1-h_6$ 也减少，换句话说，每 1kg 燃料所能产生的蒸汽量增加，所以

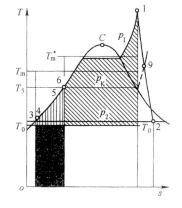

图 3-11　蒸汽回热
循环的 T-s 图

循环的效率将提高。

根据预热温度 T_5 可以确定抽汽压力和抽汽量。提高预热温度，所需的抽汽量增加，在一定的范围内总效率将提高。但是，回热器内的传热是一个不可逆过程，它将产生额外的㶲损失。因此，实际存在一个最佳的预热温度以及相应的抽汽压力。在此温度时，循环的总效率将为最高。

实际采用的回热循环抽汽数目可大于1，相应地有几个回热器，称为多级回热循环。这样，每个回热器内抽汽与给水的传热温差可以减小，从而降低回热器的㶲损失。所以，当抽汽数目增加时，最佳预热温度提高，总的㶲效率也提高。但是，由于随着抽汽数目增加，其效果将逐渐减弱，而增加了设备的复杂程度。所以，从经济观点看，抽汽的级数有一合理的数目。我国国产机组所采用的抽汽级数与给水温度和机组功率，如表 3-6 所示。

表 3-6 不同功率机组的抽汽级数和给水温度

主要技术参数	机 组 型 号					
	N6-35	N12-35	N50-90	N100-90	N200-130	N300-165
功率/MW	6	12	50	100	200	300
$p_1/t_1/(t_3)$ * /MPa·℃$^{-1}$	3.5/435	3.5/435	9.0/535	9.0/535	13.0/535/535	16.5/550/550
抽汽级数	3	3	4～5	7	8	8
给水温度/℃	150	150	215	215	240	254

注：* 前括号内 t_1 为蒸汽温度，t_3 为再热温度，℃。

对大容量的机组，往往同时采用提高参数、回热循环和再热循环几种措施，以提高其效率，增加经济性。对 300MW 的机组，效率已可超过 38%。

3.1.3 凝汽式发电厂的能耗指标

凝汽式发电厂由锅炉、汽轮机、机械传动装置带动发电机组成。蒸汽动力循环是其中最基本的组成部分。发电厂的发电效率要考虑各个环节的损失，即各个环节的效率，可由下式计算：

$$\eta_n = \eta_{gl}\eta_{gd}\eta_t\eta_i\eta_j\eta_d \qquad (3-23)$$

式中　η_n——凝汽式电厂效率；

　　　η_{gl}——锅炉效率，一般为 $0.85 \sim 0.92$；

　　　η_{gd}——管道效率，一般为 0.99；

　　　η_t——循环效率，一般为 $0.40 \sim 0.54$；

　　　η_i——汽轮机相对内效率，一般为 $0.8 \sim 0.9$；

　　　η_j——机械效率，一般为 $0.96 \sim 0.99$；

　　　η_d——发电机效率，一般为 $0.96 \sim 0.99$。

由上述各效率的实际数值可得，凝汽式发电厂的效率为 $25\% \sim 40\%$。一般中压电厂的效率约 25%，高压电厂约 33%，超高压电厂约 37%，亚临界压力电厂约 40%。

凝汽式发电厂的每发 $1kW \cdot h$ 电能的标准煤消耗率为

$$b = \frac{3600}{29300\eta_n} = \frac{0.123}{\eta_n} \quad kg/(kW \cdot h) \qquad (3-24)$$

我国不同机组凝汽式发电厂比较先进的标准煤耗率如表 3-7 所示。

表 3-7 凝汽式发电厂的标准煤耗率

机组型式	中　压		高　压		超高压	亚临界
机组容量/MW	12	25	50	100	200	300
标准煤耗率 b/[kg・(kW・h)$^{-1}$]	0.492	0.484	0.393	0.360	0.325	0.30

3.2 燃气-蒸汽联合循环

如上所述，蒸汽动力循环的主要㶲损失是在锅炉内，其中，燃烧㶲损失及传热㶲损失占了主要部分。上述的提高吸热平均温度的各种措施，实际上是为了减小传热温差，以减少传热㶲损失。但是，由于受水蒸气的热物理性质及装置材质的限制，这些措施所能取得的效果已接近极限，燃料燃烧温度与蒸汽温度之间仍存在着 800～1000℃ 左右的温差，采用水蒸气为工质的循环已无法进一步减小这一损失。

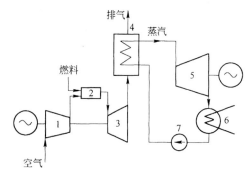

图 3-12 燃气-蒸汽联合循环

1—压气机；2—燃烧室；3—燃气轮机；

4—余热锅炉；5—汽轮机；6—冷凝器；7—给水泵

燃气轮机目前主要用于航空发动机，利用燃料燃烧产生的高温，有压力的气体在燃气轮机中膨胀做功。它的结构紧凑，但是，排气温度很高，有 450～650℃ 左右，构成放热损失，因此热效率不到 30%。如果将燃气循环与蒸汽循环结合起来，组成燃气-蒸汽联合循环，首先利用燃烧产生的高温烟气推动燃气轮机直接做功，做完功后的高温废气再作为余热锅炉的热源，用以加热水产生蒸汽，再由蒸汽推动汽轮机对外做功，将可使总的热效率达到 40%～47%。

图 3-12 为典型的余热利用型联合循环系统图。这种循环系统是以燃气轮机为主，燃气轮机发电量占 65%～70%，汽轮机发电占 30%～35%。燃气轮机有较大的独立性，可单独工作。余热锅炉容量和蒸汽参数取决于燃气轮机排气，不能单独运行。

联合循环在 $T\text{-}s$ 图上的表示如图 3-13 所示。燃气轮机的排气放热过程 4-1 是在余热锅炉内完成的。在锅炉内将热传给水，完成 6-7-8 的汽化过程。余热锅炉内的燃气放热平均温度 T_{2m} 与蒸汽吸热平均温度 T_{3m} 之间的温差比一般的锅炉要小得多，传热㶲损失较小。由于联合循环中，燃气的㶲得到二次利用，所以总㶲效率比蒸汽循环要高。通常以 2～4 台燃气轮机和一台蒸汽轮机联合组成 200～600MW 机组，热效率可达 42%～46%，有希望达到 50%。

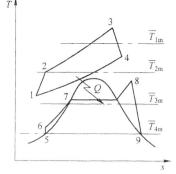

图 3-13 燃气-蒸汽联合
循环的 $T\text{-}s$ 图

图 3-14 给出了循环所能达到的效率。横坐标表示的是蒸汽压力。联合循环的最低效率位置（Ⅰ）处相当于燃气温度为 600℃ 的情况，最高效率位置（Ⅱ）处相当于燃气温度为 1000℃ 的情况。

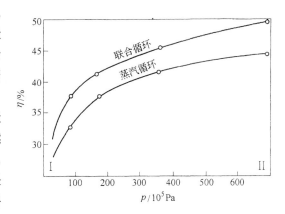

图 3-14　联合循环装置的效率

余热利用型的联合循环结构简单，造价较低。但是，燃料需采用轻质油和气体燃料。它适用于小容量蒸汽动力装置的改造。在冶金厂，由于有大量的副产煤气，尤其是发热值低的高炉煤气往往有富裕。如果将它作为燃气-蒸汽联合循环的燃料，将它转换成电能，可以大大提高企业的能源利用效率。上海宝山钢铁公司引进一套联合循环装置自从 1997 年投入运转以来，发挥了显著的节能效果和经济效益。

其他的联合循环型式有：往余热锅炉补充燃料进行补燃，以提高蒸汽循环的参数、出力和效率的补燃型；以蒸汽循环为主，燃气循环提供高空气过量系数（$\alpha=5\sim7$）的热气体（400℃ 以上），再供给锅炉作为助燃气体的排气助燃型；将燃气轮机的燃烧室与蒸汽锅炉燃烧室合二而一的增压锅炉型等。

为了能将廉价的、资源丰富的固体燃料用于联合循环，已研究开发了沸腾锅炉型热空气-蒸汽联合循环。它是在燃煤的沸腾锅炉内分别加热压缩空气和水，热空气经空气透平膨胀做功后再供给锅炉作为助燃用。如图 3-15 所示。随着对提高煤的利用技术研究的深入，煤的气化和液化技术的开发，从而提出了高效率、无公害的煤气化燃气-蒸汽联合动力装置，如图 3-16 所示。其特点是增加了煤的气化-净化装置。煤粉先在气化炉中和气化剂混合，并通入压缩空气使之流态化，同时进行气化过程。经过除尘、脱硫等净化工艺的低热值煤气，供燃气轮机组燃烧室燃烧用。燃气轮机分为两级，增压锅炉介于两级之间。燃气轮机与汽轮

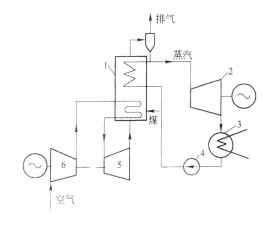

图 3-15　沸腾锅炉型联合循环装置
1—沸腾锅炉；2—汽轮机；3—冷凝器；
4—水泵；5—空气透平；6—压气机

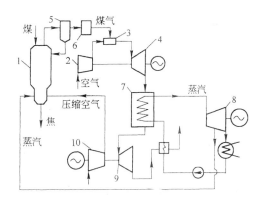

图 3-16　煤气化燃气-蒸汽联合循环系统
1—气化炉；2—压气机；3—燃烧室；4—一级燃气轮机；
5—除尘装置；6—脱硫装置；7—余热锅炉；8—汽轮机；
9—二级燃气轮机；10—鼓风机

机组成联合发电装置。西德、美国和日本都在研制这类联合发电装置，并已进入工业试验阶段。据有关资料报导，其总㶲效率可达 40% 以上。

联合循环由于大大提高了工质吸热时的热力学平均温度，可达 1000K 以上，而蒸汽冷凝放热温度仍接近于环境温度，因此，循环装置的总㶲效率比蒸汽动力循环高得多。它的㶲损失主要是燃料燃烧的不可逆㶲损失和余热锅炉中的传热㶲损失。所以，设法改善燃烧过程和传热过程，从而进一步降低不可逆㶲损失，是提高联合装置效率的主要方向。

3.3 热电联产系统分析

在热能利用中，通常用水蒸气作为热能传递介质，以满足生产工艺用热及生活用热的需要。它们由工业锅炉提供低压（一般为 0.8～1.3MPa）、中温的蒸汽（一般为低于 350℃ 的过热蒸汽或饱和蒸汽）。我国目前主要采用小型工业锅炉分散供热的方式，供热系统的能耗约占全国总能耗的 25%。全国拥有工业锅炉 25 万台，蒸发量 53 万 t/h，燃料消耗量折标准煤为 1.62 亿 t，锅炉平均效率约 60%。不同容量工业锅炉的比例及其效率如表 3-8 所示。

表 3-8 我国工业锅炉容量分类及其效率

锅炉容量/t·h^{-1}	占总台数比例/%	占总蒸发量比例/%	平均热效率/%
<1	40	13	50
1～6	52	49	59
≥6	8	38	67

供热系统的效率由工业锅炉、管网系统和用热设备三部分组成。目前管网系统效率约 90%，用热设备效率约 55%，因此供热系统总效率约在 30% 左右。这种分散供热方式不仅热效率低，而且污染环境严重。分散锅炉房的供热标准煤耗约为 60～70kg/GJ。

凝汽式发电机组的最高效率也低于 40%，大量的热（占 50%～60%）被冷凝器中的冷却水带走。而汽轮机的排汽压力很低，只有 3～5kPa，对应的饱和温度为 23.77～32.55℃。乏汽接近环境温度，㶲值已很小，没有什么做功能力，所以已没有直接利用的价值，但是它带走的热量很大。如果设法提高汽轮机的排汽压力，相应地饱和温度也能提高。例如，排汽压力为 0.1MPa 时，对应的冷凝温度为 99.09℃。当排汽参数能够满足热用户的要求时，则可以将它用于供热。即将蒸汽先发电，后用于供热，使排汽的热得到充分地利用，这就叫热电联产。由于它使能源得到梯级利用，基本做到能质匹配，所以它是有效利用热能的一种重要途径。本节将介绍热电联合生产的概念，联产系统分析，以及联产带来的燃料节约等问题。

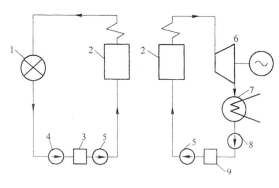

图 3-17 热电分产（一）

1—热用户；2—锅炉；3—回水箱；4—回水泵；5—给水泵；
6—汽轮机；7—凝汽器；8—凝结水泵；9—给水箱

3.3.1 热能和电能联合生产的概念

当能量转换设备只提供一种能量（电能或热能）时，例如发电厂中凝汽式机组只输出电能，供热锅炉设备只供应蒸汽和热水，则称为单一的（或分别的）能量生产，如图 3-17 所示。当由一台锅炉并联供汽给凝汽式发电厂和热用户时，虽然同时应用了电能和热量，如图 3-18 所示，但其生产过程仍属于热、电分别生产的方式，或叫由共享锅炉并联供给热、电的方式。

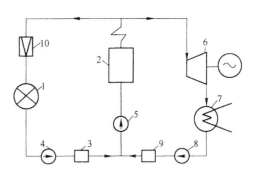

图 3-18　热电分产（二）

1~9—同图 3-17；10—减温减压装置

如果汽轮机的排汽压力设计成热用户所需的压力（称背压式汽轮机），蒸汽经汽轮机做出功后再供热用户使用，使蒸汽的冷凝热在热用户得到进一步利用，冷凝水再由水泵回供至锅炉。这样把热、电生产有机地结合起来，就构成热电联产的方式，其系统如图 3-19 所示。这种电厂就称为热电厂。汽轮机也可以用来直接拖动鼓风机等动力设备。

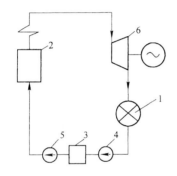

图 3-19　背压式热电联产系统

1—热用户；2—锅炉；
3—回水箱；4—回水泵；
5—给水泵；6—背压式汽轮机

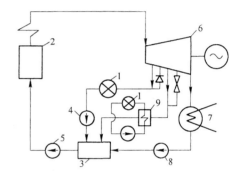

图 3-20　抽汽式热电联产系统

1—热用户；2—锅炉；3—回水箱；
4—回水泵；5—给水泵；
6—抽汽式汽轮机；7—冷凝器；
8—凝结水泵；9—热网加热器

上述的热电联产系统要求电负荷与热负荷完全匹配，应变能力差，因此，多数的热电联产是采用图 3-20 所示的系统。汽轮机采用中间抽汽式，从汽轮机中部抽出一部分经做功后尚具有一定压力的蒸汽供给热用户，其余部分继续在汽轮机内膨胀到低压（真空），最后在冷凝器中冷凝成水。调节抽汽量可满足热用户的热负荷变化的需要。抽汽有两种方式：一种是直接供给热用户；另一种是通过热网加热器间接向热用户提供热量。抽汽经放热冷凝后，最后仍回至水箱，供给锅炉用。这种系统实际是热电联产与单纯生产电能两套系统的结合。只有抽汽供热那部分蒸汽才是热电联产，蒸汽得到两级利用，其余部分蒸汽只是单纯发电。但是，两者之间可以方便地进行调节。

热电联产的最大特点是朗肯循环中存在的冷凝热损失在热用户中得到了有效利用。虽然为了满足热用户的要求，必须提高汽轮机的排汽压力和温度，减少了每 1kg 蒸汽做出的

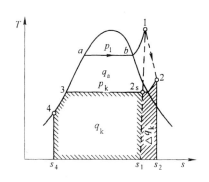

图 3-21 热电联产的 T-s 图

功。但是,由于省去了单独提供热用户蒸汽所需的锅炉及其燃料消耗,因此,大大地提高了燃料的利用率。并且,在汽轮机中由于摩擦等造成的不可逆损失,在转变为热能后将在热用户中可继续被有效利用。

图 3-21 为背压式热电联合循环的 T-s 图。循环在锅炉中的吸热过程为 4-3-a-b-1,吸热量为图中该折线下的面积。1-2 为汽轮机内的不可逆膨胀过程,它比等熵膨胀至背压 p_k 的状态点 2 时,将减少作功 $\Delta w = h_2 - h_{2s}$,相当于图中的面积 Δq_k。但是,排汽能够提供给热用户的热量为 2-2_s-3-4 的放热过程中所放出的热量,为面积 q_k 与损失功相当的那部分热量 Δq_k 之和,即 Δq_k 可被热用户进一步利用,并未造成热损失。必须指出,Δq_k 的㶲值与损失功是不等的,它的能级是降低了。所以,即使是联合循环,仍应注意汽轮机的㶲效率,以提高总的㶲效率。

3.3.2 热电联产的热经济性分析

衡量热电联产的热能(燃料的发热量)的有效利用程度,通常可用总效率这一指标。它是指有效利用的能量(包括发电与供热量)与消耗的能量(燃料提供的热量)之比,用 $\tau_{rd,b}$ 表示,即

$$\eta_{rd,b} = \frac{W + Q}{B \cdot Q_{dw}} \tag{3-25}$$

式中　W——机组每小时的发电量,kJ/h。$W = 3600P$,P 为发电功率,kW;

　　　Q——供热量,kJ/h;

　　　B——燃料消耗量,kg/h(或 m³/h);

　　　Q_{dw}——燃料的低发热值,kJ/kg(或 kJ/m³)。

这一总效率是反映了燃料的能量利用率,并未考虑到两种能量在质量上的差别,而只把它们按数量等价地直接加起来,所以它只适用于表明燃料能量在数量上的有效利用程度,不宜用来比较不同热电厂的经济性。当然,它可以用来比较热电厂和凝冷式电厂的热经济性。

上式还可进一步改写为

$$\eta_{rd,b} = \frac{W}{B \cdot Q_{dw}} \frac{W + Q}{W} = \eta_w \left(1 + \frac{1}{\omega}\right) \tag{3-26}$$

$$\eta_w = \frac{W}{B \cdot Q_{dw}}$$

$$\omega = \frac{W}{Q}$$

式中　η_w——燃料热能在热电联产装置中转换成电能的比例;

　　　ω——热化发电率,表示以供热量为基准的发电量。

当供热量为零时,η_w 即为一般蒸汽动力循环的热效率。η_w 与 ω 之间有一定的关系。ω 越大,则 η_w 也高。一般,ω 在 0.12~0.40 之间,相应地 η_w 在 0.09~0.23 的范围,因此,热

电联产装置的总热效率大致为 0.8 左右。因此，它的总效率要比冷凝式单纯发电装置的热效率要大 1.5～2.0 倍。

对于抽汽供热机组而言，只有抽汽部分是既发电、又供热，因此，它的热化发电率为

$$\omega = \frac{W_{cq}}{Q_{cq}} \tag{3-27}$$

式中　W_{cq}——抽汽在流经汽轮机时发出的电能，kJ/h；

　　　Q_{cq}——抽汽所提供的热量，kJ/h。

进入凝汽器那股蒸汽在流经汽轮机时只发出电能，相当于冷凝机组，设它发出的电能为 W_n kJ/h，则抽汽供热机组的总发电量为 $W_{cq} + W_n$，总发电量与供热量之比为

$$R = \frac{W_{cq} + W_n}{Q_{cq}} \tag{3-28}$$

抽汽供热机组的燃料热能利用总效率为

$$\eta_{rd,c} = \frac{W_{cq} + Q_{cq} + W_n}{B \cdot Q_{dw}} \tag{3-29}$$

由于抽汽部分的蒸汽相当于通过背压机组作功和供热，蒸汽的热能得到充分利用，它的燃料利用率主要取决于锅炉效率 η_{tg}。而进入凝汽器的那部分蒸汽的燃料利用率相当于凝汽发电机组的效率 η_{nd}。因此，燃料提供的总热量可表示成两部分之和：一部分产生抽汽，另一部分产生冷凝蒸汽。即

$$BQ_{dw} = B_{cq}Q_{dw} + B_{nd}Q_{dw} = \frac{W_{cq} + Q_{cq}}{\eta_{tg}} + \frac{W_{nd}}{\eta_{nd}} \tag{3-30}$$

代入式（3-29），经整理后可得：

$$\eta_{rd,c} = \eta_{tg}\eta_{nd} \cdot \frac{R + 1}{(\omega + 1)\eta_{nd} + (R - \omega)\eta_{tg}} \tag{3-31}$$

由于 η_{tg} 可达 0.85～0.90，而 η_{nd} 只有 0.25～0.38，因此，提高热化发电率 ω，将使分母项减小，使总效率提高。显然，当 $\omega = R$ 时，即成为背压式供热机组时，由式（3-31）可得

$$\eta_{rd,b} = \eta_{tg}$$

即对背压式供热机组，其燃料热能利用率主要是取决于锅炉效率。

当抽汽量为零时，则相当于冷凝机组的热效率 η_{nd}。在这两种极限工况之间工作时，这种装置的电热比和热效率都会发生相应的变动。即随着抽汽量的变化，透平的工作状况会有较大幅度的变化。

抽汽式热电站的能流与冷凝式电站的能流比较如图 3-22 所示。

3.3.3　热电联产总热耗的分配

热电联产与热电分产相比，总热效率要

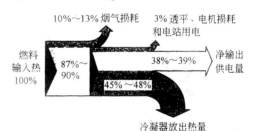

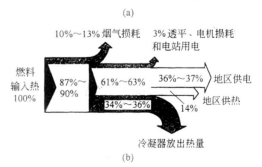

图 3-22　抽汽式热电站与冷凝式电站的能流比较
(a) $p = 2.46$MPa，$T = 566$℃冷凝式电站；
(b) $p = 1.30$MPa，$T = 566$℃抽汽式热电站

高得多。多数的热电联产系统是采用抽汽式系统，如果要分别计算热电联产系统对发电煤耗和供热煤耗带来电节能效果，就需要对总热耗量合理地分配给电能生产和热能生产上去。目前，总热耗量的分配方法有许多种，各有优缺点。现介绍三种分配方法。

3.3.3.1 热量法

热量法是按热电厂生产两种能量的数量比例来分配热耗量。供热热耗量等于对外供热量及其在锅炉、管道和供热设备中的热损失。发电热耗量则等于总热耗量减去供热热耗量。

热电厂的总热耗量为

$$Q_z = \frac{D(h_1 - h_{gs}) \times 10^{-6}}{\eta_{tg}\eta_{gd}} \quad (GJ/h) \tag{3-32}$$

式中 D——总汽耗量，kg/h；

h_1——汽轮机进汽焓，kJ/kg；

h_{gs}——锅炉给水焓，kJ/kg；

η_{tg}——锅炉效率；

η_{gd}——管道效率。

供热方面分配的热耗量为

$$Q_r = \frac{D_r(h_r - h_{ns}) \times 10^{-6}}{\eta_{tg}\eta_{gd}} = Q_z\left(\frac{D_r}{D}\right) \cdot \left(\frac{h_r - h_{ns}}{h_1 - h_{gs}}\right) \quad (GJ/h) \tag{3-33}$$

式中 D_r——供热蒸汽量，kg/h；

h_r——供热蒸汽焓，kJ/kg；

h_{ns}——供热蒸汽凝结水焓，kJ/kg。

发电方面分配的热耗量为

$$Q_d = Q_z - Q_r \tag{3-34}$$

这种分配方法将热电联产带来的热经济效益，即节约的燃料都归于电的方面，因此供热部分的发电煤耗很低，不到 $0.18kg/(kW \cdot h)$。并且，它将生产电能和热能的热耗量看成是等价的，未考虑其能量在质量上的差别。

3.3.3.2 实际焓降法

实际焓降法是按汽轮机实际焓降和供热蒸汽在汽轮机中继续膨胀到凝汽压力时的实际焓降的比例来分配热耗量，即按汽轮机中实际转变为功的热能及供热蒸汽实际可能转变为功的热能来分配。

供热方面分配的热耗量为

$$Q_r = Q_z\left(\frac{D_r}{D}\right)\left(\frac{h_r - h_n}{h_1 - h_n}\right) \quad (GJ/h) \tag{3-35}$$

式中 h_n——汽轮机排入凝汽器时的蒸汽焓，kJ/kg。

发电方面分配的热耗量为

$$Q_d = Q_z - Q_r \tag{3-36}$$

这种分配方法考虑了供热蒸汽焓值的不同，但把冷源热损失仍归于发电方面。因而这种分配方法是将热电联产带来的热经济效益都归于供热方面，在发电方面没有得益。

3.3.3.3 㶲值法

上述的两种热耗分配方法是两个极端情况，将节能效益只归于某一方。㶲值法是一种折中的方法，按汽轮机进汽和供热蒸汽的㶲值来分配。

供热方面分配的热耗量为

$$Q_r = Q_z \left(\frac{D_r}{D} \right) \left(\frac{e_{xr}}{e_{xl}} \right) \quad (GJ/h) \tag{3-37}$$

式中　e_{xr}——供热蒸汽的㶲值，kJ/kg；

e_{xl}——汽轮机进汽的㶲值，kJ/kg。

发电方面分配的热耗量为

$$Q_d = Q_z - Q_r \tag{3-38}$$

这种分配方法是以热能在质量上的差别为基础，使热电联产带来的热经济效益较合理地分配给供热和发电两个方面，相对较为合理，但使用不够简便。目前普遍采用热量法，实用上比较简便，但未考虑不同供热蒸汽在质上的差别。

无论采用哪种分配方法，在计算出各项热耗量后，就可以求出热电厂燃料消耗量及其它热经济指标。

总燃料消耗量

$$B = \frac{Q_z \times 10^6}{Q_{dw}} \quad (kg/h) \tag{3-39}$$

式中　Q_{dw}——燃料的低位发热量，kJ/kg。

供热方面的燃料消耗量为

$$B_r = \frac{Q_r \times 10^6}{Q_{dw}} \quad (kg/h) \tag{3-40}$$

发电方面的燃料消耗量为其差值：

$$B_d = B - B_r \quad (kg/h) \tag{3-41}$$

供热效率 η_r 是指实际供热量（供热热负荷）Q 与供热耗热量 Q_r 之比，取决于锅炉效率 η_{gl}、管道效率 η_{gd} 和热网效率 η_{rw}：

$$\eta_r = \frac{Q}{Q_r} = \eta_{gl} \eta_{gd} \eta_{rw} \tag{3-42}$$

供热标准煤耗率 b_r 为

$$b_r = \frac{10^6}{29300 \eta_r} = \frac{34}{\eta_r} \quad (kg/GJ) \tag{3-43}$$

发电热效率为

$$\eta_d = \frac{3600W}{Q_d \times 10^6} \tag{3-44}$$

式中　W——发电量，kW·h/h。

发电标准煤耗率为

$$b_d = \frac{3600}{29300 \eta_d} = \frac{0.123}{\eta_d} \quad (kg/(kW·h)) \tag{3-45}$$

例题 2　某 50MW 高压抽汽凝汽式机组，额定功率 50MW，主要参数如表 3-9 所示。抽汽压力 0.118MPa，最小允许凝汽量 $D_n = 17t/h$。最大供热抽汽量 $D_r = 170.71t/h$，这时汽轮机的进汽量 $D = 239.19t/h$。取锅炉效率 $\eta_{gl} = 0.9$、管道效率 $\eta_{gd} = 0.98$，供热蒸汽凝结水焓 $h_{ns} = 335kJ/kg$。试按上述三种总热耗分配方法计算该机组的一些热经济指标。

表 3-9　高压 50MW 机组主要参数

参　数	汽　轮　机			给　水	环境蒸汽
	主　汽	抽　汽	凝　汽		
压力/MPa	8.8	0.118	0.0028	13.7	0.098
焓/kJ·kg⁻¹	3475	2620	2391	983	2538
熵/kJ·(kg·K)⁻¹	6.78	7.14	8.07	2.59	8.67

解　按上述的公式计算，结果如表 3-10 所示。由表可见，热量法将全部得益归发电方面，使发电煤耗率大大降低，因而发电成本较低。焓降法将全部得益归供热，因而供热煤耗减少，使供热成本降低。㶲值法介于两者之间，但与焓值法较接近，即供热方面要比发电得益多一些。

表 3-10　高压 50MW 机组总热耗分配计算结果

项　目	总耗热	供热热耗	发电热耗	供热热耗比例	发电热耗比例	发电效率	发电标准煤耗	供热煤耗	发电煤耗
符号	Q_z	Q_r	Q_d	Q_r/Q_z	Q_d/Q_z	η_d	b_d	B_r	B_d
单位	GJ/h	GJ/h	GJ/h	—	—	%	kg/(kW·h)	t/h	t/h
热量法		442	234	0.654	0.346	76.9	0.16	15.1	8
焓降法	676	102	574	0.151	0.849	31.4	0.392	3.48	19.62
㶲值法		171.5	504.5	0.254	0.746	35.7	0.345	5.85	17.25

热耗的不同分配方法影响发电和供热的成本，从而会影响到电厂和热用户的经济效益。因此，这是一个复杂的问题。怎样分配更合理可以进一步探讨。即使按热量法分配，供热的热耗由于大型锅炉效率的提高，仍可以比一般供热锅炉的经济性要高。

3.3.4　热电联产的节能效果

发展热电联产可以提高燃料的热能利用率，节约燃料消耗。要具体比较热电联产与分产时的燃料消耗量，应以供应相同的发电量和供热量为比较基准，并均按标准煤计算。设实际的供热量（热负荷）为 Q（GJ/h），发电量为 W（kW·h/h），则热电联产的燃料消耗量为

$$B_h = B_{hr} + B_{hd} \quad (\text{kg/h}) \tag{3-46}$$

式中　B_{hr}——热电联产时分摊给供热的燃料消耗量；

B_{hd}——热电联产时分摊给发电的燃料消耗量。

供热的燃料消耗量为

$$B_{hr} = \frac{Q \times 10^6}{29300\eta_{gl}\eta_{gd}\eta_{rw}} = \frac{34Q}{\eta_{gl}\eta_{gd}\eta_{rw}} \quad (\text{kg/h}) \tag{3-47}$$

发电的燃料消耗量，对于背压机组：

$$B_{hd} = \frac{3600W}{29300\eta_{gl}\eta_{gd}\eta_{jd}} = \frac{0.123W}{\eta_{gl}\eta_{gd}\eta_{jd}} \quad (\text{kg/h}) \tag{3-48}$$

式中　η_{jd}——汽轮机组的机电效率。

对于抽汽式汽轮机组，抽汽部分相当于背压式，凝汽部分相当于凝汽机组，因此

$$B_{hd} = \frac{3600W_r}{29300\eta_{gl}\eta_{gd}\eta_{jd}} + \frac{3600W_n}{29300\eta_{gl}\eta_{gd}\eta_t^n\eta_{jd}} = \frac{0.123W_r}{\eta_{gl}\eta_{gd}\eta_{jd}} + \frac{0.123W_n}{\eta_{gl}\eta_{gd}\eta_t^n\eta_{jd}} \quad (kg/h) \quad (3-49)$$

式中　W_r——抽汽供热蒸汽的发电量，$kW \cdot h/h$；

W_n——凝汽部分发电量，$kW \cdot h/h$；

η_t^n——汽轮机凝汽部分的动力循环效率。

热电分产时的燃料消耗量为

$$B_f = B_{fr} + B_{fd} \quad (kg/h) \quad (3-50)$$

热电分产时的供热由锅炉单独提供，其燃料消耗量为

$$B_{fr} = \frac{Q \times 10^6}{29300\eta'_{gl}\eta'_{rw}} = \frac{34Q}{\eta'_{gl}\eta'_{rw}} \quad (kg/h) \quad (3-51)$$

式中　η'_{gl}——供热锅炉效率。

热电分产时的电能由凝汽式发电机组提供，其燃料消耗量为

$$B_{fd} = \frac{3600W}{29300\eta_n} = \frac{0.123W}{\eta_{gl}\eta_{gd}\eta_t\eta_{jd}} \quad (kg/h) \quad (3-52)$$

式中　η_n——凝汽式发电机组的效率；

η_t——蒸汽动力循环效率。

热电联产与热电分产相比的燃料节约量为

$$\Delta B = B_f - B_h = (B_{fr} - B_{hr}) + (B_{fd} - B_{hd}) = \Delta B_r + \Delta B_d \quad (3-53)$$

对背压式机组可得：

$$\Delta B = 34Q\left(\frac{1}{\eta'_{gl}\eta'_{rw}} - \frac{1}{\eta_{gl}\eta_{gd}\eta_{rw}}\right) + \frac{0.123W}{\eta_{gl}\eta_{gd}\eta_{jd}}\left(\frac{1}{\eta_t} - 1\right) \quad (kg/h) \quad (3-54)$$

由于供热锅炉的效率（0.70～0.80）要低于发电锅炉的效率（0.85～0.90），因此，第一项称为集中供热节煤效益；第二项是由于热电联产减少了冷源损失，使发电煤耗大幅度下降，称为热电联产节煤效益。上式的两项均为正值，并且，第二项将起主要的作用。

对于抽汽式机组：

$$\Delta B = 34Q\left(\frac{1}{\eta'_{gl}\eta'_{rw}} - \frac{1}{\eta_{gl}\eta_{gd}\eta_{rw}}\right) + \frac{0.123}{\eta_{gl}\eta_{gd}\eta_{jd}}\left[\frac{W}{\eta_t} - \left(W_r + \frac{W_n}{\eta_t^n}\right)\right] \quad (kg/h) \quad (3-55)$$

由于抽汽式机组只有抽汽部分是热电联产，所以它的节煤效果要小。并且，抽汽机组的汽轮机流通部分要考虑汽量有较大的变动范围，所以它的循环效率 η_t^n 会比纯凝汽式机组的循环效率 η_t 还要低一些。这样，也会降低它的节能效果。但是，由于背压式机组只有在热电负荷完全匹配的情况下，才有可能取得实际节能效果，而抽汽式汽轮机组的负荷调节灵活、方便，能够适应热用户在一定范围内波动，所以，抽汽式热电联产机组应用最为广泛。

上式的第二项可改写为

$$\Delta B_d = W_r\left(\frac{0.123}{\eta_{gl}\eta_{gd}\eta_{jd}\eta_t} - \frac{0.123}{\eta_{gl}\eta_{gd}\eta_{jd}}\right) - W_n\left(\frac{0.123}{\eta_{gl}\eta_{gd}\eta_{jd}\eta_t^n} - \frac{0.123}{\eta_{gl}\eta_{gd}\eta_{jd}\eta_t}\right)$$

$$= W_r(b_n - b_d^r) - W_n(b_d^n - b_n) = W_r(b_d^n - b_d^r) - W(b_d^n - b_n) \quad (3-56)$$

$$b_n = \frac{0.123}{\eta_{gl}\eta_{gd}\eta_{jd}\eta_t} \qquad (3\text{-}57)$$

$$b_d^r = \frac{0.123}{\eta_{gl}\eta_{gd}\eta_{jd}} \qquad (3\text{-}58)$$

$$b_d^n = \frac{0.123}{\eta_{gl}\eta_{gd}\eta_{jd}\eta_t^n} \qquad (3\text{-}59)$$

式中　b_n——凝汽式电厂发电煤耗率，kg/（kW·h）；

　　　　b_d^r——热电厂供热部分发电煤耗率，kg/（kW·h）；

　　　　b_d^n——热电厂凝汽部分发电煤耗率，kg/（kW·h）。

由式（3-56）可见，要取得节能效益，必须 $\Delta B_d > 0$，因此应满足：

$$\frac{W_r}{W} > \frac{b_d^n - b_n}{b_d^n - b_d^r} \qquad (3\text{-}60)$$

即为了获得节能效益，要求供热蒸汽的发电比例应大于某一数值。对于电力系统中的热电厂，当与之比较的凝汽式机组的功率越大，对应的发电煤耗越低，则要求供热机组的供热部分的发电比例也越高。表 3-11 给出了不同类型供热机组与 200MW 和 100MW 的凝汽式机组相比时的最小供热发电比例。

表 3-11　供热机组的最小供热发电比例

供热机组型号	比较凝汽机组为 200MW 时	比较凝汽机组为 100MW 时
C12-35/10	0.5067	0.4533
CC12-35/10/1.2	0.5432	0.4938
CC25-90/13/1.2	0.3846	0.3205
CC50-90/13/1.2	0.3642	0.2980
C50-90/13	0.2941	0.2206
C50-90/1.2	0.2941	0.2206

注：C—抽汽；CC—双抽汽；第一组数—功率，MW；后面的数组—主蒸汽压力/抽汽压力，10^5Pa

对于背压式机组，由于没有凝汽式发电部分，不受此限制，因此在负荷匹配的情况下，总有节能效益。

应该指出，热电联产带来的实际节能效果并不仅仅是取决于设备，更主要是看整个热电供应系统。如果热、电负荷不匹配，热用户很少或波动很大，则不能发挥出背压式汽轮机组的优越性，反而使汽轮机的效率降低，作功减少，或者使排出的背压蒸汽不能得到充分利用。因此，热电联产适合于热负荷集中、量大，而且较均衡、稳定的场合。在冶金企业，许多生产环节均需要工艺用蒸汽，不少大型设备的耗电量很大，又要求供电可靠。因此，在冶金企业的自备电站中，适宜采用热电联产装置，也可采用背压式汽轮机直接拖动鼓风机的热-动力联产装置。这将可给冶金企业带来巨大的节能效果和经济效益。

3.3.5　热电联产的热平衡与㶲平衡计算实例

现以某地区要求供应电能 1800kW，同时需要供热 $Q = 210$GJ/h 为例，比较下列两种方案的经济性：（1）由 10MPa、500℃凝汽式电厂和生产 0.3MPa 饱和蒸汽的锅炉分别供电、供热；（2）由 10MPa、500℃背压式机组发电，0.3MPa 的背压汽供热。

为了衡量热电联产带来的主要节能效果，暂且假设二者的锅炉效率和热网效率分别相等，忽略管道损失。设

锅炉效率　　　　$\eta_{gl} = \eta_{gl}' = 0.85$

机电效率　　　　$\eta_{jd} = 0.92$

热网效率　　　　$\eta_{rw} = \eta_{rw}' = 0.722$

现将两种方案的热平衡与㶲平衡的计算结果分别列于表 3-12～表 3-15 和表 3-16 中。

表 3-12　凝汽式汽轮机的能平衡表

项　目	热　量		㶲	
	GJ/h	%	GJ/h	%
产生电能	64.8[①]	29.1	64.8	68.2
透平内部不可逆损失			16.28	17.1
透平机械损失	4.86	2.2	4.86	5.1
冷凝损失	142.16	63.8	4.69	4.9
凝结水	5.53	2.5	0.17	0.2
其他	5.53	2.5	4.23	4.4
供给蒸汽	222.88	100.0	95.03	100.0

①为根据发电功率 1800kW 计算。

表 3-13　供凝汽式汽轮机的锅炉的能平衡表

项　目	热　量		㶲	
	GJ/h	%	GJ/h	%
产生蒸汽	222.88[①]	85.0	95.03	34.6
燃烧不可逆损失			101.22	37.6
传热不可逆损失			64.58	22.1
排气损失	33.30	12.7	8.04	3.1
散热损失等	6.03	2.3	4.44	1.7
燃料热	262.21	100.0	273.32	100.0

①为根据汽轮机发电需要。

表 3-14　蒸汽供热过程的能平衡表

项　目	热　量		㶲	
	GJ/h	%	GJ/h	%
需要供热量	210	72.2	24.24	32.7
凝结水带走	52.35	18.0	8.08	10.9
散热损失	28.50	9.8	7.91	10.7
传热不可逆损失			33.95	45.8
蒸气带入热量	290.85	100.0	74.18	100.0

表 3-15 供热低压锅炉的能平衡表

项 目	热 量		㶲	
	GJ/h	%	GJ/h	%
产生蒸汽	290.85	85.0	74.18	21.0
燃烧不可逆损失			132.46	37.5
传热不可逆损失			129.64	36.7
排气损失	43.46	12.7	10.95	3.1
散热等损失	7.87	2.3	6.01	1.7
燃料热	342.18	100.0	353.24	100.0

表 3-16 背压式汽轮机热电联产机组的能平衡表

项 目		热 量		㶲	
		GJ/h	%	GJ/h	%
锅 炉	燃料	424.35	100.0	432.85	100.0
	产生蒸汽	360.70	85.0	156.69	36.2
	燃烧不可逆损失			167.94	38.8
	传热不可逆损失			82.67	19.1
	排气损失	53.89	12.7	18.18	4.2
	散热等损失	9.76	2.3	7.36	1.7
汽轮机	进入蒸汽	360.70	100.0	156.69	100.0
	产生电力	64.80	18.0	64.80	41.4
	透平内部损失			12.85	8.2
	机械损失	5.05	1.4	4.86	3.1
	排出蒸汽	290.85	80.6	74.18	47.3
供 热	供给蒸汽	290.85	100.0	74.18	100.0
	热网供热	210.0	72.2	24.24	32.6
	凝结水	52.06	17.9	8.03	10.8
	散热等损失	28.79		7.96	10.7
	传热不可逆损失			33.95	45.9

上例中的热化发电率 ω 为

$$\omega = \frac{W}{Q} = \frac{18000(\text{kW} \cdot \text{h/h}) \times 3600(\text{kJ/kW} \cdot \text{h})}{210 \times 10^6(\text{kJ/h})} = 0.308$$

凝汽式发电机组的总效率 η_n 为

$$\eta_n = \eta_{gl}\eta_q = 0.85 \times 0.291 = 0.247$$

式中，η_q 为汽轮机组的效率，$\eta_q = \eta_t\eta_{jd}$。

热、电分别供应时的燃料总消耗为

$$B_f = B_{fr} + B_{fd} = 34 \times 10^{-6}(\text{kg/GJ}) \times (342.18 + 262.21)(\text{GJ/h}) = 20549\text{kg/h}$$

热电联产时的燃耗为

$$B_h = 34 \times 10^{-6}(\text{kg/GJ}) \times 424.35(\text{GJ/h}) = 14428\text{kg/h}$$

每小时节约的燃料为

$$\Delta B = B_f - B_h = 20549(\text{kg/h}) - 14428(\text{kg/h}) = 6121\text{kg/h}$$

燃料节约率为

$$\frac{\Delta B}{B_f} = \frac{6121(\text{kg/h})}{20549(\text{kg/h})} \approx 30\%$$

热电联产节约电燃料量也可直接按式（3-54）计算，可得相同的结果。

由上例可见，热电联产与分产相比，可节约燃料 30% 左右。这主要是由于联产时没有冷凝器的冷源损失。由㶲平衡的计算还可看出，虽然假设两个系统的锅炉热效率相同，但由于联产时锅炉提供的均是高参数蒸汽，吸热平均温度高，传热㶲损失相对较小，同时提高了蒸汽的做功能力，让它先做功后供热，使蒸汽的㶲得到有效地利用；而单独供热的锅炉的蒸汽参数低，锅炉的传热㶲损失占很大的比例，锅炉㶲效率要低得多。单就锅炉不可逆㶲损失这一项，联产要比分产减少 80GJ/h，相当于节约标准煤 2740kg/h。由此可见，提高锅炉㶲效率，对提高热电联产带来的节约燃料效果有很大影响。冷源损失这一项㶲所占的比例很小，热电联产的节能效果主要不是靠减少这一项㶲损失。

3.3.6 热电联产的实际应用

热电联产、集中供热是提高能源利用效率、节约能源的重要措施。它的实际节能效果与供热机组的形式、电力系统的容量、热负荷规模和密度、热用户的距离、设备利用小时数、热网运行管理水平、能源供应情况以及城市建设规划等许多因素有关，需要通过详细的技术经济比较才能予以确定。

对工业较集中、生产用汽较大的地区，由于工业用汽量比较稳定，利用小时数高，适宜发展区域性大型热电厂。我国北方地区城市采暖热负荷相当可观，建设供暖热电厂可减少分散供暖锅炉对环境的污染，采用抽汽式机组，在采暖季节按热电联产运行，在非采暖季节按凝汽机组运行，对城市建设的现代化有十分重要的意义。

供热机组的选择取决于热电厂的类型、供热规模及热负荷的性质等许多因素。

3.3.6.1 背压式机组

它在额定负荷下具有很高的经济性，但是它对蒸汽负荷变化的适应性差，要严格按照以热定电的原则进行，供多少汽发多少电，供电不能随外界需要调节。因此，只适宜于在热电厂中带基本热负荷，或用于有稳定热负荷的企业作自备热电厂。

生产用汽所需的蒸汽压力与产品及生产工艺有关，背压参数有 (0.3、0.5、1.0 及 1.3) MPa 几种。当排汽背压一定时，当汽轮机的进汽初压提高时，机组的绝热焓降增大，可使机组的发电功率增加，热经济性提高。关系如图 3-23 所示。但是，如果机组的容量小，蒸汽压力高则会增加漏汽损失，使效率降低。所以，选用的蒸汽初压力还与机组的容量有关。对 3000kW 的机组，蒸汽初压要小于 5.0MPa；对 6000kW 及 12000kW 的机组，则可提高到 9.0MPa。实际选用时还要考虑设备的投资和热负荷的大小。热

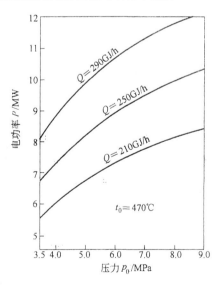

图 3-23 背压机组输出电功率
与初压的关系

负荷与电负荷相比较大的，选择的蒸汽压力要低一些。

3.3.6.2 抽汽冷凝式机组

在汽轮机的中部设有一个或多个抽汽口，可以调节抽出蒸汽的数量和参数。如前所述，它的调节灵活，可靠性较高，没有热负荷时照常可以发电，是我国热电厂主要采用的机组型式。它分为：工业用抽汽冷凝机组、工业及采暖用双抽汽冷凝机组、采暖用抽汽冷凝机组三种。

中压工业用抽汽冷凝机组的抽汽压力有 0.3、0.5、1.0MPa 几种，高压机组的抽汽压力为 1.3、4.0MPa，以满足不同工业部门不同生产工艺的需求。采暖用抽汽机组由于供暖所需的蒸汽压力只需 0.12MPa，并且供暖季节只有 4～5 个月，所以，机组最好是在非供暖期以冷凝式运行，而在供暖期以接近背压工况运行，以求取得更好的经济效益。双抽汽冷凝机组分别满足工业用汽（抽汽压力 1.0MPa）和供暖用汽（抽汽压力 0.12MPa），适合北方地区，有较好的经济性和运行的灵活性。

影响供热机组热经济性的因素如图 3-24 所示。对 50MW 的机组，当蒸汽初温为 535℃ 时，机组热效率随汽轮机初压提高而增加，而且随供热量（抽汽量）增加而增加；在一定的供热量下，提高抽汽压力，热效率提高值更多。但是，如果初温不变，它将使排汽湿度增大（达 10%～12%），会影响机组安全运行，需采取相应措施。

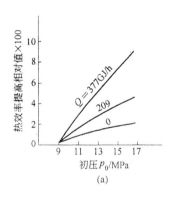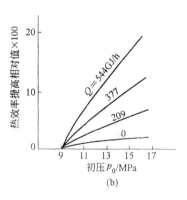

图 3-24　蒸汽初压对供热机组热效率的影响

(a) 抽汽压力 0.12MPa；(b) 抽汽压力 1.3MPa

此外，抽汽压力应根据实际用汽的需要确定，否则将造成新的可用能的浪费；在确定供热量时应以热定电，如果设计的供热量过大，在实际运行中机组长期处在低热负荷条件下工作，并不能发挥供热机组的优越性。

对于用汽量连续稳定在 20t/h 以上的企业，可以选择中压（4.0MPa，450℃）或次高压（5.2MPa，485℃）锅炉，配以 1.5MW 或 3MW（对应 35t/h 的锅炉）背压式汽轮发电机组，建立以供热为主，发电为辅的自备热电厂，可取得显著的效益。在同样的供热量条件下，可获得额外的电能，每 1MW 装机每年可发电 500～600 万 kW·h，节约标准煤 2000 多 t。

对于供汽压力远高于工艺用汽所需的压力时，可以利用这一压差先进入背压式汽轮机发电，再将排汽供热设备使用。这样可以使蒸汽的烟得到充分利用，因而提高了能源利用效率，是一项有效的节能措施。由于裕压发电是采用背压式机组，发电煤耗一般可低于

$250g/$ （$kW \cdot h$），具有很好的节能效果，并且设备简单，运行成本低。但是，如果设计不合理，负荷率过低，年利用小时数过少，都会大大降低其经济效益。

3.4 中低温余热动力回收的热力系统分析

在工厂中有大量低于 $300 \sim 400\text{℃}$ 的中低温烟气、废蒸汽、废热水等余热资源。它们携带的热能属于中、低温余热。地热资源的热水温度也在 300℃ 以下，更多的是低于 90℃ 的低温热水，其利用方式与余热利用方式基本相同，因此，也可归入本节讨论。

余热的利用方式大致有两种方式：一为热利用，二为动力利用。究竟以哪种利用方式为宜，一方面看用户需要，另一方面要看余热资源的条件。直接利用其热能供生产或生活需要，最为简单、经济。但是，由于受地区供需平衡等种种具体条件的限制，往往不能得到充分利用。如果余热的品位（能级）较高，量也足够大，将它转换成使用方便、输送灵活的电能，则可扩大其利用途径。

电能是一种高级能，要将余热资源转换成高级能时，对余热资源的评价需要用㶲分析，正确估量余热的品位和数量。如何将中低温余热转换成电能，在技术经济上是否可行，首先也要借助于热力学分析，找出转换中的薄弱环节，以提高热能利用的经济性。

3.4.1 变温热源的动力回收效率

余热资源不能看成是恒温热源，在回收热量的过程中温度将不断降低。如果它的初温为 T_1，比热容为 c_p，根据式（2-16），它具有的比㶲值为

$$e_x = c_p \Big[(T_1 - T_0) - T_0 \ln \frac{T_1}{T_0} \Big]$$

它表示了利用余热资源作动力回收时可能做出的最大功。

从余热资源可能回收的最大热量是从 T_1 降至环境温度 T_0。单位余热源所放出的热量，即为

$$q_1 = c_p (T_1 - T_0) = h_1 - h_0$$

因此，从余热作动力回收时的最大热效率为

$$\eta_{t,\max} = \frac{e_x}{q_1} = 1 - \frac{T_0}{T_1 - T_0} \ln \frac{T_1}{T_0}$$

此式即为余热的能级 λ。余热的能级越高，采用动力回收方式越有利。

在同样温度范围内工作的卡诺循环（恒温热源下）的效率为

$$\eta_c = 1 - \frac{T_0}{T_1}$$

为了比较方便，设

$$X_0 = \frac{T_1 - T_0}{T_0}$$

$$\eta_c = \frac{(T_1 - T_0)/T_0}{T_1/T_0} = \frac{X_0}{X_0 + 1}$$

则

$$\eta_{t,\max} = 1 - \frac{1}{X_0} \ln(1 + X_0) \tag{3-61}$$

根据级数公式，$\ln x$ 可展开成

$$\ln x = \frac{x-1}{x} + \frac{1}{2}\left(\frac{x-1}{x}\right)^2 + \frac{1}{3}\left(\frac{x-1}{x}\right)^3 + \cdots\cdots$$

则式（3-61）可展开成

$$\eta_{t,max} = 1 - \frac{1}{X_0}\left[\frac{X_0}{X_0+1} + \frac{1}{2}\left(\frac{X_0}{X_0+1}\right)^2 + \frac{1}{3}\left(\frac{X_0}{X_0+1}\right)^3 + \cdots\cdots\right]$$

$$= 1 - \frac{1-\eta_c}{\eta_c}\left(\eta_c + \frac{1}{2}\eta_c^2 + \frac{1}{3}\eta_c^3 + \cdots\cdots\right)$$

$$= \frac{1}{2}\eta_c + \frac{1}{6}\eta_c^2 + \frac{1}{12}\eta_c^3 + \cdots\cdots$$

由此可得

$$\frac{\eta_{t,max}}{\eta_c} = \frac{1}{2} + \frac{1}{6}\eta_c^2 + \frac{1}{12}\eta_c^3 + \cdots\cdots \tag{3-62}$$

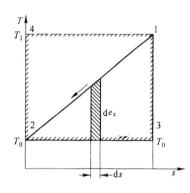

图 3-25　循环在 T-s 图上的表示

由式（3-62）可见，利用变温热源的热机的最大循环热效率 $\eta_{t,max}$ 只有在同样温度范围内工作的卡诺循环效率的一半左右。如图 3-25 所示，如果把热源放热过程近似地看成一条直线 1-2，则被加热的工质的吸热过程，在无温差传热的情况下，为 2-1 过程。工质在完成循环 2-1-3-2 时所能作出的最大功为三角形 2-1-3-2 的面积。作的功近似地为其一半，所以效率也几乎相差一倍。

η_c 与 $\eta_{t,max}$ 随 X_0 的变化曲线如图 3-26 所示。

在实际系统中，必然存在由于各种不可逆因素造成的㶲损失 I，实际所能转换的有效功将小于其㶲值。即

$$w = e_x - \Sigma I$$

转换系统的㶲效率为

$$\eta_e = \frac{w}{e_x} = 1 - \frac{\Sigma I}{e_x} = 1 - \Sigma\xi$$

式中　$\Sigma\xi$——总㶲损失率。

转换系统的实际热效率为

$$\eta_t = \frac{w}{q_1} = \frac{w}{e_x}\frac{e_x}{q_1} = \eta_e\eta_{t,max} \tag{3-63}$$

由于中低温热源动力回收的最大热效率 $\eta_{t,max}$ 已经比较低，㶲效率又是小于 1，因此，要使装置有实际使用价值，对装置的完善性有更高的要求。要尽量减少不可逆㶲损失，提高装置的㶲效率，使热效率保持在较高的数值。

余热发电装置一般也采用朗肯循环作为动力循环。携带余热的介质首先要通过热交换器将热传给工质。在余热源的温度较高时，仍可采用水作为工质，则最为方便。但是，当热源温度较低时，例如低于 $100℃$ 时，水的汽化压力将低于大气压力，产

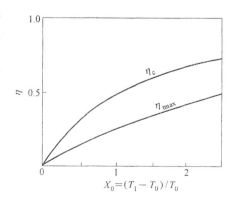

图 3-26　循环的热效率

生的蒸汽的比体积很大，所以通常需选择其他的低沸点物质（通常是一些有机物质，例如氟利昂等）作为工质。

在换热器内的㶲损失主要是传热㶲损失。它主要取决于传热温差。要减小传热温差，以减少传热㶲损失，就需要开发高效换热器，以强化传热。工质经过透平做功的主要㶲损失是摩擦、涡流等阻力造成的损失。因此，在透平设计时要尽可能提高其相对内效率，辅助的管路系统也要尽量减少阻力。做完功的蒸汽仍需在冷凝器中靠冷却水将它冷凝成液体。冷却水的温度的高低将对热效率有较大影响。同样，为了减少冷凝器内的㶲损失，应使蒸汽的冷凝温度尽可能地接近环境温度。一方面要开发高效的冷凝器；另一方面要采用大冷却水量，减小冷却水在冷凝器中的温升，以减小传热温差。同时可提高水流速度，以增大传热系数。但是，这相应地会增加输送冷却水所需的电耗。

中低温余热的动力回收装置由于经济上的原因，目前尚处在试验研究阶段。但是，在国外已有一些成功的例子，并在工业上得到实际应用。甚至连海水表面与深处存在的 $15\sim28℃$ 的温差，也认为有开发利用来发电的价值，并已建立了若干个海水温差试验电站。下面介绍几种成功的发电系统。

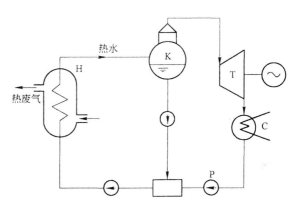

图 3-27 闪蒸发电系统

3.4.2 闪蒸发电系统

众所周知，水的沸点与压力有一一对应关系。压力越高，对应的沸点也越高；压力越低，沸点也越低。高压热水如果突然扩容、降压，则一部分水会汽化成蒸汽。这种过程称为"闪蒸"。如果以高压水为工质，在余热回收用的换热器内水吸热升温后并不汽化，然后在扩容器内扩容降压，产生一定压力的蒸汽，再让蒸汽通过汽轮机膨胀对外做功，发出电能，这就是闪蒸发电系统。

对高压地下热水，也可以采用闪蒸法来转换成电能。如果是回收废气的余热，由于换热器中产生的是高压热水，不需要一般余热锅炉所必备的直径较大、壁厚很厚的汽包（锅筒），使换热器的结构大为简化。并且，热水的输送管径小，适宜长距离输送，可以将分散的余热按同样的方式回收，产生高压热水后再集中起来使用。因此，这是一种回收余热的有效方式。

蒸汽发电系统部分与一般的蒸汽动力循环相似，如图 3-27 所示。它由汽轮机 T、凝汽器 C、水泵 P 等主要部分组成。扩容器 K 中未蒸发的热水与冷凝水混合后再返回至换热器 H。

用热水回收废气余热的另一个优点是，它与用余热锅炉产生蒸汽相比，可提高余热回收率。热回收过程可以在以热量 Q 为横坐标、温度 t 为纵坐标的图上表示，如图 3-28 所示。

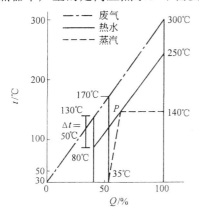

图 3-28 热回收的 t-Q 图

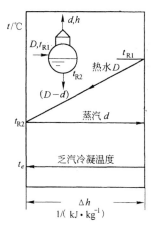

图 3-29 闪蒸过程

设将废气从 300℃ 降至环境温度 30℃ 所能回收的热量为 100%。并设产生蒸汽与产生热水时，冷、热流体之间的最小温差均为 50℃。由于水在汽化阶段温度不变，而在该阶段吸收的潜热比水预热所需的热大得多。因此，它与热流体的最小温差点是在开始汽化点 P。当此点的温差为 50℃ 时，产生的蒸汽温度为 140℃，相应的压力为 0.36MPa。由于水预热段所需的热量少，所以它只能将废气温度降至 170℃，热回收率为 48%。如果用来加热高压水（例如 $p=4$MPa）。可将 80℃ 水加热到 250℃，热回收率可达 63%。

闪蒸法的缺点是，在扩容器中只有一部分水可闪蒸成蒸汽。并且，闪蒸时压力必须降低，从而造成㶲损失。因此，就循环本身来说，它的热效率是要比一般的蒸汽循环低。扩容器的工作及其运行参数对热能的利用率有着直接影响。因为，如果扩容压力越低，虽然产生的蒸汽量可以增加，但是，低压蒸汽的做功能力也降低。现以单级闪蒸过程为例进行讨论。

如图 3-29 所示，设每小时有 D kg、温度为 t_{R1} 的高压热水进入扩容器。由于压力降低至 p，热水温度降至 p 所对应的饱和温度 t_{R2}，并且放出热量，使一部分热水（$d$kg）吸热而汽化成对应温度 t_{R2} 的饱和蒸汽。如果不计设备的散热损失，则根据下列的热平衡关系可以求出产生的蒸汽量：

$$Dc_p t_{R1} = dh + (D-d)c_p t_{R2}$$

$$d = \frac{Dc_p(t_{R1} - t_{R2})}{h - c_p t_{R2}} \quad \text{(kg/h)} \tag{3-64}$$

式中　h——闪蒸蒸汽的焓，即为温度 t_{R2} 下饱和蒸汽的焓值，kJ/kg；

c_p——水的比热容，$c_p = 4.1868$kJ/（kg·℃）。

式中的分母项实际是对应温度 t_{R2} 下的汽化潜热。

热水的蒸发率为

$$\alpha = \frac{d}{D} = \frac{c_p(t_{R1} - t_{R2})}{h - c_p t_{R2}} \tag{3-65}$$

由此可见，在给定 D 和 t_{R1} 的条件下，闪蒸压力 p（或 t_{R2}）越低，则产生的蒸汽量 d（或 α）越多。这有利于提高热水的利用程度。然而，蒸汽的初参数（p 和 t_{R2}）越低，则在透平中膨胀时做功的焓降 Δh 越小，这又会降低热水的利用程度。因此，乘积 $d\Delta h$ 的大小才直接反映热水的利用程度。图 3-30 表明了 d 和 Δh 随 t_{R2} 的变化。显然，在最佳蒸发温度 $(t_{R2})_{opt}$ 时，$d\Delta h$ 的数值为最大，使热水的利用达到最高程度。所以，扩容器压力应根据最佳蒸发温度来确定。而最佳蒸发温度可用试算方法求出，即先假定不同的蒸发温度，计算对应的 d、Δh 及 $d\Delta h$，画出 $d\Delta h$ 随 t_{R2} 的变化曲线，与 $d\Delta h$ 的最大值对应的温度就是最佳蒸发温度。

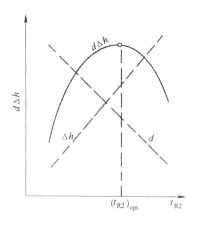

图 3-30　最佳闪蒸温度

为了充分利用高温热水，减少闪蒸不可逆性造成的㶲损失，以提高循环效率，可以采用多级闪蒸系统。图 3-31 为两级扩容蒸发热力系统。图 3-32 为两级蒸发过程示意图。实践证明，将温差 $(t_{R1}-t_e)$ 平均分配，即按 $\Delta t_1 = \Delta t_2 = \Delta t_3$ 这一原则确定两级蒸发温度，可以获得最好的热水利用效果。

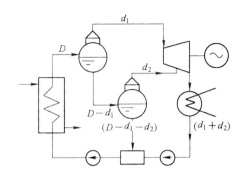

图 3-31　两级闪蒸系统

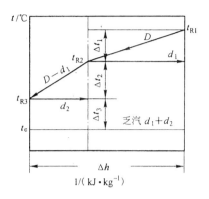

图 3-32　两级闪蒸过程示意图

闪蒸发电系统已成功地用于地热发电，以及钢铁厂大型烧结机中烧结矿冷却机的废气余热的回收。根据实际参数不同，可采用更多级的闪蒸系统。实践证明，它是一种有效的余热回收方式。

图 3-33 是日本新日铁八幡钢铁厂回收烧结矿冷却机余热的热水发电系统。冷却烧结矿的冷却机 F 的排气量为 350000m³/h，温度为 350℃（点11）。在热水发生器 C 中回收热后，被冷却至 120℃（点 12），由烟囱排出。热水发生器中产生 5MPa、249℃（点 1）的热水 138t/h。热水送至热水贮罐 E 中，由它供给压力为 3.85MPa、248℃的热水和一部分蒸汽（点 2）到热水透平 A 中，主要靠高压热水冲动透平叶轮旋转，产生 700kW 功率。经热水透平后，热水的压力降为 0.596MPa（点 3）。其中一部分（25.6t/h）汽化为饱和蒸汽（点 4），其余部分（112.1t/h）为饱和水（点 5）。蒸汽直接送至蒸汽透平 B 中，水经三段扩容蒸发器 D，分别降压至

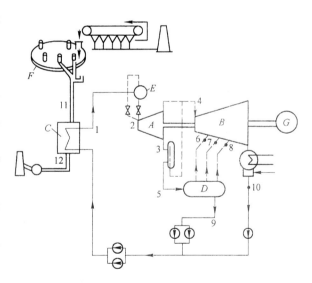

图 3-33　烧结机余热回收用闪蒸发电系统

0.196MPa（点 6）、0.098MPa（点 7）、0.049MPa（点 8），产生的蒸汽量分别为 8.6t/h、3.8t/h、3.9t/h。再分别送至透平的不同的中间级做功，共产生 5000kW 的电力。经透平做完功的蒸汽汇总后共有 42t/h，全部在冷凝器中冷凝成水后送回至热水发生器。在扩容器中未汽化的水（95.7t/h）也一起返回至热水发生器，同时对冷凝水起到预热作用。

装置的主要设备规格如表 3-17 所示。

表 3-17　热水闪蒸发电装置主要设备规格

烧结矿冷却机	排气量、排气温度	350000m³（标）/h，300～350℃
热水发生器	型　式 热水流量 热水压力 热水温度 排气温度 传热面积	卧式螺旋翅片式 137.7t/h 进口 52.5×10⁵Pa，出口 50×10⁵Pa 进口 66.5℃，出口 294℃ 进口 350℃，出口 116.5℃ 13700m²
透　平	型　式 进口热水条件 冷凝器压力 额定出力 额定转数 透平级数	热水/三段闪蒸透平 38.5×10⁵Pa，248℃ 0.04×10⁻⁵Pa 5700kW 3615r/min 热水透平：单级 闪蒸透平：三段 6 级
发电机	型　式 额定出力 端子电压 额定转数 冷却方式	感应发电机 5700kW 11000V 3615r/min 全封闭空气冷却

图 3-34 给出了该装置的热效率与废气温度及热水温度的关系曲线。由图可见，实测的效率均超过预计值，热效率在 10％以上。随着废气进口温度的提高，热效率也随之提高。

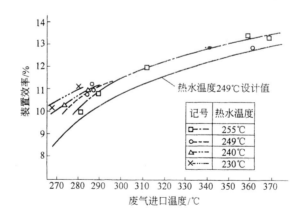

图 3-34　闪蒸发电系统效率

3.4.3　低沸点工质发电系统

当所利用的中、低温热源的温度水平较低时，水就不再适宜作为工质。因为水在低压时的汽化潜热很大，如图 3-35 的温度-热量图（T-Q 图）所示，设热源的温度为点 a，加热水产生的蒸汽温度为点 f，传热的最小温差为 ΔT。当压力低时，水从点 c 经 d-e 点到达点

f，热源从 a 点冷却到 b 点。由于汽化阶段 d-e 很长，平均吸热温度低，传热的㶲损失大，蒸汽的作功能力（㶲值）小。如果采用提高水蒸气压力的方法，加热过程如图中 c-d'-e'-f 所示，由于最小的传热温差假定仍保持为 ΔT，势必造成热流体的出口温度要升高到点 b'，使回收的热量减少。因此，这里有一个最佳蒸发温度的选择问题。但是，如果能找到一种比水更理想的工质，它的沸点比水低，汽化阶段很短，汽化过程如图中的 c-g-h-f 线所示，则既可回收较多的热量（热源冷却至 b 点），又使蒸气有较高的平均吸热温度，传热㶲损失减少，同时得到的蒸气压力较高，可回收较多的动力。

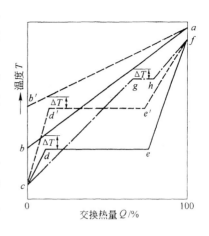

图 3-35 热交换的 T-Q 图

特别是对 150℃ 以下的低温余热的动力回收，这时用水作工质实际已很困难，一般均采用低沸点有机物作为工质的蒸气动力循环。

3.4.3.1 低沸点工质的选择

为了使循环有较高的效率，以及实际使用的方便、经济，要求工质应具备以下性能：

1）有适当的沸点。在工作温度范围，蒸气压力既不过高，也不过低。因此，对不同的余热温度需选用不同的工质；

2）汽化潜热要小；

3）蒸气经透平膨胀后最好能处于过热状态；

4）比热容 c_p、热导率 λ、密度 ρ 要大；

5）在使用的温度范围，热稳定性要高；

6）无毒性、无腐蚀性，不易燃烧；

7）价格相对较便宜；

8）粘性系数小，运输方便，易于保存。

上述要求全部能满足的工质实际并不存在，只能根据相对的综合比较，选择恰当的工质。常用的低沸点工质有各种氟利昂（R11，R22 等），丙烷（C_3H_8），正丁烷（n-C_4H_{10}），氨（NH_3）等。它们的基本性质如表 3-18 所示。

表 3-18 低沸点工质的基本性质

名　称	分子式	分子量	沸　点	临界压力/MPa	临界温度/℃
氟利昂 R11	CCl_3F	137.4	23.7	4.374	198
R12	CCl_2F_2	120.9	-29.8	4.012	111.6
R22	$CHClF_2$	86.5	-40.8	4.933	96
R113	$C_2Cl_3F_3$	187.4	47.7	3.413	214.1
R114	$C_2Cl_2F_4$	170.9	3.6	3.256	145.7
甲　烷	CH_4	16	-161.3	4.64	-83
丙　烷	C_3H_8	44	-42	4.266	97
正丁烷	n-C_4H_{10}	58	-0.4	3.8	152.2
氨	NH_3	17	-33.3	11.278	132.4

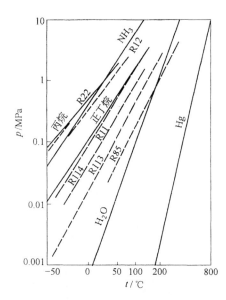

图 3-36 工质的饱和温度与饱
和压力的关系

在选择工质时，首先根据热源的温度，选择对应的蒸气压力范围适当的工质，然后再对其他性能进行比较。例如，对于海洋温差发电，温海水的温度只有 30℃ 左右，冷海水的温度为 7℃ 左右，在此温度范围内，可供选择的工质有氨、R12 与 R22 等。对于温度为 120℃ 左右的地热资源，可用 R114、丁烷等作为工质。图 3-36 给出了一些工质的温度与饱和压力的关系曲线。根据工作温度，可以选择到工作压力范围适当的工质。随着对环境保护的重视，对臭氧层有较大破坏作用的 R114、R11 等将首先在 2010 年被禁用，所以要寻求新的低沸点替代物质。

一般的有机工质在 150℃ 以上会产生热分解，因此，最高的工作温度受到限制。近年来，美国研究、开发出一种新的有机工质 R85，它由 85% 的 CF_3CH_2OH 与 15% 的 H_2O 混合而成，沸点为 75.4℃，工作温度可达 300℃ 以上。对 200~500℃ 范围的余热，它的动力回收性能比水蒸气优越，已成功地用于回收烧结冷却机 350℃ 左右排气显热，以有机工质动力循环回收电力。

3.4.3.2 低沸点工质动力循环

低沸点工质的动力循环与水蒸气的朗肯循环相似，由蒸发器、汽轮机、冷凝器和泵四个主要设备组成，只是用回收余热用的有机工质蒸发器代替了锅炉。并且，根据有机工质的特性，在蒸发器中一般产生的是饱和蒸气。由于低沸点工质的热物性与水有很大差别，因此，设备的结构、尺寸有所不同。低沸点工质的热物性可查专门的"低温工质热物性表和图"。它的热物性图通常采用以压力 p 为纵坐标，以焓 h 为横坐标的 p-h 图。如图 3-37 所示的为其中的一例，它是工质 R11 的 p-h 示意图。

朗肯循环在 p-h 图上的表示，为图中的 1-2-3-4-5-1 循环过程。1-2 为在泵内的升压过程，理

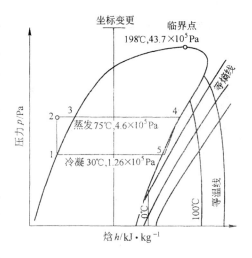

图 3-37 低沸点工质的 p-h 图

论情况为一等熵过程，所消耗的功为 $w_2 = (h_2 - h_1)$。2-3-4 为蒸发器内吸热气化过程，可视为等压过程，所吸收的热量 $q_1 = (h_4 - h_2)$。4-5 为汽轮机内的膨胀做功过程，理论情况为一等熵过程，所做的功为其焓降 $w_1 = h_4 - h_5$。5-1 为冷凝器中的冷凝过程，所放出的热量为 $q_2 = h_5 - h_1$。

循环的理论热效率为

$$\eta_t = \frac{w_1 - w_2}{q_1} = \frac{(h_4 - h_5) - (h_2 - h_1)}{(h_4 - h_2)} = 1 - \frac{(h_5 - h_1)}{(h_4 - h_2)} \qquad (3\text{-}66)$$

实际需要考虑汽轮机的内效率 $\eta_{n,t}$，泵的效率 η_b，以及机电效率 η_{jd}，则实际的热效率为

$$\eta'_t = \frac{\eta_{n,t}(h_4 - h_5) - (h_2 - h_1)/\eta_b}{(h_4 - h_1) - (h_2 - h_1)/\eta_b}\eta_{jd} \tag{3-67}$$

根据热源温度及冷却水温度，考虑传热温差，可以确定工质的蒸发温度、冷凝温度以及相应的压力，再利用工质的蒸汽图表可查取各点的焓值，计算出吸热量、做功量和热效率。如果已知余热源所能提供的余热数量，就可计算出装置能够输出的功率。对一部分低沸点工质的计算结果如表 3-19 所示。

表 3-19 低沸点工质动力循环的热力计算

项　　目		工　　　质									
		R11		R12		R21		丁烷		氨	
蒸发温度 最小过热度	℃	80 0	120 0	80 5	106 9	80 10	120 20	80 0	120 0	80 55	110 75
蒸发压力 冷凝压力	MPa	0.523 0.149	1.244	2.303 0.847	3.712	0.855 0.252	1.976	1.029 0.330	2.205	3.445 1.375	7.598
单位作功量 单位吸热量	kJ/kg	22.02 198.25	39.39 213.70	17.29 148.73	25.12 154.88	29.72 248.82	50.44 270.16	47.72 410.23	81.42 797.43	153.42 1249.5	250.74 1331.1
理论循环 热效率	—	0.111	0.184	0.116	0.162	0.120	0.187	0.117	0.177	0.123	0.189
单位加热量必 须的循环量	(kg·h⁻¹) / (GJ·h⁻¹)	5065	4682	6713	6450	4013	3703	2867	2179	800	750
单位加热量透平 输出的理论功率	kW/(GJ ·h⁻¹)	30.9	51.1	32.2	45.0	32.2	52.0	32.3	49.2	34.0	52.3
单位加热量泵 消耗的理论功率	kW/(GJ ·h⁻¹)	0.79	1.67	3.46	6.16	0.96	2.10	1.46	2.99	1.22	3.23
透平出口蒸 汽质量体积	m³/kg	0.110		0.0206		0.090		0.140		0.0935	

注：1. 最小过热度是按在透平内膨胀后不产生湿蒸气为条件。

2. 冷凝压力按冷凝温度为 35℃ 确定。

3.4.3.3 低沸点工质动力循环实例

低沸点工质动力循环已成功地用于地热发电和海洋温差发电。在工业企业的余热回收上的应用，也有不少实例。

（1）日本新日铁君津钢铁厂用于烧结矿冷却机排气余热的回收。余热源温度为 345±50℃，排气量为 690×10³m³/h。由于热源温度高，采用 R85 为工质。排气在蒸发器中放出热，废气被冷却到 110℃，同时产生 295t/h、压力为 4.2MPa、温度为 270℃的有机蒸气。蒸气在由 11 级叶轮组成的透平中膨胀做功，提供 12500kW 的电力；然后在冷凝器中冷凝成

液体，冷凝温度为 38.1℃，冷凝压力为 0.0216MPa。

发电装置的热回收效率与排气温度的关系如图 3-38 所示，能流图如图 3-39 所示。动力循环的净热效率，即做出的净功与工质所吸热之比为 18.2%。

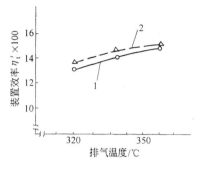

图 3-38　装置效率与排气温度的关系
1—设计值；2—运行值

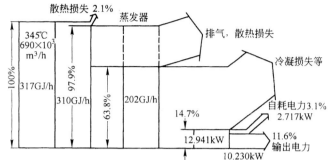

图 3-39　烧结矿显热回收能流图

（2）余热的动力回收还被用于更低温度的余热回收。例如，氧气顶吹转炉的烟罩冷却水的水温不高，只有 60～70℃，并且在吹炼期与非吹炼期温度波动大，所以，以往对这样的低温余热不再加以回收利用。日本住友金属鹿岛钢铁厂研究开发了利用这种低温余热的有机工质发电系统，如图 3-40 所示。

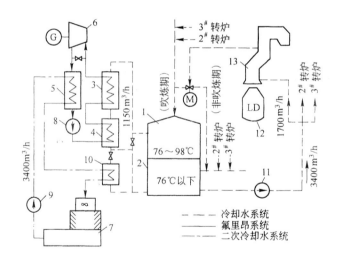

图 3-40　转炉烟罩冷却水余热回收系统
1—高温水箱；2—低温水箱；3—氟利昂蒸发器；4—预热器；
5—冷凝器；6—氟利昂透平；7—水冷却塔；8—凝结泵；9—循环水泵；
10—辅助冷却器；11—冷却水泵；12—转炉；13—烟罩

转炉有三座，冷却水消耗量为 3400t/h。为了解决温度波动和尽可能提高热源温度，设置了低温水箱和高温水箱。由低温水箱供水到烟罩，在吹炼期可使水温提高到 98℃，由高温水箱抽出 1150t/h 热水供至氟利昂蒸发器 3 和预热器 4，把 520t/h 的 R11 液体从 29.3℃ 加热成 0.46MPa、74.8℃ 的蒸气。蒸气经氟利昂蒸汽透平膨胀做功后，发出电力 2200kW，压力降至 0.127MPa，然后在冷凝器 5 中冷凝成液体。冷凝器冷却水的平均温度为 18℃，循环量为 3400t/h，温升 6.7℃，在冷却塔 E 中冷却后循环使用。辅助冷却器 10 是在水温过高或系统停止运转时使用。设备的主要规格如表 3-20 所示。回收的热量为 108.4GJ/h。

表 3-20　氟利昂透平发电设备规格

设备名称	规　　　格
氟利昂 透　平	型式：单缸轴流 2 级 工质：R11 额定出力：2200kW 透平进口压力：0.455MPa 转速：1500r/min
蒸发器	型式：满液式 工质出口温度：74.8℃ 热水进口温度：98℃ 热水流量：1150t/h
预热器	型式：表面式 热水流量：1150t/h
冷凝器	型式：表面式 冷却水进口温度：18℃ 冷却水量：3400t/h

本装置实际能发出电力 2600kW，自身消耗电力包括：氟利昂泵，150kW；油泵、抽气泵，5kW；热水泵，150kW。共计 305kW，占发电量的 13.7%。如果再加上原有冷却系统的冷却水泵电耗 350kW 和水冷却塔风扇电耗 150kW，则自耗电占 36.5%。运转表明，约 3 年可回收投资。这说明低温余热动力回收在今后是有发展前途的。

3.5　热泵系统分析

3.5.1　热泵的工作原理

当前，我们在使用能源中存在着许多不合理的现象，造成了极大的浪费。其中最突出的浪费是对能源没有"量才而用"，普遍地把煤炭、石油、天然气等高质能源"降级使用"，只为取得 100℃ 左右温度较低的热介质，用于采暖、空调、生活用热以及造纸、纺织、化工、食品加工等工业部门。同时，又有大量低温余热丢弃不用，其结果不仅造成了惊人的能源浪费，而且还污染了环境，破坏了生态平衡，给人们的生命健康带来了危害。因此，如何运用新技术和新设备把低温热源利用起来，越来越被人们所重视。

"热泵"是一种能使热量从低温物体转移到高温物体的能量利用装置。恰当地运用热泵可以把那些不能直接利用的低温热能变为有用的热能，从而提高了热能利用率，节约大量燃料。不仅如此，借助于热泵，还可能把大气、海洋、江河、大地蕴藏着取之不尽的低品位热源利用起来。热泵本身虽然不是自然能源，但从它能够输出可用能量这个角度来说，它

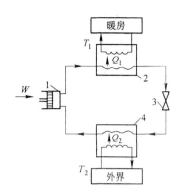

图 3-41 压缩式热泵系统

1—压缩机；2—冷凝器；

3—膨胀阀；4—蒸发器

的确起了"能源"的作用，所以人们称它为"特种能源"。目前国外热泵技术已得到推广应用，并且不断发展。随着国家对节能和环境保护工作的重视，我国热泵的研制和推广工作必将迅速发展。

热泵的工作原理与制冷装置相同，也采用逆循环。但其使用目的不是致冷而是致热，即工作温度的范围与制冷机不同。它有两种型式：压缩式和吸收式。

3.5.1.1 压缩式热泵

压缩式热泵是以消耗一部分高质能（机械能或电能）为代价致热的，如图 3-41 所示。低沸点工质通过压缩机压缩，消耗外功 W，使工质的压力和温度升高。由于它的温度高于供热所需的温度 T_H，让它通过冷凝器向室内供出热量 Q_1 而本身被冷凝。然后通过膨胀阀节流降压，同时温度也降低。由于它的温度将低于低温热源的温度 T_L（一般为环境温度 T_0），在蒸发器中吸收外界热量 Q_2 而蒸发。蒸气再回到压缩机继续压缩，完成一个循环。

衡量压缩式热泵的性能指标是叫"致热系数"φ，或叫"性能系数"COP。它是指热用户得到的热量与消耗外功之比，即

$$COP = \varphi = \frac{Q_1}{W} \qquad (3-68)$$

如热泵完全可逆，即按逆向卡诺循环 1-2-3-4-1 进行，如图 3-42 所示，则此时的致热系数应为最大，即

$$\varphi_{max} = \frac{Q_1}{Q_1 - Q_2} = \frac{T_H}{T_H - T_L} = \frac{1}{1 - \dfrac{T_L}{T_H}} \qquad (3-69)$$

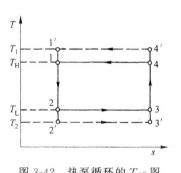

图 3-42 热泵循环的 T-s 图

实际上由于传热必然存在温差，工质向室内放热时的冷凝温度 T_1 高于 T_H，从低温热源吸热时的工质温度 T_2 低于 T_L。如果按工质实际工作温度范围（$T_1 - T_2$）计算其最大的致热系数，则为

$$\varphi'_{max} = \frac{T_1}{T_1 - T_2} = \frac{1}{1 - \dfrac{T_2}{T_1}} \qquad (3-70)$$

由式（3-70）可见，如果（$T_1 - T_2$）越小，或 T_2/T_1 越大，则 φ'_{max} 越大。φ'_{max} 始终大于 1。当 T_2/T_1 接近 1 时，φ'_{max} 将趋于无穷大，如图 3-43 所示。这说明热泵所能提供的热量在数量上是超过所消耗的功。并且，当转移热量的温差越小时，它的效果越大。就这点来说，利用热泵取暖是最合适的方式。

实际的热泵除有传热不可逆损失外，由于在压缩机及膨胀阀中也存在不可逆损失，实际的致热系数 φ 将小于理论值，即

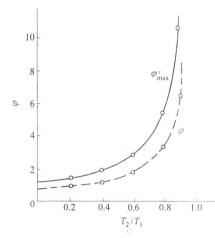

图 3-43 φ 与 T_2/T_1 的关系图

$$\varphi < \varphi'_{max} < \varphi_{max}$$

在确定了热泵的工质、热力循环参数及压缩机的效率后，可以利用工质热力学性质图表，计算出 φ 值。在概算时可取

$$\varphi = \eta \varphi'_{max}$$

式中 η——热泵有效系数，一般在 $0.45\sim0.75$ 范围，概算时可取 0.6。

对热泵的㶲分析，其㶲流图如图 3-44 所示。图中斜线部分表示㶲流，其余部分为炻流。如果冷源的温度 T_L（例如冬天的地下水）高于环境温度，则热泵所吸取的热量 Q_2 中，含有少量的㶲，其㶲值为

$$Ex_{Q,L} = \frac{T_L - T_0}{T_L}Q_2 = \frac{T_L - T_0}{T_L}(Q_1 - W) \qquad (3-71)$$

热泵提供给室内的热量 Q_1 所具有的㶲为

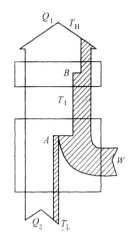

图 3-44 热泵的㶲流图

$$Ex_{Q,H} = \frac{T_H - T_0}{T_H}Q_1 \qquad (3-72)$$

图中，A 为热泵内的各项㶲损失之和。B 为工质向室内传热时，由温差（T_1-T_H）造成的㶲损失。总㶲损失为 ΣI_i。㶲的损失系数为

$$\zeta = \frac{\Sigma I_i}{W} = \Sigma \zeta_i \qquad (3-73)$$

根据㶲平衡可得：

$$W = Ex_{Q,H} - Ex_{Q,L} + \Sigma I_i \qquad (3-74)$$

将式（3-71）、式（3-72）、式（3-73）的关系代入，经整理后可得

$$W = \frac{1 - (T_L/T_H)}{1 - (\zeta T_L/T_0)}Q_1 \qquad (3-75)$$

实际致热系数为

$$\varphi = \frac{Q_1}{W} = \frac{T_H}{T_H - T_L}\left(1 - \frac{T_L}{T_0}\zeta\right) = \left(1 - \frac{T_L}{T_0}\zeta\right)\varphi_{max} \qquad (3-76)$$

由式（3-76）可见，实际致热系数偏离可逆卡诺热泵的理想致热系数 φ_{max} 的大小是取决于热泵的各项㶲损失系数之和 ζ。㶲损失越大，则实际致热系数越低。

热泵的㶲效率可表示为

$$\eta_{e,H} = \frac{\varphi}{\varphi_{max}} = 1 - \frac{T_L}{T_0}\zeta \qquad (3-77)$$

比较式（3-70）与式（3-77）可见，热泵㶲效率是包括了传热温差㶲损失在内的有效系数，$\eta_{e,H}$ 将小于 η。

压缩式热泵的工质与制冷机的工质大致相同。但是，由于工作温度范围不同，系统的工作压力也不同。如表 3-21 所示。并且，一般的制冷工质所能承受的最高温度在 $100℃$ 左右，对 $150℃$ 以上的高温热泵，需要采用特殊的工质，例如氟利昂与油的混合物等。

3.5.1.2 吸收式热泵

吸收式热泵是以消耗一部分温度较高的高位热能 Q_G 为代价，从低温热源吸取热量供给热用户。它所能提供的热量 Q_1 将大于消耗的热量 Q_G，所以比直接供热的效果要佳。

表 3-21　热泵工质的工作压力

工 质	工作温度/℃		工作压力/MPa	
	蒸 发	冷 凝	蒸 发	冷 凝
R11	+25	+80	0.105	0.53
R21			0.183	0.84
R114			0.218	0.95
R12			0.660	2.32
R11	+25	+100	0.105	0.83
R21			0.183	1.40

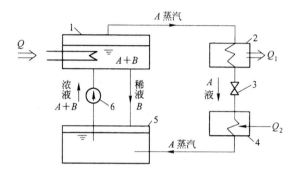

图 3-45　吸收式热泵的工作原理

1—发生器；2—冷凝器；3—节流阀；

4—蒸发器；5—吸收器；6—溶液泵

吸收式热泵的基本工作原理如图 3-45 所示。由吸收剂和工质组成的溶液装于发生器 1 中。吸收剂要对工质有强的吸收能力，而二者的沸点差要尽可能大。吸收式热泵一般采用 H_2O-LiBr（水-溴化锂）溶液，水作为工质，溴化锂为吸收剂。溴化锂溶解于水中构成溴化锂水溶液。当高温热源对发生器中的溶液进行加热时，由于工质容易汽化，在蒸发器中产生一定压力的水蒸气。蒸发器起到压缩机的作用。工质在冷凝器 2 中的放热过程，以及经节流阀 3 降压、降温后，在蒸发器 4 中从低温热源的吸热过程，与压缩式热泵相同。在蒸发器中蒸发的低压蒸气送至吸收器 5 中，再次被吸收剂吸收后的稀溶液送回蒸发器循环使用。

衡量吸收式热泵的性能指标也叫"致热系数"，用 ψ 表示。它是指向热用户提供的热量 Q_1 与消耗的高位热能 Q_G 之比。即

$$\psi = \frac{Q_1}{Q_G} \tag{3-78}$$

理想致热系数（最大值）是按完全可逆情况下求得的系数。由热力学可知，不论采取什么方式和途径，只要过程完全可逆，则所得的结果应该相同。因此，可以设想一个利用高位热能 Q_G 的可逆热泵系统，如图 3-46 所示。首先利用高位热源与热用户之间的温差，设置一台可逆的卡诺热机 RJ，将从热源吸收的热 Q_G 中，一部分转换成功 W，放出的热 Q_1' 提供给热用户。所产生的功提供给可逆热泵 RB，使它从低温热源吸取热量 Q_2，提供给热用户热量为 Q_1''。

对可逆的卡诺热机来说，产生的功为

$$W = \frac{T_G - T_H}{T_G} Q_G \tag{3-79}$$

供给热用户的热量 Q_1' 为

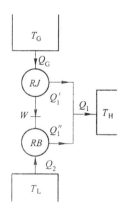

图 3-46　理想热泵系统

$$Q'_1 = \frac{T_H}{T_G} Q_G \tag{3-80}$$

产生的功 W 提供给可逆热泵后，可向热用户提供的最大热量 Q_1'' 为

$$Q_1'' = \frac{T_H}{T_H - T_L} W = \frac{T_H}{T_H - T_L} \frac{T_G - T_H}{T_G} Q_G \tag{3-81}$$

代入式（3-78），可得吸收式热泵理想的最大致热系数为

$$\psi_{max} = \frac{Q'_1 + Q''_1}{Q_G} = \frac{T_H}{T_G} + \frac{T_H}{T_H - T_L} \frac{T_G - T_H}{T_G}$$
$$= \frac{T_H}{T_H - T_L} \frac{T_G - T_L}{T_G} = \varphi_{max} \eta_c \tag{3-82}$$

式中，η_c 为在高温热源 T_G 与低温热源 T_L 之间实现卡诺循环时的效率；φ_{max} 为在热用户与低温热源之间压缩式可逆热泵的理想致热系数。由于 $\eta_c \ll 1$，因此，ψ_{max} 必然要比 φ_{max} 小得多，只有它的 25%～40%。这是由于两类热泵的致热系数的分母项所代表的能量有质的区别所致。压缩式热泵消耗的全部是高级能，而吸收式热泵消耗的热能中，只有一部分是㶲。所以不能简单地用该指标进行比较。

η_c 是反映了高温位热能的能级，它的温度水平越低，则 ψ_{max} 就越小。因此，即使对吸收式热泵，如果高温位热能的温度水平不同，相互的致热系数 ψ_{max} 也没有直接的可比性。

实际的吸收式热泵还存在各种不可逆损失，所以，实际的致热系数 ψ 还要比 ψ_{max} 小得多。

吸收式热泵有两种类型。第一类吸收式热泵消耗的高温位热能的温度高于热用户要求的温度。例如以蒸汽或煤气为热源，提

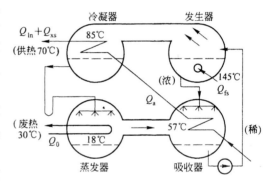

图 3-47 第一类吸收式热泵

供热量 Q_{fs} 给发生器，如图 3-47 所示。提供给热用户（例如 70～80℃ 的热水）的热，来自吸收器和冷凝器放出的热 Q_{xs} 和 Q_{ln}。同时，热泵的工质要在蒸发器中从低温位热源吸热 Q_{zf} 而蒸发。

根据热量平衡，可得

$$Q_{fs} + Q_{zf} = Q_{xs} + Q_{ln} = Q_1 \tag{3-83}$$

这类热泵的致热系数为

$$\psi_1 = \frac{Q_1}{Q_G} = \frac{Q_{xs} + Q_{ln}}{Q_{fs}} = \frac{Q_{fs} + Q_{zf}}{Q_{fs}} = 1 + \frac{Q_{zf}}{Q_{fs}} \tag{3-84}$$

由式可见，第一类吸收式热泵的致热系数大于 1。它可以比由高温位热源直接供热节约能源。

第二类吸收式热泵是利用温度较低（例如 70～80℃）的余热作为热源，经热泵工作后，提供温度水平更高的热能（例如 100℃）给用户。这不违反热力学第二定律。因为余热源的温度高于环境温度，它具有一定的㶲，只要热泵提供的㶲小于、等于消耗的热源的㶲，在理论上是可以实现的。图 3-48 是实施第二类吸收式热泵的一例。由 70℃ 的热源向发生器和

蒸发器供热 Q_{fs} 和 Q_{zf}，相应的发生器的压力为 1.226kPa，蒸发器的压力为 19.9kPa。因此，它的蒸发器与吸收器要靠泵对工质的压缩，所处的压力高于发生器和冷凝器的压力。吸收过程是一放热过程，溶液温度将达到 105℃，所以有可能向外输出 100℃ 的热水。

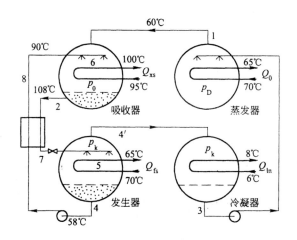

图 3-48　第二类吸收式热泵

对第二类吸收式热泵，消耗的热能为发生器与蒸发器吸收的热 $Q_G = Q_{fs} + Q_{zf}$，对用户供热为 $Q_1 = Q_{xs}$。它的热平衡关系为

$$Q_{fs} + Q_{zf} = Q_{xs} + Q_{ln} \tag{3-85}$$

致热系数为

$$\psi_2 = \frac{Q_1}{Q_G} = \frac{Q_{xs}}{Q_{fs} + Q_{zf}} = 1 - \frac{Q_{ln}}{Q_{fs} - Q_{zf}} \tag{3-86}$$

由式可见，第二类吸收式热泵的致热系数是小于 1。它一般在 0.5 左右，并将随温升幅度的提高而减小。但是，由于它提高了热能的利用价值，在国外的石油化工企业有实际使用的实例。

3.5.2　热泵的应用

由于热泵能够使低温热能得到有效利用，达到节约能源、提高能源利用率的目的，因而受到普遍重视。目前已在采暖、干燥、蒸馏、蒸发等方面得到应用，并取得很好的经济效益。

3.5.2.1　供暖

采用热泵供热是从室外（大气或水）中取得热量向室内供暖。它能提供的热量大于消耗的电能。它的优点表现在以下几方面：

1）与电热相比，可节约电能。冬季取暖要求维持室温在 20℃ 左右。如果直接用电加热器取暖，在用能上是最大的浪费。因为，电热器虽然能将电能全部转换成热能，1kW·h 也只能产生 3600kJ 的热。如果采用电动热泵，由于致热系数 φ 远大于 1，因此可以向室内提供耗电量几倍的热量。例如，如果室温为 20℃，室外气温为 −5℃，设它们与工质的传热温差 5℃，则

$$\varphi_{max} = \frac{T_H}{T_H - T_L} = \frac{(273 + 20)}{(273 + 20) - (273 - 5)} = \frac{293}{25} = 11.72$$

$$\varphi_{max} = \frac{T_1}{T_1 - T_2} = \frac{(273 + 25)}{(273 + 25) - (273 - 10)} = \frac{298}{35} = 8.51$$

设热泵的有效系数 η 为 0.6，则实际致热系数 $\varphi = \eta\varphi_{max} = 0.6 \times 8.51 = 5.1$。

这说明利用热泵可以提供消耗电力 5 倍多的热量。或者说，在提供相同热量的情况下，可以节约 80% 的电力。

从能量的合理利用角度看，消耗的电能 W 转换成热能后，提供给室内的热量㶲为

$$Ex_Q = \left(1 - \frac{T_L}{T_H}\right) W$$

所以电加热的㶲效率为

$$\eta_{e,h} = \frac{Ex_Q}{W} = 1 - \frac{T_L}{T_H} = 1 - \frac{268}{293} = 0.085$$

即在电加热过程中，有 91.5% 的高级电能转变成为烷。而热泵的㶲效率是 $\varphi/\varphi_{max} = 0.43$，为电加热的 5.1 倍。他们的㶲流图的比较，如图 3-49 所示。热泵是将环境中的大量的㶲转移到了室内加以利用，所以减少了㶲的消耗，合理地利用了能量。

2）与锅炉供暖相比，可节约燃料。一般供暖是由供暖锅炉产生蒸汽或热水来提供热量的。它消耗的是燃料的热

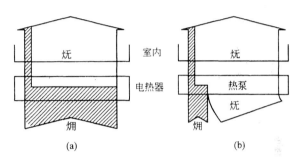

图 3-49　㶲流图比较
(a) 电加热；(b) 热泵

能。为了与热泵比较，引入"供热指数"的概念。它是指热用户得到的热量 Q_1 与燃料提供的热量 BQ_{dw} 之比，即

$$k = \frac{Q_1}{BQ_{dw}} \tag{3-87}$$

式中　B——燃料消耗量，kg/h；

　　Q_{dw}——燃料的发热量，kJ/kg。

对于锅炉供暖，供热指数为

$$k_g = \frac{Q_q}{B_g Q_{dw}} \frac{Q_1}{Q_q} = \eta_g' \eta_{rw}' \tag{3-88}$$

式中　k_g——锅炉供热指数；

　　Q_q——锅炉产生的蒸汽（或热水）得到的有效热；

　　η_{rw}'——热网效率，可取 0.9；

　　η_g'——供热锅炉效率，平均可取 0.68。

对于热泵供暖，由于电能多数是由燃料热能转换而来，所以式（3-87）可表示为

$$k_{rb} = \frac{W_1}{B_{rb} Q_{dw}} \frac{W}{W_1} \frac{Q_1}{W} = \eta_{nd} \eta_{sd} \varphi \tag{3-89}$$

式中　W_1——凝汽式电站在消耗燃料 B_{rb} 时所能发出的电力；

　　W——热泵消耗的电力；

　　η_{sd}——输配电效率，可取 $\eta_{sd} = 0.9$；

η_{nd}——凝汽式电站的热效率，$\eta_{nd}=0.35$。

二者的供热指数之比为

$$R = \frac{k_{rb}}{k_g} = \frac{B_g}{B_{rb}} = \frac{\eta_{nd}\eta_{sd}}{\eta'_g\eta'_{rw}}\varphi \qquad (3-90)$$

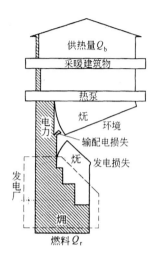

图 3-50　电动热泵总㶲流图

R 表示了在提供相同的热量时，锅炉的燃料消耗与电动热泵的一次能源（燃料）消耗之比。如果 $R>1$，则说明采用热泵供热比锅炉供热可以节约燃料。把式中的各项效率的具体数值代入，则得：

$$R = 0.488\varphi$$

由式可见，热泵的致热系数 φ 越大，R 也越大，节约的燃料就越多。当 $\varphi=2.05$ 时，$R>1$，即只要 $\varphi>2$，热泵供热方案就比锅炉供热可以节约燃料，当 $\varphi=4$ 时，可节约燃料 50%。

从燃料转换成电能过程包括在内的电动热泵的㶲流如图 3-50 所示。

用热泵代替锅炉供热除可以节约燃料外，还有以下优点：a 可以用电站锅炉所需的劣质煤代替供热锅炉所需的优质煤；b 减少分散的供热锅炉对环境的污染；c 电能输送比热能输送方便，因此，热泵可不受地理位置限制，布置灵活；d 热泵对热负荷变化的适应性强。

3）利用水电，节约燃料。水能属于可再生的高质能，水力发电的效率 η_{sdz} 比火力发电的效率高得多，一般可取 $\eta_{sdz}=0.8$。在水力资源丰富的地区，采用电动热泵可以替代大量不可再生的锅炉燃料供热。

4）提高低温余热的利用率。余热的有效利用程度与它的温度水平有关。大量的余热，例如冷却水带走的热，由于温度水平太低而未能直接加以利用。而热泵可以提高热能的温度水平，如果将余热源作为热泵的低温热源，热泵从余热源吸热后向外供出更高温度的热能，以满足用户的需要，使低温热能得到了有效利用。

因为低温余热源的温度高于环境温度，减少了热泵的温升（T_H-T_L），就可以提高热泵的致热系数 φ，从而节约电能的消耗。除低温余热外，还可利用太阳能、地热能、地下水作为热泵的低温热源，构成一套综合用能系统，是有效利用自然界的可再生能源，改善人类生活环境的很有前途的措施之一。

3.5.2.2　干燥

木材、粮食等的人工干燥，应用最为广泛的是气流去湿。它是先将气体加热，降低其相对湿度，再让热气体通过干燥室，使物料中的水分蒸发，达到去湿的目的。干燥速率及热气体的温度需根据工艺要求确定。但是，为了得到热气体，需要消耗热能，并且，吸湿后的热气体被排到大气中。

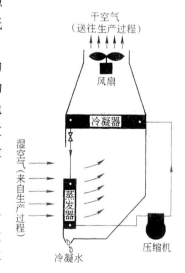

图 3-51　闭式热泵去湿系统

因此，干燥的能耗较高，$1kW \cdot h$ 的能量只能脱除 $0.36kg$ 的水分。

如果采用图 3-51 所示的热泵系统，让排气经过热泵的蒸发器，湿气体因放出热后有部分水分被冷凝而析出，蒸发器回收了水的冷凝潜热，同时气体因含湿量降低，经冷凝器加热后又可供干燥室循环使用。由于干燥排气的潜热和显热得到充分回收，大大降低了干燥能耗，脱水效果为 $(1 \sim 4)kg/(kW \cdot h)$，降低能耗 2/3 至 4/5。国外已广泛用于温度为 $40 \sim 50℃$ 的木材去湿窑，国内也开始推广使用。

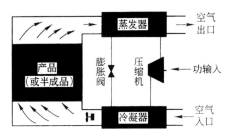

图 3-52　热泵回收热量的开式循环

对干燥温度接近环境温度的干燥作业，可以采用图 3-52 所示的开式循环，用热泵的蒸发器回收排放的湿空气的热量，用冷凝器加热进入干燥窑的空气。这种方式用于谷物干燥窑，去湿效果约为 $2.2kg/(kW \cdot h)$。

对于温度高达 $100℃$ 的高温热泵干燥过程，需解决合适的工质以及润滑剂的稳定性的问题。

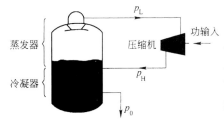

图 3-53　工艺过程的开式循环热泵

3.5.2.3　蒸发

蒸发在化工、医药、造纸、食品、海水淡化等工业中应用广泛。它是将溶液加热至沸腾，其中部分挥发性溶剂（例如水）被气化，以提高溶液中不挥发性溶质的浓度。提供热能的载热介质主要是用饱和水蒸气。

蒸发的二次蒸汽温度为溶液温度，它带走大量热能。如果利用热泵，将二次蒸汽经压缩机压缩升温后，就可以作为蒸发器的热源加以回收利用。如图 3-53 所示的是用于工艺过程的开式循环热泵。它实际是回收了二次蒸汽的潜热，在冷凝器中冷凝时传给溶液。

由于这种热泵的温升小，压缩机的压缩比也比较低，致热系数可到达 10 以上，脱水率可以高达 $22kg/(kW \cdot h)$。

3.5.2.4　蒸馏

炼油厂和石油化工厂的分离过程，通常是通过蒸馏单元操作来进行的。在同一蒸馏塔内，塔顶冷气器需要外部冷却水冷却，而塔低的再沸器又需要外来蒸汽进行加热，因此，它是一个耗能大的工艺过程，热效率低。如果采用用于蒸发过程相似的热泵系统，通过压缩机将塔顶的蒸汽压缩，提高温度后再引入塔底的再沸器，蒸汽放出潜热加热物料，最后冷凝成馏液成品，加热所需的热量不足部分再由外部蒸汽供给。采用热泵蒸馏可以使蒸汽消耗量减少一半以上。

由此可见，热泵的应用十分广泛，在回收低温余热方面具有独特的优点，将是一种很有发展前途的节能措施。

3.5.3　热泵系统的经济性分析

如上所述，采用热泵系统在多数情况下，可比其他供热方式节约大量燃料。但是，它要增加额外的设备投资。同时，如果热泵替代的是热电站的供热，则会降低热电机组的热化发电效益。所以，采用热泵系统是否可行，需要根据具体条件进行技术经济分析。

最简单而又常用的技术经济比较的方法是额外投资回收年限法。如果采用热泵系统，额外投资将增加 ΔK，而每年可带来的节约燃料等运行费用为 ΔS，如果投资回收期 τ 不超过允许的回收年限 τ_0，即

$$\tau = \frac{\Delta K}{\Delta S} \leqslant \tau_0 \tag{3-91}$$

式中　$\Delta K = K_{rb} - K$，$\Delta S = S - S_{rb}$；

　　K_{rb}、K——热泵系统和锅炉供热系统的投资；

　　S_{rb}、S——热泵系统和相比较的供热系统的运行费（能源费及设备维修费等）。

如果暂不考虑热泵系统与其他供热系统的维修费的差别，则运行费的差别主要是能源费的差别。如果热泵所需的电能由本厂提供，则能源费的差别可按节约的燃料费用来计算，即

$$\Delta S = a \cdot \Delta B$$

式中　ΔB——热泵系统每年节约的标准燃料；

　　a——标准燃料单价。

现设供热系统每年需向热用户提供热量 Q_1（kJ/a），当由供热锅炉供热时，每年的标准燃料消耗量 B 为：

$$B = \frac{Q_1}{7000 \times 4.1868 \eta'_g \eta'_{rw}} \quad (\text{kg/a}) \tag{3-92}$$

式中　η'_g——供热锅炉效率；

　　η'_{rw}——热网效率。

热泵系统消耗的燃料可按压缩式热泵和吸收式热泵分别计算：

（1）压缩式热泵

热泵每年消耗的功为

$$W = \frac{Q_1}{\varphi} \quad (\text{kJ/a})$$

相应于凝汽电站发出该电能的标准煤耗为

$$B_{rb,y} = \frac{W}{7000 \times 4.1868 \eta_{nd} \eta_{sd}} = \frac{Q_1}{7000 \times 4.1868 \eta_{nd} \eta_{sd} \varphi} \quad (\text{kg/a}) \tag{3-93}$$

每年节约的标准煤量为

$$\Delta B_1 = B - B_{rb,y} = \frac{Q_1}{7000 \times 4.1868} \left(\frac{1}{\eta'_g \eta'_{rw}} - \frac{1}{\eta_{nd} \eta_{sd} \varphi} \right) \quad (\text{kg/a}) \tag{3-94}$$

（2）吸收式热泵

热泵每年消耗的高温位热能为

$$Q_G = \frac{Q_1}{\psi} \quad (\text{kJ/a})$$

当热能由锅炉提供时，锅炉每年消耗的标准煤量为

$$B_{rb,x} = \frac{Q_G}{7000 \times 4.1868 \eta_g \eta_{rw}} = \frac{Q_1}{7000 \times 4.1868 \eta_g \eta_{rw} \psi} \quad (\text{kg/a}) \tag{3-95}$$

每年节约的标准煤量为

$$\Delta B_2 = B - B_{rb,x} = \frac{Q_1}{7000 \times 4.1868}\left(\frac{1}{\eta'_g \eta'_{rw}} - \frac{1}{\eta_g \eta_{rw} \psi}\right) \quad (kg/a) \qquad (3-96)$$

由式（3-96）可见，如果提供给吸收式热泵蒸汽的锅炉效率及热网效率与供热锅炉相同，则只有热泵的致热系数 $\psi > 1$，才有可能节约燃料。

应该指出，如果压缩式热泵消耗的电能是从外部购入，而我国的电价是发电煤耗成本的数倍，因此，如果按电费计算热泵的运行费，则会出现热泵虽然可以节约燃料，但是在经济上并不合理的情况。煤与电的比价不合理妨碍着热泵在我国的推广应用。

例题 3 某工业企业中生产冷却水的热量没有被利用，而人们生活上需要的热水负荷由锅炉来提供。试根据下述条件和数据，判断采用热泵系统取代锅炉来满足热水负荷是否合理。

已知条件和数据为：

生产用冷却水带走的热量平均为 $84 \times 10^6 kJ/h$，温度约为 45℃。全年生产时间为 8760h。

人们生活上需要的热水负荷平均为 $8.4 \times 10^6 kJ/h$，热水温度为 70℃。全年时间为 8760h。此热水负荷原由锅炉供热来满足。

标准燃料价格 $a = 160$ 元/t，热泵价格 $C = 1200$ 元/kW。

供热锅炉的热效率为 $\eta'_g = 0.80$，热网效率为 $\eta'_{rw} = 0.95$。自备电厂的发电效率为 $\eta_{nd} = 0.35$，输配电效率为 $\eta_{sd} = 0.90$。

解 若采用以冷却水为低温热源的压缩式热泵系统，温升只需 $(t_H - t_L) = (70℃ - 45℃) = 25℃$。本热泵系统只能利用部分冷却水的热量作为热泵的低温热源。

如果取热泵工质的工作温度与热源的温差为 5℃，热泵的有效系数 $\eta = 0.6$，则致热系数为

$$\varphi = \eta \frac{T_1}{T_1 - T_2} = 0.6 \times \frac{(273 + 70 + 5)}{(273 + 70 + 5) - (273 + 45 - 5)} = 5.97$$

全年生活上要求热泵系统提供的总热量为

$$Q_1 = 8.4 \times 10^6 (kJ/h) \times 8760(h/a) = 73584 \times 10^6 \quad (kJ/a)$$

热泵运行全年所需的电量为

$$W = \frac{Q_1}{3600\varphi} = \frac{73584 \times 10^6(kJ/a)}{3600(s/h) \times 5.97} = 3.42 \times 10^6 \quad (kW \cdot h/a)$$

自备凝汽式电站生产这些电能所需消耗的标准煤量为

$$B_{rb,y} = \frac{Q_1}{7000 \times 4.1868 \eta_{nd} \eta_{sd} \varphi} = \frac{73584 \times 10^6}{7000 \times 4.1868 \times 0.35 \times 0.9 \times 5.97}$$

$$= 1303.6 \times 10^3 \quad (kg/a)$$

锅炉供热时的燃料消耗量为

$$B = \frac{Q_1}{7000 \times 4.1868 \eta'_g \eta'_{rw}} = \frac{73584 \times 10^6}{7000 \times 4.1868 \times 0.80 \times 0.95}$$

$$= 3304.2 \times 10^3 \quad (kg/a)$$

每年节约的燃料量为

$$\Delta B_1 = B - B_{rb,y} = (3304.2 - 1303.6) \times 10^3(kg/a) = 2000.6 \times 10^3(kg/a)$$

每年节约的运行费（主要是燃料费）为

$$\Delta S = a\Delta B_1 = 160 \times 10^{-3}(元/kg) \times 2000.6 \times 10^3(kg/a) = 320000 \ 元/a$$

电动热泵的功率为

$$N = \frac{W}{8760} = \frac{3.42 \times 10^6 (\text{kW} \cdot \text{h/a})}{8760(\text{h/a})} = 390.4(\text{kW})$$

热泵系统的额外投资为

$$\Delta K = CN = 1200(\text{元/kW}) \times 390.4(\text{kW}) = 468480 \text{元}$$

额外投资回收年限为

$$\tau = \frac{\Delta K}{\Delta S} = \frac{468480(\text{元})}{320000(\text{元/a})} = 1.46a$$

一般容许投资回收年限为 5 年。所以，从经济上看，用压缩式热泵代替供热锅炉是合理的。

但是，如果企业是购入电力供热泵用，由于我国的电价与煤价比不够合理，则增加的电力费用可能超过节约的燃料费用，增加了设备投资而没有取得经济效益，这将造成热泵可以节能，但难以推广的原因。

思考题与习题

3-1 试比较对蒸汽动力循环进行㶲分析和能分析的区别与联系。

3-2 采取各种提高蒸汽动力循环㶲效率的措施，其主要的根据是什么？

3-3 蒸汽动力循环的最高㶲效率主要是受到什么限制？

3-4 说明采用燃气-蒸汽联合循环可以提高热效率的理由。查阅有关文献，比较目前提出和实施的联合循环的各种方案的特点。

3-5 采用热电联产有哪几种方式，各有什么优缺点？

3-6 对热电联产如何分摊发电煤耗和供热煤耗？有哪几种方法？各有什么优缺点？

3-7 为什么采用热电联产能够提高能源利用率？影响热电联产效率有哪些因素？

3-8 什么叫热泵，具体如何实现利用低温位的热能？

3-9 为什么吸收式热泵的致热系数远比压缩式要低，吸收式热泵的利用价值在何处？

3-10 从热力学的观点分析吸收式热泵利用较低温度位的热能得到更高温度位的热能并不违反热力学第二定律，并有实际的价值。

3-11 参阅文献，分析说明热泵的实际使用实例。

3-12 一蒸汽动力循环由锅炉提供 $p_1 = 4.0\text{MPa}$，$t_1 = 450℃$ 蒸汽，蒸汽在汽轮机内绝热膨胀至 $p_2 = 0.004\text{MPa}$，同时对外作功。低压蒸汽在冷凝器中冷凝成饱和水后由水泵供至锅炉。已知燃料的低发热量为 $Q_{dw} = 25000\text{kJ/kg}$，锅炉的热效率为 $\eta_g = 0.85$。汽轮机的内效率为 $\eta_{n,t} = 0.8$。不考虑管道损失及水泵功耗，计算循环的各项热损失、㶲损失、热效率、㶲效率，并进行比较。设环境温度 $t_0 = 15℃$，燃料㶲等于其低发热量。

3-13 求上题中蒸汽吸热的热力学平均温度，并以此检验锅炉热效率与㶲效率的关系。

3-14 若上题改为回热循环，抽出一部分压力为 $p_k = 1.3\text{MPa}$ 的蒸汽在回热器中用来预热给水，提高锅炉进水温度。求回热循环的热效率、㶲效率及锅炉的㶲效率。

3-15 一蒸汽动力循环采用回热循环，锅炉产生的蒸汽参数为 3.5MPa，435℃。进入汽轮机后在中间抽出压力为 0.5MPa 的一部分蒸汽用来加热膨胀至终压的蒸汽冷凝水。汽轮机排汽压力为 0.005MPa，设汽轮机的相对内效率为 0.84，不计水泵的功耗、管路的压力损失及散热损失，并设锅炉的热源是平均温度为 1200℃ 的烟气。试求整个装置及各设备的㶲效率和㶲损失，并与简单的朗肯循环进行比较。设环境温度为 20℃，压力为 0.1MPa。

3-16 一燃气-蒸汽联合循环，燃气轮机的进气温度为 800℃，功率为 6000kW，压缩机的进气压力为 0.1MPa，温度为 15℃，压缩比 $\varepsilon=5.0$。做功后的废气供余热锅炉，产生压力为 4.0MPa，温度为 350℃ 的蒸汽推动汽轮机做功。排气压力为 0.1MPa，温度为 150℃，平均定压比热容为 1.05kJ/（kg·K）。设冷凝压力为 10kPa，空气的绝热指数 $\kappa=1.38$。试估算联合循环的总效率及汽轮机发出的功率（循环可按理想的布雷顿循环和朗肯循环计算）。

3-17 钢铁厂高炉煤气的发热量为 3000kJ/m³，25000m³/h 的煤气供锅炉用。产生压力为 2.5MPa，温度为 400℃ 的蒸汽。厂内工艺用热的负荷为 15GJ/h，由压力为 0.5MPa 的蒸汽供给。现有两种方案可供选择：

1）采用热电分产的方式，一部分蒸汽经减温减压后供给热用户，其余部分供凝汽式发电机组发电；

2）采用抽汽式机组的热电合产的方式。

试比较两种方案的热经济性。设给水焓为 435kJ/kg，锅炉热效率为 83%，管道效率为 99%，热网效率为 97%。凝汽参数为 0.005MPa，$x=0.86$。环境温度为 17℃。并设凝汽式发电机组发电效率为 20%；抽汽式机组发电效率为 19.8%。

3-18 某厂有一台 40t/h 的锅炉生产 4MPa，300℃ 的蒸汽。再经减温减压成 0.1MPa 的饱和蒸汽后作为工艺用热，问损失多少有效能？现拟装一台背压式蒸汽发电机组，利用锅炉蒸汽先发电，排汽再供给热用户，问最多能回收多少电能？若透平发电效率为 70%，求实际发电功率为多少。设环境温度为 20℃，压力为 0.1MPa。

3-19 某工厂需要两种规格汽源：甲车间是 2.4MPa、390℃ 的蒸汽 7t/h。乙车间是 0.3MPa 饱和蒸汽 13t/h。现拟装一台锅炉及一台背压汽轮发电机组进行差压发电。

求：1）选择锅炉的容量及参数；

2）选择汽轮发电机组的功率。（已知 $\eta_i=0.85$，$\eta_1=0.95$，$\eta_d=0.95$）

3.20 回收余热产生的高压水的温度为 $t_{r1}=150℃$，压力为 0.8MPa。在扩容器中扩容蒸发产生的蒸汽推动汽轮机对外做功。设汽轮机后蒸汽的冷凝温度为 $t_1=30℃$。试求扩容器的最佳蒸发温度（压力），以及此时的蒸发率为多少？

3-21 工厂有 80℃ 的余热水 500t/h，拟利用它作余热发电。设环境温度为 30℃，能量转换的㶲效率为 50%。求实际最大发电效率和发电功率。

3-22 在冬天，拟将一台氨压缩制冷机改成热泵用于室内取暖。蒸发器是从室外 -5℃ 的环境吸热蒸发，蒸发温度为 -10℃。蒸汽在室内的冷凝器中放热冷凝，氨的冷凝温度为 40℃，室温为 20℃。若向室内的供热量为 100MJ/h，求：

1）所需消耗的最小功率为多少？（按逆卡诺循环）

2）热泵所需消耗的功率为多少？（设热泵的有效系数为 0.6）

3）若用电炉取暖，则所需消耗的功率为多少？

4　工业企业中的热能利用

工业企业根据生产工艺不同，分别消耗着燃料、电力、蒸汽等各种不同的能源，还包括工业水、压缩空气、氧气等耗能工质。它们的一部分被有效地利用于生产；未被利用的损失部分中，还存在着各种不同尚有利用价值的余能。余能的温度、压力不同，携带余能的介质不同，数量多少以及排出方式不同，均会影响到余能回收的方式和系统。要提高企业的能源利用效率，挖掘节能潜力，首先要对企业能源系统进行分析，通过能量平衡确定其有效利用部分和各项损失的大小，寻求减少损失及有效回收利用余能的途径。

4.1　企业能量平衡

企业消耗的一次能源和二次能源（包括耗能工质）的品种繁多，构成了一个错综复杂的能源系统。在作企业的能量平衡时，首先需对不同形式的能源折算成相同的度量单位。

4.1.1　能源的计量与统计

4.1.1.1　能源的计量单位

能源的计量有实物量单位、标准燃料单位、能量单位三种。详见表 4-1。

表 4-1　能源计量单位

能源种类		单位符号	备　注	能源种类		单位符号	备　注
实物量单位	固体燃料	kg, t		实物量单位	水	m³	
	液体燃料	L, t	桶①，加仑②		压缩空气	m³	
	气体燃料	m³	（标）③		氧、氮、氩气	m³	
	电力	kW·h			乙炔	m³	
	蒸汽	kg, t	kJ, GJ④		热水	kJ, MJ, GJ	
标准燃料单位				标准煤（CE）		kg, t	
				标准油（OE）		kg, t	
能　量　单　位						kJ, MJ, GJ	

①1 桶油＝136.7kg；

②1 英加仑＝4.5461L；1 美加仑＝3.7854L；

③气体的体积与温度、压力有关，用体积表示数量时，都是指标准状态下的体积；

④不同蒸汽参数的 1t 蒸汽所含的能量不同，建议用能量单位更科学。

标准燃料是为将不同的能源以同一单位来衡量而人为规定的折算系数，有标准煤和标准油两种。

1）**标准煤**　将热值等于 29.308MJ（7000kcal）的能源量，叫 1kg 标准煤。

2）**标准油**　将热值等于 41.868MJ（10000kcal）的能源量，叫 1kg 标准油。

4.1.1.2　能源的当量热值与等价热值

一个单位实物量能源，在理论上所含有的能量（kJ），叫这种**能源的当量热值** d_n（或能源的当量能量）。燃料的当量热值就是等于该种能源的应用基低位发热值 Q_{dw}。1kW·h 电能的当量热值是 3600kJ。蒸汽的当量热值等于它的焓值，可根据其压力和温度查得。

水和压缩空气的当量热值等于它的压力能，可根据其压力计算得出。

对于氧气、氮气等的当量热值，分别等于从空气中分离出来时所需的理论最小分离功与压缩至供给压力时的压缩功之和。

企业所消耗的能源中，包括一次能源和二次能源（包括耗能工质）。二次能源有的是外购的，例如电力等；也有是自产的，例如蒸汽等。为了便于相互比较，我国规定将二次能源的转换损失分摊在用户身上。即按生产一个单位实物量的二次能源（包括耗能工质），所需消耗的一次能源量数量（kJ）来进行统计。它称为这种**能源的等价热值** D_n（kJ/单位实物量）。

燃料二次能源（各种煤气）的等价热值应等于燃料的低位发热值（Q_{dw}）与加工转换过程的单位能耗之和，实际应大于其当量热值。但是，目前也有简单地规定副产煤气（如高炉煤气、转炉煤气等）等价热值等于其当量热值（低位发热值）。

当量热值与等价热值也可以折算成标准煤量表示，称为"**折标准煤系数**"。

对电力的等价折标准煤系数按全国的平均发电标准煤耗确定，目前取 0.404kg/（kW·h）=11840kJ/（kW·h）。

自产二次能源及耗能工质的等价热值与企业内部动力站房的能源转换效率有关。可按动力站房能源投入、产出的关系求得

$$D_n = \frac{\Sigma E_{dj}}{B} \tag{4-1}$$

式中　E_{dj}——投入站房的各种能源按等价热值折算成一次能源的数值，kJ 或标准煤 kg；

　　　B——站房产出的某种能源实物量，kg、m³。

当量热值 d_n 与等价热值 D_n 之间的关系为

$$d_n = \eta_z D_n \tag{4-2}$$

式中　η_z——能源转换（或加工）效率。它与能量转换设备（一次转换或多次转换）的效率以及转换站房的辅助能耗的大小有关。

不同企业、同一企业在不同时期，企业内自行转换的各种二次能源及耗能工质的等价热值有不同的数值，按统计期转换站房的能源的实际投入、产出量计算。

各种二次能源及耗能工质的折标准煤系数不是常数，平均折标煤系数的参考值如表 4-2 所示。

4.1.2　能量平衡关系

企业能量平衡是以企业为对象的能量守恒关系，包括各种能源的收入与支出的平衡，消耗与有效利用及损失之间的数量平衡。即

　　　　［耗能量］=［购入量］±［库存量的变化］-［外销量］

　　　　［耗能量］=［有效利用能量］+［各种能量损失之和］

　　　　　　　　=［各部门耗能量之和］+［企业内部能源亏损及输送损失之和］

表 4-2 各种能源的热值及折标煤系数

能源名称		能源实物单位	等价热值（D_n）		当量热值（d_n）		能源名称		能源实物单位	等价热值（D_n）		当量热值（d_n）	
			kJ/实物单位	折标煤系数	kJ/实物单位	折标煤系数				kJ/实物单位	折标煤系数	kJ/实物单位	折标煤系数
标准煤		kg	29308	1.000	29308	1.000	燃气	天然气	m³	35588	1.214	35588	1.214
煤	原煤	kg	20934	0.714	20934	0.714		油田气	m³	41868	1.429	41868	1.429
	动力煤	kg	18841	0.643	18841	0.643		城市煤气	m³	32238	1.100	16747	0.571
	无烟煤	kg	26168	0.893	26168	0.893		发生炉煤气	m³	8696	0.297	5652	0.193
	劣质煤	kg	14654	0.500	14654	0.500		水煤气	m³			10676	0.364
	干洗精煤	kg	26377	0.900	26377	0.900		乙炔气	m³	243672	8.314	56099	1.914
	洗中煤	kg	8374	0.286	8374	0.286		蒸汽	kg	4187	0.143	2763	0.094
	洗煤	kg	12560	0.429	12560	0.429	水	新鲜水	m³	7536	0.257		
石油	原油	kg	41868	1.429	41868	1.429		循环水	m³	4187	0.143		
	重油	kg	46055	1.571	41868	1.429		软化水	m³	14235	0.486		
	汽油	kg	47436	1.619	43124	1.471		除氧水	m³	28470	0.971		
	煤油	kg	47436	1.619	43124	1.471		鼓风	m³	879	0.030		
	柴油	kg	46976	1.603	42705	1.457		压缩空气	m³	1172	0.040		
	液化石油气	kg	55266	1.886	50242	1.714		氧气	m³	11723	0.40		
焦炭		kg	33494	1.143	28470	0.971		氮气	m³	19678	0.671		
煤焦油		kg			33494	1.143		二氧化碳	m³	6280	0.214		
电		kW·h	11840	41.404	3600	0.123		电石	kg	60918	2.079	16287	0.556

能量平衡是能量在数量上的平衡，未考虑能量质量的差别。耗能量包括由外部提供的一次能源、二次能源、耗能工质按等价值折合成一次能源的数量。

企业内部的能量转换部门（动力部门）不作为耗能部门，而将它转换的二次能源及耗能工质按等价值折算成一次能源的数量后，向用户折算。即将转换部门的转换损失分摊在用户身上。

企业能量平衡是以企业为体系，从能源购入储存，能量转换，输送分配，到各个主要生产部门、辅助生产部门、附属生产部门用能之间的平衡。它又可以将工序（车间）、直至单个用能设备分割成子系统，进行局部的平衡测定后再进行综合。

能量平衡也可以按能源的品种进行热平衡、电平衡、水平衡、汽平衡等，再进行综合。无论采用哪种平衡方法，其结果应是一致的，因此可以互相验证测定的数据正确与否。

4.1.3 企业能量平衡体系模型

关于企业能量平衡的方法，国家已制定了许多相关的标准，例如 GB2587：《热设备能量平衡通则》；GB2588：《设备热效率计算通则》；GB2589：《综合能耗计算通则》，GB3488：《企业能量平衡通则》等。可参照执行。

在实际进行能量平衡时，首先是要确定体系。对不同的体系有不同的平衡关系。

能量平衡体系有以下类型：

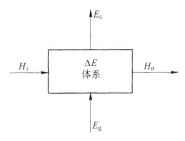

图 4-1　单一用能设备

1）单一用能设备体系，如图 4-1 所示。对不同的设备，每一项的含义有所区别。任何体系的能量收支应保持平衡，但是，其中的供给能量、有效能量、能量损失等，对不同的设备每项所代表的含义有所不同。以各设备的热平衡计算标准为准。

2）能源转换设备和利用设备组成的体系。如图 4-2 所示，图中 1 为转换设备，2 为利用设备。E_g 为供给能量，E_y 为有效能量，E_s 为能量损失。

对子体系 1：

$$E_{g1} = E_{y1} + E_{s1}$$

$$\eta_1 = \frac{E_{y1}}{E_{g1}} \tag{4-3}$$

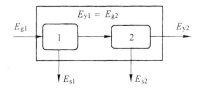

对子体系 2：

$$E_{g2} = E_{y2} + E_{s2}$$

$$\eta_2 = \frac{E_{y2}}{E_{g2}} \tag{4-4}$$

图 4-2　转换与利用复合系统

对整个体系：

$$E_{g1} = E_{y2} + E_{s1} + E_{s2}$$

$$\eta = \frac{E_{y2}}{E_{g1}} = \eta_1 \cdot \eta_2 \tag{4-5}$$

3）对串级利用体系。如图 4-3 所示，供给能量 E_{g1} 在设备 1 中被有效利用的能量为 E_{y1}，一部分通过 1 后在设备 2 中又有 E_{y2} 被利用。则能量利用率为

$$\eta = \frac{E_{y1} + E_{y2}}{E_{g1}} = \frac{(E_{g1} - E_{g2})}{E_{g1}} \frac{E_{y1}}{(E_{g1} - E_{g2})} + \frac{E_{g2}}{E_{g1}} \frac{E_{y2}}{E_{g2}} = a_1 \eta_1 + a_2 \eta_2 \tag{4-6}$$

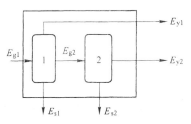

式中　a_1——子体系 1 实际消耗的能量占总供给能量的份额；

a_2——子体系 2 消耗的能量占总供给能量的份额。

这时是相当于两个体系并联的情况。

4）具有余热利用的体系。它分为在体系内利用和在体系外利用两种情况。

a　在体系内利用。对于回收余热后在体系内部加以

图 4-3　串级利用系统

利用的体系如图 4-4 所示。图 4-4（a）为用来预热物料；图 4-4（b）为用来预热助燃用空气。对体系（a）：

$$E_{g1} = E_y + E_s = (E_y - E_{y2}) + E_{s1}$$

$$\eta = \frac{E_y}{E_{g1}} \tag{4-7}$$

对于体系（b）：

$$E_{g1} = E_y + E_s = E_y + (E_{s1} - E_h)$$

$$\eta = \frac{E_y}{E_{g1}} \tag{4-7'}$$

由于回收余热在内部利用，使得供给能量 E_{g1} 可以减少，热损失 E_s 降低，热效率提高。

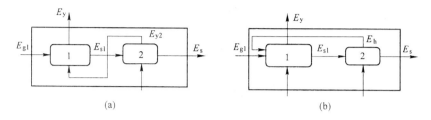

图 4-4　体系内余热利用系统

（a）预热物料；（b）预热空气

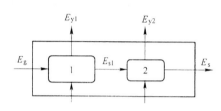

图 4-5　体系外余热利用系统

b　供体系外利用（图 4-5）。回收设备外供的能量 E_{y2} 对体系来说也成为有效能的一部分，因此，能量平衡为

$$E_g = E_{y1} + E_{y2} + E_s = E_{y1} + E_{s1}$$
$$\eta = (E_{y1} + E_{y2})/E_g \tag{4-8}$$

此时，它虽然不减少体系的能耗，但是由于外供的有效能增加了 E_{y2}，对整个体系来说，热效率也是提高的。

4.1.4　能源消耗指标

如前所述，企业消耗各种不同的能源，要计算能源的总消耗量，需对不同的能源求和，称为综合能耗。国标 GB2598 中对综合能耗的定义是：规定的耗能体系在一段时间内实际消耗的各种能源实物量，按规定的计算方法和单位，分别折算为一次能源后的总和。消耗的能源包括：1）直接使用的燃料、动力；2）作为产品生产原料使用的能源，但单独列项；3）使用耗能工质所相当的等价能源消耗。

为了搞清能源消耗的去向，企业的综合能耗可先按主要生产系统、辅助生产系统和附属生产系统等各个子系统分别计算其综合能耗，并考虑能源在储存和输送、分配供应中的损耗，再求其总和（吨标准煤）。表达式为

$$E = E_z + E_f + E_{f'} + E_s \tag{4-9}$$

式中　E——企业综合能耗；

$\quad\quad E_z$——主要生产系统综合能耗；

$\quad\quad E_f$——辅助生产系统综合能耗；

$\quad\quad E_{f'}$——附属生产系统综合能耗；

$\quad\quad E_s$——企业各种能源损耗之和。

企业综合能耗也可根据企业对各种能源及耗能工质实物消耗量的统计计量来进行计算，即

$$E = \sum_{i=1}^{n} e_{si}\rho_i \tag{4-10}$$

式中 e_{si}——生产活动中消耗的第 i 种能源的实物量（实物单位）；

ρ_i——第 i 种能源的等价折标系数（吨标准煤/实物单位）；

n——企业消耗的能源及耗能工质的品种数目。

企业综合能耗是反映一个企业能源消费的总规模。它是计算单位综合能耗的基础。

4.1.4.1 单位综合能耗

单位综合能耗分为按单位产值（万元）和单位产量两种表示方法。企业单位产值综合能耗是指企业在统计报告期内的企业综合能耗与统计期内创造的净产值（价值量）总量的比值，即

$$E_{cz} = E/G \qquad (4\text{-}11)$$

式中 E_{cz}——单位产值综合能耗（吨标煤/万元）；

G——企业在核算期间的净产值（万元）。

产品单位产量综合能耗的情况较为复杂。对只生产单一品种产品的企业来说，是企业在统计报告期内的企业综合能耗与期内生产的合格产品量的比值。当有多种产品时，可以以其中有代表性的产品（包括中间产品）的产量来计算，例如钢铁企业以吨钢综合能耗作为能耗指标。也可以按计划统计要求，分别计算企业主要产品的单位综合能耗。这时，对几种产品在同一生产工序中消费的能源，以及为几种产品服务的辅助生产系统、附属生产系统消耗的能源和企业的能源损耗（属于间接能耗）需要按产品进行合理的分摊。

4.1.4.2 工序能耗

工序能耗是企业的某一生产环节（生产工序）在统计期内的综合能耗。它是根据该工序的能源消耗和耗能工质消耗的统计量，均折算成一次能源量后进行计算的。

当工序有外供二次能源时，则按规定的折算系数折算成一次能源后，从能耗中扣除相应的量，即

$$E_{gx} = \sum_{i=1}^{n} e_{gxi}\rho_i - E_{wg} \qquad (4\text{-}12)$$

式中 E_{gx}——工序能耗，（标煤），t；

e_{gxi}——工序对 i 种能源（耗能工质）的消耗量，实物单位；

ρ_i——等价折标系数，吨标煤/实物单位；

E_{wg}——工序外供二次能源（耗能工质）折算成一次能源的数量（标煤），t。

企业的各种能源损耗不分摊到工序能耗中，但动力站房的转换损失已通过等价折标系数分摊到耗能部门。

工序能耗只对主要生产系统的各生产工序而言，因此，各工序能耗之和等于主要生产系统的综合能耗。

工序单位能耗为工序能耗与该工序生产的合格产品量之比，可反映该工序的能耗水平。

4.1.4.3 可比单位综合能耗

可比单位综合能耗是为了在同行业中进行能耗比较，而按统一规定的方法计算出来的单位综合能耗量。

影响单位综合能耗的可比因素很多，例如，不同企业在产品构成、原材料与燃料的品种和质量、生产工序的差别等，均会影响到能耗的高低，在可比单位综合能耗的计算中应考虑加以修正。各行各业的生产情况差别很大，可比能耗的计算方法由各专业部门在制订

专业综合能耗计算办法中予以具体规定。例如，冶金系统制订了吨钢可比能耗的具体计算方法，为使指标具有可比性，尽可能消除不可比因素，作了以下规定：

1）以企业生产 1t 钢为基准，从炼铁、炼钢直到成材，按配套生产（按对上一工序中间产品的实际消耗系数计）所必须的耗能量，作为生产的主要能耗，以排除企业各生产工序间不配套带来的不可比性；

2）辅助能耗只计厂内运输及燃气加工与输送的耗能，消除各企业由于辅助部门设置不同而造成的不可比性；

3）将企业的能源亏损分摊到每吨钢上。即

$$e_{kb} = e_{zu} + e_{fu} + e_s$$

$$e_{zu} = (e_A a + e_B b + e_C c + e_D)d + e_F + e_G gn + e_H h$$

$$e_F = e_{F_1} f_1 + e_{F_2} f_2 + e_{F_3} f_3 + e_{F_4} f_4$$

$$e_{fu} = (E_y + E_r)/M_G$$

$$e_s = E_s/M_G$$

式中　　　　e_{kb}——吨钢可比能耗（标煤），t；

　　　　　　e_{zu}——主要生产工序吨钢能耗（标煤），t；

e_A，e_B，e_C，e_D——炼铁系统各工序（炼焦、烧结、球团、炼铁）吨产品能耗（标煤），t；

　　　a，b，c——吨铁对该中间产品的消耗系数，t 产品/t 铁；

　　　　　　　d——铁钢比，吨钢对铁的消耗系数，t 铁/t 钢；

　　　　　　e_F——炼钢工序吨钢能耗（标煤），t；

e_{F_1}，e_{F_2}，e_{F_3}，e_{F_4}——平炉、转炉、电炉、连铸工序吨钢能耗（标煤），t；

　　　f_1，f_2，f_3——平炉钢、转炉钢、电炉钢所占的比例；

　　　　　　　f_4——连铸比；

　　　　　　e_G——初轧工序吨产品能耗（标煤），t；

　　　　　　　g——初轧成坯率；

　　　　　　　n——初轧锭所占比例；

　　　　　　e_H——轧材工序单位吨产品能耗（标煤），t；

　　　　　　　h——企业综合成材率；

　　　　　　e_{fu}——辅助工序吨钢能耗（标煤），t；

　　　　　　E_y——运输耗能量（标煤），t；

　　　　　　E_r——燃气加工耗能量（标煤），t；

　　　　　　M_G——企业钢产量，t；

　　　　　　e_s——吨钢能源亏损（标煤），t；

　　　　　　E_s——企业能源亏损量（标煤），t。

可比能耗是人为的指标，可比性是相对的。例如，电炉钢比例大的企业，由于它的原料是废钢，不增加炼铁系统的能耗，企业吨钢可比能耗要低得多；轧制加工深度深的企业，可比能耗会增加。因此，可比能耗并不是完全具有可比性。

4.1.5　能源利用效率

能源利用效率可以对单体设备，也可以对工序、企业，甚至对部门、地区来衡量。

4.1.5.1 设备效率

设备效率是指设备为达到特定目的，对供给能量有效利用程度在数量上的表示，它等于有效能量对供给能量的百分数。对热设备，通常称为热效率；对能量转换设备，是设备转换效率，即

$$\eta = \frac{Q_{yx}}{Q_{gg}} \times 100\%$$

$$\eta = \left(1 - \frac{Q_{ss}}{Q_{gg}}\right) \times 100\% \qquad (4\text{-}13)$$

式中　Q_{yx}——有效能量；

　　　　Q_{gg}——供给能量；

　　　　Q_{ss}——损失能量。

在计算效率时，必须明确划定设备范围（体系）。对连续工作的设备，是指稳定工况下的效率。

有效能量是指达到工艺要求时，理论上必须消耗的能量。包括下列各项中的一项或几项：

1）在工艺加热过程中，被热物质通过体系所吸收的热量；

2）在化学反应工艺中，所吸收的化学反应热；

3）在干燥、蒸发等工艺中，水分等蒸发物质所吸收的热；

4）输出项中有副产能源（燃料等）时，这些能源物质的发热值等；

5）体系向外输出的电、功等高级能。

供给能量是指外界供给体系的能量。通常包括下列各项中的一项或几项：

1）燃料提供的发热量；

2）雾化蒸汽带入的能量；

3）燃料、空气等带入的物理热（当该物理热由外部能量提供时）；

4）外界供给体系的电能、机械功、热量等；

5）由载能体（蒸汽等）供入体系的能量；

6）除燃料燃烧外的化学反应放热量。

4.1.5.2 能量利用率

能量利用率（η_{nl}）是指供给能量的有效利用程度在数量上的表示。它可以指具体设备、生产工序、企业等。供给能量是指各种能源的当量值。即

$$\eta_{nl} = \frac{\Sigma E_{yx}}{\Sigma E_{gg}^{nl}} \times 100\% \qquad (4\text{-}14)$$

式中　ΣE_{yx}——各种有效利用能量之和；

　　　　ΣE_{gg}^{nl}——供给体系的各种能源（包括耗能工质）的当量值之和。

供给能量对工序来说，供给的各种能源包括实际消耗的一次能源、二次能源、以及耗能工质的当量值之和。对企业来说，供给的各种能源除在生产系统、辅助生产系统、附属生产系统实际消耗的能源外，还包括企业的能源亏损。并均折算成当量值。对设备来说，能量利用率相当于它的效率。

工序或企业有效利用能量是指工序（车间、部门）或企业实际消耗的各种能源中，终

端利用所必须的能量。包括：

1）用于生产的有效利用能量。包括生产工艺过程理论上必须消耗的能量；以及对物质输送过程所必须消耗的能量；

2）用于运输的有效利用能量；

3）用于照明的有效利用能量；

4）用于采暖的有效利用能量。

有效能量的测算方法有：

1）理论法。例如加热工艺所需的热；起吊物件所需的功等；

2）指标法。根据设计规范、运行统计数据等，规定统一的消耗定额指标，特别是对辅助生产部门，运输、采暖、照明等，以及对耗能工质的消耗，常采用指标法确定有效能。实际消耗低于指标时，均视为有效能，利用率为100%；高于规定指标时，超出部分视为损失，指标与实际消耗之比为利用率。

3）经验测试法。对难以理论计算其有效能的机械（或机组），通过测试其带负载和空载时的电能消耗，其差值视为有效能。

4.1.5.3 能源利用率

企业或工序（车间、部门）所消耗的总综合耗能量中，其有效利用能量所占的比例。

总综合耗能量是将消耗的各种能源按等价值折算后之和，即

$$\eta_{ny} = \frac{\Sigma E_{yx}}{\Sigma E_{gg}^{ny}} \times 100\% \tag{4-15}$$

式中　η_{ny}——能源利用率；

ΣE_{gg}^{ny}——总综合耗能量。

能源利用率是将购入的二次能源的转换损失（例如电能等）均归在企业内部，不真正反映企业对能量的有效利用程度。例如，一个只消耗电能的企业，它的能源利用率不可能超过平均发电效率（30%左右），当实际的能量利用率为70%时，能源利用率也只有21%左右。因此，通常需要同时计算能源利用率和能量利用率。

4.1.5.4 动力设备效率与转换效率

煤气站、锅炉房、水泵站、氧气站、压缩空气站等动力站房，通常有多台设备组成，并联为企业提供自产二次能源或耗能工质。对单台能量转换设备，它的输出能量（有效能）与输入能量之比，称为设备效率。具体为锅炉效率、水泵效率、压缩机效率等。输入能也按当量值计算。

动力站房除输入主要能量外，还需消耗其他辅助能源。转换效率是指站房的输出总能量（当量值）与供入的总能量（等价值）之比，即

$$\eta_z = \frac{Be_{yx}}{\sum_{i=1}^{n} G_i D_{ni}} = \frac{Bd_n}{\sum_{i=1}^{n} G_i D_{ni}} = \frac{d_n}{D_n} \tag{4-16}$$

式中　η_z——动力站房转换效率；

B——动力站房产生的能源产品数量，产品单位；

e_{yx}——能源产品单位有效能，kJ/产品单位；

d_n——能源产品的当量热值，kJ/产品单位；

G_i——站房消耗的第 i 种能源数量，能源单位；

D_{ni}——第 i 种能源的等价热值，kJ/能源单位；

n——动力站房消耗的能源品种数量。

因此，站房的转换效率已将发电的损失也考虑在内。

4.1.6 能量平衡结果分析

通过能量平衡测定与计算，将企业各个工序或部门的各种能源数据的平衡结果编制成能源平衡表，也可用能流图的形式形象地表示出各股能源的流向。图 4-6 是其中的一例。

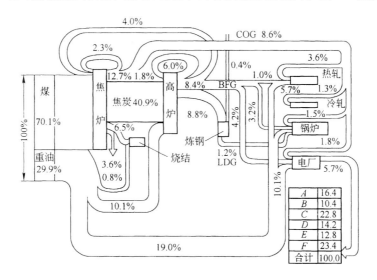

图 4-6 钢铁厂的能流图

A—炼铁；B—炼钢；C—热轧；D—冷轧；E—制氧；F—其他

对测试结果分析其能源的有效利用程度和各项能源损失所在和大小，以便进一步进行分析和提出节能整改措施。分析包括以下几个方面：

1）分析企业目前的耗能状况、用能水平，特别是主要能量转换设备、终端耗能设备的耗能现状；

2）进行节能诊断，找出主要损失部位及节能潜力；

3）根据测试效率与统计效率的差异，分析产生管理损失的原因，提出改进生产管理及能源管理的具体措施；

4）提出具体的节能整改措施，方法要具有先进性、技术可行性；

5）对节能措施进行技术经济分析，定量计算节能改造的投资、节能效果、投资回收期等技术经济指标；

6）根据节能效果的大小以及先易后难的原则，制订实施规划；

7）修订能耗定额及其他节能指标，完善能源管理制度。

4.2 余能资源的回收利用途径

企业的能源利用率平均在 30%～40%，还有大量余能尚未充分利用。由于消耗的能源中以燃料为主，所以，余能中绝大部分是以热能的形式存在。也有少数是气体的压力能和一部分带压力的冷却水的剩余压头。

4.2.1 余热资源及其质量

余热资源属于二次能源。从广义来说，凡是具有一定温度的排气、排液和高温待冷却的物料所包含的热能均属于余热。它包括燃料燃烧产物经利用后的排气显热、高温成品的显热、高温废渣的显热、冷却水带走的显热。在不同的工序有着不同的种类和形态。余热的温度水平及数量也有很大差别。衡量余热资源不仅要看它的数量，还要看它的质量（烟值）。

企业的余热资源中，就形态来说，有固体、气体、液体三种。

4.2.1.1 排气余热

气体余热中，多数为炉窑排出的废气带的热。这种余热资源数量大，分布广，占余热资源总量的一半左右。温度范围差别也很大，有 230～500℃ 的中温废气，也有大量 700℃以上的高温气体，例如，转炉炉气高达 1600℃ 以上，焦炉的荒煤气出口温度有 750℃。常见的工业炉窑的排气温度如表 4-3 所示。

表 4-3　常见工业炉窑排气温度

设备名称	排气温度/℃	设备名称	排气温度/℃
高温排气		中低温排气	
氧气顶吹转炉	1650～1900	锅炉	100～300
炼铜反射炉	1100～1300	燃气轮机	400～500
镍精炼炉	1400～1600	内燃机	300～600
炼锌炉	1000～1100	增压内燃机	250～400
锻造和钢坯加热炉	900～1200	热处理炉	400～600
干法水泥窑	600～800	干燥炉和烘炉	250～600
玻璃熔窑	650～900	炼油、石油化工换热器	300～450

4.2.1.2 高温产品和炉渣的余热

工业上许多生产要经过高温加热过程。如金属的冶炼、熔化和加工；煤的气化和炼焦；石油炼制；水泥、耐火材料、陶瓷的烧成等。因此，它们的成品或半成品及炉渣废料都有很高的温度，一般温度在 500℃ 以上，例如红焦炭、刚轧制成的热钢材等，属于固体显热。这些产品一般都要冷却到常温后才能使用，所以在冷却过程中还有大量的余热可以利用。在能量平衡分析中，成品得到的热属于有效热，它的热再次加以回收利用，所以又叫"重热回收"。

高炉渣、转炉渣在排出时为 1400～1600℃ 的融熔液态，在放热过程中将很快凝固成固体，所以一般仍将它归入高温固体显热的范围。黑色冶金炉渣的余热占冶炼用燃料消耗总量的 2%～6%，有色冶金炉渣占 10%～14%。它们的另一特点是多数为间歇式排出，给余热回收带来困难。

4.2.1.3 冷却介质的余热

工业上各种高温炉窑和动力、电气、机械等用能设备，在运行过程中温度会急剧上升，为了保证设备的使用寿命和安全，需要进行人工冷却。常用的冷却介质为水，也有用油、空气和其他物质的。从设备的冷却要求来说，可分为两类：一类是由于生产的要求，冷却介质的温度要尽可能的低。例如，为了提高热力发电厂的效率，要求蒸汽冷凝器中的冷却水的温度不超过 25～30℃；另一类是对金属构件的冷却，从保证金属的强度来说，水温超过 100℃，采用汽化冷却方式也是允许的。但是，有时是因受硬水结垢温度的限制，不能超过 45℃。

根据调查，冷却介质的余热约占总余热量的 15%～23%，各种冶金炉的冷却余热约占燃料消耗量的 10%～25%，电厂冷却水余热约占燃料热能的一半。它们带走的热量很大，但㶲值很小，所以回收利用的难度大，价值小。

4.2.1.4 化学反应余热

化学反应余热是在化工企业中，放热反应过程所放出的热量。例如，在硫酸生产过程中，硫铁矿焙烧时发生下列化学反应：

$$4FeS_2 + 11O_2 \rightarrow 2Fe_2O_3 + 8SO_2 + 3696kJ$$

即每生成 1kmol 的 SO_2，可伴随产生 460MJ 的热量，使炉内温度达到 850～1000℃。如果用余热锅炉回收 60% 的热量，则每焙烧 1t 硫铁矿可以得到相当于 100kg 标准煤的发热量。在氨合成塔、硝酸氧化炉、盐酸反应炉等也都有这类余热。

4.2.1.5 废气、废液、废料余热

在工业生产过程中，有时会产生大量的可燃废气、废液和废料。例如钢铁厂的转炉煤气、高炉煤气，炼焦厂的焦炉煤气，铁合金厂的冶炼炉排气，炼油厂的可燃废气，化工厂电石炉废气等，其可燃成分及发热量如表 4-4 所示。其中，焦炉气和高炉气早已作为副产燃料使用，归为二次能源，不计在余热中。转炉气等过去未加回收，算作余热，但现在也已普遍回收利用。不论哪种可燃废气，它们的显热及压力能过去都未加以利用，均属于余热之列。

表 4-4　工业废气可燃成分及发热量

种　类	可燃成分/%			标态发热量/kJ·m⁻³
	CO	H_2	CH_4	
焦炉煤气	5～8	55～60	23～27	16300～17600
高炉煤气	27～30	1～2	0.3～0.8	3770～4600
转炉煤气	56～61	1.5		6280～7540
铁合金冶炼炉排气	70	6		＞8400
合成氨甲烷排气			15	14650
化工厂流程排放气			20	8400～12600
电石炉排放气	80	14	1	10900～11700

可燃废液包括炼油厂下脚渣油，废机油，造纸厂黑液，油漆厂的废液及化工厂的废液等；可燃废料包括木材废料及其他固体废料，如纸张、塑料、甘蔗渣、甜菜渣等。

4.2.1.6 废汽、废水余热

在使用蒸汽和热水为生产所需热源的工厂，例如化工、机械、轻工、纺织、冶金等，均存在这种余热。蒸汽锤的排汽余热占用汽热量的 70%～80%；蒸汽凝结水有 90～100℃ 的

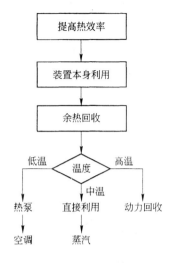

图 4-7　余热回收方案考虑顺序

温度；其他废热水有 30℃ 以上的温度。

4.2.2　余热利用的途径

回收余热可以节约能源消耗，但是，不能为了回收而回收。因此，在考虑余热回收方案前首先要调查提高装置本身的热效率是否还有提高的潜力。提高装置热效率会减少余热量，但它可以直接节约能源消耗，比通过余热装置回收更为经济、有效。同时，如果不考虑装置本身的潜力而设置了余热回收装置，则当装置提高效率后，余热源会减少，余热回收装置就再不能充分发挥作用。

第二步应考虑余热能否返回到装置本身，例如用于预热助燃空气或燃料。它可以起到直接减少装置的能源消耗，节约高质能源——燃料的效果。它比回收余热供其他用途（例如产生蒸汽）时，节能效果要大。

第三步是具体研究回收的方案。余热回收方案的考虑顺序如图 4-7 所示。

余热利用总的原则是，根据余热资源的数量和品位以及用户的需求，尽量做到能级的匹配，在符合技术经济原则的条件下，选择适宜的系统和设备，使余热发挥最大的效果。

余热回收的难易程度及其回收的价值，不仅与余热的温度水平有关，还要看其余热量的大小，携带余热的物质形态。根据先易后难，效益大的优先的原则，对存在有多种余热资源的企业，考虑余热回收方案的顺序如图 4-8 所示。其中，以数量大的高温气体的余热回收最为容易，效益也大。

对不同形态的物质，"高温"的含义也有所不同。即对不同形态的余热，有回收价值的温度下限是不同的。根据我国目前的条件，在国标 GB1028《工业余热术语、分类、等级及余热资源量计算方法》中规定，各

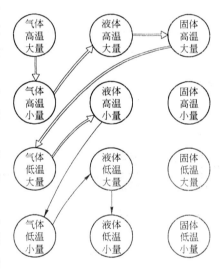

图 4-8　余热回收的优先顺序

类余热载体的可利用的下限温度标准如表 4-5 所示。它将随着能源价格的提高和回收技术的提高而降低。

表 4-5　各种余热载体的可利用的下限温度

余热资源种类		可利用的下限温度/℃
固态载体	固态产品、中间产品、排渣、可燃性废料等	500
液态载体	液态产品、中间产品、冷却水等	80
	冷凝水	环境温度
气态载体	烟气、可燃性废气	200
	放散蒸汽	100

根据余热的温度水平不同，余热利用的途径主要有三方面：动力回收、直接利用和供热泵用。

4.2.2.1　余热的直接利用

如果有合适的热用户直接利用余热，则最为经济、方便。热用户有：

1）预热空气或煤气。利用烟气余热，通过换热器（空气预热器等）预热工业炉的助燃空气或低热值煤气。将热返回炉内，同时提高燃烧温度和燃烧效率，节约燃料消耗。

2）预热或干燥物料。利用烟气余热来预热、干燥原材料或工件，将热带回装置内，也可起到直接节约能源的作用。例如，利用电炉的高温废气预热废钢，可降低电炉冶炼的能耗。

3）生产蒸汽或热水。通过余热锅炉回收烟气余热，产生蒸汽或热水，供生产工艺或生活的需要。温度在 40℃ 以上的冷却水也可直接用于供暖。高温金属构件由水冷改为汽化冷却，产生蒸汽，则可提高余热的利用价值，扩大使用范围。

4）余热制冷。用低温余热或蒸汽作为吸收式制冷机的热源，加热发生器中的溶液，使工质蒸发，通过制冷循环达到制冷的目的。当夏季热用户减少，余热有富裕时，余热制冷不失为一种有效利用余热的途径。

4.2.2.2　余热发电

电能是一种使用方便、灵活的高级能。对高温余热，采用余热发电系统更符合能级匹配的原则。对较低温度的余热，在没有适当的热用户的情况下，将余热转换成电能再加以利用，也是一种可以选择的回收方案。

余热发电有以下几种方式：

1）利用余热锅炉首先产生蒸汽，再通过汽轮发电机组，按凝汽式机组循环或背压式供热机组循环发电。

2）以高温余热作为燃气轮机工质的热源，经加压、加热的工质推动气轮机做功，在带动压气机工作的同时，带动发电机发电。

3）采用低沸点工质（氟利昂等）回收中、低温余热，产生的氟利昂蒸气按朗肯循环在透平中膨胀做功，带动发电机发电。

4.2.2.3　热泵系统

对不能直接利用的低温余热，可以将它作为热泵系统的低温热源，通过热泵提高其温度水平，然后加以利用。

除上述三种方式外，根据余热资源的具体条件，还可考虑综合利用系统，做到"热尽其用"。例如，高温烟气余热的多级利用，除预热空气外，同时供余热锅炉产生蒸汽；在进行蒸汽动力回收时，尽可能提高蒸汽参数，采用热电联合循环机组，在发电的同时进行供热；对有一定压力的高温废气，可先通过燃气轮机膨胀做功，然后再利用其排气供给余热锅炉，在余热锅炉中产生的蒸汽还可供汽轮机膨胀做功，形成燃气-蒸汽联合循环，以提高余热的利用率。

在比较不同的余热回收方案时，基本原则是：1）回收效率尽可能高；2）回收成本尽可能低，或投资回收期尽可能短；3）适应负荷变化的能力强。

各种余热回收利用的基本方式如图 4-9 所示。

目前在钢铁厂已成功采用的大型余热回收装置，如表 4-6 所示。

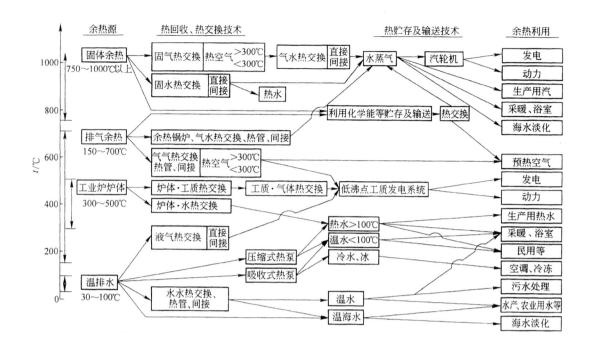

图 4-9 各种余热回收利用的基本方式

表 4-6 钢铁企业采用的主要余热回收装置

设备名称	余热种类	温度/℃	回收方法	用　途
焦　炉	焦炭显热	1050	干熄焦（CDQ）	蒸汽、电力
	燃烧废气显热	1050	蓄热室	燃烧空气预热
	焦炉气显热	750	上升管汽化冷却	蒸汽
烧结机	烧结矿显热	650	水蒸汽及热媒式	蒸汽、电力
	燃烧废气显热（主排风高温部）	350	余热锅炉	蒸汽
热风炉	燃烧废气显热	250	回转式，热管式 热媒式热交换器	燃烧空气、煤气 预热
高　炉	炉顶压	0.25MPa	气体透平	电　力
转　炉	转炉气显热	1400	余热锅炉	蒸　汽
加热炉	燃烧废气显热	800	空气预热器	空气预热
		325	余热锅炉	蒸　汽

由表 4-6 可见，目前钢铁厂的余热中，得到大量回收利用的是高温烟气余热。而废气余热只占总余热的 1/2 左右。固体显热也占总显热的 1/4 左右，目前实际得到推广应用的装置只是回收焦炭显热的干熄焦装置，但是它的投资大，回收年限较长。烧结矿的显热实际是通过回收冷却气的余热进行的。冷却气的温度水平只有 300℃ 左右，对小型烧结机，回收的经济效益低，回收较为困难。对其他的高温固体（包括熔融炉渣）的显热，虽然温度水

平很高，但由于回收困难，尚处在试验研究阶段。

冷却水带走的余热，也占总余热的四分之一以上。但由于温度水平低，除一部分改用汽化冷却外，大部分尚未得到利用。

据统计，宝山钢铁公司由于普遍地采用了高炉炉顶气余压发电装置、干熄焦装置、烧结矿冷却机排气余热回收设备、以及热风炉废气余热回收设备、转炉气余热锅炉等各项先进节能技术，使吨钢综合能耗保持在全国最先进的水平。

4.2.3 余热（能）资源的回收利用指标

衡量余热（能）资源的回收利用的指标是：余热回收率和余热利用率。

余热回收率是指在余热回收装置中被回收介质吸收的热量 Q_{hs} 占进入余热回收装置的余热资源量 Q_{zy} 的百分数，用 η_{hs} 表示，即

$$\eta_{hs} = \frac{Q_{hs}}{Q_{zy}} \times 100\% \tag{4-17}$$

余热利用率是指在余热回收装置中被回收介质吸收的热量 Q_{hs} 占余热源所在体系供给能量 Q_{gg} 的百分数，用 η_{ly} 表示，即

$$\eta_{ly} = \frac{Q_{hs}}{Q_{gg}} \times 100\% \tag{4-18}$$

4.3 气体余压能的回收

在钢铁、石油化工企业中，排出的一些工艺气体还具有相当高的压力。例如，炼铁用的高炉为了提高炉内还原气的利用率，降低炼铁焦比，均向高压操作发展。特别是大型高炉，例如 4000m³ 级的高炉，采用的鼓风压力为 0.456MPa（表压），到达炉顶后压力仍有 0.245MPa（表压），温度为 200℃，气量达 670000m³/h。高炉炉顶气是高炉炼铁的副产品，经洗涤后可作为燃料使用，但这仅仅是利用了其化学能。由于气体压力远高于大气压力时，它还具有压力㶲，如果不加回收利用，也是一种能量的损失。因为高炉煤气量很大，余压具有的做功能力是相当可观的。并且，高压操作虽然降低了焦比，但增加了高炉鼓风机的功率消耗，上述鼓风机的功率达 35000kW。如果回收高炉气的余压能，则可补偿一部分鼓风机所消耗的功。

高炉炉顶气的余压回收方式是将经净化后的高炉气通过气体透平，推动透平叶轮高速旋转对外作功，带动发电机发出电力。气体在透平内膨胀降压，从而回收了压力能。炉顶气余压能的回收系统如图 4-10 所示。由图可见，余压透平发出的电力相当于鼓风机消耗功率的一半左右。

如第二章中所述，气体经过透平绝热膨胀时，具有的最大做功能力为进口与出口的㶲之差，即

$$w_{max} = e_{x1} - e_{x2}$$

由于在可逆情况下做功能力为最大，此时的绝热过程为等熵过程。因此，㶲差即为等熵膨胀至出口压力时的进出口的焓之差，即

$$w_{max} = (h_1 - h_{2t}) - T_0(s_1 - s_{2t}) = h_1 - h_{2t} \tag{4-19}$$

式中 h_{2t}——等熵膨胀至出口压力 p_2 时的焓。

如果把高炉气视为理想气体，则

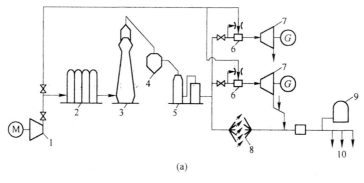

(a)

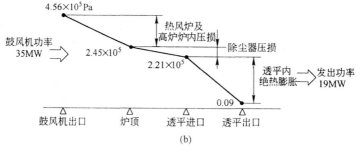

(b)

图 4-10 高炉煤气余压回收系统

(a) 系统图；(b) 压力变化图

1—鼓风机；2—热风炉；3—高炉；4—除尘器；5—洗涤塔；6—加热器；

7—余压透平；8—旁通阀；9—贮气柜；10—煤气用户

$$w_{max} = h_1 - h_{2t} = c_p(T_1 - T_{2t}) = c_p T_1 \left[1 - \left(\frac{p_2}{p_1} \right)^{\frac{k-1}{k}} \right] \quad (kJ/m^3) \qquad (4-20)$$

式中　T_1——透平进口高炉气的热力学温度，K；

　　　p_1——透平进口气体的绝对压力，MPa；

　　　p_2——透平出口气体的绝对压力，MPa；

　　　c_p——高炉煤气的定压比热容，kJ/（m³·K）；

　　　k——气体定熵指数，可取 $k=1.384$。

由式可见，透平进口的气体压力 p_1 越高，它具有的做功能力越大。同时，应尽可能降低从高炉出口至透平前的压力损失和温降。对高压操作的高炉，设置余压回收装置可以取得显著的节能效果。

实际的气体透平内总会存在各种不可逆损失，例如气体流动时的摩擦、涡流等损失，实际所能做出的功将小于理论最大功。它与理论功的比值称为透平效率 $\eta_{n,T}$。同时，对实际的绝热膨胀过程，对外做的比功量仍可以根据进、出口气体的实际焓差计算。因此，每 $1m^3$ 高炉气实际做出的功可表示为

$$w = (h_1 - h_2) = \eta_{n,T}(h_1 - h_{2t}) = \eta_{n,T} c_p T_1 \left[1 - \left(\frac{p_2}{p_1} \right)^{\frac{k-1}{k}} \right] \quad (kJ/m^3) \qquad (4-21)$$

当流经透平的高炉煤气量为 V_B（m³/s）时，则透平所能发出的功率为

$$P = \eta_{n,T} V_B c_p T_1 \left[1 - \left(\frac{p_2}{p_1} \right)^{\frac{k-1}{k}} \right] \quad \text{(kW)} \qquad (4\text{-}22)$$

由式（4-22）可见，透平回收的功率与高炉气量成正比。因此，对大型高炉安设余压回收装置，其经济效益将越高。同时，在正常情况下，应关闭高炉气旁通阀，让它全部通过气体透平，以充分利用气体的压力能。图 4-11 给出了气体透平出力与气流量及进口压力的关系。一座 2500m^3 的高炉产生的高炉气，余压透平可回收的功率约为 6500～7000kW，相当于每吨生铁可回收 25～35kW·h 的电力，每年可节约标准煤 2 万 t。

由式（4-22）可见，透平的出力还与高炉气进透平时的热力学温度 T_1 成正比。高炉气在离开高炉炉顶时，温度有 150～200℃，它具有一定的温度㶲。由于高炉气的含尘量很大，它会很快磨损高速旋转的透平叶片，一般需将含尘量降至 10mg/m^3以下，才能满足透平的要求。目前，高炉煤气多数是采用喷水洗涤的湿式除尘。这样，一方面煤气经洗涤后温度会降低，减少了透平的出力；另一方面经洗涤后的煤气中，水分达到饱和，气体在透平内膨胀时，随着压力的降低，温度也下降，将有一部

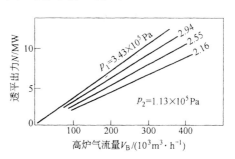

图 4-11　透平的出力与
进气量及压力的关系

分水蒸气析出。如果出口温度低于 0℃，还可能造成水分冻结，使透平无法正常工作。透平的出口温度 t_2 与进口温度 t_1 及进口压力 p_1 的关系如图 4-12 所示。由图可见，当 $p_1 =$0.35MPa 时，如果要使出口温度 t_2 高于 0℃，则进口温度 t_1 必须在 44℃ 以上。在必要时，还需对透平前的高炉气进行加热，以提高进口温度。

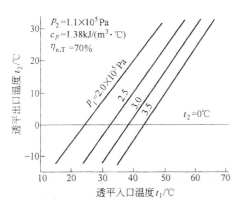

图 4-12　透平出口温度与
进口温度及压力的关系

如果能采用干式除尘，高炉气在经过沉降式除尘器后，再通过耐高温的布袋式除尘器或静电除尘器，这样，不但可使进透平前的气体温度提高到 100～150℃，而且除尘器的阻力也小于湿式除尘，从而使透平的实际出力可提高 26% 左右，同时，含尘量可降至 5mg/m^3 以下，气体中不含湿分，可以避免灰尘在喷管及叶片上附着和堆积，减少透平发生事故的可能。

由于高炉生产的特点，在从炉顶装料时，高炉气的发生量会产生波动。最大变动量可达 20%～30%。因此，除了在设计透平时，需考虑到在负荷的变化范围内能保持较高的效率外，对透平的控制系统也有较高的要求。要用透平的调速阀控制

炉顶压力，以保持压力的稳定。

目前，我国已从国外引进了这项技术，在大多数的大型高炉上已安置了余压回收装置。由于它的投资回收期短，节能效果显著，所以很快得到了推广应用。

4.4 工业炉烟气余热回收系统

由工业炉排出的废气温度有很大差别，高则超过 1000℃，低则在 200℃ 左右。它所具有的余热为

$$Q_y = V_y c_y (t_y - t_0) = B V_n (h_y - h_0) = H_y - H_0 \quad (kJ/h) \qquad (4-23)$$

式中 V_y——烟气量，m^3/h；

t_y——烟气温度，℃；

t_0——环境温度，℃；

c_y——烟气平均定压比热容，$c_y = 1.34 + 0.000163 t_y$ $kJ/(m^3 \cdot ℃)$；

B——工业炉燃料消耗量，kg/h（或 m^3/h）；

V_n——单位燃料产生的烟气量，m^3/kg（或 m^3/m^3）；

h_y——烟气的单位焓，kJ/m^3；

h_0——在环境温度下烟气的单位焓，kJ/m^3；

H_y、H_0——烟气在排气温度及环境温度下的总焓，kJ/h。

工业炉的烟气余热回收利用的主要途径是：1）用来预热助燃空气或燃料；2）作为余热锅炉的热源，用来产生蒸汽；3）预热炉料。

4.4.1 工业炉烟气余热回收量

实际可供回收利用的烟气余热量将小于烟气的焓。余热回收量为

$$Q_{yr} = (H'_y - H''_y)\eta_{br} = H'_y \eta_{yr} \quad (kJ/h) \qquad (4-24)$$

式中 H'_y、H''_y——烟气进、出余热设备时的总焓，kJ/h；

η_{br}——回收设备的保热系数；

η_{yr}——余热设备的热效率。

式（4-24）也可写为

$$Q_{yr} = V_y c_y (t'_y - t''_y)\eta_{br} \quad (kJ/h) \qquad (4-25)$$

式中 t'_y、t''_y——烟气进、出余热回收设备时的温度，℃。

当余热回收设备为空气预热器时，则可达到的空气预热温度 t_k 为

$$t_k = t_{k0} + \frac{V_y c_y (t'_y - t''_y)}{V_k c_k}\eta_{br} \quad (℃) \qquad (4-26)$$

式中 t_{k0}——空气进预热器的温度，℃；

c_k——空气平均定压比热容，$c_k = 1.298 + 0.000109 t_k$ $kJ/(m^3 \cdot ℃)$。

当回收余热用来产生热水时，产生的热水量为

$$G_s = \frac{V_y c_y (t'_y - t''_y)}{c_s (t''_s - t'_s)}\eta_{br} \quad (kg/h) \qquad (4-27)$$

式中 c_s——水的比热容，$c_s = 4.1868 kJ/(kg \cdot ℃)$；

t'_s、t''_s——水的进、出口温度，℃。

如果用余热锅炉回收烟气余热，则产生的蒸汽量为

$$D = \frac{V_y c_y (t'_y - t''_y)}{(h_q - h_s)}\eta_{br} \quad (kg/h) \qquad (4-28)$$

式中 h_s、h_q——分别为给水与蒸汽的焓，kJ/kg。

4.4.2 余热回收系统

典型的烟气余热回收系统如图 4-13 所示。图中，L 表示工业炉；R 为空气预热器；GL 为余热锅炉；F 为引风机；Y 为烟囱。

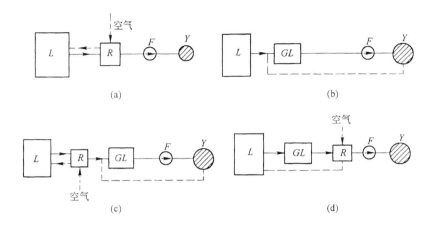

图 4-13 烟气余热回收系统

图 4-13（a）为利用预热器回收余热的系统；图 4-13（b）为设置余热锅炉产生热水或蒸汽，代替生产或生活用锅炉；图 4-13（c）为预热器与余热锅炉串接布置。当余热量大，供预热器后尚有富裕的余热时，可考虑采用；图 4-13（d）也为串接系统。当余热温度很高，预热器管壁的材质难以承受时，可考虑将余热锅炉（或一部分受热面）设置在前。在设置余热回收装置后，由于烟道阻力增加，单靠烟囱的自生通风力难以克服阻力，一般需用引风机抽引。

图 4-14 是一种以烟气余热为热源的空气透平发电系统，空气经压缩机 2 压缩后送至回收余热的换热器 3 中进行加热。高温的加压空气将具有较大的做功能力，让它通过空气透平 1 膨胀做功。除带动压气机 2 外，还可输出一部分电能。经做功后的低压空气再经预热器 R 加热后，供炉子燃烧助燃用。这种系统的设备复杂，操作要求高，国内实际尚未采用。

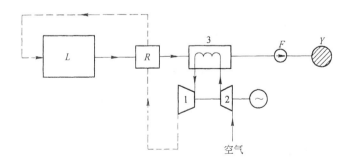

图 4-14 余热发电系统
1—空气透平；2—空气压缩机；3—空气加热器

4.4.3 预热器回收系统分析

回收工业炉烟气余热的最简单、最有效的方法是设置预热器。由助燃空气或燃料将热量又带回到炉内，起到直接节约燃料的目的。同时，空气预热后可以提高燃烧温度，有利于使用低热值燃料，提高燃烧速度。此外，它的系统简单，操作方便，负荷变化而引起余热量变化时，由于所需的空气量也将变化，所以能自动地相互适应，从而保持预热温度基本不变。所以，它是作为一种优先考虑的余热回收方式。

4.4.3.1 预热器的燃料节约率

设工业炉在未设置预热器时的燃料消耗量为 B_0 kg/h（或 m³/h），燃料低位发热量为 Q_{dw}，有效利用的热量为 Q_{yx}，散热等损失为 Q_s，单位燃料产生的烟气量为 V_n，出炉膛的烟气温度为 t_y，比热容为 c_y。则根据热平衡关系可得：

$$B_0 Q_{dw} = Q_{yx} + Q_s + B_0 V_n c_y t_y$$

$$B_0 = \frac{Q_{yx} + Q_s}{Q_{dw} - V_n c_y t_y} \tag{4-29}$$

在设置预热器后，设预热器回收的热量为 Q_r（相对于每 1kg 或每 1m³ 燃料而言），此时的燃料消耗量为 B，则热平衡关系为

$$B(Q_{dw} + Q_r) = Q_{yx} + Q_s + B V_n c_y t_y$$

由此可得

$$B = \frac{Q_{yx} + Q_s}{Q_{dw} + Q_r - V_n c_y t_y} \tag{4-30}$$

设置预热器后的燃料节约量为

$$\Delta B = B_0 - B = B_0 \frac{Q_r}{Q_{dw} + Q_r - V_n c_y t_y} \tag{4-31}$$

燃料的节约率为

$$S_f = \frac{\Delta B}{B_0} \times 100\% = \frac{Q_r}{Q_{dw} + Q_r - V_n c_y t_y} \times 100\% \tag{4-32}$$

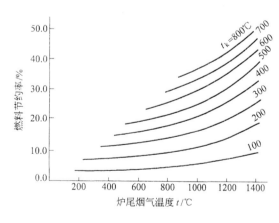

图 4-15 燃料节约率与预热温度及
烟气温度的关系（重油）

由式（4-32）可见，设置预热器后的燃料节约率不仅与预热器回收的热量 Q_r 有关，还与燃料的低位发热量、炉膛出口烟气温度以及空气系数 n 有关。

图 4-15、图 4-16、图 4-17 分别给出了不同燃料的燃料节约率与烟气温度及预热空气温度的关系。图中的三种燃料分别为重油（发热量 $Q_{dw} = 40950$ kJ/kg），焦炉煤气（$Q_{dw} = 19680$ kJ/m³）和混合煤气（$Q_{dw} = 12560$ kJ/m³），曲线按空气系数 $n = 1.1$ 计算。

由图可见，空气预热温度越高，节约燃料的效果越显著；发热量低的燃料采用空气预热的效果比发热量高时要显著。

需要说明的是，按式（4-32）计算的燃料节约率并不是十分严格的。因为，当空气预热

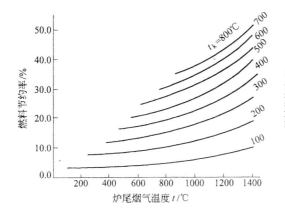

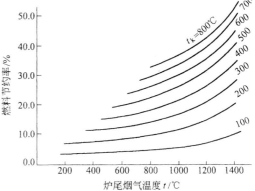

图 4-16 燃料节约率与预热温度及
烟气温度的关系（焦炉煤气）

图 4-17 燃料节约率与预热温度及
烟气温度的关系（混合煤气）

后，由于燃烧温度变化，实际出炉的烟气温度也会有所变化。

4.4.3.2 燃料转换率

采用预热器所能节约的燃料量将超过预热器回收热量相当的燃料量。这是因为预热空气（或煤气）返回到炉内的热量，可以在炉内得到充分地有效利用，没有再产生废气的显热而从炉内排出。而在向炉内投入同样热量的燃料时，随着燃料量增加，相应地烟气量也会增加，一部分热将被烟气带走，而只有一部分热在炉内被有效利用。

预热器节约的燃料所能发出的热量与回收的热量之比称为燃料转换率，用 φ 表示，则

$$\varphi = \frac{(B_0 - B)Q_{dw}}{BQ_r} \tag{4-33}$$

将式（4-30）与式（4-31）的关系代入上式后可得：

$$\varphi = \frac{B_0 Q_{dw}}{Q_{yx} + Q_s} \tag{4-34}$$

将式（4-29）代入，则可得

$$\varphi = \frac{Q_{dw}}{Q_{dw} - V_n c_y t_y} \tag{4-35}$$

由式（4-35）可见，只有当 $V_n c_y t_y = 0$ 时，$\varphi = 1$。此时相当于全部热量已在炉膛内得到利用，无余热可言。实际上这种情况是不可能存在的。只要 $V_n c_y t_y > 0$，设置预热器后的 φ 必定大于 1。

由式（4-35）还可看出，燃料转换率 φ 与燃料的发热量 Q_{dw}、炉尾温度 t_y 及空气系数 n 有关。图 4-18 给出了不同燃料的燃料转换率 φ 与炉尾温度及空气系数的关系曲线。

由图可见，燃料的发热量越低、炉尾的烟气温度越高、空气系数越大时，采用预热器回收热量的燃料转换率越高。大致上，对炉膛效率为 50% 的炉子，采用预热器节约的燃料约为回收热的 2 倍（$\varphi = 2$）；炉膛热效率为 25% 的设备，预热器节约的燃料约为回收热的 4 倍（$\varphi = 4$）。所以，设置预热器可带来显著的节能效果。

4.4.4 余热锅炉蒸汽利用系统分析

余热锅炉产生的蒸汽可以并入蒸汽管网，代替供热锅炉，节约锅炉的燃料消耗。余热

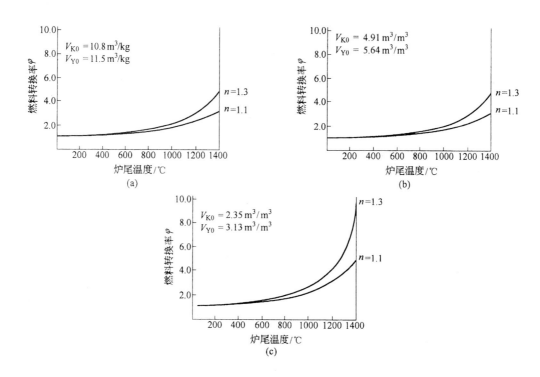

图 4-18　燃料转换率 φ 与炉尾温度及空气系数的关系

(a) 重油（$Q_{dw}=40950\text{kJ/kg}$）；(b) 焦炉煤气（$Q_{dw}=19680\text{kJ/kg}$）；(c) 混合煤气（$Q_{dw}=9630\text{kJ/kg}$）

锅炉的供热系统如图 4-19 所示。

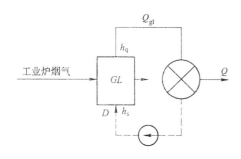

图 4-19　余热锅炉供热系统

当产生的蒸汽量为 D（kg/h）时，余热锅炉回收的热量为

$$Q_{gl} = \frac{D}{3600}(h_q - h_s) \quad (\text{kW})$$

考虑到附加蒸汽管路等损失，实际可提供给热用户的热量为 Q，则

$$Q = \eta_{xt} Q_{gl} \qquad (4\text{-}36)$$

式中　η_{xt}——供热系统热效率，可取 0.98。

如果供热锅炉的效率为 η_g，则余热锅炉代替供热锅炉可节约的标准煤量为

$$\Delta B_1 = \frac{3600Q}{29300\eta_g} = \frac{0.123 Q_{gl}\eta_{xt}}{\eta_g} \quad (\text{kg/h}) \qquad (4\text{-}37)$$

燃料转换率为

$$\varphi_1 = \frac{29300 \times \Delta B_1}{3600 Q_{gl}} = \frac{\eta_{xt}}{\eta_g} \qquad (4\text{-}38)$$

若取供热锅炉的效率为 $\eta_g=0.8$，则 $\varphi_1=1.22$。而且，所取代的供热锅炉的效率越低，则燃料转换率越大。

余热锅炉回收热量的燃料转换率也是大于 1。但是，由于锅炉效率比加热炉的效率要

140

高，所以，它的转换率低于采用预热器时的转换率。同时，锅炉一般可以采用质量较低的燃料，而加热炉则需用优质燃料，所以，它们所替代的燃料质量也不同。这些理由进一步说明了为什么在回收烟气余热时，要优先考虑采用预热器的方案。

当蒸汽的热用户有限，余热锅炉产生的蒸汽有富余时，可以考虑将蒸汽用来发电，或供给背压式汽轮机，在发电的同时进行供热。

余热蒸汽经凝汽式汽轮机组所能发出的电力为

$$P = \frac{D}{3600}(h_q - h_{2t})\eta_{n,T}\eta_{jd} \quad (\text{kW}) \tag{4-39}$$

式中　h_q——汽轮机组进汽比焓，kJ/kg；

　　　h_{2t}——汽轮机内等熵膨胀至排汽压力时的比焓，kJ/kg；

　　　$\eta_{n,T}$——汽轮机的内效率；

　　　η_{jd}——机组的机电效率，$\eta_{jd} = \eta_i\eta_d = 0.95$。

如果凝汽式电站的总效率为 η_{nd}，则余热蒸汽发电替代凝汽电站发电所能节约的标准煤量为

$$\Delta B_2 = \frac{3600P}{29300\eta_{nd}} = 0.123\frac{P}{\eta_{nd}} \quad (\text{kg/h}) \tag{4-40}$$

燃料转换率为

$$\varphi_2 = \frac{29300\Delta B_2}{3600Q_{gl}} = \frac{P}{Q_{gl}\eta_{nd}} \tag{4-41}$$

对电网的大型凝汽式电站的效率，平均在 $\eta_{nd} = 0.35$ 左右。而 P 与 Q_{gl} 取决于余热锅炉的蒸汽参数。对于中压余热锅炉，当蒸汽压力 $p_1 = 3.5$MPa，$t_1 = 435℃$，凝汽压力为 $p_2 = 500$Pa 时，可查得 $h_q = 3298$kJ/kg，$h_{2t} = 2122$kJ/kg，$h_s = 628$kJ/kg。则

$$\frac{P}{Q_{gl}} = \frac{(h_q - h_{2t})\eta_{n,T}\eta_{jd}}{(h_q - h_s)} = 0.34$$

此时

$$\varphi_2 = \frac{0.34}{\eta_{nd}} = 0.96$$

由于凝汽式电站的发电机组均为高压参数，效率比中压参数发电机组的高，所以，代替发电站发电时的燃料转换率将小于 1。

当余热锅炉的蒸汽参数更低时，例如当 $p_1 = 1.5$MPa，$t_1 = 350℃$，$p_2 = 500$Pa 时，可查得 $h_q = 3144$kJ/kg，$h_{2t} = 2168$kJ/kg，$h_s = 418$kJ/kg。则

$$\varphi_2 = \frac{0.271}{\eta_{nd}} = 0.77$$

此时的燃料转换率将更低。

但是，当电能是从外部购入时，由于购入电源的价格远高于发电煤耗的成本，因此，此时不能单看燃料转换率的高低，还要作综合的技术经济比较。

当余热锅炉蒸汽通过背压式汽轮机同时用来发电和供热时，设发电功率为 PkW，供热量为 QkW 时，机组的热化发电率为 $\omega = P/Q$。

如果它发的电是替代凝汽式发电机组供电，供热是替代供热锅炉，则根据式（4-37）和式（4-40），它的标准煤的节约量为

$$\Delta B_3 = \Delta B_1 + \Delta B_2 = 0.123 \times \left(\frac{Q}{\eta_g} + \frac{P}{\eta_{nd}} \right) = 0.123Q \left(\frac{1}{\eta_g} + \frac{\omega}{\eta_{nd}} \right) \quad (\text{kg/h}) \quad (4\text{-}42)$$

式中，第一项是供热方面的节煤量，第二项是发电方面的节煤量。

余热锅炉回收的热量为

$$Q_{gl} = \frac{D}{3600}(h_q - h_s) = \frac{D}{3600}\left[(h_q - h_b) + (h_b - h_s) \right]$$

$$= \frac{P}{\eta_{jd}} + \frac{Q}{\eta_{xt}} = Q \left(\frac{\omega}{\eta_{jd}} + \frac{1}{\eta_{xt}} \right) \quad (\text{kW}) \quad (4\text{-}43)$$

式中 h_b——背压式汽轮机排汽焓；

η_{xt}——供热系统热效率。

此时的燃料转换率为

$$\varphi_3 = \frac{29300 \times \Delta B_3}{3600 Q_{gl}} = \frac{\left(\dfrac{1}{\eta_g} + \dfrac{\omega}{\eta_{nd}} \right)}{\left(\dfrac{1}{\eta_{xt}} + \dfrac{\omega}{\eta_{jd}} \right)} \quad (4\text{-}44)$$

当余热锅炉的蒸汽参数为 $p_1 = 3.5\text{MPa}$，$t_1 = 435℃$；背压汽轮机的排汽压力为 $p_b = 0.3\text{MPa}$ 时，设汽轮机的内效率 $\eta_{n,T} = 0.80$，机组的机电效率为 $\eta_{jd} = 0.95$，可求得 $h_q = 3298\text{kJ/kg}$，$h_b = 2645\text{kJ/kg}$，$\omega = 0.228$。再根据效率的假设数据 $\eta_g = 0.80$，$\eta_{nd} = 0.35$，$\eta_{xt} = 0.98$，可求得 $\varphi_3 = 1.51$。由此可见，余热锅炉产生的蒸汽供给热电联合供应系统时，回收的热量将具有较大的燃料转换率。但是，它的回收系统也最为复杂，实际是否采用需要经过技术经济比较。

当余热锅炉的蒸汽参数降低，例如，$p_1 = 1.5\text{MPa}$，$t_1 = 350℃$，其他参数同上时，则可求得供热发电系数降为 $\omega = 0.1375$。代入式（4-44）可得燃料转换率为 $\varphi_3 = 1.41$。由此可见，燃料转换率也将随蒸汽参数降低而减小。

例 某厂有两台工业炉的尾气余热未回收利用，厂内热负荷由燃煤锅炉供给。现计划安置两台余热锅炉，产生的蒸汽供给背压式供热机组，既发电又供热。

选用的余热锅炉每台的额定出力为 15t/h，蒸汽初参数为 $p_1 = 1.8\text{MPa}$，$t_1 = 360℃$，背压为 $p_b = 0.6\text{MPa}$，排汽用来供热。最大蒸汽负荷为 12t/h（额定出力的 80%），平均蒸汽负荷为 9t/h。

工业炉全年工作天数 $n = 340$ 天，标准煤价 $a = 180$ 元/吨，购入电源价格为 $b = 0.35$ 元/（kW·h），余热锅炉与发电机组增加的投资费用为 $c = 3500$ 元/（kW·h），试分析将现有的锅炉供热系统改造为余热锅炉热电联产系统是否合理。

解 由蒸汽图表可查得蒸汽的比焓 $h_1 = 3156\text{kJ/kg}$，排汽的比焓为 $h_b = 2957\text{kJ/kg}$，给水比焓 $h_s = 418\text{kJ/kg}$。

余热锅炉的额定（最大）出力为

$$D_{max} = 2 \times 15(t/h) = 30 \quad (t/h)$$

与此相匹配的背压发电机组的额定功率为

$$P_{max} = \frac{D_{max}}{3600}(h_1 - h_b)\eta_{jd}\eta_z = \frac{30 \times 10^3}{3600}(3156 - 2957) \times 0.95 \times 0.95 = 1498.6(\text{kW})$$

式中 η_z——考虑机组自耗电的系数，取 $\eta_z = 0.95$。

相应地选用背压机组的功率为 1500kW。

若在计算经济效益时，按平均蒸汽负荷考虑，则机组输出的功率为

$$P = \frac{2 \times 9(\text{t/h})}{30(\text{t/h})} P_{\max} = 900(\text{kW})$$

全年工作时间内共输出的电量为

$$W = 24nP = 24(\text{h/d}) \times 340(\text{d/a}) \times 900(\text{kW}) = 7344000(\text{kW} \cdot \text{h/a})$$

背压蒸汽能提供的热量为

$$Q = \frac{2D}{3600}(h_b - h_s)\eta_{xt} = \frac{2 \times 9000}{3600}(2957 - 418) \times 0.98 = 12441(\text{kW})$$

年供热量为

$$Q_0 = 3600 \times 24nQ = 365.5 \times 10^9 (\text{kJ/a})$$

每年节省的供热锅炉的标准煤的消耗量为

$$\Delta B = \frac{Q_0}{29300\eta_g} = \frac{365.5 \times 10^9}{29300 \times 0.8} = 15.592 \times 10^6 (\text{kg/a}) = 15.592 \times 10^3 (\text{t/a})$$

节约的燃料费为

$$S_1 = a\Delta B = 180 \times 15592 = 2806560(\text{元／年})$$

自发电节约的电能购入费用为

$$S_2 = bW = 0.35 \times 7344000 = 2570400(\text{元／年})$$

总年收益为

$$S = S_1 + S_2 = 280 + 257 = 537(\text{万元／年})$$

总投资为

$$C_T = cN_{\max} = 3500 \times 1500 = 525(\text{万元})$$

投资回收年限为

$$\tau = \frac{C_T}{S} = \frac{525}{537} \approx 1.0(\text{a})$$

它远低于一般的允许回收年限 5 年，因此，采用余热锅炉的发电供热系统是合理的。

4.5 冷却介质余热回收系统

企业在生产过程中，许多热过程的设备（例如各种工业炉）是处在高温下工作。除要使用耐高温的耐火材料外，还需要有金属构件，以保证设备整体结构的强度。而钢铁的强度是受使用温度限制的，所以对金属构件需要进行冷却。与此同时，产生的高温产品（或中间产品）有时也需要进行冷却。因此，在企业中往往需要消耗大量的冷却水。此外，也有用空气（例如烧结矿的冷却）、惰性气体（例如采用干熄焦时对焦炭的冷却）或有机物（矿物油等）作为冷却介质。冷却介质带走大量的热，但一般温度较低。为了回收被冷却介质带走的热，并设法提高其利用价值，可以分别采用适当的方式和系统再加以回收利用。

4.5.1 汽化冷却系统

工业炉金属构件的冷却一般是采用水冷却。由于溶解于水中的碳酸盐在 40℃以上就会开始析出，在金属壁上形成水垢。水垢的热导率很小，约为 0.08～5.8W／（m·℃），只有钢的 1/30～1/50。这样就会使冷却壁面的温度升高，甚至被烧坏。再考虑到与受热面接触的部位可能产生局部沸腾，因此，通常规定冷却水的出口温度不得超过 50～60℃。实际使

用的温度还远低于此值。冷却水带走的㶲损失是高温的热量㶲，而它本身携带的焓㶲由于温度低，难以直接加以利用。这部分数量很大的余热往往白白浪费掉。

对由碳钢制成的金属构件来说，在300℃左右的温度下完全可以保证正常工作。因此，只要对水预先进行软化处理，同时保证水的正常流动，防止局部停滞而产生膜态沸腾，以免形成气膜而使导热能力急剧下降，这样就完全可以提高冷却水的出口温度，直至形成蒸汽，也能保证金属构件的工作安全。这种冷却方式叫做"汽化冷却"，或叫"蒸发冷却"。

采用汽化冷却有以下优点：

1）节约冷却水的消耗量，减少水泵电力消耗。例如，用水冷却时，如果水的温升为20℃，则每1kg水所能带走的热量只有84kJ左右。如果改用汽化冷却，产生0.8MPa的饱和蒸汽，则每1kg水可带走2685kJ的热量，为水冷却时的32倍，也就是说，当所需带走的热量相同时，耗水量只有原来的1/32。

2）提高了冷却水的能级，提高了利用价值。产生的蒸汽可以代替锅炉供汽，节约锅炉燃料消耗。

冷却水的温度低，热能难以回收利用。蒸汽则可供生产工艺用热，或供生活的需要。在蒸汽过剩时，还可考虑用来发电。例如，某厂的两座连续加热炉原先每1h消耗冷却水720t，改装成汽化冷却后，与烟道中的余热锅炉相结合，共产生压力为1.3～1.5MPa、温度为320～360℃的过热蒸汽25～27t/h，提供给两台1500kW的汽轮机发电，每年节煤25000t，并还可供锻钢车间所需的7～9t/h的蒸汽。

3）延长了水冷构件的寿命。由于采用了软化水，避免了在冷却构件内结垢的可能，构件不致因过热而烧坏。此外，由于汽化冷却系统中的高位锅筒内存有相当数量的水，即使遇到短时间停电、断水时，它也可以保证构件内仍有水通过，不会因干烧而烧坏。

汽化冷却装置的水循环方式与锅炉相同，分自然循环和强制循环两种。自然循环的原理如图4-20所示。需要用水冷却的炉底管3通过下降管2及上升管4与锅筒1相连，构成一个循环回路。由于在上升管内充满汽水混合物，其密度ρ_m将小于下降管中水的密度ρ_s，因此在炉底管的两侧产生了压差，促使水能自然循环流动。产生的压差为

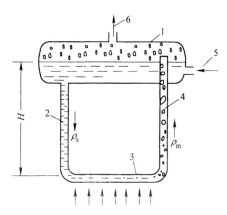

图4-20 自然循环原理
1—锅筒；2—下降管；3—炉底管；
4—上升管；5—给水；6—蒸汽

$$\Delta p = H(\rho_s - \rho_m)g \qquad (4-45)$$

式中 H——液柱净高，m。

如果锅筒的高度和位置受到限制，或由于其他原因，采用自然循环系统难以获得循环所需的压头时，可采用强制循环系统。它是在循环回路内安置循环水泵，强制水产生循环。但是，这将使系统复杂，维护不便，还要增加额外的电耗。并且，在停电时会使循环终止，威胁设备安全。通常需有备用的水冷却装置，使系统更为复杂。所以，在技术成熟的条件下，应尽量采用自然循环系统。

汽化冷却产生的蒸汽压力有5×10^5Pa、8×10^5Pa、13×10^5Pa、25×10^5Pa四个系列，它

产生的是饱和蒸汽。需要过热蒸汽时，过热器需布置在烟道内。图 4-21 是加热炉汽化冷却系统一例。给水经过水处理装置后，用给水泵压入锅筒。炉底管的汽化冷却循环系统需要分成几个回路，每个回路由若干根炉底管串联而成，使之有适当的热负荷，让管内的水吸热后一部分能汽化，以产生循环所需的密度差（$\rho_s - \rho_m$）。但是，串联的根数又不能过多，一则会增加回路的阻力，二则管内汽化率过高会影响安全性。通常把回路的循环水量 G 与产生的蒸汽量 D 之比称为"循环倍率" K，即

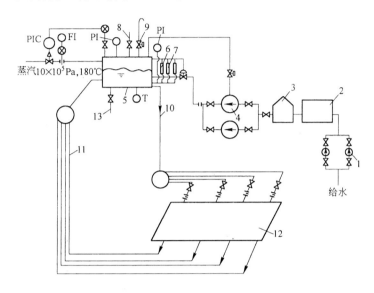

图 4-21　加热炉的汽化冷却系统

1—水泵；2—水处理装置；3—给水箱；4—给水泵；5—锅筒；

6—水位计；7—水位警报器；8—安全阀；9—放散阀；

10—下降管；11—上升管；12—加热炉；13—排污管

$$K = \frac{G}{D} = \frac{1}{x} \qquad (4\text{-}46)$$

式中　x——质量含汽率。

循环倍率过大，蒸汽含量过小，则循环压头会减小，容易产生循环不稳定。反之，则管路中含汽段的长度增加，流动阻力会增加。一般，循环倍率在 15～40 的范围。

循环倍率与回路的热负荷，以及回路的布置、管路系统的阻力有关。加热炉炉底管的每一回路的热负荷范围如表 4-7 所示。

表 4-7　加热炉炉底管水循环回路的热负荷　　　　　　　　　kW

炉底管类别		炉　型		
		小型炉	中型炉	大型炉
横向炉底管	高温区	465～580	700～1045	70～175[①]
	低温区	230～370	465～870	175～405[①]
纵向炉底管		465～1160		

①指炉底管绝热状态下的热负荷。

每一循环回路的上升管与下降管可以是单独的。这样，相互之间可以避免干扰，但是系统较为复杂。因此，也可以采用图 4-21 中所示的那种集中下降和单独上升的系统。这种系统使管路布置简化，并且相互干扰比较小。

由于炉底管是水平受热，为了使产生的汽泡能向上升管流动，在与下降管的连接处需要有水封装置。水封可以做成 U 形管的形式或套管的形式（图 4-22），内套管的最低位置要比炉底管低 1～1.5m，以防止汽泡倒流。

在设计汽化冷却系统时，需要进行水循环计算，以判断水循环能否正常进行，系统的布置和结构是否合理。计算时，先确定锅筒的高度位置，一般在 5～10m 之间。然后可根据循环回路的布置，计算出回路的阻力 Δp_f 与循环量 G 的关系，再计算循环压头 Δp 与循环量 G 的关系，再画出图 4-23 所示的曲线。两条曲线的交点为阻力与压头的平衡点，从而求得实际的循环量 G_0，然后再核算循环倍率 K 是否符合要求。当水循环不能满足要求时，可以通过调整锅筒的高度或回路系统等方法来解决，然后再次进行核算。

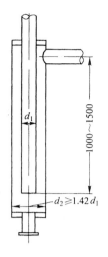

图 4-22　套管式水封装置

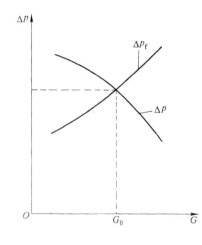

图 4-23　水循环的平衡点

4.5.2　干熄焦余热回收系统

由焦炉推出的炽热的焦炭产品温度在 1000℃ 左右。需要迅速冷却熄焦，以免热焦被空气氧化。通常用水作为冷却介质，喷淋水汽化后，蒸汽夹带粉尘扩散到大气，不但余热没有回收，还污染了环境。最有效的方法是用惰性气体作为冷却介质，将热焦炭在密封的熄焦塔内进行冷却，被加热的惰性气体再作为余热锅炉的热源，用来生产蒸汽。这种装置叫干熄焦装置（CDQ），系统如图 4-24 所示。

它由密封料罐车及牵引电车、卷扬机、装料装置、熄焦塔（分预冷室和冷却室）、排料装置、除尘器、余热锅炉、循环气体风机等组成。红焦装入料罐中后，经电车牵引至卷扬机下。卷扬机将料罐提升至熄焦塔上部，倒入槽内。热焦在预冷室内约停留 1h 后，再下降到冷却室内停留约 2～3h，被循环的惰性气体冷却到 200℃，再经排料装置排出，用带式运输机运走。循环气体中以 N_2 为主，体积分数占 70%～75%。少量氧气与红焦反应会生成 CO 及 CO_2，分别占 8%～10% 和 10%～15%。为了防止发生爆炸，根据 CO 的含量的增加量，可再适当补充 N_2 气，或采用燃烧法降低 CO 的含量。惰性气体自下而上流经冷却塔时，被加热到 800～850℃，含尘约 4～11g/m^3，经沉降式除尘器除尘后，进入余热锅炉，与受热面进行热交换后温度降至 170～180℃，含尘量约为 3～6g/m^3。为了减轻对循环风机的磨损，在进入风机前，需再经过一次旋风除尘。

每 1t 红焦带走的显热约有 $1.2×10^6$kJ/t，占焦炉耗热的 40% 左右。采用干熄焦装置表观上可回收显热约 92%。实际上这部分热量中，有一部分是由于焦炭在装置中被氧化而产

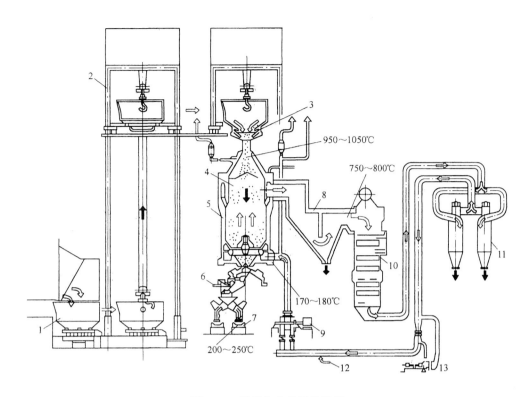

图 4-24 干熄焦余热回收装置

1—焦车；2—卷扬塔；3—装料装置；4—预冷室；5—冷却室；6—出焦装置；7—输送带；
8—除尘器；9—循环风机；10—余热锅炉；11—旋风器；12—氮气补充口；13—备用风机

生的，所以，实际回收的焦炭显热约为 83% 左右。在余热锅炉中，回收每 1t 焦的显热可产生 4.6MPa、450℃ 的蒸汽 0.42~0.5t。所需的循环气体量为 1500~1550m³/t。一座焦炭处理量为 107.5t/h 的干熄焦装置，余热锅炉可产生 52t/h 的蒸汽，装置本身耗电约 1000kW。如果将蒸汽用于发电，为了提高发电效率，可以进一步提高蒸汽的参数，生产 11MPa、510℃ 的高温、高压蒸汽。

我国最先进的钢铁公司的焦炉设置了四套 75t/h 的干熄焦设备，配有 39t/h 的余热锅炉。产生 4.5MPa、450℃ 的蒸汽供抽汽式热电联产装置，抽汽压力为 1.6MPa，汽量可以在 10%~90% 的范围调节，供其他厂生产工艺的需要，发电机组的功率为 23000kW。每年可以节约标准煤 8.8 万 t。

干熄焦装置的节能效果显著，但设备的初投资费高，约占焦化厂投资的 14%，其中一半是热力设施的费用。回收的蒸汽所节省的能源费，约在 10 年以内可补偿投资。由于采用干熄焦可以改善环境，还可以提高焦炭质量，从而降低冶炼焦比，还起到间接的节能效果和节省环保费用。因此，综合考虑，干熄焦是一项很有发展前途的节能措施。

4.5.3 热媒式余热回收系统

在烟气的余热回收中，也有采用一种液态化学物质作为传递热量的中间介质，叫做"热媒"。它的换热系统如图 4-25 所示。高温废气流经高温换热器，与热媒进行换热，热媒在这里起到冷却介质的作用。它吸热后温度升高，用泵将它供至低温换热器，将热传给被

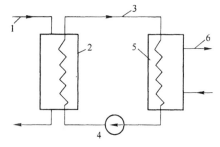

图 4-25　热媒式换热系统

1—高温余热源；2—热回收换热器；
3—热媒管路；4—热媒循环泵；5—热
利用换热器；6—热利用介质

加热的介质,热媒起到供热介质的作用。热媒本身不断循环,它只起到携带和传递热量的作用。采用热媒方式传热,虽然要经过两次传热过程,会增加冷、热流体间的传热温差,但是,它有以下优点:

1) 当废热源与受热侧均为气体时,由于两侧的对流传热系数均很低,如果直接进行换热,总传热系数很小。

如果采用热媒间接换热,它们是气-液之间的换热,主要热阻在气体侧。而它可以将废热源及与受热气体分别置于高温、低温换热器的管外侧,并采用增加翅片的方法来增大传热面积,以增强传热,从而可以使整个换热器的结构做得紧凑。

2) 由于热媒的受热与放热是在不同的换热器中进行的,所以管道的布置灵活,在场地狭窄的地方也有可能安置。

3) 通过热媒可以同时加热两股冷流体。例如,经烟气加热后的热媒可以供给两个换热器分别预热空气和煤气。

4) 通过调节热媒的循环量,可以自由地控制热回收量。

5) 热媒的工作压力低,并且没有产生气化,所以不受压力容器规范的限制。

对热媒的要求是:

a 有良好的热传递性能和较小的流动阻力,即要求比热容和密度大,黏性系数小;

b 在使用温度范围内,化学性能要稳定,不易老化变质;

c 无腐蚀性和毒性;

d 在温度较低的冬天仍能保持良好的流动性;

e 价格要便宜,等等。

衡量热媒质特性的综合指标可以用它携带热量的能力与流动所需的功率之比来表示。

热媒携带的热量 Q 为

$$Q = \rho A v c_p \Delta t \quad (\text{kW}) \tag{4-47}$$

式中　ρ——热媒的密度,kg/m^3;

　　A——管路的断面积,m^2;

　　v——流过断面的流速,m/s;

　　c_p——热媒的比热容,kJ/(kg·℃);

　　Δt——流经换热器的温升,℃。

输送热媒所需的功率 P 为

$$P = A v \Delta p_f \quad (\text{kW}) \tag{4-48}$$

式中　Δp_f——流动阻力,kPa。

根据流动的摩擦阻力系数公式,整理后可得阻力为

$$\Delta p_f = 0.158 \frac{L}{d^{1.25}} \mu^{0.25} \rho^{0.75} v^{1.75} \tag{4-49}$$

式中　L——管长,m;

d——管径，m；

μ——热媒的黏性系数，Pa·s。

为消去流速项，取 $Q/P^{1/2.75}$ 为衡量指标，可得

$$\frac{Q}{P^{1/2.75}} = Kc_p \left(\frac{\rho^2}{\mu^{0.25}} \right)^{1/2.75} \tag{4-50}$$

$$K = \left(\frac{A^{1.75}d^{1.25}}{0.158L} \right)^{1/2.75} \Delta t$$

式中，K 是一个与物性无关的量。

$Q/P^{1/2.75}$ 这一比值越大，表示热媒的热输送能力越强，泵相对消耗的功率越小。它与比热容 c_p 的一次方成正比，约与密度 ρ 的 0.7 次方成正比，与黏性系数 μ 的 0.1 次方成反比。

作为热媒的物质主要是有机流体，例如矿物油、多元醇、联苯类、硅酸酯等。可分别用于不同的场合。例如，一种联苯类物质 S-800 的物理性能如表 4-8 所示。

表 4-8　热媒质 S-800 的物理性能

项　　目	性　　质	项　　目	性　　质
平均分子相对质量	238	动力黏度/Pa·s	2.0（20℃）
密度/kg·m^{-3}	988	着火点/℃	170
沸点/℃	340	流动点/℃	−30℃以下
比热容/kJ·(kg·℃)$^{-1}$	3.05	热导率/W·(m·℃)$^{-1}$	0.105（200℃）

图 4-26 是利用热媒回收热风炉烟气余热的系统。回收的余热同时用来预热空气和煤气。换热器 HE-1 设置在烟道中，烟气对热媒进行加热。换热器 HE-2、HE-3 分别作为煤气预热器和空气预热器，热媒在其中放出热量。换热器均为翅片管式，翅厚 0.4～0.8mm，翅片数为 4 片/cm。气体在管外横向流过。热媒由循环泵推动，在管内流动。密闭的热媒系统中需设置一个平衡罐，以保证系统内产生的少量蒸气的热膨胀。另有一台热媒泵可以补充损失的热媒质。

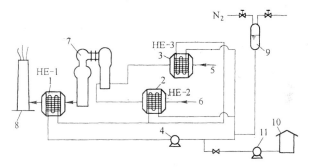

图 4-26　热媒式热风炉余热回收系统

1—热回收用换热器；2—煤气预热器；3—空气预热器；
4—热媒循环泵；5—空气进口；6—煤气进口；7—热风炉；
8—烟囱；9—热媒平衡罐；10—热媒贮槽；11—热媒补充泵

热风炉余热回收装置的运转数据如表 4-9 所示。由表可见，热媒在 HE-1 中获得的热量有 98.5% 均传给了空气和煤气，中间损失很小，取得良好的余热回收效果。日本新日铁公司所属的钢铁厂的高炉热风炉上，较普遍地采用了热媒式余热回收装置，投资回收年限不到 1.5 年。国内钢铁厂的一部分热风炉也采用了热媒式换热器回收烟气的余热。

表 4-9　热媒式热风炉余热回收装置的运转数据

高炉	热交换器	设计条件						运转数据				
		气体		热媒		换热量 /GJ·h⁻¹	传热面积 /m²	气体		热媒		换热量 /GJ·h⁻¹
		流量 /m³·h⁻¹	温度/℃	流量 /t·h⁻¹	温度/℃			流量 /m³·h⁻¹	温度/℃	流量 /t·h⁻¹	温度/℃	
A	HE-1	364000	238~150	305	100~165	46.2	10440	449504	248.9~146.2	309	183.2~94.3	58.2
	HE-2	172700	22~108	130	165~100	19.5	3734	193027	27.5~125.5	129.1	183.2~95	24.1
	HE-3	205200	24~108	175	165~100	26.3	5870	224934	36.7~135.8	173.6	183.2~92.6	33.2
B	HE-1	434210	249~172	470	90~130	48.5	5752	504241	240~164	495.5	141~85	57.5
	HE-2	236700	22~111	270	130~90	27.7	9190	262625	31~116	242.3	141~82	29.5
	HE-3	226310	24~81	200	130~90	20.4	4876	275676	81~81	185	141~71	26.8

4.6　余热制冷系统

将中、低温余热直接用于供暖是一种简便、经济的热回收方法。但是，供暖有季节性，在非供暖期这些余热由于没有热用户仍只能弃之。如果能将余热作为制冷机的动力源，在夏季获得低温水供空调用，或供制冰用；在冬季用于供暖，则可使余热常年得到利用。如果将余热作为热泵的低温热源，经热泵提高其温度水平，就可扩大使用范围，也就是提高了低温余热的使用价值。

实际应用的利用热能的制冷机大多数是采用吸收式的。在吸收式制冷机中，采用两种沸点不同而又相互能被吸收的二元混合物作为工质。其中，沸点低的物质作为制冷剂，沸点高的物质作为吸收剂。常用的工质有氨-水溶液和溴化锂-水溶液。氨-水溶液中，由于氨的沸点低（大气压下为－33.4℃），吸热后比水容易气化，所以它是作为制冷剂，水为吸收剂。它的制冷温度可在0℃以下，能用于制冰。在溴化锂-水溶液中，溴化锂的沸点远比水高，所以吸热后是水产生汽化，所以水成为制冷剂，溴化锂为吸收剂。它的制冷温度只能在0℃以上，一般作为空调的冷源。

图 4-27 表示了吸收式制冷机的工作过程。它由发生器、冷凝器、蒸发器、吸收器和热交换器五个主要部分组成。发生器是用外热源加热溶液，产生制冷剂蒸气的装置。产生压力为 p_K 的蒸气进入冷凝器。在冷凝器中，用冷却水冷却使蒸气放出热后得到冷凝。冷凝液经节流阀节流降压后进入蒸发器。在蒸发器中，由于节流后压力降至 p_0，相应的饱和温度也降低，使得它可以从冷却对象（冷冻水）中吸取热量，从而达到制冷的目的，制冷剂本身因吸热而蒸发。低压的制冷剂蒸气被送至吸收器，重新被吸收剂吸收。吸收过程是一个放热过程，因此，在吸收器

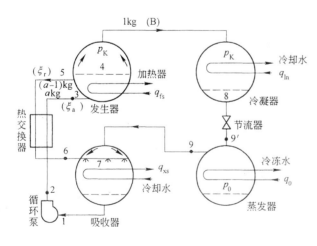

图 4-27　吸收式制冷机的工作原理

中也需要用冷却水冷却。吸收器中的溶液来自发生器，当吸收了制冷剂后再用泵升压后供至发生器使用。因此，发生器与吸收器中是两种浓度不同的溶液，互相循环使用。他们替代了压缩式制冷机中的压缩机的作用。由于发生器中的溶液温度高，吸收器中的溶液温度低，所以，在从发生器向吸收器供液的管路上设置了一个热交换器，以提高发生器的进液温度，降低吸收器的进液温度。它可以起到减少发生器的热耗和降低吸收器冷却水消耗的一举两得的作用，改善装置的经济性。

对溴化锂吸收式制冷装置来说，发生器与吸收器中装的是溴化锂-水溶液。溶液的浓度 ξ 可用溴化锂质量含量的百分数（质量分数）表示。即

$$\xi = \frac{m_1}{m_1 + m_2} \times 100\% \tag{4-51}$$

式中　m_1——溶液中溴化锂的质量，kg；

　　　m_2——溶液中水的质量，kg。

在发生器中，由于水吸热而汽化，溶液的浓度将增加，浓溶液浓度用 ξ_r 表示。在吸收器中，来自发生器的浓溶液因吸收了水蒸气而浓度变稀，稀溶液的浓度为 ξ_a。

如图 4-27 中所示，当发生器产生的水蒸气为 1kg，由吸收器供至发生器的溶液为 $a$kg。则由发生器流出的浓溶液为 $(a-1)$ kg。根据物料平衡可得：

$$(a-1)\xi_r = a\xi_a$$

$$a = \frac{\xi_r}{\xi_r - \xi_a} \tag{4-52}$$

a 也称为溶液的循环倍率。浓度差 $\Delta\xi = \xi_r - \xi_a$ 称为放气范围。一般取 $\Delta\xi = 3.5\% \sim 6\%$。为了防止产生溴化锂结晶，一般取浓溶液浓度为 $\xi_r = 60\% \sim 64\%$，稀溶液浓度为 $\xi_a = 56\% \sim 60\%$。

溴化锂水溶液的特性是，由于溴化锂与水的沸点相差很大，溴化锂的沸点为 1265℃，所以，当加热溶液时，只有水产生汽化，蒸汽中不含溴化锂。但是，由于溴化锂对水分子有吸引力，因此，溶液的浓度越大，相应的水的饱和温度（汽化温度）也越高。图 4-28 为不同浓度下的溴化锂溶液的饱和压力与饱和温度的关系曲线。压力纵坐标为对数坐标，左侧的 $\xi = 0$ 的饱和关系线，即为纯水的饱和关系线。

吸收式制冷机的工作过程可在图 4-28 上定性地加以表示。在发生器中的压力为 p_K，溶液浓度为 ξ_a，图中对应的点为 4 点。当加热后，一部分水汽化，溶液因水汽化而浓度增加到点 5。水蒸气在冷凝器中放热而冷凝，冷凝液的状态点在点 8 的位置。经节流降压至 p_0 时，则到达点 9 的位置，同时温度降低。在蒸发器中，低温液体因从冷冻水吸热而蒸发，从而达到制冷的目的。浓液经降压后供至吸收器时的状态点 7。在吸收器中，浓溶液吸收状态为点 9 的水蒸气而又成为稀溶液，图中为状态点 1。然后再用泵将点 1 的稀溶液加压后供至发生器，回到点 4 的状态，继续循环工作。

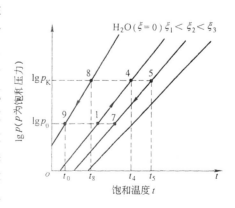

图 4-28　溶液的饱和蒸气压与温度的关系

要对吸收式制冷装置进行热力计算，需要知道各个状态点的焓值，才能计算出发生器中产生 1kg 制冷剂蒸气所需的加热量、制冷剂的制冷量，以及在冷凝器、吸收器中需要由冷却水带走的热量。但是，在 $\lg p\text{-}t$ 图上并不能表示出各点的焓值。因此，一般需利用溴化锂水溶液的焓-浓度图（$h\text{-}\xi$ 图），根据压力和温度（或浓度）在图上可找到相应的状态点的位置，并由纵坐标上查到它的焓值。图中同时也给出制冷剂（纯水）在不同压力下液态和汽态时的焓值。每 1kg 制冷剂的制冷量 q_0 为水在蒸发器中蒸发时的吸热量，即为蒸汽的焓与水的焓之差：

$$q_0 = h_9 - h_{9'} = h_9 - h_8$$

发生器消耗的热量 q_{fs} 主要是产生水蒸气所需要的热量，即

$$q_{fs} = h_B + (a-1)h_5 - ah_3$$

表示装置运行经济性的热力系数 ζ 是指制冷量与耗热量之比，即

$$\zeta = \frac{q_0}{q_{fs}} \tag{4-53}$$

单效溴化锂吸收式制冷装置的热力系数一般在 0.6～0.75 之间。

根据总制冷量 Q_0 及 q_{fs}，就可以确定发生器所消耗的蒸汽量。

对单效溴化锂吸收式制冷装置，供给发生器的热源通常为 120℃、0.2MPa 左右的低压蒸汽或热水。它可利用余热锅炉产生的、夏天无热用户的蒸汽，使余热得到充分利用。

如果有 0.7～0.8MPa 的蒸汽热源，为了充分利用其热能，提高热力系数，可采用双效吸收式制冷装置，热力系数可以提高到 0.85～1.0。

吸收式制冷装置也有可能采用低于 100℃ 的废热水作为热源。但是，它使发生器的加热温度降低，浓溶液与稀溶液的浓度差（放气范围）（$\xi_r - \xi_a$）减小，由式（4-52）决定的溶液循环倍率 a 增大，单位循环量的制冷量减小。因此，对于利用这种低温余热制冷时，需要采用两级吸收式系统，用高压发生器和低压发生器使两种不同浓度的溶液中的制冷剂汽化。

这种制冷装置的热力系数较低，只有 0.35 左右，但是，它扩大了低温余热的利用途径，仍有很大的实际应用价值。当然，热源温度也不能过低，通常不能低于 70～80℃。

如果直接利用高温废气作为吸收式制冷装置的热源，由于气体的传热系数远比蒸汽要小，并要考虑废气对传热面造成脏污引起传热性能下降，以及传热面的清扫问题，所以需对发生器进行专门的设计。

几种溴化锂吸收式制冷装置的技术性能如表 4-10 所示。

吸收式制冷机在制冷时，由热源提供的热量 q_{fs} 以及制冷时被制

表 4-10　溴化锂吸收式制冷装置的技术性能

指　标	装　置				
	单　效			双效	废气为热源
	Ⅰ	Ⅱ	Ⅲ		
制冷量/GJ·h⁻¹	4.2	10.5	21.0	10.5	1.0
/kW	1167	2917	5833	2917	278
制冷剂蒸发温度/℃	7	7	7	7	10
冷却水温度/℃	26	26	26	26	34
载热体消耗量					
1. 蒸汽压力/MPa	0.23	0.23	0.23	0.78	
蒸汽量/t·h⁻¹	2.8	7.0	14.0	1.2	
2. 热水（120℃）/m³·h⁻¹	80	180	390		
3. 烟气/m³·h⁻¹					18000
热力系数	0.75	0.75	0.75	0.85	0.35
冷却水消耗量/m³·h⁻¹	250	750	1250	750	130
溴化锂装入量/t	3.5	10.0	25.0	12.5	2.0

冷剂吸收的热量 q_0，最终均要在吸收器（q_{xs}）和冷凝器（q_{ln}）中被冷却水带走，以遵守能量守恒。冷却水需带走的热量为 $q_{xs}+q_{ln}=q_{fs}+q_0$。冷却水的允许温升在 $8\sim9℃$ 的范围。因此，吸收式制冷机的缺点是冷却水的消耗量大。例如，当制冷量为 $1000kW$（$360\times10^4kJ/h$）时，每小时约需消耗冷却水 $270t/h$。

溴化锂吸收式制冷机的另一个特点是，由发生器产生的水蒸气的压力远低于大气压力（p_k 约为 $10kPa$），因此，整个系统是处于高真空状态下工作。如果有空气渗入，将会影响系统的正常工作，并会促进溴化锂对金属的腐蚀。因此，保持整个结构的密封性是技术关键。通常是将几部分设备一起布置在一个或两个圆筒形的容器内，以避免连接管路的泄漏。有的还附有抽气设备，以保持真空状态。

在各部分设备中的传热温差约为：冷凝温度 t_k 比冷凝器内冷却水的出口温度高 $3\sim5℃$；蒸发器内蒸发温度 t_0 比冷冻水出口温度低 $2\sim5℃$；吸收器内溶液最低温度 t_2 比冷却水出口温度高 $3\sim8℃$；发生器内溶液最高温度 t_5 要比热源温度低 $10\sim40℃$。

溴化锂对金属有腐蚀性，在使用时需在溶液中加入少量的缓蚀剂。例如，加入 $0.1\%\sim0.3\%$ 的铬酸锂和 0.02% 的氢氧化锂，保持 pH 值在 $9.5\sim10.5$ 的范围（呈碱性）。

4.7 热能的贮存系统

蒸汽是最常用的携带和传递热能的介质，叫载热体。不论是生产工艺用汽，还是生活用汽，蒸汽的需求量不可能是固定不变的。作为提供蒸汽的锅炉，由于它的热惰性大，加热速度跟不上蒸汽需求量的变化而迅速变化。利用余热锅炉供汽时，由于它的产汽量是随主体热设备的负荷变化而变化，所以供汽量也不稳定。

为了使蒸汽的供求关系能基本保持平衡，对负荷变动较大的系统，应考虑设置储存能量的设备，叫蓄热器。当生产的蒸汽有富裕时，可在蓄热器中储存一部分富余蒸汽的能量；当到达高峰负荷，而锅炉供汽又跟不上需要时，可由蓄热器补充能量，供应一部分不足的蒸汽，以适应负荷变化的需要。采用蓄热系统就可以减少锅炉的安装容量，同时可以使锅炉维持在稳定的、高效率的负荷下运行，从而达到节约燃料的目的。对蒸汽发生量变化大的余热锅炉，例如转炉余热锅炉，也需要采用蓄热器来保证供汽的均衡。

蒸汽蓄热系统的设计与蒸汽的热负荷特性有关，首先需要了解它的热负荷特性。

4.7.1 热用户的热负荷

热用户对蒸汽的需要有两方面的要求：一是蒸汽的质量参数，即温度和压力；二是数量要求，即热负荷。生产工艺用汽一般采用压力为 $0.3\sim1.5MPa$ 的蒸汽。采暖空调则宜采用 $150℃$ 以下的热水作为载热体，以降低输送及热设备的温度损失，提高传热系数。

锅炉供汽压力和温度应该高于工艺设备要求的参数，因为还需要考虑管网的损失。

生产工艺用汽的热负荷特点是逐日的负荷形式变化不大，每月负荷表现了重复性。而根据用汽设备本身特点，在运行期间有时负荷最大，间歇工作时负荷又最小。图 4-29 所示的是锻压车间全日蒸汽热负荷图一例。

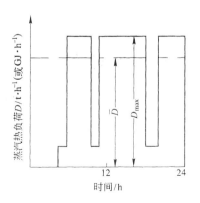

图 4-29 锻压车间的蒸汽热负荷

在确定供汽负荷时，按平均蒸汽热负荷考虑。平均热负荷为

$$\overline{D} = kD_{max} \quad (t/h) \tag{4-54}$$

式中　D_{max}——设备最大耗汽量，t/h；

　　　　k——负荷不均匀系数，一般为 $0.75\sim0.90$。

所需供汽量为

$$D = \overline{D} + \Delta D \quad (t/h) \tag{4-55}$$

式中　ΔD——蒸汽管网损失，一般为 $(0.5\sim1.0)\%D$。

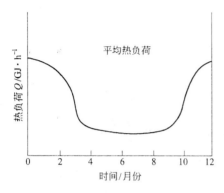

图 4-30　采暖月平均热负荷

采暖空调的热负荷将随气温而变化，在一年内变化很大，如图 4-30 所示。

4.7.2　蒸汽蓄热系统

根据蒸汽热负荷的参数以及负荷的变化幅度，选择适当的蓄热系统和蓄热器容量。

蓄热器是一个用来蓄、放蒸汽的大容器。由于蒸汽的质量体积大，直接蓄贮蒸汽需要体积庞大的压力容器。因此，实用的蓄热器是以热水作为载热体，将热能存于高压饱和热水中，然后利用降压闪蒸产生蒸汽。这种蓄热器的蓄热量可以是直接蓄干蒸汽时的数十倍。常用的蓄热器是变压式蓄热器，构造如图 4-31 所示。一般做成圆筒形，工作压力在 $0.5\sim2.0$MPa 之间。圆筒的直径与长度之比为 1：4 到 1：6 之间，两头为椭圆形封头或球形封头（对较大的设备），以能承受较高的压力。

蓄热器用锅炉钢板制成，对一定的工作压力，有一极限容积。例如，最大工作压力为

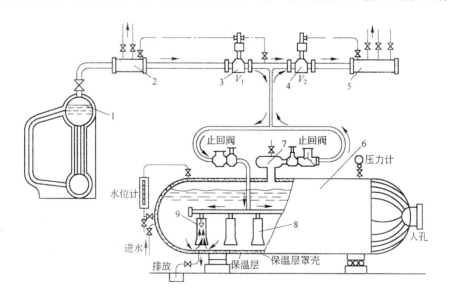

图 4-31　变压式蓄热器的构造

1—锅炉；2—高压分汽缸；3—高压侧自动控制阀；4—低压侧自动控制阀；

5—低压分汽缸；6—蓄热器本体；7—汽水分离器；8—炉水循环套管；9—蒸汽喷嘴

2MPa 时，容器的容积一般限制在 500m³ 以下。当压力增高时，此值还要减小一些。这时，如果要增大蓄聚容积，只能采用多个容器并联的方式。

蓄热器在 200～300℃ 的温度范围内工作，因此，蓄热器外部需要进行绝热保温。

在蓄热器内部沿长度方向有均匀分布的充汽喷嘴和炉水循环套管，在外部还有自动控制阀、止回阀和水位计、压力表等附件。

启动时，蓄热器本体内约有 50% 的水，在蓄聚热量时，多余的蒸汽通过喷嘴进入容器，由于汽温高于水温，蒸汽迅速凝结、放热，使水温提高，同时水位升高，水位面上的蒸汽空间减小，压力也相应有所增加。直至蓄热器内压力达到容器规定压力时，充汽蓄热过程才算完结。当需要补充蒸汽时，打开低压侧供汽阀，此时，蓄热器内压力下降，由于高压饱和热水的温度略高于蒸汽空间压力所对应的饱和温度，水将自行沸腾，蒸发成低压蒸汽，送入低压供汽管，直至蓄热器内压力降至用户所需的最小压力为止。这种供汽压力并非恒定的蓄热器称为变压式蓄热器。蓄热器的蓄热容量是由其最高压力和最低压力之差决定的，这个压力差叫做变压范围。因此，锅炉的额定压力与用汽压力之间的压差越大，或者蒸汽用户有高、低压两类时，使用蓄热器的经济价值就越高。

图 4-32 是两种实用的蓄热器的供汽系统。它的特点是有高、低压蒸汽两类用户。图 4-32a 是高压蒸汽负荷稳定，而低压蒸汽负荷有变动。蓄热器连接在高、低压蒸汽母管之间。对于这种系统，蓄热器的充汽蓄热和排汽放热两个过程实际上是同时进行的。当低压蒸汽负荷波动低于平均值时，把多余的蒸汽热量储存起来；当低压蒸汽负荷波动高于平均值时，蓄热器的热储备就发挥作用，以满足负荷增长的要求。

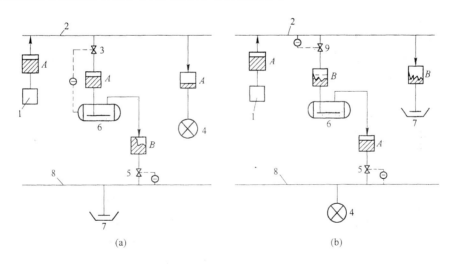

图 4-32　蓄热器供汽系统

(a) 高压负荷稳定；(b) 低压负荷稳定

A—稳定热流；B—波动热流

1—锅炉；2—高压管路；3—充蓄调节器；4—稳定负荷热用户；5—减压调节器；

6—蓄热器；7—被动负荷；8—低压管路；9—溢流调节器

在充汽（充蓄）期间，进入水空间的蒸汽都被凝结成水，于是水位面上升。在放汽（排放）期间水又蒸发成蒸汽，水位面下降。因此，水位将随着蓄放情况而变化。如果充入的蒸汽是饱和的，一部分水则将永远留在蓄热器中。因为蓄热器的热损失将使凝结水贮留下来。反之，如果充入的蒸汽是过热的，则在排放蒸汽始终为干饱和蒸汽的条件下，将会出现一部分多余的热量。它将使水空间中有更多的水蒸发掉。这时，每隔一定时期必需向蓄热器补充一部分水。

蒸汽蓄热器的布置系统应按已有的设备及其用途确定。按其操作原理来看，它的充汽压力应高于排汽压力。因此，在布置蓄热器时，应使它能从压力较高的供汽管路中获得充汽，向压力较低的管路供汽。

图 4-32a 的系统也叫直接平衡方式。它是根据充蓄状态来控制进入蓄热器的蒸汽量。由蓄热器的压力控制充蓄调节阀 3。当蓄热器中蓄存的蒸汽量较少时，可把调节阀开大一些。

图 4-32b 的系统叫间接平衡方式。它的特点是高压蒸汽负荷有波动，而低压蒸汽负荷无变化。它利用一个溢流调节阀 9（也称旁流阀）来维持高压管路的压力，使它保持不变。当高压负荷下降时，就把阀门开得大一些，把多余的高压蒸汽通过阀 9 进入蓄热器内储存起来；当高压蒸汽负荷高于平均值时，尽管进入蓄热器的蒸汽要减少，然而，蓄热器中贮备的蒸汽足以满足低压蒸汽负荷的需要。

从上述工业锅炉供汽系统可以看出，采用蒸汽蓄热器既可增加适应负荷变动的灵活性，又可使锅炉经常保持在最经济负荷下运行，一般可以使锅炉效率提高 5%～10%，从而可以节约燃料。

4.7.3 蓄热器的热力设计

4.7.3.1 蓄聚容量的确定

对连续工作的蓄热器，首先需要根据供汽系统的负荷特性，确定蓄热器所需的蓄聚容量 Z。它是指蓄热器从最大充蓄量（水空间占蓄热器总体积的份额 f（m^3/m^3）为最大时，一般取充水系数 $f=0.8～0.9$）至最小充蓄量（压力降至最低供汽压力时）所能蓄聚的蒸汽量或热量，用蒸汽量 kg（t）或热量 kJ（MJ）表示。

如果设蓄热器的最高充汽压力为 p_1，最低供汽压力为 p_2，在 p_1 压力下，蒸汽的焓为 h_1''，饱和水的焓为 h_1'，质量体积为 v_1'；在 p_2 压力下，蒸汽的焓为 h_2''，饱和水的焓为 h_2'。蓄热器所能提供的蒸汽焓并不是一个固定值，而是随着压力而变化的。设压力从 p_1 降至 p_2 时，所蓄的每 1kg 水能够提供的蒸汽为 $x$kg，蒸汽的平均焓值为

$$h_m'' = \frac{h_1'' + h_2''}{2} \quad (kJ/kg) \tag{4-56}$$

因此，根据能量平衡关系可得

$$h_1' = (1-x)h_2' + xh_m''$$

$$x = \frac{h_1' - h_2'}{h_m'' - h_2'} \quad (kg/kg) \tag{4-57}$$

单位容积的蓄聚量为

$$z = \frac{x}{v_1'} = x\rho_1' \quad (kg/m^3) \tag{4-58}$$

根据要求的蓄聚容量，实际所需的蓄热器的容积为

$$V = \frac{Z}{zf} \quad (m^3) \tag{4-59}$$

例如，当 $p_1=1.2MPa$，$p_2=0.2MPa$ 时，如果要求蓄聚容量 Z 为 4t 蒸汽，则所需的蓄

热器的容积 V 达 $50m^3$。

上述的计算也是近似的，因为排放期间压力的变化还将影响到水的密度 ρ' 和蒸发潜热。为了方便，图 4-33 给出了查取蓄热器从给定高压 p_1 降到某一低压 p_2 时，每 $1m^3$ 的水空间所能排放的蒸汽量 z 的线图。

4.7.3.2　充蓄速率和排放速率

充蓄速率 D_c 是指单位时间内流入蓄热器中的蒸汽流量（或热流率），以 kg/h（或 kJ/h）计。排放速率 D_f 是指单位时间内排出蓄热器蒸汽流量（或热流率），以 kg/h（或 kJ/h）计。

所需的充蓄速率和排放速率要根据生产状况来确定。然后再按此来选定进行这两项操作所必需的设备，以及确定出蓄热器进、出管道的尺寸。

为了保证所需的充蓄速率 D_c，应当设置足够多的充汽喷嘴，以使喷入水空间的蒸汽速度不超过允许值，从而使充汽操作能在无噪音和无振动的情况下进行。最大的排放速率 D_f 是指蓄热器应具有一定的蒸汽空间，以避免蓄热器水空间内的水滴被蒸汽携带出去。事实上，蓄热器的蒸汽空间在设计时已由水空间百分率 f 限定，蒸汽空间百分率为 $10\%\sim20\%$。

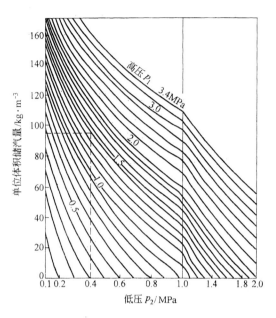

图 4-33　单位蓄聚容量与变压范围的关系

4.7.3.3　蓄热器的效率

蓄热器的效率 η_x 是指在整个充蓄和排放的循环期间所排放的蒸汽量（或热量），以同一循环周期内充蓄的蒸汽量（或热量）的百分率表示。

$$\eta_x = \frac{Q_p}{H_x} \times 100\% \tag{4-60}$$

式中，Q_p、H_x——为同一时期的排汽放热量及充汽蓄热量。

蓄热器的能量损失包括辐射热损失和热动力损失（可用能损失）。当蓄热器中的蒸汽被用来供热时，只考虑辐射热损失。依靠有效的保温绝热措施，可将此项损失限制在较低的水平上。特别是在频繁地轮流进行蓄热和放热的场合，可以忽略不计。当循环持续期超过一天以上时，则必须计入此项损失。辐射热损失过大，将失去蓄热的经济性。

热动力损失是由于蓄热器中压降和过热损失造成的。它将大大降低蒸汽的做功能力，增大汽轮机的汽耗量。

4.7.4　蓄热器的应用

许多工业部门，例如造纸、印染、食品、化工、橡胶、钢铁等行业的用汽设备对蒸汽的需用量往往是不均衡的，有的波动很大，因此使供汽锅炉负荷也必须随之变动，蒸汽压力往往时高时低，造成锅炉工操作紧张，锅炉工况不稳，效率下降。对这种供汽系统最适宜采用蓄热器。

在设置蓄热器后，其经济效益的大小是取决于用汽负荷波动的幅度及频繁程度。一般，适宜装设蓄热器的条件为：

1）工艺设备用汽负荷有较大的频繁波动，并且波动有一定的周期性；

2）工艺设备的用汽压力小于锅炉供汽压力，一般要有 0.3MPa 的压差，否则所需的蓄热器的体积过于庞大，经济效益差；

3）能稳定供汽，汽源供汽量略大于平均耗汽量；

4）具有装设蓄热器的空间等。

在新厂设计中，可以根据工艺用汽的资料，确定锅炉房和蓄热器的工程设计。蓄热器的大小与锅炉容量并无对应的匹配关系，主要取决于负荷波动情况和变压范围。应预先选择锅炉的额定压力高于用汽压力。

蓄热器的发展已有很长的历史，技术上成熟，而且投资省，经济效益显著，因此，对蒸汽负荷变动激烈的场合，是一种很有效的节能设备。

思考题与习题

4-1 什么叫当量热值，什么叫等价热值，二者有何关系？

4-2 引入等价热值的概念有何意义，取电能的等价折标煤系数为 0.404kg/（kW·h）表示什么意义？由此估算平均的发电效率为多少？

4-3 企业的能量平衡按部门（车间）进行与按能源品种进行平衡，二者有何关系？

4-4 能量平衡所取的体系不同，对平衡的结果有什么影响？试举例说明。

4-5 什么叫单位综合能耗，什么叫单位可比能耗，为什么要引入可比能耗的概念。

4-6 在能量平衡中，有效利用的能量如何确定？

4-7 动力部门的转换效率与该动力设备的效率有何区别与联系？

4-8 什么叫余热回收率，什么叫余热利用率？

4-9 哪些因素影响余压能回收的效果？查阅文献，了解目前实际使用的余压回收设备的运转情况。

4-10 什么叫余热回收的燃料转换率，为什么在回收余热时，相同的余热回收量与由此带来的燃料节约量还与回收方式有关？

4-11 为什么在回收烟气余热时，首先要考虑的方案是将余热返回到装置内加以利用？

4-12 查阅文献，了解干熄焦的实际使用效果及其主要的技术问题。

4-13 查阅文献，了解利用余热制冷为什么多数采用吸收式制冷，还有什么其他的方式？

4-14 蒸汽蓄热器实际是蓄蒸汽还是热水，采用这种蓄热器受什么限制？

4-15 某钢铁厂年产钢 37.1318 万 t，年总耗能量为 53.493 万 t（标煤）。各主要工序的工序能耗及吨钢（铁）的消耗系数如表所示。

工 序	工序能耗，kg 标煤/t 产品	吨钢（铁）消耗系数，t/t
焦化	180.0	0.663
烧结	83.6	0.929
球团	38.0	0.466

炼铁	579.0	1.114
炼钢	56.0	1.000
开坯	126.0	0.413
轧钢	113.0	0.824

主要辅助工序的年耗能量为

燃气 0.1997 万吨标煤；机车运输 0.5490 万吨标煤。

年能源总亏损量为 2.9746 万吨标煤。

试计算该厂的年吨钢综合能耗和吨钢可比能耗。

4-16 高炉炉顶气的产量为 300 000m³/h，经除尘后的压力为 0.2MPa（表压），温度为 40℃；经余压透平（TRT）膨胀后的压力为 0.01MPa（表压）。求透平可回收多少功率。设透平的总效率为 0.70。若进口温度提高到 100℃，则可多回收多少功率？

4-17 一台加热炉以重油为燃料，低位发热量为 41860kJ/kg。油耗量为 1t/h。出炉废气温度为 800℃，空气系数为 1.20。若炉子的产量不变，当利用烟气将空气预热到 300℃时，每年可节约多少吨重油？已知换热器的总投资为 20 万元，每吨重油的价格为 300 元/t。问这一技措项目的投资回收期为多少？（设加热炉的年工作时间为 7000h）

5 热回收用换热设备

从余热源回收热能时，绝大多数场合要通过换热设备，把热量传递给受热介质，例如空气、煤气、水等，将它们加热后再加以利用。根据余热源的温度水平和形态、载热介质的性状、以及利用目的的不同，换热设备有许多不同的形式。本章介绍各种类型的换热器的工作原理、结构特点、设计方法、使用场合等内容，为今后进行余热回收时，能正确选型和设计计算换热器，并为研究开发高效新型换热器打下一定的基础。

5.1 热回收用换热设备概述

5.1.1 热回收用换热设备的分类

工业企业排出的余热有固体显热、废气、冷却用排放水等固气液三种形态。以冶金企业的余热资源为例，主要的余热如表5-1所示。由于它们的形态、温度水平和利用目的的不同，热回收介质及热回收设备也不同。

表 5-1 冶金企业余热回收方法示例

余热源		温 度	热输送介质	回收利用对象	热回收设备
固体	热焦	1000℃	惰性气体、水	蒸汽、发电	干熄焦装置
	炉渣	1300～1600℃	空气、水	热水、蒸汽	风冷、水淬装置
	热坯、热材	700～900℃	水	热水、蒸汽	余热锅炉
	工业炉体	300～700℃	水、热媒	蒸汽、空气预热	汽化冷却、热媒冷却装置
气体	工业炉高温废气	＞700℃	空气、煤气、水	预热空气、煤气蒸汽、发电	高温预热器、蓄热器余热锅炉
	中低温废气	＜700℃	空气、煤气、水	预热空气、煤气热水、蒸汽	回转式换热器、热管换热器热媒换热器、流化床式换热器、省煤器
液体	高温水	60～90℃	水、热媒	热水、发电	热媒换热器、直接接触式换热器热泵换热器
	低温水	30～60℃	热泵工质	供暖、温水	热泵蒸发器、低温热管

热回收设备主要是各种热交换器（换热器），进行热交换的介质包括固-气、固-液、气-气、气-液、气-相变流体、液-液等。按照热交换方式的不同，冷热介质直接接触的换热器称为直接接触式换热器，不直接接触的称为间接接触式换热器。在间接接触式换热器中，热量通过间壁连续地从热介质流向冷介质的换热器称为间壁式换热器；热量通过换热表面

（蓄热体）的蓄热和放热，间歇地从热介质流向冷介质的换热器称为蓄热式换热器；热量通过另一种流动介质间接地从热介质流向冷介质的换热器称为间接式换热器，例如热媒换热器、热管换热器。

热回收用换热设备主要有以下一些类型：

1）高温换热器。主要是回收工业炉高温烟气的余热，用来预热空气等。

2）余热锅炉。回收中温以上的烟气余热或固体显热，用来产生热水或蒸汽。固体显热的回收，多数是先通过固-气热交换后，再在余热锅炉内进行气-液热交换。

3）蓄热式换热器。包括高温的蓄热室和中低温用的回转式换热器。它是以蓄热体作为传热中间介质，实现热气体（例如烟气）与冷气体（例如空气）之间的换热。蓄热室多用耐火材料作为蓄热体，通常作为炉子的一个组成部分。回转式换热器是将蓄热材料装于低速旋转的转子中，与烟气通路相通部分进行蓄热，转至与空气通路相通时进行放热。它首先用于锅炉的空气预热器，现也用于其他中低温烟气的余热回收。

4）管壳式换热器。主要用于液-液之间的换热，或伴随有蒸发、冷凝相变过程的换热。例如油加热器、冷却器等。也有用于气-气换热的小型空气预热器及气-液换热的空气冷却器等。它是一种较通用的换热器型式。

5）翅管换热器。用翅片来增加气侧的传热面积，以增强换热器的换热能力，使换热器结构紧凑。它适宜于800℃以下较干净的气体。

6）紧凑式换热器。由平板和翅片通道叠置而成一个整体，呈蜂窝状结构，使单位体积内的传热面积增大到 $700\sim7000m^2/m^3$，结构十分紧凑。特别适宜于干净的气-气之间的换热。

7）热管换热器。利用热管传热能力强的特点，以热管作为传热元件的一种新型换热器。主要适宜于中低温余热的回收。

8）流化床式换热器。将传热管埋于粒子层内，当气体通过粒子层时，使粒子处于流化状态，靠粒子的不断运动以及与传热壁的碰撞来促进传热，使换热器结构紧凑，适宜于烟气量较小的中低温场合的余热回收。

5.1.2　换热器设计基础

换热器设计主要包括热力设计、强度设计和结构设计。这里主要介绍热力设计。换热器的热力计算方法主要有平均温压法和传热单元数法。

5.1.2.1　平均温压法

采用平均温压法，换热器传热量的计算公式为：

$$Q = kA\Delta t_m \quad (W) \tag{5-1}$$

式中　k——传热系数，$W/(m^2 \cdot ℃)$；

　　　A——换热器的传热面积，m^2；

　　　Δt_m——冷热流体之间的传热平均温差，℃。

式5-1反映了换热量与温差及传热面积等的关系。该方法常用于换热器的设计计算，即根据计算得到的传热平均温差 Δt_m 及传热系数 k，求出保证换热量所需的传热面积。

传热系数 k 和冷热流体与传热壁的对流换热热阻 $1/\alpha_c$、$1/\alpha_h$，以及壁的导热热阻 δ/λ 有关，还需考虑由于流体长期流经壁面而形成污垢层所产生的污垢热阻 r_F。传热系数与各项热阻的关系为

$$k = \cfrac{1}{\cfrac{1}{\alpha_c} + \cfrac{\delta}{\lambda} + \cfrac{1}{\alpha_h}\cfrac{A}{A_h} + r_F} \tag{5-2}$$

式中　k——以冷流体侧的传热面积 A 为基准的传热系数，W/（$m^2 \cdot$ ℃）；

　　　A_h——热流体侧的传热面积，m^2；

　　　r_F——污垢热阻，$m^2 \cdot$ ℃/W。

传热平均温差 Δt_m 一般取对数平均温差：

$$\Delta t_m = \frac{\Delta t_{max} - \Delta t_{min}}{\ln \dfrac{\Delta t_{max}}{\Delta t_{min}}} \tag{5-3}$$

式中　Δt_{max}——换热器端部，热流体与冷流体的温差中较大的一个温差，℃；

　　　Δt_{min}——换热器端部热流体与冷流体温差中较小的一个温差，℃。

单从传热角度，采用纯逆流形式，可以获得最大的传热温差，从而减少所需的传热面积。但在多数情况下，热介质与冷介质的流向关系并不是纯逆流布置，而是包括顺流、逆流、叉流等多种流动方式组合的复杂流向关系，给换热器传热平均温差的计算带来一定的困难。为简化计算，对各种流向关系的换热器，都首先按纯逆流方式求得传热平均温差 $\Delta t'_m$，再对平均温差乘一个小于 1 的修正系数 ε_t，即

$$\Delta t_m = \varepsilon_t \Delta t'_m \tag{5-4}$$

修正系数 ε_t 与换热器的流向布置有关，可查传热学手册中的相应曲线。在任何情况下，ε_t 均小于 1。

传热平均温差的简单计算公式为算术平均温差 Δt_a：

$$\Delta t_a = \frac{1}{2}(\Delta t_{max} + \Delta t_{min}) \tag{5-5}$$

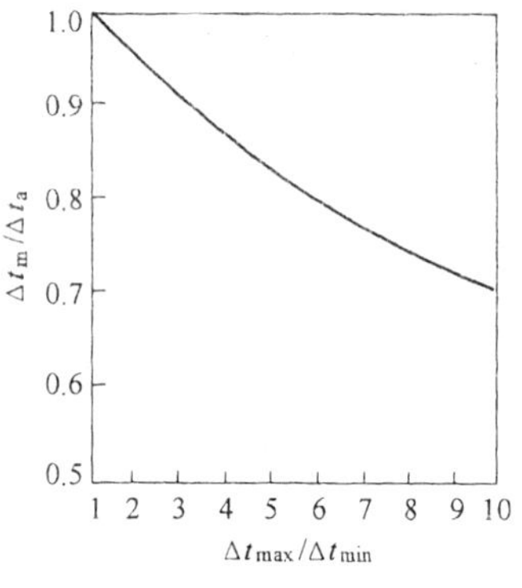

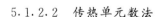

它与对数平均温差的关系如图 5-1 所示。算术平均温差始终大于对数平均温差。但是，作为余热回收用的换热器，由于受材料及介质温度的限制，所取的传热温差 Δt_{max} 与 Δt_{min} 均相当大，并且，在许多场合二者的数值相近。此时，$\Delta t_{max}/\Delta t_{min}$ 接近于 1，算术平均温差也就接近于对数平均温差。

5.1.2.2　传热单元数法

传热单元数法是将换热器内热交换关系表达成传热单元数 NTU 与温度效率 E 及水当量之比 R 的函数关系。传热单元数的定义为：

$$\text{NTU} = \frac{kA}{W_{min}} \tag{5-6}$$

式中 W_{min} 为冷、热流体的水当量中较小的一个值，水当量

图 5-1　对数平均温差与
算术平均温差的关系

为流量与比热容的乘积，即：

$$W_h = V_h c_h \tag{5-7}$$

$$W_c = V_c c_c \tag{5-8}$$

水当量之比 R 定义为

$$R_1 = \frac{W_h}{W_c} \tag{5-9}$$

$$R_2 = \frac{W_c}{W_h} = \frac{1}{R_1} \tag{5-10}$$

温度效率 E 定义为冷流体或热流体的进出口温差与换热器的最大温差（热流体进口与冷流体进口的温差）之比，即

$$E_1 = \frac{t_h' - t_h''}{t_h' - t_c'} \tag{5-11}$$

$$E_2 = \frac{t_c'' - t_c'}{t_h' - t_c'} \tag{5-12}$$

式中　t_h'、t_h''——热流体进口、出口温度，℃；

　　　t_c'、t_c''——冷流体进口、出口温度，℃。

温度效率作为衡量换热器性能的一个指标，表示了流体在换热器内实际温度变化与最大可能的温度变化之比。

$NTU = f(R, E)$ 的函数关系与流体的相对流向有关。在传热学手册中，可以查到各种情况下的 $NTU = f(R, E)$ 的关系线图。一般来说，R 取 R_1 和 R_2 中小于 1 的，E 取 E_1 和 E_2 中较大者。

对已有的换热器，由于已知传热面积、冷热流体的流量及进口温度，由此可以计算出 R 和 NTU 的数值，再利用线图可以查出温度效率 E，计算出流体出口温度和换热量。所以 NTU 法对换热器的校核计算比较方便。

随着节能工作的深入，要求不断开发出高效的传热面，以增大换热量或降低传热温差，或减小换热器的尺寸。前两个目的是为了提高余热回收量或回收热能的质量，以提高热经济性；后者是为了降低换热器的成本，取得直接的经济效果。以哪一个目的较为合理，可以用换热器的温度效率或温度效率的水平来判断。

在一定的水当量比 R 下，温度效率与传热单元数的关系如图 5-2 所示。随着 NTU 的增大（例如 $NTU > 2 \sim 3$ 时），温度效率提高的速度减缓。这时，想靠强化传热来提高传热系数 k 来达到增加换热量的效果已不显著。此时，提高传热系数 k 应以减小换热器的传热面积为目的，可取得与 k 的提高成比例的效果。反之，当 NTU 较小时，提高传热系数 k 应以提高热经济性为目的，效果较为显著。

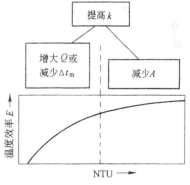

图 5-2　E-NTU 的关系

5.1.3　换热器设计的制约因素

在换热器的设计和校核计算中，应注意考虑一些具体的制约因素。

5.1.3.1　热交换器壁温的限制

余热资源的温度范围很广，高的超过 1000℃。但是，在进行余热回收时，由于受到换热器传热面所能承受的最高温度的限制，使余热得不到充分回收。不同材质允许的最高使用温度如表 5-2 所示。在设计时，应根据换热器的壁温选择合适的材质。耐高温的合金材料

将大大提高换热器的成本，有时不得不选用价格较便宜的耐温较低的材质，再采取降低壁温的相应措施，例如增大烟气侧的热阻及采用顺流布置等，以防止壁面温度超过允许的使用温度。

表 5-2 换热器材料的最高使用温度

材　料	最高使用温度/℃	材　料	最高使用温度/℃
铜	200	耐热球墨铸铁	650～700
黄铜	280	表面渗铝碳钢	650～700
铜-镍合金	370	合金钢（Ni，Cr10％以上）	800
优质碳钢	400～450	镍	980
铸铁	550～600	耐热镍基合金	1000
耐热铸铁	600～650	陶瓷	＞1400

虽然采用逆流布置时，可获得最大的传热温差，从而减少所需的传热面积，但逆流换热器的壁面也相应有较高的温度，如图 5-3a 所示。对于高温换热器，为了控制壁面温度在材质允许的温度以下，不得不采用传热平均温差较小的顺流方式。如图 5-3b 所示，采用顺流时，换热器各部位的壁面温度分布比较均匀，既可将壁面温度控制在较低水平，又可减小热应力。

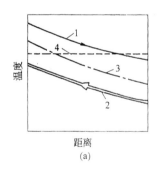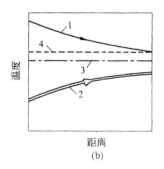

图 5-3　逆流与顺流换热器内的温度分布
（a）逆流换热器；（b）顺流换热器
1—烟气温度；2—空气温度；3—壁面温度；4—材料允许温度

在采用热媒作为热回收介质时，由于热媒温度过高时会产生热分解，这时，壁温受到热媒的热分解温度的限制。

在烟气侧采用翅片管时，翅片的顶部将具有最高温度，所以要注意翅片材质的选择。有时在高温区段不得不采用光管，以免翅片的温度过高而材质无法承受。

在烟气中含有 SO_x、H_2O 等成分时，如果温度降至露点温度以下，它们将在换热器壁面上结露而对金属壁面产生腐蚀。因此，在回收烟气余热时，回收的最低温度也受到限制。露点与烟气中 SO_3 的浓度有关，关系如图 5-4 所示。换热器壁面允许的最低温度与燃料种类、换热器的材质以及排气速度有关，主要取决于燃料的种类。在图中同时画出了对不同燃料允许的换热器壁的最低温度的推荐值。此外，当实际使用温度较低时，应注意换热器壁面的定期清洗，以延长换热器的寿命。

5.1.3.2　传热的脏污

在工业废气中，往往含有大量的固体颗粒等杂质，会脏污换热器表面。烟气对换热面的脏污程度与燃料的性质、燃烧完善程度、烟气中粒子的性质有关。换热面脏污不仅影响传热系数，进而降低换热器的热回收效果，严重时还会造成换热器堵塞，使换热器不能正常工作。必要时需预先经过适当的除尘措施。

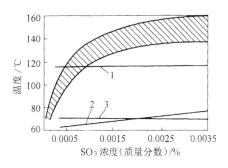

图 5-4　露点温度与 SO_3 浓度的关系及推荐的壁面最低温度

1—重油；2—天然气；3—煤粉

换热面的结构也会影响到积灰的难易程度。因此，需要根据烟气情况，正确选择换热面的结构，决定烟气的流向等。此外，在必要时还需在换热器处预先设置吹灰装置，例如常用压缩空气、蒸汽、水等喷射装置，定期进行吹除。

在进行换热器设计时，必须考虑污垢热阻 r_F 的影响，否则，换热器很快就达不到设计的性能指标。污垢热阻与流体的性质有关，表 5-3 给出了部分污垢热阻的数值。污垢热阻相对于气体的对流换热热阻来说，还是较小的。但是，如果不定期加以清理，在传热表面积聚的厚度增加，将使热阻增大。

表 5-3　污垢热阻的参考值

流体种类	污垢热阻/m²·℃·W⁻¹	流体种类	污垢热阻/m²·℃·W⁻¹
焦炉气	0.002	气体燃料排气	0.0002
燃煤烟气	0.00172	燃料油	0.001
重油烟气	0.00086	冷却水	0.0006
压缩空气	0.0004	水蒸气	0.0001

5.1.3.3　传热面积 A 的限制

增大换热器的传热面积，可以增加余热回收量，进一步节约能源。但是，随着余热回收深度增加，传热温差减小，回收同样的热量将需要几倍的传热面积。而换热器的成本与换热面积成正比。因此，在设计时需经过技术经济比铰，慎重选取。

5.1.3.4　流体输送的功率消耗

安设余热回收装置时，必然要额外增加余热源通路的阻力，从而会增加风机的功率消耗。对原先没有引风机的烟道，有时还不得不增设引风机，从而增加额外的设备投资费用。在余热回收侧，空气或水等受热介质在通过换热器时，也需克服换热器的阻力而增加动力消耗。这些情况均会影响到热回收装置的经济性。

增加流体的流速可以提高换热器内对流换热的传热系数，从而提高换热器的传热系数。对流传热系数大致与流速的 0.8 次方成正比。而流动阻力将随流速的 1.75 次方的关系迅速增加，动力消耗所需的运行费用也将按同样的比例关系增加。因此，在采取提高流速的措

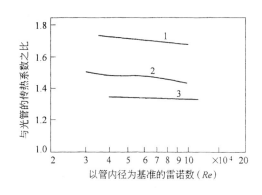

图 5-5　内翅管传热性能比较

施增强传热时，需要经过技术经济比较，慎重选取。根据经验，对常用的一些换热器，均给出合理的流速范围，供设计时选取。

在采用高效传热面时，通常是靠增加气流的扰动来强化传热，这也相应地会增加阻力损失。在设计时，也需综合考虑两方面的影响。例如，在采用各种带内翅片的传热管来增强传热时，应考虑它们在相同的流动阻力的情况下（在相同的 Re 数下），进行传热性能的比较。图 5-5 给出三种不同尺寸的内翅管的传热性能的比较。翅管的结构尺寸如表 5-4 所示。由比较结果可见，第 1 种内翅管的性能较为优越。

表 5-4　内翅管的结构尺寸

编　　号	1	2	3
外径/mm	25.4	19.1	15.9
内径/mm	23.7	17.0	13.9
翅端圆周径/mm	21.7	13.6	10.9
翅数	32	16	10
螺旋角/度	30.0	11.0	

（5）强度设计。换热器强度设计的重要性不亚于传热设计。特别是对高温余热的回收显得更为重要。在设计时要考虑到如何解决换热器各部分不同热膨胀的问题，对产生的热应力采取何种措施。在有的情况下，为了保证强度留有余地，设计时不得不取较小的温度效率。

5.2　高温余热回收装置

回收工业炉高温烟气余热的装置主要是用空气预热器，将热量传给空气后再带回炉内。除回收热量本身带来节能效果外，还可因改善燃烧条件而获得节能效益。

高温余热回收装置只能回收部分烟气余热，通常只能将烟气冷却到中等温度水平。因此，根据需要，在预热器后部还可加设其他余热回收装置，例如余热锅炉等，以便增加节能效果。

5.2.1　高温换热器的形式

高温换热器按其传热方式分，主要有切换式蓄热室和间壁式换热器。传统的切换式蓄热室多采用耐火材料作为蓄热体，主要用于一些高温工业炉窑，如高炉热风炉、焦炉、玻璃窑炉等。近几年，用特殊材料作为蓄热体的蓄热式烧嘴在高温空气燃烧技术中广泛应用。

间壁式换热器是空气预热器的主要形式，根据换热器使用的材质，可分为金属换热器和陶质换热器。陶质换热器可以承受高温，但一般严密性较差，常存在泄漏的问题。在高温下工作的金属换热器，根据壁面承受的温度，需要选用相应的耐热材料，例如镍铬耐热钢、铸铁和铸钢等。金属间壁式空气预热器是回收高温烟气余热的主要设备。

对高温换热器来说,烟气温度在 700℃ 以上,甚至高达 1300℃。由于在烟气中含有 CO_2、H_2O 等辐射性气体,有的还含有炭黑及固体粒子,在高温下辐射能力较强,辐射换热不能忽视。因此,根据烟气侧的主要传热方式,换热器可分为辐射型和对流型两种。

5.2.1.1 辐射换热器

辐射换热器的典型结构如图 5-6 所示。由于烟气辐射的效果与气层的厚度有关,因此,烟气通路需要有较大的空间,以增强辐射换热。烟气从中心的圆筒通过,所以烟气的流动阻力很小,并且不易积灰,还可将它作为烟囱的一部分。空气从内外圆筒的环缝中通过,具有较高的流速(5~15m/s)。由于空气侧只靠对流换热,流速对传热系数起着主要影响。采用高流速是为了增强空气侧的传热,以降低金属壁面的温度。为保证圆筒热膨胀的安全性,需设有膨胀节装置,并且,上部的烟道及空气管道等不能施力于换热器上。

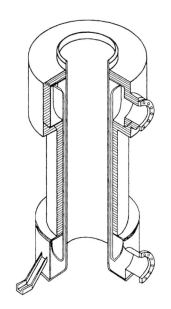

图 5-6 辐射换热器

辐射换热器的直径一般为 0.5~3m 或更大,高度为 2.4~40m。最大处理烟气量为 80000m³(标)/h,排烟温度在 800~1300℃ 的范围,预热空气温度为 250~600℃,最高可达 700℃。最大传热系数为 40W/(m²·℃)。

它的缺点是安装及检修较为困难,当炉子负荷发生变动时,由于所需的空气量减少,空气侧传热系数降低,容易造成壁面温度过高而烧坏。因此需要采取一定的安全措施。

5.2.1.2 对流换热器

对流换热器分铸造和钢管两种。图 5-7 是一种典型的直管型对流换热器的结构图。传热管由直径为 38~100mm 的钢管构成,壁厚一般为 3mm。由于各管组在不同温度下工作,热膨胀不同,直管型容易产生过大的热应力。为了减轻这种情况,可以采取前后管径不同的措施。更有效的办法是将管子稍加弯曲,以增加弹性。有的采用 U 形弯管,下部不设联箱,以保证管子能向下自由膨胀。

对流换热器多数布置在烟道内,烟气从管外横向流过。由于它以对流换热为主,因此,烟气流速高于辐射换热器,一般为 1~3m/s。对含尘高的烟气,也可让烟气走垂直管,以减轻在传热面上积灰,但这时烟气层减薄,辐射换热效果减弱。由于高温烟气的辐射能力较强,在以对流换热为主的换热器中,往往也采取加大管子节距等措施,以提高辐射换热量所占的比例。

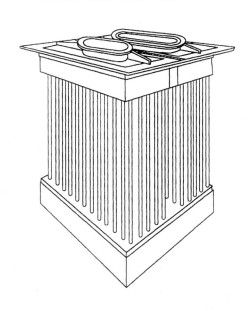

图 5-7 对流换热器

传热面的材质根据工作温度选定。为了节约

投资费用，对不同工作温度范围的管束，可以考虑选用不同的材质。

铸造换热器可以在铸管内外直接铸出各种形状的翅片，以增加换热面积和增强气流的扰动。铸管的壁厚一般在 8mm 以上。但是，翅片容易造成积灰，对含尘量大的烟气需慎重选取。

5.2.2 高温换热器的选择

各种形式的高温换热器分别有其不同的特点，适合在不同条件下工作。选择时，需考虑设备费用、工作温度、要求的预热空气温度、负荷变化情况、允许的压力损失、使用年限及可靠性、现场的安装及修理条件等。

5.2.2.1 设备费用

在比较设备成本时，应将有关的附属设备费用也包括在内。例如，辐射换热器可以代替一段烟囱，它与对流换热器相比较时，应将烟囱的成本考虑在内。但是，大型辐射换热器的高度很高，相应地支架平台的成本也相当高，不应忽视。此外，为设置换热器增加的烟道及基础的费用也应包括在内。

设备成本不一定是最重要的比较基准。例如，对连续式加热炉，空气预热器已成为炉子的重要组成部分，当空气预热器发生故障时，可能造成整个生产线的短时间停产，带来的经济损失就有可能达到或超过设备的投资费用。因此，在这种情况下，设备的可靠性以及修理的方便性比投资成本显得更为重要。而对均热炉来说，即使一个坑的换热器发生故障，也不至于对生产带来重大影响。

5.2.2.2 工作温度

如前所述，高温换热器的工作温度受到金属材料允许的最高使用温度的限制。根据传热学公式，金属壁面温度 t_w 与烟气温度 t_y（放热侧）及空气温度 t_k（受热侧）的关系为：

$$t_w = \frac{\alpha_y t_y + \alpha_k t_k}{\alpha_y + \alpha_k} \tag{5-13}$$

式中 α_y——烟气侧的传热系数，W/（m²·℃）；

α_k——空气侧的传热系数，W/（m²·℃）。

对于对流换热器，由于烟气侧与空气侧的传热系数相接近，金属壁面温度接近于二者温度的平均值。因此，即使采用耐热合金钢为材料，进口烟气温度也应限制在 1000℃ 以下。

对于辐射换热器，由于空气侧的流速远比烟气流速高，在 5～15m/s 的范围，α_k 相对于 α_y 较大，壁面温度更接近于空气温度。因此，它允许的进口烟气温度可达 1300℃。但是，空气侧的压力损失相应地也增大，在 1000～2000Pa 的范围。

当负荷降低时，对辐射换热器，由于烟气侧的传热系数 α_y 受流速的影响不大，而空气侧的传热系数 α_k 将随空气量减少而降低。因此会造成金属壁面温度升高，甚至烧坏换热器。所以，对耐热合金钢的最高壁面温度也应限制在 850℃ 以下，必要时还需采取控制措施。

空气预热器最理想的设计是以最低的费用得到最高的预热温度，并且保证在任何条件下均能安全地工作。但是，实际上很难做到这一点。最主要的问题是难以正确估计工作温度范围。如果对进口烟气温度预计过高，则实际达不到设计的预热温度；如果估计过低，则可能造成预热器过热。此外，烟气中的灰尘在金属表面附着，将使传热性能下降，预热温度降低；气流的不均匀性及周围烟道壁的辐射，可能造成换热器的局部过热。这些问题需要在实际工作中不断积累经验，使设计尽可能完善。

5.2.2.3 最高预热温度

在某些场合，需要预先决定所需的预热温度，再确定换热器的传热面积时，应分析研究换热器的成本及其安全性。粗略地估计，预热温度提高100℃，将使所需的传热面积成倍地增加。同时，换热器的材料也需要用耐热程度更好的钢。这将使换热器的投资大大增加。所以需要比较提高预热温度所能带来的经济效益。

当预热器作为装置的重要组成部分时，一旦发生故障，造成的经济损失可能比提高预热温度带来的燃料节约更大。这时，不如选取较低的预热温度为宜，对一般的空气预热器，预热空气温度以300～500℃的范围为宜。

为了达到某一预热温度，通过改变流体的流向，可以调整换热器的壁面温度，以保证换热器能在更安全的情况下工作。以辐射换热器为例，为了从1300℃的烟气中回收余热，将空气预热到550℃，通过流向按逆流、顺流及其顺逆组合的方式，可以有图5-8所示的五种方案。设计计算表明，按方案Ⅰ的单纯逆流布置，由于传热的平均温差最大，所需的换热面积最小，高度最低。但是，金属壁面的最高温度将达900℃，超过金属壁所能承受的温度。按方案Ⅴ的纯顺流布置，金属壁面温度只有650℃，但是换热器所需的传热面积最大，高度最高，加上换热器的支架，所需消耗的金属量最大。以方案Ⅰ为基准，其他方案与它的比较如表5-5所示。由表可见，采用方案Ⅳ的布置，换热器下部的壁面温度与顺流布置时相同，最为安全，而且，高度及金属消耗量相对减小，热风的出口位置靠近下部，使下部的换热器不必直接承受上段换热器的重量，所以它是最佳的一个方案。

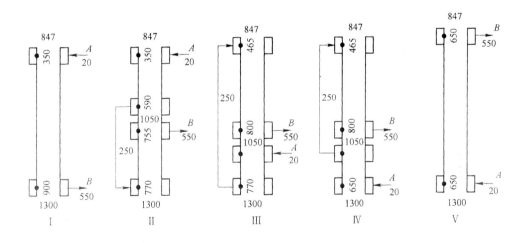

图 5-8　辐射换热器的流向布置对壁面温度的影响

表 5-5　辐射换热器不同布置方案的比较

方　案	Ⅰ	Ⅱ	Ⅲ	Ⅳ	Ⅴ
高　度	1.0	1.01	1.05	1.06	1.13
金属消耗	1.0	1.02	1.09	1.18	1.44

5.2.3 高温换热器在使用中的问题

高温换热器在使用过程中出现的故障主要有烧坏、泄漏、堵塞、腐蚀、参数达不到设计要求等问题。主要原因有以下几个方面：

1）设计原始数据不正确。要预先正确判断预热器的操作条件是十分困难的问题。为此，在设计时应留有一定的安全系数。在金属材料的耐温方面，应留有一定的余地，设计的最高工作温度应低于材料的允许温度。因为流动不均匀及局部过热的情况难以估计；在确定传热系数时，应考虑到污垢热阻。在计算所需的传热面积时，也需留 $10\%\sim15\%$ 的余地。

在风机的选择上，需要考虑到设备有时要超负荷运转，所以风机的容量应比设计计算所需的容量大 20%。风机的压头应能保证克服全风量通过换热器时的阻力。

2）设计不当。不同型式的预热器产生的故障情况也不同。由于设计造成的故障的主要原因有：a. 材料选择不当；b. 温度分布不均匀；c. 热膨胀的补偿考虑不周；d. 管间距选择不当等等。

3）制造缺陷。主要是由于焊接不当或铸造缺陷造成，可能产生局部应力或泄漏。

4）操作不当。工业炉窑的操作过程主要以满足生产要求为主，而作为炉子附属装置的预热器往往由于炉子操作不当带来不利影响。加热炉的频繁启动、停炉有可能造成预热器的低温腐蚀。加热炉在超负荷运行时，很容易产生燃料燃烧不完全而损坏换热器。对带有温度保护装置的空气预热器，如果操作不当，使稀释风机或空气放空装置不能正常动作，就可能将预热器烧坏。因此，在加热炉的操作规程中，也应列入保护换热器正常工作的规定。

5.3 余热锅炉

余热锅炉是利用高温烟气、工艺气或产品的余热，以产生蒸汽或热水的换热设备。蒸汽回收的热量虽然不能直接返回到炉内，但是，就提高整个企业的能源利用率、节约燃料消耗和促进企业内部的动力平衡来说，仍起着十分重要的作用。并且，余热锅炉的设备简单、耐用，当车间需要蒸汽时可以就地取材，多余的蒸汽可以并入蒸汽管网，它可以回收中低温的烟气余热，因此，与空气预热器配合，是一种回收利用余热的重要手段。

5.3.1 余热锅炉的特点

余热锅炉除具有一般工业锅炉相似的锅内过程和传热过程外，由于它的热源依赖于余热，其工作又服从于生产工艺，因此，余热锅炉还具有以下特点：

1）如果余热锅炉回收的蒸汽是为了一般的供热需要，则不要求太高的蒸汽压力，是以回收尽可能多的热量为目标。但是一般的热用户有限，并随季节性和时间性变化大，往往出现回收而不利用的现象。因此，当考虑余热蒸汽进行动力回收时，则需确定恰当的蒸汽温度和压力，以便从余热中回收尽可能多的可用能（㶲值）。

提高回收蒸汽的温度和压力固然可以提高蒸汽的比㶲 e_x，但是，它将减小烟气与蒸汽之间的传热温差，减少从每立方米烟气产生的蒸汽量 $d\mathrm{kg/m^3}$（烟气），所以，从每立方米烟气中回收的㶲值不一定增大。因此，针对不同的烟气温度，存在一个最佳的蒸汽压力，此时从烟气中回收的㶲最大。图 5-9 为计算一例。它给出不同烟气温度下，余热锅炉产生的蒸汽压力与回收㶲的关系。由图可见、烟气温度越高，对应的最佳蒸汽压力也越高。

2）余热锅炉产生的蒸汽量取决于前部设备的生产工艺，不能随用户需要而变动。当用余热锅炉生产的蒸汽单独供用户时，负荷和压力不易控制。因此，最好并入蒸汽管网，负荷的变化由供热锅炉来调节。

图 5-10 是余热锅炉的一种负荷特性情况。它产生的蒸汽量只能满足整个热用户的部分

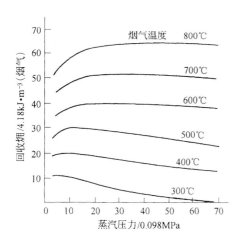

图 5-9　烟气中回收的蒸汽㶲

需要,不足部分可由锅炉来供给。当供汽压力变化时,可控制锅炉的燃料供给量,以此来平衡用户的需要。

图 5-11 是另一种负荷特性。余热锅炉产生的蒸汽有时超过用户的需要量。对非经常性的情况,最简单的调节方法是将部分蒸汽放空。当所占的比例大时,为了节约能源,可以考虑设置蒸汽蓄热器。

3) 余热锅炉容量的确定,要考虑到生产工艺的周期性,最大、最小烟气流量以及相应的温度变化规律。不能简单地按最大负荷时的烟气参数来设计,否则设备长期不能在设计工况下工作,造成投资的浪费。当余热锅炉作为主要供汽源时,在设

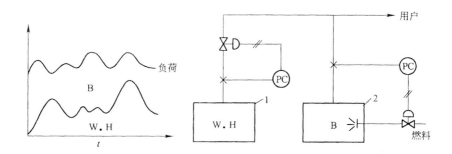

图 5-10　余热锅炉的负荷特性 (一)
1—余热锅炉;2—供热锅炉

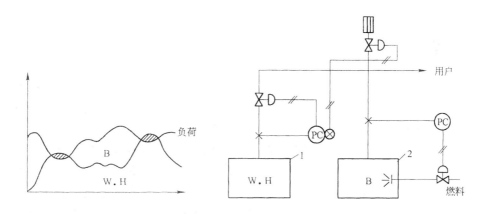

图 5-11　余热锅炉的负荷特性 (二)
1—余热锅炉;2—供热锅炉

计时可以考虑在余热锅炉上增设辅助燃烧装置,以便在供汽量不足时使用。

4) 余热锅炉的工作温度较低,对相同蒸发量的锅炉而言,所需的传热面积比工业锅炉

大。要改善余热锅炉内的传热条件，应尽可能减少废气进锅炉前的温降，减少在烟道中吸入冷风，即提高烟气在锅炉内可利用的热能。

余热锅炉内的传热以对流传热为主。为了强化对流传热，应尽可能提高烟气和水汽混合物的流动速度。为此，可以采取以下措施：a. 减小锅炉管径；b. 采用强制循环；c. 采用引风机抽引烟气；d. 采用异形锅炉管，以增加流体的扰动，达到增强传热的目的。在锅炉管束的布置方面，也应力求有利于增强对流传热。

5）根据烟气的不同特性，需要采取相应的措施。由于工业炉的燃料不同以及生产工艺不同，形成的烟气的性质也有很大差别。例如，一般的冶炼炉的排气中含有大量烟尘，有的还含有熔融灰渣；燃油加热炉的烟气含尘不大，但含有粘结性物质；燃煤加热炉的排烟含有一定的烟尘，但基本没有粘结性等等。

对烟尘量大的烟气，需要考虑在余热锅炉前设置沉降室，以减轻在受热面积灰和磨损，防止蒸汽出力下降。有的还要考虑定期清灰装置。例如平炉后的余热锅炉，设有多种专门的清灰装置。

对洁净烟气，余热锅炉的结构可采用小节距管束式螺旋翅片管受热面，并可采取高烟速的对流传热方式，使锅炉的结构紧凑。

对含尘量不多，且烟尘又没有粘结性的烟气，可采用烟气直通式的水管锅炉。

对含尘量较多的烟气，在结构布置上可采取以下措施来消除受热面的积灰：

a 采用轴向翅片管。如图 5-12 所示。由于受热时翅片和管子有几十度的温差，翅片各部分的温度也不同，造成热胀冷缩的程度不一致，附着在上面的烟尘易于开裂脱落。目前，日本的余热锅炉当含尘量大于 $50g/m^3$ 时，受热面普遍采用这种翅片管的结构形式。

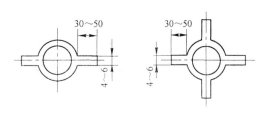

图 5-12 轴向翅片管

b 采用纵向冲刷、顺列布置和低烟气流速。在烟气横向冲刷管子时，虽然给热系数较大，但是，由于管子背面的涡流区容易积灰，反而使传热效果降低。采用纵向冲刷时，管壁周围形成的层流边界层可以阻止细尘的沉降。烟气速度越低，边界层的厚度增加，可使积灰速度降低。因此，为了减轻积灰，适当降低烟气流速较为有利。根据日本经验，在含尘量 大于 $50g/m^3$ 时，采用纵向冲刷、顺列布置；含尘量为 $10\sim50g/m^3$ 时，采用横向冲刷、顺列布置；含尘量在 $10g/m^3$ 以下时，采用横向冲刷、错列布置。

c 采用宽节距。这样不但能增加一部分辐射换热量，而且能使烟气流动较为均匀和稳定，在管壁上保持一个较厚的稳定的边界层，大大减少管子的积灰。因此，对于对流受热面，管排间距一般采用 $200\sim400mm$。

6）防止排烟温度低于露点温度，以免产生低温腐蚀。烟气离开余热锅炉的温度越低，热回收率越高。但是，排烟温度过低，容易产生低温腐蚀。为了防止产生低温腐蚀，可采取以下一些措施：

a 提高余热锅炉的工作压力和排烟温度，使其尾部受热面的壁温高于露点温度。如前所述，SO_3 的含量直接影响露点温度，而烟气中的 SO_2 只有 $1\%\sim5\%$ 能转化为 SO_3。根据经验，余热锅炉的设计排烟温度，一般不低于 $200\sim230℃$。如果把余热锅炉的压力提高到

2MPa 以上，则水的饱和温度超过 211℃，可以保证受热面的壁温高于露点温度。

b　余热锅炉一般不装省煤器。因为壁面温度接近管内的水温，而给水温度总是低于烟气露点。为了防止腐蚀，也可采取给水先在余热锅炉外预热，再送至省煤器的措施。

c　炉墙要采用双层衬板，防止漏风。漏风会使烟气温度降低，影响热回收效果。同时会使烟气中的含氧增加，SO_2 向 SO_3 的转化量增大，烟气露点温度也随之增高，使受热面容易遭到腐蚀。

7）对含尘量大的烟气，应采取适当的预防磨损的措施。灰尘对金属壁面的磨损与粒子的碰撞速度、碰撞角度、粒子的硬度、密度、形状、灰尘浓度、被撞表面的性状等许多因素有关。根据锅炉的煤飞灰对传热管磨损的试验结果，单位时间的磨损量与风速、飞灰浓度及管外径的关系为

$$\Delta m \propto u^{3.75} c^{0.642} d^{0.92} \qquad (5\text{-}14)$$

式中　Δm——单位时间磨损量，g/s；

u——气流速度，m/s，实验范围为 $u=8\sim30$ m/s；

c——飞灰浓度，g/m^3，实验条件为 $c=100\sim500g/m^3$；

d——管外径，mm，实验范围为 $d=25\sim40mm$。

有的研究还表明，将 $100\mu m$ 以上的灰粒预先除去，磨损速度可降至 1/3 以下。

粒径对磨损量的影响如图 5-13 所示。为了减轻对管壁的磨损，对含尘量大的烟气，应在进余热锅炉前采取除尘措施，除去较粗的尘粒。但是，细尘会增加在传热表面的附着性。此外，可考虑适当降低流速；在结构上避免急剧拐弯和偏流，以免流速局部升高；在与尘流直接碰撞的部位，采取适当的防磨措施等。

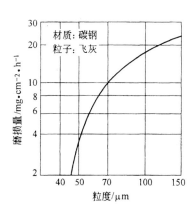

图 5-13　粒径与磨损量的关系

冶金企业设置余热锅炉的主要对象设备及烟气条件如表 5-6 所示。

表 5-6　冶金企业设置余热锅炉的烟气条件

企业	序号	排气设备	排气温度/℃	烟气中含尘浓度/$g\cdot m^{-3}$	排气中 SO_x 体积分数	备　注
钢铁	1	炼钢转炉	1500～1550	20～40	微量	间歇式
	2	干熄焦装置	800～900	5～20	$(30\sim50)\times10^{-6}$	
	3	钢材加热炉	300～600	0.05～0.5	$(10\sim2000)\times10^{-6}$	取决于燃料
	4	烧结冷却机	300～400	0.1～1	无	
有色	5	镍熔炼炉	1350～1400	100～150	5%～20%	间歇
	6	铜熔炼炉	1200～1350	100～150	5%～20%	
	7	铜转炉	700～800	40～70	5%～15%	
	8	锌熔烧炉	850～950	200～350	5%～15%	

5.3.2　余热锅炉的结构型式

余热锅炉根据余热源的温度不同，按其热工特性大致可分为两类：一类热源初温在 400

～800℃之间，主要是靠对流传热。由增大对流换热面来增强换热；另一类热源温度初温在850℃以上。为了充分利用高温辐射热，余热锅炉设有空间较大的冷却室。锅炉既有辐射受热面，又有对流受热面。

按照受热面的型式，可分为烟管式和水管式两种。烟管式锅炉不需要周围炉壁，结构简单、紧凑，便于布置在炉子附近，制造容易，操作方便。并且，烟气侧气密性好，漏风少。缺点是金属消耗量大，水汽侧锅筒的直径大，蒸汽压力不宜过高，水质不好时清理水垢较为困难。图5-14是一种实际使用的卧式烟管式余热锅炉的简图。烟管直径一般为50～76mm，锅筒直径有的大至3～3.5m。

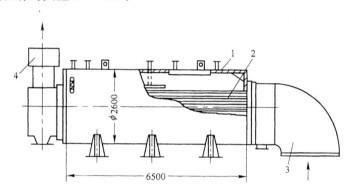

图5-14　烟管式余热锅炉
1—锅筒；2—烟管；3—烟气进口；4—烟气出口

水管式锅炉适宜于蒸汽产量大、压力较高的情况。水管锅炉按水的循环方式分为自然循环和强制循环两种。自然循环是靠水与水汽混合物的重度差，在受热管内流动。因此，对自然循环锅炉来说，需要构成一个水循环回路。图5-15是自然循环水管锅炉的一个例子。循环回路由上、下锅筒和锅筒之间的对流管束构成。烟气流过管束时，由于受热强弱不同，受热强的管内产生一部分蒸汽，汽水混合物的密度小，混合物向上流动，受热弱的管内水的密度大，向下流动，由此形成自然循环。产生的蒸汽在上锅筒经分离后排出，可供至过热器中进一步过热。强制循环是靠水泵迫使水在管内流动，受热面的布置较自由。图5-16是一台强制循环余热锅炉，由两级过热器和蒸发受热面组成。它是靠水泵强制水流过蒸发受热管，受热后产生的汽水混合物回至锅筒，饱和蒸汽再经两级过热器过热后外供用户使用。

水管式锅炉根据管子的形状，还可分为直管式（排管式）、弯管式和蛇管式。直管式是将一排直管焊接在水联箱上，联箱再与锅筒相连。它的结构简单，适用于小型余热锅炉。图5-15是弯管式水管锅炉的一种型式。它的结构紧凑，运行较稳定，检修方便，应用较广。但是，每根弯管是用胀管的方法固定在锅筒壁上，安装的工作量较大。图5-16是蛇管式水管锅炉的一种型式，是由直径为32～38mm的细管弯成，受热面布置自由，结构紧凑，热效率高。但因流动阻力大，只适宜于强制循环锅炉。此外，由于管径细，长度大，结垢后难以清除，所以对水质要求高。

目前在工业炉上实际采用的一些余热锅炉的参数如表5-7所示。

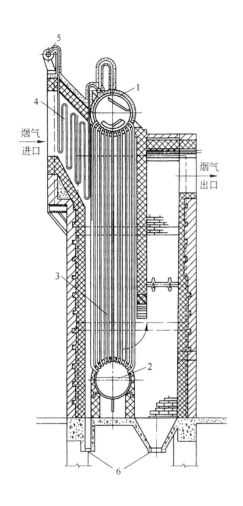

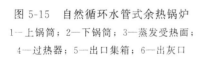

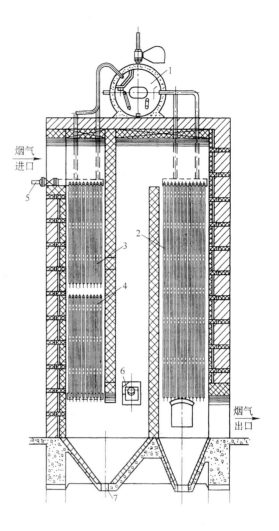

图 5-15　自然循环水管式余热锅炉

1—上锅筒；2—下锅筒；3—蒸发受热面；

4—过热器；5—出口集箱；6—出灰口

图 5-16　强制循环水管式余热锅炉

1—锅筒；2—蒸发受热面；3—第一级过热器；

4—第二级过热器；5—过热蒸汽输出管；

6—启动时加热用的燃烧装置；7—出灰口

表 5-7　工业炉用的余热锅炉参数

炉型	烟气参数		余热锅炉型号	蒸发量/kg·h⁻¹	蒸汽参数	
	流量/m³（标）·h⁻¹	温度/℃			表压力/10⁵Pa	温度/℃
加热炉	20000～35000	500～700	F30/650—6/13—250	3000～8000	13	250～300
	35000～45000	500～700	F40/650—8/13—250	5000～10000	13	250～300
	45000～55000	500～700	F50/650—12/13—250	7000～14000	13	256～300
	20000～30000	550～700	HJ25/550—5—13/250	4000～7000	13	250～300
	30000～45000	550～700	HJ40/550—8—13/250	6000～10000	13	250～300
	45000～70000	550～700	HJ55/550—10—13/250	9000～16000	13	250～300

炉型	烟气参数		余热锅炉型号	蒸发量/kg·h⁻¹	蒸汽参数	
	流量/m³（标）·h⁻¹	温度/℃			表压力/10⁵Pa	温度/℃
玻璃窑炉	8000	500	B8/500—1—13	1000	13	饱和
	25000	500	B25/500—3—13	3000	13	饱和
	40000	500	B40/500—5—13	5000	13	饱和

由于加热炉的种类繁多，负荷变动大，定型的余热锅炉难以完全配套，影响余热锅炉的实际使用效果。

目前在设计余热锅炉时，一般都参考工业锅炉的热力计算标准，在此不再详述。

5.4 回转式换热器

回转式换热器是一种蓄热式换热器，又叫热轮。它的结构如图 5-17 所示。它由直径为 2～5m 宽度为 1～3m 的转子构成换热器的本体。转子由马达通过减速装置带动，以 0.5～

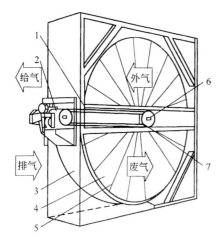

图 5-17 回转式换热器结构

1—传动链；2—驱动马达；3—转子；

4—蓄热体；5—径向密封；6—转轴；7—轴承

4r/min 的速度缓慢旋转。转轴可以水平安置，也可以垂直安置。转子内装有金属板或多孔陶瓷材料组成的蓄热体。蓄热体既能使气流以较小的阻力通过，又要求在单位体积内有尽可能大的传热面积和蓄热能力。图 5-18 表示由金属薄板构成的蓄热元件的形状。它用 0.5～1.2mm 厚的薄板压成波纹形状，波纹可以设计成不同的型式，它与平板相间地叠在一起，以形成气体通路。然后将它组装到转子内。当气体通过蓄热体时，蜂窝状板的表面既是传热面，又是蓄热体。在单位体积内的传热面积可达 300～500m²/m³。气流以 8～16m/s 的速度流过，波纹板还起到扰动气流的作用，以增强传热。

转子外周与定子（外壳）之间，以及转子端面与管路之间采用弹性摩擦密封，以防止空气向烟气侧泄漏。转子的一部分扇形区域与空气通道相连，另一部分扇形区域与烟气通道相连。两个通道之间留有一小块扇形过渡区。随着转子的旋转，蓄热体在与烟气相通的位置吸收热量，转至与空气通道相通时，又将蓄热量传给空气，从而实现烟气与空气间的传热。

这种换热器最早用于电厂锅炉的空气预热器。随着密封技术的改进，漏风率降低到 10% 以下，近年来也逐渐用于各种工业炉的烟气余热的回收。并且开始研制了多孔陶瓷蓄热体，以便将它用于更高温度范围的余热回收。

回转式换热器的传热过程较为复杂，蓄热体内的每一点的温度 θ 是时间的函数，又是空间位置的函数。

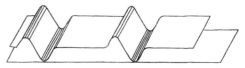

图 5-18 波纹形蓄热体的形状

$$\theta = f_1(x,y,z,\tau) = f_2(x,\phi,r,\tau)$$

如果忽略蓄热体沿热轮的径向和轴向的温度变化，则温度 θ 与轴向位置 x 及径向位置 r 无关。并且，由于转子以缓慢的速度匀速旋转，圆周角 ϕ 是时间 τ 的函数。因此，这样可将蓄热体的温度 θ 简化为只是圆周角 ϕ 或时间 τ 的一元函数。

$$\theta = f_3(\phi) = f_4(\tau)$$

蓄热体的温度变化规律如图 5-19 所示。在图中同时标出了热流体与冷流体的进、出口温度变化规律。设热流体通道所占的圆周角为 $0 \leqslant \phi \leqslant \phi_h$，冷通道所占的圆周角为 $\phi_h \leqslant \phi \leqslant 2\pi$。热轮旋转一周（圆周角 2π）所需的时间为 τ_r。冷、热流体的进口温度 t_2'、t_1' 为恒定，出口温度 t_2''、t_1'' 也将随圆周角而变化。

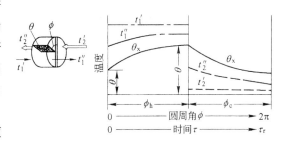

图 5-19　热轮内的温度变化规律

由图可见，热轮从冷通道（$\phi = 2\pi$）刚转至热通道（$\phi = 0$）的位置时，蓄热体刚放完热量，温度最低，设 $\theta = \theta_0$。在该位置热流体与蓄热体的传热温差（$t_1' - \theta_0$）最大，流体流经时传热量也最大，因此，热流体在该位置的出口温度 t_1'' 为最低。随着热轮的旋转，蓄热体在热通道内不断被加热。当转至 $\phi = \phi_h$ 时，被加热到最高温度 θ_{max}。随着转角 ϕ 增大，蓄热体温度不断升高，与热流体之间的传热温差不断减小，传热不断减弱，热流体出口温度 t_1'' 也随转角增大而提高。

当被加热的蓄热体从热通道转至与冷通道相通时，蓄热体的温度高于冷流体的进口温度 t_2'，将热量传给流过通道的冷流体，使冷流体的出口温度 t_2'' 升高。在刚转入冷通道时，蓄热体与冷流体的传热温差最大，冷流体在该位置的出口温度也最高；随着热轮旋转，蓄热体因不断放热而温度降低，传热温差减小，传热量也随之减少，冷流体出口温度随转角增大而降低。

如果设装于热轮内的蓄热体的总质量为 m kg，比热容为 c_r J/（kg·℃），则蓄热体的总热容为

$$W_r = mc_r \quad \text{J/℃}$$

蓄热体每旋转一周（一个周期），在热通道内吸收的热量，在理想情况下，应等于在冷通道内放出的热量：

$$Q_h = Q_c = W_r(\theta_{max} - \theta_0) \quad \text{J/周期} \tag{5-15}$$

由于旋转一周的时间为 τ_r，因此，换热器在每秒钟传递的热流量为

$$Q = \frac{Q_c}{\tau_r} \quad \text{(W)} \tag{5-16}$$

它应等于热流体流经换热器时放出的热量和冷流体流经换热器时吸收的热量。

$$Q = V_h c_h \Delta \bar{t}_1 = V_c c_c \Delta \bar{t}_2 = W_h \Delta \bar{t}_1 = W_c \Delta \bar{t}_2 \quad \text{(W)} \tag{5-17}$$

式中　V_h、V_c——热流体与冷流体的体积流量，m^3/s；

　　　c_h、c_c——热流体与冷流体的比热容，J/（m^3·℃）；

　　　$\Delta \bar{t}_1$——热流体进出口的平均温差，$\Delta \bar{t}_1 = t_1' - \bar{t}_1''$，℃；

　　　$\Delta \bar{t}_2$——冷流体进出口的平均温差，$\Delta \bar{t}_2 = \bar{t}_2'' - t_2'$，℃；

W_h——热流体的水当量，$W_h = V_h c_h$，W/℃；

W_c——冷流体的水当量，$W_c = V_c c_c$，W/℃；

$\bar{t}_1''$——热流体出换热器的平均温度，℃；

$\bar{t}_2''$——冷流体出换热器的平均温度，℃。

如果将回转式换热器的传热过程也按通过间壁传热处理，则传热量的公式为

$$Q = kA\Delta t_m = \frac{\Delta t_m}{\left(\dfrac{1}{\alpha A}\right)_h + \left(\dfrac{1}{\alpha A}\right)_c} \tag{5-18}$$

式中　k——假想传热系数，W/（m^2·℃）；

A——蓄热体内总传热面积，m^2；

Δt_m——冷热流体的传热对数平均温差，℃；

$(\alpha A)_h$——热流体与蓄热体表面的对流传热系数 α_h 与热流体通道内蓄热体表面积 A_h 的乘积，W/℃；

$(\alpha A)_c$——蓄热体表面与冷流体的对流传热系数 α_c 与冷流体通道内蓄热体表面积 A_c 的乘积，W/℃。

由于总传热量应等于热流体对蓄热体表面的对流换热量，也等于蓄热体对冷流体的对流换热量，即

$$Q = (\alpha A)_h \Delta t_{m1} = (\alpha A)_c \Delta t_{m2} \tag{5-19}$$

式中　Δt_{m1}——热流体与蓄热体表面的传热平均温差，按每个转角位置的传热对数平均温差再对整个热通道取平均值。

$$\Delta t_{m1} = \frac{1}{\phi_h} \int_0^{\phi_h} \frac{(t_1' - \theta) - (t_1'' - \theta)}{\ln \dfrac{(t_1' - \theta)}{(t_1'' - \theta)}} d\phi \tag{5-20}$$

Δt_{m2}——蓄热体表面与冷流体的传热平均温差，计算方法与 Δt_{m1} 相同。

$$\Delta t_{m2} = \frac{1}{\phi_c} \int_{\phi_h}^{2\pi} \frac{(\theta - t_2') - (\theta - t_2'')}{\ln \dfrac{(\theta - t_2')}{(\theta - t_2'')}} d\phi \tag{5-21}$$

由于蓄热体的壁很薄，如果忽略蓄热体的导热热阻，式（5-19）可写为

$$Q = \frac{\Delta t_{m1}}{\dfrac{1}{(\alpha A)_h}} = \frac{\Delta t_{m2}}{\dfrac{1}{(\alpha A)_c}} = \frac{\Delta t_{m1} + \Delta t_{m2}}{\dfrac{1}{(\alpha A)_h} + \dfrac{1}{(\alpha A)_c}} \tag{5-22}$$

对比式（5-18）可得

$$\Delta t_m = \Delta t_{m1} + \Delta t_{m2} \tag{5-23}$$

$$\frac{1}{kA} = \frac{1}{(\alpha A)_h} + \frac{1}{(\alpha A)_c} \tag{5-24}$$

或

$$\frac{1}{k} = \frac{1}{\alpha_h \left(\dfrac{A_h}{A}\right)} + \frac{1}{\alpha_c \left(\dfrac{A_c}{A}\right)} \tag{5-25}$$

根据选定的蓄热体元件的通道形式，以及气流的实际流速和物性参数，可以根据传热学中的有关准则公式计算出传热系数 α_h 和 α_c。冷、热流体通道所占的比例（A_c/A）及（A_h/A）根据它们的流量及选定的流速确定。由此可按式（5-25）求出总传热系数 K，进而可以

确定出保证一定的传热量所需的总传热面积 A。

对金属波纹状蓄热体内的对流传热系数的范围为 $35\sim90\mathrm{W}/（\mathrm{m}^2\cdot\mathrm{℃}）$，总传热系数为 $10\sim22\mathrm{W}/（\mathrm{m}^2\cdot\mathrm{℃}）$。

回转式换热器的设计或校核计算，也可以采用传热单元数法。根据式（5-6）对传热单元数的定义，并将式（5-24）代入，可得

$$\frac{1}{\mathrm{NTU}}=\frac{W_{\min}}{kA}=\frac{W_{\min}}{(\alpha A)_{\mathrm{h}}}+\frac{W_{\min}}{(\alpha A)_{\mathrm{c}}} \tag{5-26}$$

式中 $W_{\min}$——流体水当量 W_{h} 与 W_{c} 中较小的一个值。

当求出温度效率 $E=\dfrac{\Delta t_{\max}}{t_1'-t_2'}$ 和水当量比 $R=\dfrac{W_{\min}}{W_{\max}}$ 后，可以根据在不同流动形式下 E、R 与传热单元数的关系：$E=f（\mathrm{NTU}，R）$，确定出传热单元数，进而求出传热系数及所需的传热面积。

但是，对回转式换热器，蓄热体热容量的大小也会影响到传热效率。例如，当热容量过小时，蓄热体的温度接近冷、热流体的温度，将使传热效率降低。因此，还需考虑蓄热体的热容量 $W_{\mathrm{r}}/\tau_{\mathrm{r}}$ 的影响。通常将它与流体的水当量之比 $\dfrac{W_{\mathrm{r}}/\tau_{\mathrm{r}}}{W_{\min}}$ 作为一个参量。这样，要表示 E、NTU、R 及 $\dfrac{W_{\mathrm{r}}/\tau_{\mathrm{r}}}{W_{\min}}$ 四个变量之间的关系，很难用一张平面的线图来表示。

为了简化起见，消去水当量比 R 这个参变量的影响，将温度效率及水当量均取冷热流体的平均量代替，即

$$E_{\mathrm{e}}=\frac{\Delta t_{\mathrm{e}}}{t_1'-t_2'} \tag{5-27}$$

式中 Δt_{e}——平均温度变化，$\Delta t_{\mathrm{e}}=\dfrac{1}{2}（\Delta\bar{t}_1+\Delta\bar{t}_2）$；

E_{e}——平均温度效率。

根据平均温度变化的定义可得

$$E_{\mathrm{e}}=\frac{\Delta t_{\mathrm{e}}}{t_1'-t_2'}=\frac{1}{2}(E_{\mathrm{h}}+E_{\mathrm{c}}) \tag{5-28}$$

因此，热流量可表示为

$$Q=W_{\mathrm{e}}\Delta t_{\mathrm{e}} \tag{5-29}$$

式中 W_{e}——平均水当量。

对比式（5-29）和式（5-17），可得

$$\frac{1}{2}W_{\mathrm{e}}(\Delta\bar{t}_1+\Delta\bar{t}_2)=W_{\mathrm{h}}\Delta\bar{t}_1=W_{\mathrm{c}}\Delta\bar{t}_2$$

$$W_{\mathrm{e}}=\frac{2}{\dfrac{1}{W_{\mathrm{h}}}+\dfrac{1}{W_{\mathrm{c}}}} \tag{5-30}$$

这样，可以用 $\dfrac{W_{\mathrm{r}}/\tau_{\mathrm{r}}}{W_{\mathrm{e}}}$ 为参变量，画出平均温度效率 E_{e} 与传热单元数 NTU 的关系曲线，如图 5-20 所示。在设计时，可利用图示的曲线，在求出平均温度效率 E_{e} 及水当量比 $\dfrac{W_{\mathrm{r}}/\tau_{\mathrm{r}}}{W_{\mathrm{e}}}$ 之后，可以确定出传热单元数 NTU。再根据式（5-25）、式（5-26），在计算出对流传热系

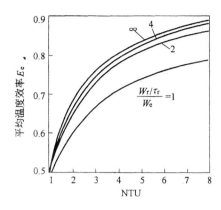

图 5-20 回转式换热器的
$E_e \sim NTU$ 关系曲线

数 α_h 和 α_c 后，求出所需的传热面积。

实际采用的蓄热体的水当量之比 $\dfrac{W_r/\tau_r}{W_e}$ 均大于 4，由图可见，它可取得相当高的温度效率。

在校核计算时，利用传热单元数法更为方便。在求出温度效率 E_e 后，可以计算出流体经热交换器后的出口温度，并检验换热量能否满足要求。

例题 1 现有一台回转式换热器，直径为 3m，转速为 $1.5 \text{r/min}(\tau_r = 40$ 秒)，蓄热体元件由 1.2mm 厚的波纹钢板制成，径向节距为 8mm，总热容量为 $W_r = 7.98 \times 10^6 \text{J}/℃$。传热面积为：空气通路 $A_c = 1600\text{m}^2$，烟气通路 $A_h = 1800\text{m}^2$。用它来回收烟气余热，预热空气。已知流体的参数为

	空气流路	烟气流路
进口温度/℃	70	350
流量/kg·h⁻¹	45000	55000
水当量/W·℃⁻¹	1.31×10^4	1.60×10^4
对流传热系数/W·m⁻²·℃⁻¹	50	50

校核此换热器能否满足将空气预热到 300℃ 的要求。

解 根据已知条件可得

$$W_{min} = 1.31 \times 10^4 \quad \text{W}/℃$$

由式（5-26）可求得

$$\frac{1}{NTU} = \frac{W_{min}}{(\alpha A)_c} + \frac{W_{min}}{(\alpha A)_h} = \frac{1.31 \times 10^4}{50 \times 1600} + \frac{1.31 \times 10^4}{50 \times 1800} = 0.3096$$

由此得
$$NTU = 3.23$$

由式（5-30）可得

$$W_e = \frac{2}{\dfrac{1}{W_h} + \dfrac{1}{W_c}} = \frac{2}{\dfrac{1}{1.60 \times 10^4} + \dfrac{1}{1.31 \times 10^4}} = 1.44 \times 10^4 \quad (\text{W}/℃)$$

则水当量之比为

$$\frac{W_r/\tau_r}{W_e} = \frac{7.98 \times 10^6/40}{1.44 \times 10^4} = 13.8$$

由图 5-20 可查得
$$E_e = 0.762$$

因此
$$\Delta t_e = E_e(t_1' - t_2') = 0.762 \times (350 - 70) = 213.4(℃)$$

由
$$\Delta t_e = \frac{1}{2}(\Delta \bar{t}_1 + \Delta \bar{t}_2) = \frac{1}{2}\left(\frac{W_c}{W_h} + 1\right)\Delta \bar{t}_2 \quad \text{可求得}$$

$$\Delta \bar{t}_2 = \frac{2\Delta t_e}{\left(\dfrac{W_c}{W_h} + 1\right)} = \frac{2 \times 213.4}{\left(\dfrac{1.31 \times 10^4}{1.60 \times 10^4} + 1\right)} = 234(℃)$$

同理可得
$$\Delta \bar{t}_1 = \frac{W_c}{W_h} \Delta \bar{t}_2 = \frac{1.31 \times 10^4}{1.60 \times 10^4} \times 234 = 192(℃)$$

由此可计算出空气出口温度

$$t''_2 = \Delta \bar{t}_2 + t'_2 = 234 + 70 = 304(℃)$$

结果表明，该换热器能够满足要求。

回转式换热器在实际使用时，空气通路与排气通路之间会有 5%～10% 的泄漏量，因此，实际温度效率会比按图查得的低 1% 左右。

表 5-8 给出了我国生产的回转式换热器的性能参数实例。

表 5-8 回转式空气预热器的技术性能

序 号	名 称	单 位	符 号	参 数
1	换热器外形尺寸	m		$3.2 \times 1.57 \times 3$
2	蓄热体尺寸	m		$\phi 2.5 \times 0.8$
3	蓄热体重量	kg		3194.1
4	传热面积	m^2	A	1420
5	流通截面积	m^2	f	4.263
6	空气侧流通截面积	m^2	f_c	1.421
7	空气通道占该通截面积比例		f_c/f	0.333
8	烟气侧流通截面积	m^2	f_h	1.665
9	烟气通道占流通截面积比例		f_h/f	0.391
10	传热系数	W/($m^2 \cdot$℃)	k	14.16
11	漏风率	%	$\Delta \alpha$	<10
12	空气进换热器温度	℃	t'_2	30
13	空气预热温度	℃	t''_2	200
14	烟气进换热器温度	℃	t'_1	302
15	烟气出换热器温度	℃	t''_1	140
16	空气流速	m/s	w_c	8.89
17	烟气流速	m/s	w_h	10.29
18	空气流路阻力损失	Pa	ΔP_c	340
19	烟气流路阻力损失	Pa	ΔP_h	453
20	燃料发热值（重油）	kJ/kg	Q_{dw}	40186

5.5 热管换热器

热管换热器是由高效传热元件——热管组成的一种新型换热器。它具有结构紧凑、重量轻、传热效率高、无运动部件、维护简单、运行可靠等优点，特别适宜于中、低温余热的回收。

在一个密闭结构中装有若干工作液体，借助于液体的吸热蒸发、蒸气的输送和放热冷凝，然后靠毛细作用或重力作用，使冷凝液从冷凝段返回到蒸发段，从而把热量从结构的一部分（蒸发段）高速传递到另一部分（冷凝段）。因此，热管本身是一种高效的传热元件。它是靠封闭在管内的工质反复进行相变（蒸发、冷凝）而进行热量传递的。早在1964年就提出了它的工作原理，首先用于电子、宇航等领域的高功率电子元件的散热。直到七十年代初，才将热管作为换热器的传热元件，以热管内的工质作为传热中间介质，实现冷、热流体之间的间接换热。由于冷、热流体均在管外与管内的工质进行换热，冷、热流体侧（特别是对气体侧）均可通过安设翅片来扩展传热面积，而管内的工质靠相变传热的传热能力很强，因此，热管换热器的结构可以做得很紧凑，是一种新型的高效换热器。

5.5.1 热管的工作原理

图5-21是热管的工作原理示意图。它由三个基本部分组成：一是两端密封的容器，多数做成圆管状；二是由多孔材料（金属网、金属纤维等）构成吸液芯，覆盖在器壁（管壁）的内表面；三是容器内充有一定数量的工作液体（工质）及其蒸气。

热管的一端与热流体接触，管内的工质受热后蒸发，变成蒸气，管内对应的饱和蒸气压力也相应提高。这一受热区段称为蒸发段。产生的蒸气靠空间内微小的压

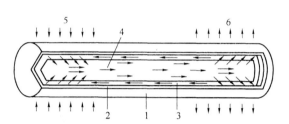

图 5-21　热管的工作原理
1—密封容器；2—液芯；3—工作液体；
4—蒸气流；5—蒸发段；6—冷凝段

差，经过中间的传输段（不受热的绝热段）流向另一端的冷凝段。在冷凝段，工质向冷流体放出热量而使管内的蒸气又冷凝成液体。冷凝的液体工质靠吸液芯的毛细管作用又回流到蒸发段，继续重复上述过程。对重力式热管，将冷凝段布置在上部，蒸发段在下部，工作液可以靠重力作用回流到蒸发段。采用这种垂直布置可以省去热管的液芯，使结构简化，制造方便。

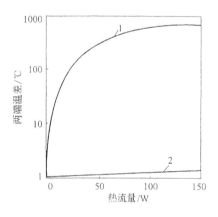

图 5-22　热管的导热能力
1—铜棒（$\phi 12.5 \times 300$）；2—热管（$\phi 12.5 \times 300$）

由于热管是靠工质相变进行热量的中间传递，热段与冷段内工质的温差很小，而且相变潜热很大，因此，热管相当于一个导热能力很强的导热体，远远超过金属棒的导热能力。例如，对直径为12.5mm、长度为300mm的热管，与相同尺寸的铜棒相比，当从一端向另一端传导的热流量均为100W时（如图5-22所示）热管两端的温差只有1～2℃，而铜棒两端的温差达600℃左右。这说明热管的导热能力相当于铜棒的数百倍。

热管传热的另一个特点是工质的循环不需要靠泵来推动，而是靠液芯的毛细管作用或重力作用。而对热媒换热器来说，热媒循环传输热量时，工质泵是必需的。液芯的毛细管作用原理如图5-23所示。当工作液体渗入液芯的毛细孔时，由于表面张力σ的作用，在毛细管内将形成一个弯月面。根据图5-23的毛细管的力系平衡，如果毛细管内液柱不升高，则液面上的蒸气压力p_q必须大于液体压力p_y。压差Δp的平衡关系式为

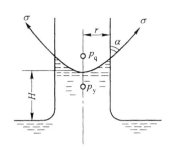

图 5-23 毛细管作用

$$\pi r^2 (p_q - p_y) = 2\pi r \sigma \cos\alpha$$

即
$$\Delta p = p_q - p_y = \frac{2\sigma\cos\alpha}{r} \tag{5-31}$$

式中 σ——表面张力，N/m；

r——毛细孔半径，m；

α——液面接触角。

此压差是热管内工质循环的动力。热管内工质的循环过程如图 5-24 所示。图 5-24b 表示工质蒸气流量 m 沿热管长度方向的变化。在蒸发段，蒸气量不断增加；绝热段蒸气量保持不变；冷凝段由于蒸气逐渐冷凝，直至全部冷凝成液体。图 5-24a 表示管内蒸气压力 p_q 及液体压力 p_y 的变化。在蒸发段，由于液体蒸发而使气、液界面在液芯表面向内收缩成弯月面，因而蒸气与液体之间产生式 (5-31) 所示的压差 Δp。蒸气在向冷凝段流动时，由于流动阻力，蒸气压力 p_q 将有所减小。流至冷凝段时，由于蒸气逐步冷凝而流速降低，动压减小，静压 p_q 又略有回升。蒸气流动总阻力为 Δp_q。在冷凝段，由于蒸气冷凝，致使液面淹没液芯表面，毛细管力不起作用，在冷凝段端部的蒸气压力与液体压力相等。因此，冷凝段的液体压力将高于蒸发段中液体的压力，靠此压差 Δp_y 使液体能透过液芯流回到蒸发段。因此，气液压差 Δp 作为工质循环的动力，与流动阻力的平衡关系式可写为：

$$\Delta p = \Delta p_q + \Delta p_y + \Delta p_g \tag{5-32}$$

式中 Δp_g——蒸发段与冷凝段的几何静压差，对水平管，$\Delta p_g = 0$；对重力式热管，由于冷凝段高于蒸发段，Δp_g 为负，成为循环的动力。

图 5-24 热管内的压力分布

(a) 蒸气及液体的压力分布；(b) 蒸气流量变化

根据上述平衡关系式和阻力与工质流量的关系，可以估算出工质的循环量，从而计算出每根热管可能传递的热量。

在一般情况下，蒸气流速不高，蒸气流动阻力 Δp_q 忽略，并设热管为水平放置，$\Delta p_g = 0$。液芯内液体的流动阻力可按 Darcy 给出的公式估算：

$$\Delta p_y = \frac{m\mu L}{\rho K A} \tag{5-33}$$

式中 m——热管内工质的循环量，kg/s；

μ——液体的粘性系数，kg/m·s；

ρ——液体的密度，kg/m³；

L——热管的有效长度，m；

A——液芯的液体流通断面积，m²；

K——液芯的渗透率，m²。

根据式（5-31）、（5-32）和（5-33）可得工质的循环量为

$$m = \frac{2AK\rho\sigma\cos\alpha}{rL\mu} \tag{5-34}$$

如果工质的气化潜热为 Δh，并且，管芯具有完全湿润性（$\cos\alpha=1$），则每根热管沿轴向能够传递的热量为

$$q = m\Delta h = \left(\frac{2AK}{rL}\right)\left(\frac{\sigma\rho\Delta h}{\mu}\right) \tag{5-35}$$

由于工质的气化潜热大，每根直径为 50mm 的热管的热量输送能力可大至 5～6kW，直径为 25mm 的热管的热量输送能力为 2～3kW。

式中右侧的第一项是取决于管芯结构及热管几何尺寸的参数。管芯的毛细孔小（r 小），渗透率高（K 大），越有利于热量传递。第二项是取决于工质液态特性的参数，称为工质热输送能力指数 M。在选择热管的工质时，要尽可能选择指数 M 较大的物质。图 5-25 给出几种典型的工作液体的 M 值。在室温到 200℃ 以下的范围，水是最好的一种工质。

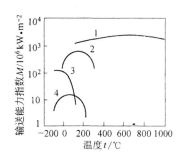

图 5-25　热管工质的特性值

1—钠；2—水；3—氨；4—甲醇

5.5.2　热管的材质

构成热管的管壳、管芯的材质的选择，与热管的工作温度范围、管内工质的工作压力以及管壳与工作液的相容性（不相互作用）有关。

管壳要承受一定的压力。工作压力为工质温度对应的饱和压力。例如，以水为工质的热管，当管内温度为 250℃ 时，相应的压力达 4MPa。此外，要求管壳的热阻小，价格便宜。

管芯材料的选择，要考虑到与工质相容，热阻小，液体渗透性好。一般与管壳采用相同材质。

热管能够适应 $-200℃$ 到 2000℃ 十分广泛的温度范围下工作。但是，在不同的温度区，需选用不同的材质和工质。通常，把工作温度在 350℃ 以上的热管称为高温热管；工作温度在 200～350℃ 的属于中温热管；工作温度在 200℃ 以下的可视为低温热管。目前实际被广泛应用的热管，是以中、低温热管占绝大多数。

5.5.2.1　工作液体的选择

对热管工作液体的要求，除热输送能力要大（潜热大、热导率高、粘性小、表面张力大等）以外，还要求热稳定性好，与吸液芯及壳体材料有良好的相容性，工作温度下的蒸气压力不宜过高。表 5-9 给出了常用的工质的使用温度范围。表 5-10 给出了工质与管壳及管芯材料的相容性。

低温热管的工作液体可用氟利昂（R11、R113 等）、氨等；对中温热管，常用水、导热姆（一种联苯系的热媒体）等；高温热管需用硫、水银及钠、锂等液态金属，成本高，实施较困难。

铜材除了在低温下不能与氨组合，在高温时不能与液态金属组合外，几乎对所有的工作液都适合。而且，铜的导热性能和加工性能都较好，所以，铜广泛地用作热管的管壳和管芯。而且，铜对不含氧和不含电解质的水来说，也几乎不会发生化学反应，所以对中温热管，以采用水-铜热管最为适宜。但是，我国铜材较少，价格较贵，可考虑采用钢-铜复合管。

表 5-9　热管的工作液体

工　质	凝固点/℃	沸点（大气压下）/℃	使用温度范围/℃
氨	−78	−33	−60～100
R11	−111	24	−40～120
R113	−35	48	−10～100
丙酮	−95	57	0～120
甲醇	−98	64	10～130
水	0	100	30～250
导热姆 A	12	257	150～395
硫	112	444	200～600
水银	−39	361	250～650
钾	62	774	500～1000
钠	98	892	600～1200
锂	179	1340	1000～1800

表 5-10　热管工质与管壳、管芯材质的相容性

材质＼工质	铝	不锈钢	铜	镍	材质＼工质	铝	不锈钢	铜	镍
氨	○	◎	×	◎	甲醇	×	△	◎	○
R11	○	—	—	—	水	×	△	◎	○
R113	○	—	—	—	导热姆 A	—	◎	◎	◎
丙酮	○	○	◎	○					

注：表中◎为适合；○为基本适合；△为高温下可能产生气体；×为不推荐；—为尚需由实验验证。

5.5.2.2　热管工作的可靠性

要保持热管的高效传热性能，长期可靠地工作，一是要保证管壳的完全密封，不得有工质蒸气泄漏。二是在管内不允许有不凝结气体存在，在制造过程中要用抽真空或加热的方法将空气赶走，然后进行密封。三是在使用过程中，工质热稳定性高，并且与管材不应发生化学或电化学反应而产生不凝结气体（例如氢气）。前两点取决于制造及密封技术，第三点取决于工作液及管壳材料的选择。

工作液体与管壳材料的相容性是指不腐蚀材料和不产生不凝结气体。不凝结气体在冷凝段不断积聚，将会影响传热的正常进行，大大降低热管的性能。

碳钢是最常用的金属材料，价格比铜低廉。水是最经济的工作液体。但是，碳钢与水会发生化学反应而产生不凝结的氢气，因此它们是不相容的。而钢-水热管的经济性是很有吸引力的，为此，解决碳钢与水的不相容问题已成为国内外热管研究者共同关心的问题。国内在这方面作了较多的研究，并已取得一定的研究成果。

碳钢与水的不相容性主要是发生化学反应而产生氢气和二氧化碳。当热管内含有氧气时，会加速下列反应：

$$Fe + 2H_2O \longrightarrow Fe(OH)_2 + H_2\uparrow$$

和
$$4Fe(OH)_2 + O_2 + 2H_2O \longrightarrow 4Fe(OH)_3\downarrow$$

沉淀下来的 $Fe(OH)_3$ 将加速第一个反应的进行。

当热管中有氧气和二氧化碳时，则会发生以下反应：

$$Fe(OH)_2 + 2CO_2 \longrightarrow Fe(HCO_3)_2$$

和
$$4Fe(HCO_3)_2 + 2H_2O + O_2 \longrightarrow 4Fe(OH)_3\downarrow + 8CO_2\uparrow$$

由此可见，在发生化学反应时，会产生氢气和二氧化碳。而由工质和空气带入热管内的氧气及二氧化碳，是促进不相容的催化剂。

此外，由于金属不纯和腐蚀等，会在金属壁出现电位差，从而引起电化学反应，也会产生氢气。

为了解决碳钢与水的不相容性，在制造钢-水热管时，可采取以下措施：

1）注意水与外壳的纯化。要排尽溶解在水中的气体，清除管壳内表面的锈及其他附着物。

2）进行表面处理。对钢管表面进行钝化处理，以使表面化学性能稳定，不易发生化学反应；也可采用镀层的方法，如镀铜等，以减少不凝结气体的发生量；有的采用钢-铜复合管，在钢管内表面镶套薄铜管。但是，这种方法制造复杂，造价较高。

3）进行管内处理。包括在管内添加防腐剂、抑制剂、吸气剂的方法，或采取向管外自动排气的措施。但是，这种方法尚未能取得理想的效果。

5.5.3 热管的工作极限

如前所述，每根热管所能传递的热量很大，但是，它的传递热量的能力除了受上述的毛细管力产生的压差限制外，还要受到另外几种工作极限的限制。这些限制均影响到热管传递的热量。由于热管是靠工质移动进行热量传递的，因此，这些工作极限都与对流体流动的限制有关。在不同的温度范围，起主导作用的工作极限也不同。

5.5.3.1 声速限

声速限实际上就是热管中蒸气流动出现了阻塞现象而造成的传递限制。蒸气在热管气化段的流动特征是等截面、增量、吸热和加速流动。它类似于热力学中的喷管，以声速作为正常工作的极限。当热管达到声速极限时，便出现流动阻塞现象。此时，热管沿轴向的压力和温度变化很大，热管丧失了等温性，传输能力迅速降低。

由于通过热管传输的热量与蒸气流速成正比，而声速是与绝对温度的 1/2 次方成正比。因此，在热流与温度的坐标图上（图 5-26 中的曲线 1），只有在较低温度下，声速限才可能成为传热的一个限制。

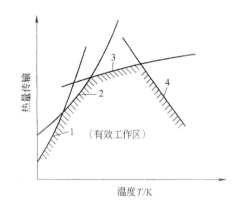

图 5-26 热管的工作极限

1—声速极限；2—携带极限；
3—毛细极限；4—沸腾极限

5.5.3.2 携带限

热管内蒸气与工作液的流向相反，在流动时相互接触。如果二者的相对流速增加到某一程度，吸液芯中的液体会被蒸气流带走，使冷凝液返回量减少，从而造成蒸发段液体干枯，使蒸发量减少，因此限制了热管传送的热量。这种限制称为携带极限。蒸气流中携带的凝结水量与蒸气和水之间的密度差有关。热管的工作温度越高，蒸气与凝结水的密度差越小，即蒸气所携带的凝结水量越少，携带极限对应的允许最大热流值也相应增大，如图 5-26 中曲线 2 所示。

5.5.3.3 毛细管力限

如前所述，毛细管力产生的压差 Δp 与热管内蒸气及液体循环流动的阻力相平衡，得出工质循环量和传输热量的公式（5-34）和式（5-35）。热负荷超过此值时，毛细管力不足以克服阻力，液体无法及时回流到蒸发段而产生干涸和过热观象，使热管不能正常工作。它的极限热负荷与工作温度的关系，如图 5-26 中的曲线 3 所示。

5.5.3.4 沸腾限

在外界热负荷升高到超过毛细管力限后，会在吸液芯中出现旺盛的泡沫沸腾现象。气泡堵塞住整个毛细孔隙而形成蒸气层，阻碍了凝结液的流通，使气化段的吸液芯中工作液中断，导致热管在该处温度升高而破坏，甚至会使热管停止工作。

沸腾限曲线的形式受输液芯的影响很大，它由实验来确定。总的趋势是沸腾限曲线值随温度增加而降低，如图 5-26 中的曲线 4 所示。

由图中的曲线分布可知，随着热管工作温度的增高，将依次出现声速限、携带限、毛细管力限和沸腾限。图中的阴影线的区域是热管的有效工作区。在设计热管时，或在热管发生故障时，应该校核热管的热负荷是否在有效工作范围内。

5.5.4 热管换热器

利用热管导热能力强、传热量大的特点，以多根热管作为中间传热元件，实现冷、热流体之间换热的设备叫热管换热器。

热管换热器的典型结构如图 5-27 所示。热管平行交错排列在换热器内，中间用隔板将每根热管分隔成两部分，一部分与热流体通道相连，为热管的蒸发段；另一部分与冷流体通道相连，为冷凝段。冷、热流体均在热管外部横向流过，通过热管轴向传输热量，将热从热流体传给冷流体。

根据热管换热器的传热特点，它最适宜于气-气之间的换热。因为它在冷、热段均可加翅片来扩展传热面积，大大提高以管基为基准的传热系数。它也可作为气-液换热器，此时只需在烟气侧加翅片，以增强传热。但是，对液-液之间的换热，热管换热器并不能显示出它的优点。

热管换热器与其他型式的换热器相比，有以下特点：

1）传热性能高。尤其对气-气热管换热器，更能显示出它的优点。

2）传热平均温差大。冷、热流体的通道布置方便，流向可以布置成单纯的逆流型式。

3）结构紧凑。除上述特点可使换热器做

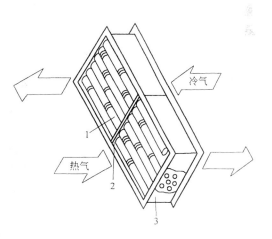

图 5-27　气-气热管换热器
1—热管；2—中间隔板；3—外壳

得紧凑外，每根热管的传热能力也大，可以用较少的热管数目保证热量的传递。

4）布置灵活。热管可以作为通用的传热元件，对于传热量要求不同的换热器，可以用改变热管根数的方法进行任意组合。

5）工作安全可靠。每根热管是独立的传热元件，即使其中一根发生故障，也不影响整个换热器的正常工作。在检修时，可以单独进行更换。

目前，作为气-气热管换热器的热管，多数是采用外径 25mm 的钢管或钢-铜复合管，大型换热器采用直径为 51mm 的热管。长度一般为 1～3m，大型的长达 5～6m。翅片高度 12.5～19.1mm，厚度 0.3～1.25mm，间距 3.5～15mm。表 5-11 给出了两种烟气余热回收用的热管换热器参数。

表 5-11　气-气热管换热器参数

		热风炉用	炼油厂加热炉用
换热量/kW		2326	930
烟气参数	进口温度/℃	220	260
	出口温度/℃	160	177
空气参数	进口温度/℃	15	27
	出口温度/℃	140	121
热管参数	外径/mm	48	51
	长度/m	2.72（热）/1.86（冷）	2.74（热）/1.83（冷）
	翅片高度/mm	16	19.1
	翅片数/片·m^{-1}	66（热）/100（冷）	120（热）/240（冷）
热管总根数/根		437	144
单根热管传热量/kW		5.34	6.74

5.5.4.1　重力式热管换热器

重力式热管的结构简单，成本低廉，容易成批生产。它没有毛细管力限的限制，可获得最大热流。因此，它在热管换热器中得到越来越广泛的应用。

重力式热管采用垂直布置，必须是冷凝段在上，蒸发段在下。工作液装入量一般为内部容积的 1/4 左右。如果在管内壁刻以沟槽，则可使冷凝液分布均匀，并能增加内部受热面积和积存部分冷凝液，可使换热性能提高 13%～16%。

实际应用的重力式热管换热器有图 5-28 所示的三种形式。

1）单管型。它与一般的热管换热器相似，每根热管需要单独加工制造，加工成本高。此外，在使用过程中产生的不凝结气无法排除，在热管中部分隔冷、热流体的隔板的安装工艺比较复杂。因此，这种形式只适宜于热管根数少的小型换热器。

2）集管型。它是将热管分成若干组，每组的热端与冷端分别连至一根集管上。在制造时，可按组对热管灌工作液与抽真空。在使用时，若有不凝结气产生，它将聚集在上集管的顶部，可以集中排除。它的缺点是，由于蒸发段与冷凝段仍做成一体，所以中间隔板的安装比较困难。这种形式的热管换热器可以制成大型换热器。

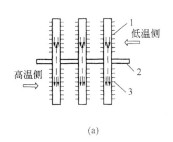
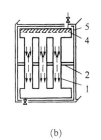
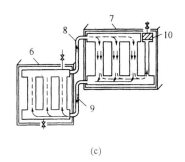

(a)   (b)   (c)

图 5-28   重力式热管换热器

（a）单管式；（b）集管式；（c）分离式

1—热管；2—隔板；3—翅片；4—集管；5—不凝结气；6—受热单元；

7—冷却单元；8—蒸气上升管；9—液体回流管；10—放气管

3）分离型。它将蒸发段与冷凝段分成两部分，每部分又做成集管式，再通过蒸气连络管及液体连络管将蒸发段与冷凝段相连。此外，在冷凝段还单独设置一根不凝结气积存管，使不凝气集中聚集在此管的顶部，不影响热管的正常工作。并且，在此管顶部设有放气管，可以定期将积聚的气体放走。这种型式的换热器不需要中间隔板，制造简单，对抽真空的要求也不高。并且，它可以用来同时加热两种流体，换热器布置灵活。因此，它适用于钢铁厂等大型余热回收用的热交换器。它的缺点是需要将冷凝段布置在较高的位置，以保证液体返流。

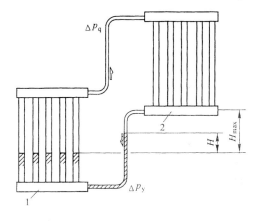

分离型热管换热器内的气、液流动过程如图 5-29 所示。蒸气在低温侧放热冷凝时，压力降低，造成高温侧与低温侧的压差，使高温侧产生的工质蒸气不断向低温侧流动。而要使冷凝液返流回蒸发段，则在冷凝液返流管内的液面必须比蒸发段内的液面高出一段距离 H，靠液柱的静压差来克服蒸气的压差。因此，此高度相当于克服蒸气流动压力损失 Δp_q 与液体

图 5-29   分离型热管换热器的布置

1—高温侧；2—低温侧

流动时的压力损失 Δp_y 之和。为了保证热管冷凝段的正常工作，它的实际安装位置高度与蒸发段中液面高度的位差 H_{max} 应大于 H。即

$$H_{max} \geqslant H = \frac{\Delta p_q + \Delta p_y}{\rho_y g} \tag{5-36}$$

式中 ρ_y——工作液体密度，kg/m^3。

对于已安装的热管换热器，H_{max} 是装置允许的最大液面差，即为允许的最大流动压力损失。

分离型热管换热器的蒸发段与冷凝段可能分离的距离由上述的总压力损失及连络管的散热损失决定。而压力损失及散热损失均与配管的直径、长度及蒸气温度有关。图 5-30 给

出一根连络管，输送热量为 700kW，输送距离（连络管长）为 50m，工质为水，压力损失及散热损失与管径及蒸汽温度的关系。表 5-12 为选取不同连络管径时，压力损失和散热损失的结果。工质温度是按 150℃计算的。由计算结果可见，当管径减小时，阻力将大大增加，要求的冷凝段安装位差 H_{max} 也需加大。换句话说，当输送距离和可能的安装位差已经确定的话，需选择合适的输送管径，以保证流动阻力小于位差。

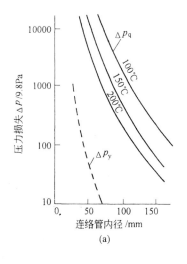
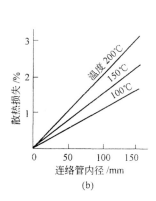

图 5-30　热管连络管径对压力损失及散热损失的影响

（a）压力损失；（b）散热损失

表 5-12　阻力计算例

项　　目	1	2	项　　目	1	2
蒸汽配管内径/mm	100	150	液体侧压力损失/Pa	10000	700
液体配管内径/mm	30	50	总压力损失/Pa	16000	1400
蒸汽侧压力损失/Pa	6000	700	散热损失/%	1.5	2.3

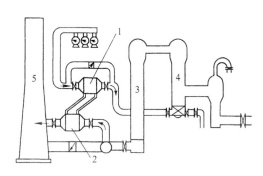

图 5-31　热风炉烟气余热回收用热管换热器

1—热管冷凝段（空气侧）；2—热管蒸发段（烟气侧）；
3—热风炉；4—燃烧室；5—烟囱

5.5.4.2　应用实例

图 5-31 是分离型热管换热器在高炉热风炉余热回收系统中的具体应用。

热风炉本身约消耗高炉产生的煤气量的一半，其排气温度在 250～350℃左右。由于气量很大，采用余热回收装置可提高热风温度，降低高炉焦比，取得显著的经济效益。

日本钢管公司用于热风炉的热管换热器的规格如表 5-13 所示。为了防止烟气侧露点腐蚀，在低温部的翅片采用了耐蚀钢种；为了防止烟气积灰，在蒸发段装有手动回转式蒸汽吹灰装置。为了防止烟囱内烟气温度降低至露点以下，根据排气温度监测，控制部分空气旁通。

表 5-13　热管换热器规格

项　目		蒸发段	冷凝段
设计温度		240℃	
设计压力		33.7×10⁵Pa	
工作液体		水	
热　管	材质	STB35S	STB35S
	根数	828	936
	尺寸	ϕ50.8mm×2.3mm	ϕ38.1mm×2.3mm
翅片材质		碳钢、耐蚀钢	铝

换热器的设计条件如表 5-14 所示。根据实际运转结果，换热器的温度效率达 77%，可节约能源消耗 4.6%。

表 5-14　换热器设计条件

项　目	蒸发段	冷凝段
流　体	热风炉排气	助燃空气
流　量	460000m³/h	260000m³/h
进口温度	230℃	15℃
出口温度	147℃	180℃
流体性质	含尘 5mg/m³，$SO_x40×10^{-5}$	—
压力损失	600Pa 以下	600Pa 以下
换热量	56.40×10⁶kJ/h（15.7MW）	

图 5-32 是利用热管回收连铸板坯显热的装置。它将吸收板坯的辐射热通过热管把热量传至锅筒内，将锅筒内的水加热成蒸汽。装置安设在连铸机的切断装置后，板坯送至下一工序之前，只回收板坯的散失热。在滚道上部加设隔热罩，里面装有热管的蒸发段。热管的冷凝段插入锅筒内的水中。表 5-15 给出热管换热器的参数。它相当于一台热管式余热锅炉。实际运转结果表明，装设此热管式余热锅炉后，并没有进一步降低板坯的温度，因此不增加下一工序的能耗。而它有效地回收了板坯散失的显热。

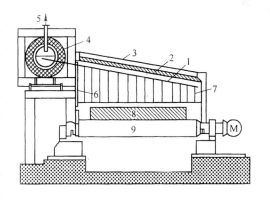

图 5-32　钢坯显热回收用热管式锅炉
1—热管；2—绝热层；3—外罩，4—锅筒；5—蒸汽；
6—两侧辐射挡板；7—进出口防对流帘板；
8—钢坯；9—滚道

表 5-15 钢坯余热回收用热管换热器规格

项　目	低温侧	高温侧
流体	水	连铸板坯
流量	蒸汽 600kg/h·台	板坯 200t/h
进口温度	给水 20℃	板坯 750℃
出口温度	174.5℃	730℃
汽包压力	15.3×10^5 Pa	
平均吸热率	80kW/m^2	12.67kW/m^2
换热量	418.6kW	

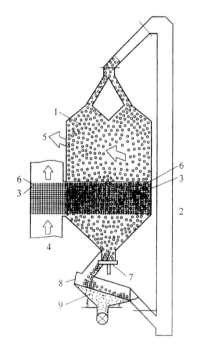

图 5-33　移动床式热管换热器

1—充填粒子；2—粒子提升机；3—热管；
4—低温气体；5—烟气；6—翅片；7—圆
盘排料机；8—振动筛；9—灰尘

图 5-33 是一种用于移动床中的热管换热器。它可以用来回收含尘量很大的烟气的余热。热管的蒸发段插入移动床内，含尘高温气体通过由颗粒状物质组成的移动床，一面将颗粒加热，一面使烟气中的尘粒沾于颗粒表面而被清除。颗粒在缓慢向下移动的过程中，将热传给热管。颗粒被冷却后从下部排出，经清除灰尘后，再由输送机送回到换热器顶部，供循环使用。热管的冷凝段安置在被热介质（例如空气）的通道内，由热管传递过来的热量加热冷流体。

试验装置的试验表明，对温度为 250℃，气量为 4×10^5 m^3（标准）/h 的含尘废气，经过移动床式热管换热器后，温度降至 80℃。它可将相同数量的煤气从 20℃ 预热到 160℃，热回收率达 82%。

5.5.5　热管换热器的设计计算

冷、热流体在热管换热器中的传热与一般的间壁式换热器不同。它是流体通过热管壁与管内的工质进行换热，再通过热管进行轴向传输热量。但是，由于热管传递热量的能力很强，内部热阻很小，从热段到冷段的温降也很小。因此，对每根热管的传热过程仍可简化成按通过间壁的传热处理。热流量为

$$q = \frac{\Delta t}{\Sigma r_i} \quad \text{W} \qquad (5\text{-}37)$$

式中　Δt——热流体与冷流体的温差，℃；

　　Σr_i——热流体向冷流体的传热过程中，每根热管的各项热阻之和，℃/W。

热管的传热过程如图 5-34 所示。各项热阻包括：

1）冷流体与热管外壁之间的对流换热热阻 r_1。

$$r_1 = \left[\left(r_F + \frac{1}{\alpha} \right) \frac{1}{fL\eta} \right]_c \qquad (5\text{-}38)$$

192

式中　r_F——污垢热阻，$m^2 \cdot ℃/W$；

　　　α——对流传热系数，$W/m^2 \cdot ℃$；

　　　f——单位长度热管的外表面积，m^2/m；

　　　L——热管段长度，m；

　　　η——翅片效率。

脚标 c 表示括弧内各项值均是指冷凝段的数值。

2）热管管壳壁在冷凝段的导热热阻 r_2。

$$r_2 = \frac{\ln(d_0/d_i)}{2\pi\lambda_p L_c} \tag{5-39}$$

式中　d_0、d_i——热管管壳的外径与内径，m；

　　　λ_p——管壳的热导率，$W/(m \cdot ℃)$。

3）冷凝段热管吸液芯的导热热阻 r_3。当热管有吸液芯时，浸满工作液的液芯内仅靠导热来传递热量。因此，

$$r_3 = \frac{\ln(d_i/d_q)}{2\pi\lambda_w L_c} \tag{5-40}$$

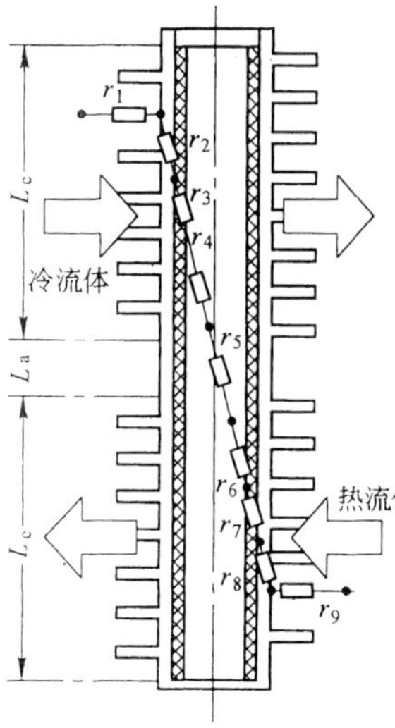

图 5-34　热管的传热热阻

式中　d_q——热管内蒸气腔的直径，即吸液芯吸液后的内径，m；

　　　λ_w——浸有工质的吸液芯的有效热导率，$W/(m \cdot ℃)$。

λ_w 取决于工作液的性质及吸液芯的材质。例如，用 180 目（线径 0.08mm，孔隙率 67%）的金属网作吸液芯时，几种材质的有效热导率如表 5-16 所示。

表 5-16　吸液芯的有效热导率

工作液-液芯材质	$\lambda_w/W \cdot m^{-1} \cdot ℃^{-1}$	工作液-液芯材质	$\lambda_w/W \cdot m^{-1} \cdot ℃^{-1}$	工作液-液芯材质	$\lambda_w/W \cdot m^{-1} \cdot ℃^{-1}$
水-铜	1.36	R113-铝	0.14	钠-不锈钢	46.3

4）工质在冷凝段的冷凝放热热阻 r_4。

$$r_4 = \frac{1}{\pi d_q L_c \alpha_l} \tag{5-41}$$

式中　α_l——冷凝放热系数，$W/(m^2 \cdot ℃)$。

5）蒸气自蒸发段至冷凝段的传热热阻 r_5。蒸发段至冷凝段的传热是靠蒸气流动携带热量，它的热阻与热管的长度及蒸气的性质有关。热阻的经验公式为

$$r_5 = \frac{T_q f_q \left(\dfrac{L_e}{6} + L_a + \dfrac{L_c}{6} \right)}{\rho_q \Delta h} \tag{5-42}$$

式中　T_q——蒸气的绝对温度，K；

　　　ρ_q——蒸气密度，kg/m^3；

　　　Δh——气化潜热，J/kg；

　　　f_q——蒸气流的摩擦系数，s/m^4；

　　　L_a——热管绝热段长度，m；

L_e——热管蒸发段长度，m。

6）工质在蒸发段的蒸发传热热阻 r_6。形式与对流传热热阻相似，即

$$r_6 = \frac{1}{\pi d_q L_e \alpha_v} \tag{5-43}$$

式中 α_v——工质蒸发传热系数，$W/m^2 \cdot ℃$。

7）蒸发段吸液芯的导热热阻 r_7，与 r_3 相似，即

$$r_7 = \frac{\ln(d_i/d_q)}{2\pi\lambda_w L_e} \tag{5-44}$$

8）蒸发段管壳壁的导热热阻 r_8，与 r_2 相似，即

$$r_8 = \frac{\ln(d_0/d_i)}{2\pi\lambda_p L_e} \tag{5-45}$$

9）热流体与热管外壁之间的对流换热热阻 r_9，与 r_1 相似，即

$$r_9 = \left[\left(r_F + \frac{1}{\alpha} \right) \frac{1}{fL\eta} \right]_e \tag{5-46}$$

式中，脚标 e 表示括弧内的各项值均为蒸发段的数值。

5.5.5.1 热管换热器的传热计算

热管换热器的传热计算仍可用一般换热器的传热公式

$$Q = \frac{\Delta t_m}{\dfrac{1}{kA}} \tag{5-47}$$

根据设计要求，可以确定出冷、热流体的对数平均传热温差 Δt_m 和所需的传热量 Q。从而可以计算出换热器的总传热热阻 $1/kA$。而总传热热阻与每根热管热阻 r 及热管根数 N 的关系为

$$\frac{1}{kA} = \frac{r}{N} \tag{5-48}$$

因此，在求得每根热管的传热热阻 $r = \sum_{i=1}^{9} r_i$ 之后，就可以根据上式计算出所需的热管根数 N。

在热管的各项热阻之中，主要是两侧的热阻 r_1 和 r_9，两项之和占总热阻的 90% 以上。其中，污垢热阻 r_F 与流体的性质有关。对燃煤的烟气，可取 $r_F = 0.001 \sim 0.002 m^2 \cdot ℃/W$，其他烟气将小于此值。对流传热系数 α_c 与 α_e 可根据气体横向流过管簇时的传热公式计算，可参考有关传热学的书籍。它大约与气流速度的 0.7 次方成正比。一般取气流的质量流速为 $2.5 \sim 3.5 kg/(m^2 \cdot s)$。单位长度传热表面积 f 及翅片效率 η 根据翅片的几何尺寸确定。对烟气（热流体）与空气（冷流体）可取不同的数值。目前采用的翅片管的翅化比（翅片管总外表面积与光管表面积之比）在 $6 \sim 13$ 之间，翅片效率在 $80\% \sim 86\%$ 之间。

热管管壳的导热热阻以及液芯的导热热阻项 r_2、r_3、r_7、r_8 分别约为外部热阻的 $1/100$ 的数量级，粗略估算时可以忽略不计。对重力式热管无液芯时，r_3 与 r_7 可以不考虑。

管内的相变传热系数 α_l 与 α_v 为管外对流传热系数的数百倍，因此，r_4 与 r_6 不足外部热阻的 $1/100$，可以忽略不计。

在管内蒸气传热热阻 r_5 的计算中，蒸气流的摩擦系数 f_q 的计算较为复杂。实际上此项热阻不大，粗略估计时可取 $r_5 = 0.004℃/W$。

热管换热器的传热系数 k，当所取的传热面积 A 的基准不同时，有不同的数值。A 可以取热管整个外表面积，也可取蒸发段的外表面积或冷凝段的外表面积。

在对热管换热器进行校核计算时，采用传热单元数法较为方便。根据已知的冷、热流体的流量及比热，可求出水当量之比 R_1，再根据对换热器传热热阻的计算结果，求出传热单元数 $(NTU)_1 = kA/(Vc)_1$。由此可计算出温度效率 E_1。对逆流式换热器，

$$E_1 = \frac{1 - \exp[-(NTU)_1(1 - R_1)]}{1 - R_1 \cdot \exp[-(NTU)_1(1 - R_1)]} \tag{5-49}$$

由此可以计算出流体出口温度和传热量，检验换热器能否满足要求。

5.5.5.2　热管换热器设计中的几个问题

热管换热器的传热计算与一般的间壁式换热器相似。但是，由于热管的工作特点，在设计时有些特殊问题需要注意考虑。

1) 热管的工作温度。热管需根据工作温度选择合适的工质。或者说，在使用热管时，工作温度应在工质允许的范围内。

如前所述，热管的传热热阻主要取决于管外与流体之间的传热热阻。如果忽略其他各项热阻，热管内工质的温度 t_q 均匀相等，则可写出简化的传热关系式为

$$q = \frac{t_q - t_2}{r_1} = \frac{t_1 - t_q}{r_9} \tag{5-50}$$

由此可得

$$t_q = \frac{r_1 t_1 + r_9 t_2}{r_1 + r_9} = \frac{t_1 + n t_2}{1 + n} \tag{5-51}$$

式中　n——热流体侧热阻与冷流体侧热阻之比，$n = \dfrac{r_9}{r_1}$。

对不同的 n 值，热管的工作温度与冷、热流体温度的关系如图 5-35 所示。当 $n=1$ 时，工作温度 $t_q = (t_1 + t_2)/2$。对气-液型热管，$n = 3 \sim 4$，工作温度 t_q 与被加热的水温度 t_2 的温差要小，有利于保证热管在较高烟气温度下能正常工作。

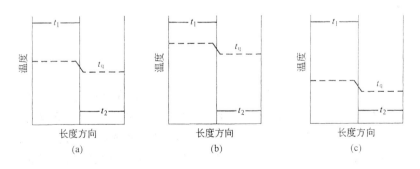

图 5-35　热管的工作温度

(a) $n=1$；(b) $n<1$；(c) $n>1$

当烟气温度高时，应对热管的工作温度进行校核，必要时需设法增大热流体侧的热阻。

2) 热管的冷、热段长度比。热管蒸发段与冷凝段的长度比 L_e/L_c 是一个重要的设计参数。它关系到冷、热段的传热面积比和流通截面比，进而影响到热阻 r_1 与 r_9，以及冷、热流体的流速和阻力。

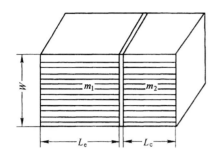

图 5-36　热管换热器的流通截面

如图 5-36 所示，热管换热器的冷、热流体的通道宽度 W 相同，因此，流通截面的大小之比取决于长度之比 L_e/L_c。由于要求的流通截面与流体的质量流量 m 成正比，与质量流速 u_m 成反比。因此，根据流通要求的热段与冷段的长度比 l_1 为

$$l_1 = \frac{L_e}{L_c} = \frac{m_1}{m_2} \cdot \frac{u_{m2}}{u_{m1}} \qquad (5\text{-}52)$$

式中，脚标 1 表示热流体，脚标 2 表示冷流体。

就传热角度来说，要求每根热管的热阻最小。而热阻主要取决于冷段与热段的管外热阻 r_1 与 r_9。由式 (5-38) 和式 (5-46) 可知，如果不计污垢热阻的影响，热管的总热阻可以近似地表示为

$$r = r_1 + r_9 = \frac{1}{(\alpha f \eta)_c L_c} + \frac{1}{(\alpha f \eta)_e L_e} \qquad (5\text{-}53)$$

当长度比满足下式时，

$$l_2 = \frac{L_e}{L_c} = \left[\frac{(\alpha f \eta)_c}{(\alpha f \eta)_e} \right]^{\frac{1}{2}} \qquad (5\text{-}54)$$

将使总热阻 r 为最小。

如果设热管的热段与冷段的翅片几何参数相同，并认为对流传热系数 α 与质量流速 u_m 的 0.7 次方成正比，则式 (5-54) 可表示为

$$l_2 = \frac{L_e}{L_c} = \left(\frac{\alpha_c}{\alpha_e} \right)^{\frac{1}{2}} = \left(\frac{u_{m2}}{u_{m1}} \right)^{0.35} \qquad (5\text{-}55)$$

如果取热管长度比同时满足流通要求及最佳传热要求，即取 $l_1 = l_2$，则由式 (5-52) 和式 (5-55) 可得

$$\frac{m_1}{m_2} \cdot \frac{u_{m2}}{u_{m1}} = \left(\frac{u_{m2}}{u_{m1}} \right)^{0.35}$$

即

$$\frac{u_{m1}}{u_{m2}} = \left(\frac{m_1}{m_2} \right)^{1/0.65} = \left(\frac{m_1}{m_2} \right)^{1.538} \qquad (5\text{-}56)$$

并可求得长度比为

$$l = \frac{L_e}{L_c} = \left(\frac{m_1}{m_2} \right)^{-0.538} \qquad (5\text{-}57)$$

在设计时，根据冷、热流体的质量流量比来选择热管的长度比和流速比。按此计算出热阻 r_1 和 r_9 之后，再按式 (5-51) 校核热管的工作温度是否在允许范围内。在不能满足要求时，再将长度比进行调整。此时，以保证热管的正常工作作为设计的主要目的。

5.6　流化床式换热器

流化床是在化工生产中广泛得到应用的一种基本技术。随着节能工作的深入开展，将流化床技术应用于燃烧（沸腾燃烧锅炉）和传热（流化床换热器）装置越来越受到重视。国内外均进行了广泛研究，并已实际应用于工业装置。

5.6.1　流化床的工作原理

流化床是指在容器内的粒子层，在通过底部多孔板（气流分布板）的气流的作用下，使

粒子处于激烈的搅拌状态，形似"沸腾"。这时的粒子层称为流化床。粒子层所处的状态与粒子的性质（粒子的粒径、密度和形状等）以及气流速度有关。对一定的粒子，在不同的气流速度下，有图 5-37 所示的四种状态。当气流速度很低时，气体通过粒子层的间隙缓慢上升，粒子不产生运动，称为固定床。例如，气体通过球团竖炉内的料层时，就是属于这种情况；当气流速度增加，气流对粒子的作用力使粒子能开始悬浮，床层发生膨胀，这时叫流化起始点，如图 5-37（b）所示。这时的气流速度叫最小流化速度 u_{mf}；当流速进一步增加，粒子在气流的作用下，处于激烈的搅拌状态，这时粒子的状态就叫流态化，如图 5-37（c）所示；当气流速度超过最小流化速度若干倍时，粒子将随气流一起运动而被带出，成为气力输送状态，如图 5-37（d）所示。这时的气流速度称为终端速度 u_t。对细粒子，$u_t = (50\sim80) u_{mf}$，对粗粒子，$u_t = (7\sim10) u_{mf}$。

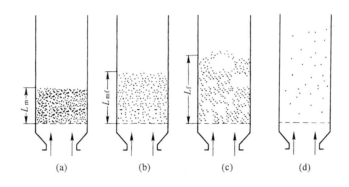

图 5-37　不同流速下床层位于的运动状态

（a）固定床；（b）流化起始点；（c）流化床；（d）气力输送

流化速度 u_{mf} 与粒子的平均直径的平方 D_P^2 成正比，与粒子、流体的密度差 $(\rho_s - \rho_f)$ 成正比（当流体为气体时，ρ_f 可忽略不计），与流体的粘性系数 μ_f 成反比。

$$u_{mf} = C_{mf} D_P^2 (\rho_s - \rho_f)/\mu_f \tag{5-58}$$

式中　C_{mf}——系数。

系数 C_{mf} 与粒子的形状系数、床层的空隙率、粒度分布等因素有关，并不是一个常数。因此，确定最小流化速度最好的方法是用实验的方法，测定不同流速下的床层阻力 Δp。阻力的变化规律如图 5-38 所示。当粒子层为固定床时，床层阻力随流速增大而增大；当达到流化速度后，床层为流化床时，阻力基本保持不变；当流速达到终端速度 u_t 时，粒子全部被气流带走，床层阻力骤然减小。因此，根据测定的阻力转折点 B，就可以确定 u_{mf} 的大小。此时床层

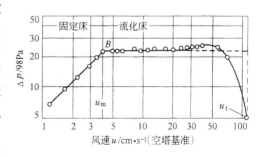

图 5-38　不同流速下粒子层的阻力

的阻力约为单位床层面积上粒子的重量，即与粒子的堆积密度及层高成正比。

5.6.2　流化床层内的传热

在流化床内有极高的传热性能。它的传热过程分两种情况：气体与粒子间的传热；床

层与传热面之间的传热。

气体与粒子间的传热过程，由于单位体积内粒子的表面积非常大，因此，表现的热量传递速度非常快。当气体流入流化层内，在极短的时间内，就与粒子的温度相接近。并且，由于粒子层的粒子不断混合，整个床层的温度非常均匀。床层的表观热传导率比银的热导率（302W/（m·K））高出100倍。

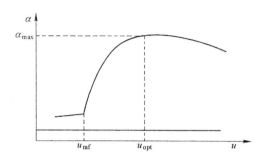

图 5-39　气流速度对流化床内传热系数的影响

流化床与浸没在床层内的传热面之间的传热，与气体对固体表面的对流换热相比，由于它是靠粒子及气泡不断与表面接触而进行热量传送的，因此，传热系数比一般的对流换热可高出 3～10 倍。大大促进对流换热。

床层与传热面之间的传热系数与许多因素有关，最主要的是气流速度和粒子直径。图 5-39 表示表面传热系数 α 与气流速度 u 的关系。当气流速度低于流化速度 u_{mf} 时，固定床与壁面的传热主要靠粒子的导热，传热系数很低，流速对传热的影响不大；当超过流化速度 u_{mf} 时，由于粒子的搅拌作用，传热系数 α 显著增加；当流速超过某一速度 u_{opt} 时，传热系数又有所降低。这是由于床层内粒子浓度变稀，与壁面碰撞的机会减少的缘故。因此，在最佳流速 u_{opt} 下，流化床具有最大的传热系数 α_{max}。一般，$u_{opt}/u_{mf}=2～5$ 左右。

粒子的平均粒径对传热系数的影响如图 5-40 所示。粒径越小，对应的最大传热系数越高。但是，细粒子对应的流化速度 u_{mf} 也越低，单位床层面积允许通过的气量也越少。因此，在设计时，需同时考虑气流速度和传热系数两个方面，选择最佳粒径。

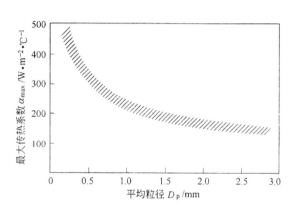

图 5-40　平均粒径与最大传热系数的关系

此外，气体及粒子的物理性质对传热系数也有影响。许多学者对流化床内的传热系数作了大量研究，分别整理出经验的准则公式。但是，所得的结果差别较大，有较大的局限性，尚没有普遍适用的计算公式。这里只能举几个公式，作为估算流化床层对换热面的传热系数时参考。

对水平浸没管，符里登伯格（Vreedenberg）研究了管径 d、颗粒性质及气流速度等对传热系数的影响，得出的经验公式为：

当
$$\frac{d_e \rho_f u_0}{\mu_f} < 2000 \text{ 时}$$

$$\frac{\alpha d_e}{\lambda_f} = 0.66 \left(\frac{c_{pf} \mu_f}{\lambda_f} \right)^{0.3} \left[\left(\frac{d_e \rho_f u_0}{\mu_f} \right) \left(\frac{\rho_s}{\rho_f} \right) \left(\frac{1 - \varepsilon_f}{\varepsilon_f} \right) \right]^{0.44} \tag{5-59}$$

当
$$\frac{d_e\rho_f u_0}{\mu_f} > 2500 \text{ 时}$$

$$\frac{\alpha d_e}{\lambda_f} = 420\left(\frac{c_{pf}\mu_f}{\lambda_f}\right)^{0.3}\left[\left(\frac{d_e\rho_f u_0}{\mu_f}\right)\left(\frac{\rho_s}{\rho_f}\right)\left(\frac{\mu_f^2}{D_p^3\rho_s^2 g}\right)\right]^{0.3} \tag{5-60}$$

式中　d_e——水平浸没管外径，m；

　　　ρ_f——气体密度，kg/m^3；

　　　μ_f——气体粘性系数，$kg/(m \cdot s)$；

　　　u_0——空塔速度，m/s；

　　　c_{pf}——气体比热容，$J/(kg \cdot \text{℃})$；

　　　λ_f——气体热导率，$W/(m \cdot \text{℃})$；

　　　ρ_s——粒子密度，kg/m^3；

　　　ε_f——床层空隙度；

　　　D_p——平均粒径，m。

萨波罗斯基（Zabrodsky）提出的最大传热系数的经验公式为

$$\alpha_{max} = 45.57\rho_s^{0.2}\lambda_f^{0.6}D_P^{-0.36} \tag{5-61}$$

实际上，传热系数与换热面在床层内的布置（横管、竖管），位于的粒径筛分范围等很多因素有关。但是，它比安置于一般气流中的传热管的对流传热系数远远要高，这是一致的结论。

5.6.3　流化床式换热器

流化床式换热器就是利用床层内流体与换热面之间的传热系数大大增加的特点，将换热器的换热面安置在流化床内，以增强换热器的传热系数，使换热器的结构紧凑。

由于流化床内的换热只能增加一侧的传热系数，因此，它最适宜于回收烟气的余热，用来预热给水（省煤器）或产生蒸气。因为这时的传热热阻主要是在烟气侧，提高了烟气侧的传热系数，使换热器的传热系数按比例增加，对促进传热起到最好的效果。

流化床式换热器的基本结构如图 5-41 所示。床层内的粒子可采用平均粒径为 0.4～1.2mm 的氧化铝或氧化硅粒子，根据气流速度选择合适的粒径范围。粒子置于多孔板（布风板）上，多孔板的开孔率为 3%～30% 的范围。烟气通过多孔板上的小孔进入床层。传热管水平置于床层内。为了减小气体通过床层时的阻力，一般采用粒子层厚度小于 100mm 的浅床层。使阻力损失控制在 2000Pa 以下。当粒子层流化后，能将传热管置于床层内。管子的排数最多为 2～3 排。由于管内水侧的传热系数远大于管外侧气体的传热系数，为了进一步增强传热效果，在气侧还可采用翅片管，使有效传热面积扩大 5～8 倍。

由于选定的流速远低于最终速度 u_t，因此粒子不致被气流带走，粒子对传热面的磨损也很轻微。

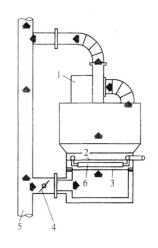

图 5-41　流化床式换热器的结构
1—引风机；2—床层；3—布风板；
4—烟道挡板；5—烟道；6—传热管

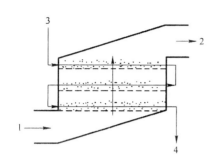

图 5-42　多床层串联的流化床换热器
1—烟气进口；2—烟气出口；
3—水进口；4—热水出口

由于床层内温度很均匀，气体进入床层后很快降到接近出口温度。因此，当出口烟气温度高时，为了充分利用热量，可以采用双床层、甚至三床层串联，如图 5-42 所示，以降低最终烟气出口温度。当然，这样也会增大换热器的阻力，在确定方案时需要进行技术经济比较。

流化床换热器有以下优点：

1）传热性能高。一般换热器烟气侧的对流传热系数只有 $50\sim60W/(m^2\cdot℃)$ 左右，而管内水侧的传热系数比它大 100 倍。传热热阻的主要矛盾是在烟气侧。即使采用翅片管来增加传热面积，最多也只能增加 8 倍左右。

流化床换热器在烟气侧的传热系数可达 $150\sim400W/(m^2\cdot℃)$，总传热系数又可在翅管换热器的基础上提高 4~8 倍。因此，换热器的结构非常紧凑。

2）传热面可以保持清洁，性能稳定。由于流化床内的粒子受气流的搅拌，传热管的气侧不断受运动粒子的冲刷，在表面上不会有灰尘等沉积物，从而减小了污垢热阻。并且保持换热器性能稳定，不致因积灰而使性能不断降低。因此，也不需要设置吹灰装置进行吹扫。

在设计的气流速度范围内，传热系数在最大值附近变化不大。气流速度对传热系数的影响比一般的换热器小，所以，当烟气量有些波动时，对换热器的性能影响不大。

3）烟气侧传热面的腐蚀小。由于流化床内温度均匀，在设计时，只要使层内温度比烟气露点温度高出 $20℃$，就可防止硫酸冷凝。并且，粒子还起到清洁传热面的作用，也有利于防止管壁吸附 SO_3。

4）维护、检修方便。由于它的传热管根数少，在床层内一般只有 1~2 排管子，所以检修、更换均较方便。

此外，它没有气体偏流的问题，传热管的工况均匀；还有换热器重量轻、安装方便等优点。

流化床换热器的缺点是：

1）烟气侧的压力损失较大，均在 1000Pa 以上；

2）气流的方向受限制，烟气必须自下而上垂直通过床层；

3）由于受床层内流速的限制，不可能用于烟气量太大的场合。必要时，可考虑采用图 5-43 所示的多层并联的方式。

表 5-18 给出了回收烟气余热的流化床式余热锅炉的参数，并与一般的热交换器进行比较。它采用上下两层串联的结构。烟气的条件、产生的蒸汽参数和传热管结构参数如表 5-17 所示。

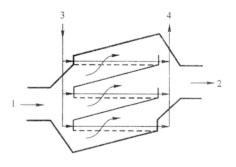

图 5-43　多层并联式流化床换热器
1—烟气进口；2—烟气出口；
3—水进口；4—水出口

表 5-17　流化床换热器的原始数据

烟 气 条 件		蒸 汽 参 数		传热管结构参数	
				形　式	螺旋翅片钢管
烟气量	40000m³（标）/h	蒸发量	4350kg/h	外径	34.0mm
进口温度	450℃	压力	4.9×10⁵Pa（表）	管壁厚	3.2mm
出口温度	250℃	温度	饱和温度（158℃）	翅高	12.7mm
回收热量	3245kW	给水温度	20℃	翅厚	2.6mm
	（11.68GJ/h）			翅节距	6.35mm

表 5-18　流化床换热器性能参数

项　目	单　位	流化床换热器	一般换热器
粒子		氧化铝，$D_P=1.0$mm	
气侧传热系数	W/（m²·℃）	233	7.0
有效传热面扩大系数	—	6.0	7.0
管基准面气侧传热系数	W/（m²·℃）	1400	500
水侧传热系数	W/（m²·℃）	13500	13500
气侧污垢热阻	m²·℃/W	0	0.00172
水侧污垢热阻	m²·℃/W	0.000172	0.000172
总传热系数	W/（m²·℃）	965	244
传热平均温差	℃	下层 164[①] 上层 92	175
水侧基准所需传热面积	m²	下层 13.2 上层 13.0 总计 26.2	76.8
所需传热管长度	m	302	886

①下层出口的烟气温度为 322℃。

5.7　热交换器的发展趋势

随着节能工作的深入开展，需要相继地研究和开发各种高效能、低成本的热交换器，以满足冶金、化工、电力等工业部门不同余热有效回收的需要。主要是采取各种强化传热的措施。例如，研制特殊形状的翅片结构；增加对流体的扰动，以设法破坏对流传热的边界层；开发能有效地进行沸腾或凝结相变传热的特殊传热面等等。这些措施均是为使换热器的结构更加紧凑，或者在较小的传热温差下也能取得较大的热流密度。这方面的研究方兴未艾，从基础研究开始，在向生产实际推广应用的过程中，还需解决制造工艺、生产成本以及寿命等问题。

5.7.1　强化传热的目的与任务

不同设备对强化传热的具体要求也不同。归纳起来，应用强化传热技术是为了达到下列任一目的：

1）减小换热器的传热面积，以降低换热器的体积与重量；

2）提高现有换热器的换热能力；

3）使换热器在较小的传热温差下工作；

4）减小换热器的阻力，以减少换热器的动力消耗。

上述的目的和要求是互相制约的，不可能同时满足，因此，在采用强化传热技术前，要首先明确主要的目的，以及为实现这一目的所能提供的现有条件。然后通过分析比较，选择合适的强化传热技术。

由于换热器的用途各不相同，型式众多，流体的种类、物性差别很大，传热机理以及流速范围也有差异，因此，没有一种强化传热技术可以适用于任何场合。强化传热技术的传热系数及阻力计算也不可能有通用的公式。一般可采用下列方法解决强化传热技术的选用问题：

1）在给定工质温度、热负荷以及总流动阻力的条件下，先用简单方法对几种强化传热技术从使换热器尺寸减小、重量减轻的角度进行比较；

2）分析需要强化传热处的工质流动结构，热负荷分布特点以及温度场分布工况，以确定有效的强化传热技术，使流动阻力为最小而传热系数为最大；

3）比较采用强化传热技术后的换热器的制造工艺问题和安全运行问题。

按上述方法，最后可定出适用于某一换热器工况的最佳强化传热技术。

5.7.2 强化传热的途径

对表面式换热器，由式（5-1）可知，强化传热就是要采取措施，设法提高传热系数 K，增大换热面积 A 和提高传热平均温差 Δt_m。

5.7.2.1 提高传热平均温差

流体的进出口温度受生产工艺条件限制，一般不能随意改变。因此，提高传热平均温差的惟一措施是采用逆流布置。但是，如前所述，对高温换热器，当受到材料承受温度的限制时，不得不采用传热平均温差较低的顺流或顺逆流组合的布置。所以，这种措施对强化传热的潜力有限，不是主要的途径。

5.7.2.2 增大换热面积

增大换热面积有利于提高传热量。但是，增大传热面积也就要增加换热器的成本。并且，随着热回收程度增大，传热温差减小，增加相同的回收热量时，需要增加数倍的传热面积。因此，通常是希望增加单位体积内的传热面积，以缩小换热器的尺寸；或增大热阻大的一侧的传热面积，以提高换热效果。最常用的方法是适当减小管径和采用翅片管、螺旋管等。

翅片管的种类很多，图 5-44 所示的是几种典型的形式。横向翅片又可分为螺旋状和单

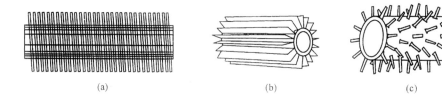

(a)   (b)   (c)

图 5-44　翅片管的种类

（a）横向螺旋翅片；（b）纵向直翅片；（c）柱形翅

片环形翅等，采用镶嵌、焊接、高频焊、套装等方法固定于管外圆上，应尽量减小根部的接触热阻，才能使翅片更好地发挥传热效果。翅片管增加了单位长度传热管的传热面积，表5-19 给出了翅片管与光管的比较。表中的数据是对直径为 100mm 的钢管而言，翅高 19mm，翅厚 1.2mm，横翅的节距为 5mm，纵翅为 22 根/周。

表 5-19　光管与翅片管的比较

	光　管	横　翅　管		纵翅管
		螺旋状	环片状	
单位管长传热面积/m² · m⁻¹	0.678	3.48	3.44	2.75
与光管表面积之比	1.0	8.77	8.66	6.75
以光管为基准的传热系数/W · m⁻² · ℃⁻¹	6.72	59.2	56.5	50.2
传递单位热量所需管长比	1.0	0.114	0.119	0.134

翅片加在换热器中表面传热系数较小的一侧，将对增强传热取得最好的效果。当希望增强管内传热时，也可将传热管制成带内翅的结构，如图 5-45 所示。内翅可以是轴向直翅，也可以具有一定的旋转螺旋角。

实际上，翅片不仅是增加了传热面积，而且还增强了气流的扰动，促进了传热系数的提高。在此基础上，又发展出各种形状的翅片，增加翅片对周围气流的扰动，以破坏翅片周围的传热边界层，进一

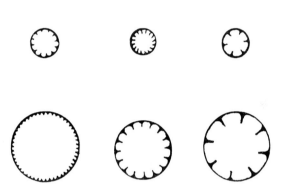

图 5-45　带内翅的传热管

步增强传热。图 5-46 表示的是几种特殊形式的翅片的例子。

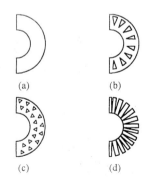

图 5-46　横翅的各种形式
(a) 普通翅；(b) 带切槽翅；
(c) 穿孔翅；(d) 扇形翅

为了增大传热面两侧的传热面积，比圆管更为方便的是采用板式或板翅式换热器。图 5-47 是板翅式换热器的结构示意图。在隔板两侧由翅片构成的通道中，可以分别通过冷热流体，除通过隔板直接进行传热外，大部分热是首先传给翅片，再由翅片内部将热传导至隔板。因此，翅片在形成通道的同时，又是主要的传热面，又增加了隔板的强度，使它能承受较高的压力。

在制造过程中，将图 5-47 (a) 所示的元件叠置成所需通道形式的换热器组件，并靠侧封条及导流翅片构成冷、热流体的通道，然后在盐浴炉中钎焊成一个整体。

这种换热器在单位体积内的传热面积比一般的换热器大得多。例如，一般的管壳式换热器每 1m³ 内的传热面积只有 150m² 左右，而板翅式换热器可达 5000m²/m³，板式换热器可达 1500m²/m³。所以也叫紧凑式换热器。

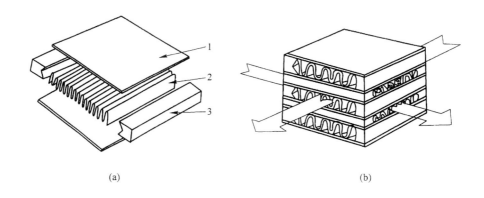

(a)   (b)

图 5-47　板翅式换热器

（a）组成元件；（b）换热器组件

1—隔板；2—翅片；3—侧封条

板翅式换热器通常用薄铝材制成，所以不宜在高温和高压下工作。但是特别适宜于低温及清洁气体间的换热。

5.7.2.3　提高传热系数

要提高传热系数 k，首先要提高传热面两侧的对流传热系数，特别是改善热阻大的一侧的换热状况。

改善对流换热的措施有：1）提高流速；2）让流体横向冲刷传热表面；3）设法消除死漩涡区；4）增强流体的扰动与混合；5）破坏层流边界层或阻止层流底层的发展；6）改变换热表面的状况等。

根据强化传热的技术分类，可分为无功强化和有功强化技术两类。无功强化技术不靠外部能量，主要靠改善表面或流动的静态构件。例如对表面进行特殊的加工处理，增加表面粗糙度，扩展传热表面；设置强化元件和加入扰动的流体等方法。有功强化技术需要消耗一定的外部能量来达到强化传热的目的。例如，采用机械强化、振动强化、静电场强化等。这种方法相应地增加了设备的复杂性。

传热的过程不同，采取的强化传热方式也不同。对无相变的单相流体的对流换热，热阻主要在层流底层，强化传热过程应该设法减薄层流底层的厚度；对有相变的沸腾过程而言，主要是要设法增加换热表面上的汽化核心数目及提高产生气泡的频率，这要靠改善换热表面来实现；对凝结过程，强化传热主要是设法减薄凝结液膜的厚度。因此，应用强化传热技术时，必须根据换热器的具体情况，分别采取相应的措施。

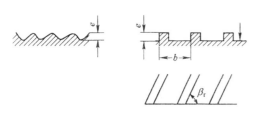

图 5-48　强化传热的粗糙凸出物

1）管内单相对流传热的强化。在管内的传热面上，在轧制过程中，表面形成微小的粗糙凸出物，促进气流的扰动，又增加一部分传热面积。如图 5-48 所示，凸出物的断面有矩形、三角形、齿形等形状。它可以是圆环状，也可以是螺旋状。为了不致造成阻力增加过大和避免气流剥离，凸缘尺寸较小。高度 e 只有

0.3mm，间距 *b* 为 4mm，螺旋角 $\beta_r = 0 \sim 30°$。这种管适宜于促进流动强度较弱时的传热。当管内紊流强度较高时，凸出物主要起到增加传热面的作用。

当管内外均做成有凸出物时，可直接轧制成图 5-49 所示的波纹管或螺槽管。试验表明，在和光管阻力损失相同的情况下，这种形式的管子可以增加 25% 的换热量。

为了促进管内的传热，也可采用在管内插入促使流体产生旋转运动的静止构件。例如纽带、螺旋片等。图 5-50 是由薄金属片扭转而成的纽带式内插件。当气流流入管内时，可有效地产生旋转。其扭转的程度用每扭转 360° 角的长度 *H* 与管内径 *d* 之比表示。试验表明，较佳的扭转率在 5 左右。与光管相比，传热系数可提高 43%。

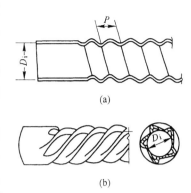

图 5-49　异形传热管
(a) 波纹管；(b) 螺槽管

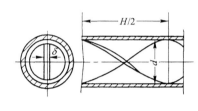

图 5-50　管内插件

2) 层流边界层传热的强化。在层流边界层内的传热主要是靠导热。当边界层厚度增加时，它的传热能力将随之降低。图 5-51 所示的曲线是当空气以 2m/s 的速度平行流过平板时的平均传热系数的计算结果。平板的长度越短，边界层越薄，可得到较高的传热系数。为此，如果将长的平板式翅片（例如空冷器上用的翅片）冲切成百叶窗式的短翅片，如图 5-52 所示，则可减薄翅片上边界层的生成厚度，起到提高传热系数的效果。

3) 相变传热的强化。水在沸腾与凝结时的相变传热系数很大，一般不是传热热阻的主要矛盾。但是，低沸点的有机工质的热导率、相变潜热等较小，相变的传热系数不高。因此，对用低沸点工质的余热回收装置，以及在低温制冷装置中，强化沸腾与凝结换热仍有十分重要的意义。

促进相变传热的主要途径是将表面加工成特殊的结构。图 5-53 所示的是其中的一些例子。图 5-53 (a) 是在沸腾表面上烧结一层粒径为数十 μm 到 100μm 的金属粒子，以增加形成汽泡所需的核心。图 5-53 (b) 是采用机械加工的方法，使换热表面内形成许多孔洞。试验表明，采用这些特殊表面的沸腾管，传热系数约为光管的 1.3～2 倍。

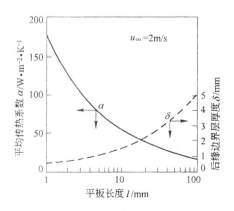

图 5-51　平板上的传热系数与边界层厚度

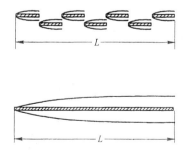

图 5-52　切口形翅片对传热的促进

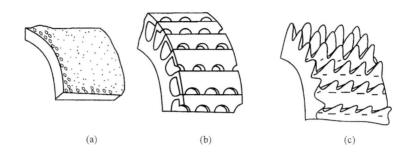

图 5-53　强化相变传热用的特殊传热管

（a）表面烧结管；（b）机械加工的多孔表面；（c）凝结用的齿状表面

凝结传热的强化方法主要是设法减薄在凝结管上形成的液膜厚度。采用图 5-53（c）所示的高为 1mm、节距为 0.7～1mm 的细齿状结构，将可起到这种效果。实验表明，它的凝结传热系数约为光管的 4 倍左右。

5.7.3　强化传热技术效果评价

在换热器中采用何种强化传热技术，是由多种因素确定的。根据目的要求以及具体条件、制造工艺和运行安全性等情况，通过技术经济比较，才能确定最适宜的强化传热技术。

采用强化传热技术的换热器与普通换热器相比较，一般可分三种情况：1）在换热量、工质流量及压力损失相同时。比较其换热面积和体积；2）在换热器体积、工质流量和压力损失相同时，比较其换热量；3）在换热器体积、换热量及工质流量相同时，比较其压力损失。

当考虑采用强化传热技术后管子等成本费用和运行费用等时，可按经济核算方法进行评价。

5.8　换热器的优化设计

以上各节介绍了各种换热器的热力设计方法，如何根据要求的传热量确定所需的换热器传热面积。但是，没有涉及到怎样设计出的换热器在技术经济上才是最为合理的。例如，选择较高的流体速度可以提高传热系数 K，减少所需的传热面积，从而降低换热器的投资费用。但是，它势必增加流动阻力，增加泵或风机的动力消耗，从而增加设备的运行费用。又如，对于热回收用换热器，如果提高换热器的温度效率，提高热回收率，可以取得更好的节能效益，节约燃料费用。但是，这必须靠增加换热器的传热面积，增加设备投资来取得。因此，换热器的优化设计就是要对各种方案进行技术经济比较，选择最好的方案。

5.8.1　换热器优化设计简介

最优化方案与经济因素有关，例如能源价格，原材料价格，制造及安装费用，贷款偿还方式及利率等。还与许多技术因素有关，例如换热器的性能，使用寿命等。换热器最优设计的目标是年费用最小或年收益最大。年费用包括设备的年折旧费、维修费、风机或泵的运转所需的电费，以及供热源或冷却水消耗的费用等等。年收益包括余热回收带来的年节能效益扣除设备的折旧及运行费用等。在考虑了各种因素列出的目标式叫目标函数。即将目标值表示成求解变量的函数关系式。最优解就是求目标函数为最大或最小时各变量的值。

各变量并不是相互完全独立的。它要遵守基本的物理定律，例如能量守恒、质量守恒、传热方程、阻力关系式等。同时还会受到一些技术条件的限制，例如温度的允许范围，流速的允许范围，安设场地的空间大小，水泵或风机的功率限制等等。因此，最优解是在一定约束条件范围内寻求极值的问题。

换热器优化设计的目标及约束条件如图 5-54 所示。最优设计的目标针对不同的场合可以有三个：热交换量、换热器的尺寸或流体输送的功率（泵或风机的功率）。以它们来评价换热器的性能。

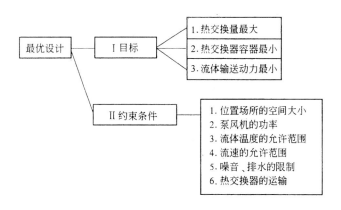

图 5-54　最优设计的目标与约束条件

约束条件包括：

1）设置场地的空间位置的限制。由于受配管及其他设备相对位置的限制，换热器的尺寸受到约束。特别是对已有的换热器进行更新时，外形尺寸应基本保持不变。

2）泵或风机功率的限制。当对已有的泵或风机照常使用，只更新换热器时，新换热器的流体流量及流动阻力当然不能超过已有设备的能力。即使在准备更换新泵或风机时，它们的参数也受到产品系列的限制。

3）热交换器允许的温度范围的限制。温度上限受换热器材料的使用温度限制。用有机热媒作为传热介质时，受热媒的热分解温度的限制。温度下限受烟气露点温度等限制。

4）流速范围的限制。流体的流速除关系到输送功率消耗的限制外，在自然通风的场合，受到烟囱抽力的限制。此外，对以水为传热介质的换热器，受到传热管耐蚀的限制。用铜管及铜合金管时，水流速度控制在 2m/s 以下。采用钛管时，则可提高流速。但是成本也将提高，这需要综合考虑投资和使用年限后决定。

5）环境的限制。严格来说，气流流经换热器时产生的噪声和附属的风机产生的噪声也应控制在环境允许的范围内，因而限制了风机转速和气流速度。

6）运输条件的限制。生产厂制造的换热器产品的外形尺寸，应考虑到运输条件的可能。

约束条件可根据具体情况，分析其重要程度，决定是否列入。当然，考虑的约束条件不同，求解结果也会有所差别。

复杂的最优化设计需要用到最优化方法的数学基础。这里只举两个最简单的无约束求极值问题进行分析说明。

换热器的设计可分为两大类型。一种是为了满足一定的工艺要求，热流体通过换热器将冷流体加热到一定的温度，或者冷流体将热流体冷却到某一温度；另一种是为了通过换热器来回收余热，以节约能源消耗。对这两类不同的换热器，优化设计的目标函数也是不同的。

5.8.2 余热回收用的换热器的最佳回收条件

从废气中回收的热量愈多，节能效果愈大，但是，所需的传热面积也愈大。当废气量 V_1 及废气温度 t'_1 为已知时，从废气中最大可能回收的热量是将废气冷却到冷流体的进口温度 t'_2。这时，换热器的温度效率 E 为 1，而所需的传热面积将为无穷大，这实际是不可能的。因此，将余热回收到怎样的程度，其中有一最佳值。这与燃料的价格及换热器的投资费用有关。

如果设换热器的传热面积为 A（m^2），回收的热量为 Q（kJ/h），回收单位热量带来的燃料节约费用为 S_Q（元/kJ），设备年运行时间为 τ（h），则每年节约燃料带来的收益为 $QS_Q\tau$（元/a）。而换热器单位传热面积的投资分摊到每年的折旧费用为 C_F（元/（$m^2 \cdot a$）），则设置余热回收用的换热器后，每年的纯收益 S 为

$$S = QS_Q\tau - C_F A \text{ 元 /a} \tag{5-62}$$

回收热量 Q 实际上也是传热面积的函数。因此，年纯收益为最大时的最佳传热面积是式（5-62）对 A 求导为 0 时的值。

$$\frac{\mathrm{d}S}{\mathrm{d}F} = S_Q\tau\frac{\mathrm{d}Q}{\mathrm{d}A} - C_F = 0 \tag{5-63}$$

根据热平衡关系，回收热量为

$$Q = V_1 c_1 (t'_1 - t''_1) = V_2 c_2 (t''_2 - t'_2) = V_2 c_2 E_2 (t'_1 - t'_2) \tag{5-64}$$

式中　E_2——温度效率，$E_2 = (t''_2 - t'_2) / (t'_1 - t'_2)$。

而温度效率又可表示成传热单元数 NTU 的函数。由传热学可知，对逆流换热器

$$E_2 = \frac{1 - \exp[-(NTU)_2(1 - R_2)]}{1 - R_2\exp[-(NTU)_2(1 - R_2)]} \tag{5-65}$$

式中　$(NTU)_2$——传热单元数，$(NTU)_2 = \dfrac{kA}{V_2 c_2}$；

R_2——水当量之比，$R_2 = \dfrac{V_2 c_2}{V_1 c_1}$。

将式（5-64）对 A 微分，则

$$\frac{\mathrm{d}Q}{\mathrm{d}A} = V_2 c_2 (t'_1 - t'_2) \frac{\mathrm{d}E_2}{\mathrm{d}A} \tag{5-66}$$

将式（5-65）对 A 微分，则得

$$\frac{\mathrm{d}E_2}{\mathrm{d}A} = \frac{\mathrm{d}E_2}{\mathrm{d}(NTU)_2}\frac{\mathrm{d}(NTU)_2}{\mathrm{d}A} = (1 - E_2)(1 - R_2 E_2)\frac{k}{V_2 c_2} \tag{5-67}$$

将式（5-66）和式（5-67）代入式（5-63），可得

$$S_Q\tau V_2 c_2 (t'_1 - t'_2)(1 - E_2)(1 - R_2 E_2)\frac{k}{V_2 c_2} - C_F = 0$$

$$[(1 - E_2)(1 - R_2 E_2)]_{OPT} = \frac{C_F}{S_Q\tau k(t'_1 - t'_2)} \tag{5-68}$$

式 (5-68) 中的右边各项可以根据给定条件预先计算，水当量比 R_2 也为已知，因此，根据此式可以求出最佳的温度效率 $E_{2,\text{OPT}}$，再进一步可以求出冷流体的最佳出口温度 $t''_{2,\text{OPT}}$ 及最佳回收热量 Q_{OPT}。然后可以计算出回收此热量所需的换热器的传热面积。

对于不同流型的换热器，温度效率与传热单元数之间的关系是不同的。因此，求得的最佳条件也不同。

由式 (5-68) 可见，如果能源价格上涨，即 S_Q 值增大，则 $E_{2,\text{OPT}}$ 也增大。换热器向提高温度效率，增加换热面积方向发展；如果钢材价格提高，则会造成换热器的成本提高，即 C_F 值增大。这时，换热器的热回收率不宜过高，以免初投资过大。

5.8.3 换热器的最佳工作条件

为满足生产工艺需要用的换热器，其最佳工作条件是使年费用最低。以冷却器为例，要求将流量为 m_1 的热流体从温度 t'_1 冷却到 t''_1。若用进口温度为 t'_2 的冷却水来冷却，显然，增加冷却水量 m_2，就可以使冷却水的出口温度 t''_2 降低，传热对数平均温差 Δt_m 增加，所需的传热面积 F 减小，可使换热器的投资费用减少。但是，它将增加消耗的冷却水费用，即年运行费用增加。年总费用 C_t 是运行费（主要是冷却水泵消耗的电费）与设备投资的年固定费（折旧费和维修费等）之和。

$$C_t = C_w m_2 \tau + C_F A \tag{5-69}$$

式中　C_w——冷却水单价，元/kg；

　　　m_2——冷却水消耗量，kg/h；

　　　τ——设备的年工作时间，h/a；

　　　C_F——换热器单位传热面积的年固定费，元/（$m^2 \cdot a$）。

根据热平衡及传热关系式可得，传热量 Q 为

$$Q = m_1 c_1 (t'_1 - t''_1) = m_2 c_2 (t''_2 - t'_2) = kA\Delta t_m$$

由此可得

$$m_2 = \frac{Q}{c_2(t''_2 - t'_2)} \tag{5-70}$$

$$A = \frac{Q}{k\Delta t_m} = \frac{Q\ln[(t'_1 - t''_2)/(t''_1 - t'_2)]}{k[(t'_1 - t''_2) - (t''_1 - t'_2)]} \tag{5-71}$$

将式 (5-70) 和式 (5-71) 代入式 (5-69)，可得

$$C_t = \frac{C_w \tau Q}{c_2(t''_2 - t'_2)} + \frac{C_F Q\ln[(t'_1 - t''_2)/(t''_1 - t'_2)]}{k[(t'_1 - t''_2) - (t''_1 - t'_2)]} \tag{5-72}$$

由式 (5-72) 可见，年总费用 C_t 是冷却水出口温度 t''_2 的函数。年费用为最小的情况即为 C_t 对 t''_2 微分为 0 时的极值点，即

$$\frac{\mathrm{d}C_t}{\mathrm{d}t''_2} = 0$$

此时的冷却水出口温度即为最佳冷却水出口温度 $t''_{2,\text{OPT}}$。

对式 (5-72) 微分，经整理后可得

$$\frac{k\tau C_w}{C_F c_2}\left[\frac{(t'_1 - t''_{2,\text{OPT}}) - (t''_1 - t'_2)}{t''_{2,\text{OPT}} - t'_2}\right]^2 = \ln\left(\frac{t'_1 - t''_{2,\text{OPT}}}{t''_1 - t'_2}\right) - \left[1 - \frac{(t''_1 - t'_2)}{(t'_1 - t''_{2,\text{OPT}})}\right] \tag{5-73}$$

在式 (5-73) 中，只有 $t''_{2,\text{OPT}}$ 为未知数，其他各项均可根据已知条件确定。因此，由式可以解出最佳的冷却水出口温度 $t''_{2,\text{OPT}}$，然后再根据式 (5-70) 和式 (5-71) 计算出最佳的

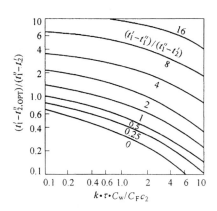

图 5-55 冷却水最佳出口温度

冷却水量 $m_{2,\mathrm{OPT}}$ 和最佳的传热面积 A_{OPT}。但是，上式中 $t''_{2,\mathrm{OPT}}$ 为隐函数，需用计算机或试算法求解。图 5-55 给出确定最佳冷却水出口温度的计算线图。在根据已知条件先计算出 $(k\tau C_\mathrm{w})/(C_\mathrm{F}c_2)$ 和 $(t'_1-t''_1)/(t''_1-t'_2)$ 后，可从图的纵坐标查出 $(t'_1-t''_{2,\mathrm{OPT}})/(t''_1-t'_2)$ 的值，然后计算出冷却水的最佳出口温度 $t''_{2,\mathrm{OPT}}$。

例题 2 一油冷却器需将油从 $t'_1=140℃$ 冷却到 $t''_1=44℃$，已知冷却水的进口温度为 $t'_2=32℃$，冷却水价格为 $C_\mathrm{w}=0.0001$ 元/kg，比热容为 $c_2=4.18$kJ/(kg·℃)，冷却器的价格为 200 元/m²，年折旧率为 0.25。冷却器的年工作时间 $\tau=8000$h。并通过传热计算，已求得冷却器的传热系数 $K=232.6$W/(m²·℃)，试求年费用为最低的最佳冷却水出口温度。

解 每 $1\mathrm{m}^2$ 冷却器传热面积的年固定费为

$$C_\mathrm{F} = 0.25 \times 200 = 50 \text{ 元}/(\mathrm{m}^2 \cdot \mathrm{a})$$

两个计算参量的值分别为

$$\frac{k\tau C_\mathrm{w}}{C_\mathrm{F}c_2} = \frac{232.6 \times 3600 \times 8000 \times 0.0001}{50 \times 4.18 \times 1000} = 3.2$$

$$\frac{t'_1 - t''_1}{t''_1 - t'_2} = \frac{140 - 44}{44 - 32} = 8.0$$

由图 5-55 可查得 $\dfrac{t'_1-t''_{2,\mathrm{OPT}}}{t''_1-t'_2}=3.2$

因此，最佳冷却水出口温度为

$$t''_{2,\mathrm{OPT}} = t'_1 - 3.2 \times (t''_1 - t'_2) = 140 - 3.2 \times (44 - 32) = 101.6℃$$

思考题与习题

5-1 设计高温余热回收用换热器时应考虑哪些因素？

5-2 余热锅炉与工业锅炉相比，有哪些特点？相应地需采取什么措施？

5-3 试述回转式换热器的传热原理及适用场合。

5-4 试述热管的工作原理及其组成。

5-5 试分析热管换热器的优点。

5-6 热管的工作液体如何选择确定？什么叫与管壳材料的相容性？

5-7 钢水热管有什么特点，适用于什么范围，如何解决钢—水不相容的问题？

5-8 热管换热器为什么可以有高的换热性能？它适用于什么场合的换热？

5-9 试比较热管换热器与热媒换热器的异同。

5-10 热管换热器的冷段与热段的长度比例如何确定？

5-11 热管换热器的工作液体温度与冷热流体的温度及传热系数有什么关系？如何避

免工作液体温度超过许可温度?

5-12 什么是重力式热管换热器,它有什么特点,在布置上有什么特殊要求?

5-13 某空气预热器的烟气进口温度为 1100℃,空气以逆流方式流经换热器,从 20℃ 预热至 550℃。已知烟气侧的传热系数 $\alpha_1 = 35W/(m^2 \cdot K)$。空气侧当流速为 6m/s 时,传热系数也为 $\alpha_2 = 35W/(m^2 \cdot K)$。求此时的管壁最高温度为多少?如果希望将管壁温度降至 750℃,则应将空气流速提高到多少能满足要求。设传热系数与流速的 0.8 次方成正比。

5-14 已知某蒸发器的钢管尺寸为 $\phi38 \times 3mm$,汽侧冷凝传热系数为 $\alpha_1 = 10000W/(m^2 \cdot K)$,水侧沸腾传热系数为 $\alpha_2 = 3500W/(m^2 \cdot K)$,长久使用后,如汽侧和水侧分别结水垢 0.2mm 和 0.5mm,设水垢的热导率为 $\lambda_F = 1.75W/(m \cdot K)$,试计算结垢前后传热系数 K 的数值并讨论结果。

5-15 试为隧道窑设计一台回收烟气余热用的热管换热器,用来预热干燥用空气,已知烟气入口温度为 $t_{y1} = 300℃$,出口温度 $t_{y2} = 170℃$,流量为 $m_1 = 2500kg/h$。空气入口温度为 $t_{k1} = 15℃$,流量为 $m_2 = 2500kg/h$。

5-16 某气-液热管换热器的烟气进口温度为 $t_{y1} = 540℃$,出口温度为 $t_{y2} = 420℃$。水的进口温度为 $t_{s1} = 15℃$,出口温度为 $t_{s2} = 80℃$。若采用钢-水热管,为保证工质温度不超过 200℃,问热管的冷段与热段的长度应采取怎样的比例关系。

5-17 一油冷却器每小时需将 1t 油从 $t_1 = 140℃$ 冷却到 $t_2 = 44℃$。冷却水的进口温度为 $t_3 = 32℃$。已知油的比热为 $c_1 = 2.2kJ/(kg \cdot ℃)$,水的比热为 $c_2 = 4.1868kJ/(kg \cdot ℃)$。传热系数 $K = 400W/(m^2 \cdot ℃)$。增加冷却水量可使冷却水出口温度降低,传热温差增大,所需传热面积减小,设备的投资费用降低,但运行费(水费)将增加。已知冷却水的价格为 $C_w = 0.12$ 元/t,冷却器的价格为 10000 元/m^2,年折旧率为 15%。设换热器的年工作时间为 8000h。求最佳的冷却水量及换热面积(设传热系数不变)。

6 能源管理与能源系统模型

能源科学管理的目的是为了经济、合理并且有效地开发和利用能源。作为企业的能源管理工作者，要对全厂的能源生产、分配、转换和消费做好科学的管理，保证有限的能源发挥更大的作用。这包括对能源从生产到消费的全过程进行组织指挥、监督和调节。

能源的科学管理不仅是针对耗能的单体设备，还要考虑整个能源系统的管理；不仅是针对现有的能源系统，还要对今后的发展做出规划；不仅要看节能措施的节能效果，还要对技术经济上的可行性进行分析。因此，能源的科学管理不仅涉及到能量转换与利用技术，还与数理统计、技术经济以及系统工程等学科密切相关。通过建立能源系统模型，运用数学最优化方法，利用计算机，对能源的科学管理提供最佳决策和方案。

6.1 能源管理概述

能源的供需量大，使用面广。用户往往要求能源连续供应，以保证正常生产。因此，能源的有效管理应将能源系统的各个阶段、各个环节、各个方面全面而完善地管理起来，才能达到有效地、经济地和充分地利用能源的目的。

全面的能源管理包括以下几个方面：

1）就能源管理的领域而言，包括能源的购入、加工、转换、输送、分配、储存、使用、外销等各个环节。要考虑到各环节的协调和综合平衡。

2）就能源管理的对象而言，包括煤炭、重油、天然气等的购入能源，又包括焦炭、煤气等二次能源，还有电力、蒸汽、氧气、压缩空气、鼓风、冷却水等动力消耗。由于各种能源之间有着错综复杂的相互替代关系，存在着不可分割的联系，因此对各种能源的管理要注意横向联系，加强综合管理，讲究综合节能效果。

3）就能源管理的职能而言，包括能源的计划、生产、技术、设备、供应、资金、人员、计量、定额、统计、核算、奖惩等各方面的管理工作，要建立相互协调的全面的能源管理体系。

4）就能源管理的参与者而言，由于从生产到生活的所有活动环节几乎都离不开能源，因此企业的全体人员都应是管好、用好能源的直接参与者或间接参与者。为此，要形成专业管理与群众管理相结合的能源管理网，实行能源的"全员管理"。

由于能源系统内部的各个环节之间存在着错综复杂的关系，并且相互制约，因此能源管理工作者必须以全面的、系统的、综合的观点进行管理，才能做到统筹协调，取得最优效果，这就是实行全面能源管理的基本出发点。

要对能源进行科学管理，应做好以下几方面工作：

1）定量化。定量化是科学管理的基础，以做到心中有"数"。只有在定量化的基础上，才能实行能源的定额管理和做好正确的能源预测，才能制订出确切的能源规划和能源计划。

具备可靠的、完整的数据，又是能源定量化管理的基础。尤其是对错综复杂的能源系统的管理问题，要求采用数学方法和计算机手段，对问题进行定量分析，以便找出最优的实施方案，这就离不开定量化。

定量化方法不仅仅是指运用数学模型和计算机运算的现代化方法，也包括大量的、已经被普遍采用的根据统计数据进行统计分析的定量管理方法。

2）系统化。能源系统包括从生产到消费的一系列环节，又包括可以互相替代的各种能源，还涉及到品种、价格、运输、工艺、技术、环境等条件，形成错综复杂的能源系统。要合理地、有效地解决能源问题，必须从系统观点出发，运用系统工程的方法，综合地求得最优方案。

3）标准化。能源标准化是组织现代化生产的重要手段，是能源科学管理的重要组成部分。要制订出各种用能设备、二次能源转换设备的能耗标准，作为考核目标。对陈旧的、高能耗的动力设备，要定期淘汰更换。各种能源标准，包括能源产品标准、设备标准、材料标准、方法标准、管理标准等，是以节能为目的，以技术经济可行性为原则制订的。它是能源技术管理的依据，也是能源计划、统计、考核管理的重要基础。

4）制度化。要组织好能源系统的一系列技术经济活动，必须建立和健全各项规章制度，包括能源系统的有关经济管理和技术管理的各项规章制度，以文字形式将管理业务的工作程序、工作方法、工作要求、职责范围等明确地规定下来，作为行动的规范和准则。

能源管理的具体内容包括：

1）建立能源管理体系。统一能源管理体系可以加强能源使用的统一管理，实行能源的统筹安排，合理地使用各种能源。在工厂中建立起各级能源管理机构，全面领导本企业的能源管理和节能工作，实施节能技术改造，考核能耗指标，执行节能奖惩制度。

2）搞好能源综合平衡。企业能源平衡表提供了企业内部各部门能源生产和消费的情况，是分析各部门能源利用效率和节能潜力的基础。因此，按年、按季，甚至按月、按旬做好能源平衡，做好各个热设备的热平衡测定，是搞好能源管理的基础。

3）搞好节能技术措施项目的管理。根据本企业的能耗情况，通过对比，找出薄弱环节，制订出节能规划和措施。根据节能技术措施的节能效果和经济效果的分析，按收益大小及技术条件和物质条件情况，安排先后次序。重大项目要有可行性研究。然后组织好节能措施项目的施工，并实际考核措施的节能效果。

4）加强燃料及二次能源的管理。对进厂的燃料要做好验收、计量、存放工作。并做好记录和定期清查、盘点工作。严格按计划定量供应燃料，并做好考核评比。对蒸汽、氧气、水、电等二次能源，也要做好定额管理，杜绝跑、冒、滴、漏，避免浪费。

5）加强计量监督。健全的计量是科学管理的基础。没有计量就难以对能源的生产、储备和使用进行正确的统计和核算，就难以推动定额管理、班组核算、节能奖惩和能源需求平衡预测等一系列科学管理工作的深入开展。要搞好计量工作，不但要将仪表配备齐全，还要加强仪表的维护，保证仪表的准确性。

6）加强能源的经济管理。建立经济责任制，定额管理与奖惩结合。建立能源经济调度制，由能源中心对全厂的能源消耗作统一调度，以最低的能耗生产最多的产品。搞好内部能源消耗的经济核算制度。

7）合理组织生产，有效利用能源。要尽可能做到集中生产，满负荷生产，以提高能源利用率。对蒸汽用户负荷，不同用户尽可能错开时间，使锅炉负荷均匀，以保证锅炉在高效率下运行。

6.2 企业的节能

6.2.1 节能的概念

节能是指节约能源的消耗，以较少的能源生产同样数量的产品或产值，或以同样数量的能源生产出更多的产品或产值。节能是从能源资源的开发到终端利用，采取技术上可行、经济上合理、社会能够接受、环境又能允许的各种措施，充分地发挥能源的效果，更有效地利用能源资源。

节能按性质可分为：

1）技术节能。通过采用先进的节能技术、节能设备、节能机器等措施取得的节能效果。例如：增设余热回收设备、采用节能型电机、风机、水泵等。

2）工艺节能。通过改变原有生产工艺，采用先进的节能生产新工艺而达到节能的目的。例如：以连铸代替模铸、氧气顶吹转炉代替平炉炼钢等。

3）管理节能。通过加强能源管理和生产管理，减少能源损耗，避免不必要的浪费，合理组织生产，减少设备在低效率（低负荷）下运转等取得的节能效果。

4）结构节能。通过改变产品的结构，增加低能耗、高产值产品的比例等所能取得的间接节能效果。

减少原材料的消耗实际上也间接地节约了能源。提高产品的成品率是可以降低单位能耗的。

6.2.2 企业节能量的计算

节能量是指在某个统计期内的能源实际消耗量，与某个选定的时期作为基准期，用基准期相对应的能源消耗量进行对比的差值。

节能量的计算要在企业能量平衡的基础上进行，保证能源数据的准确性和计算的正确性。并且要以综合耗能量为基础，按综合能耗计算通则，将消耗的各种能源按相应的等价折标系数统一折算成标准煤或热值。计算必须用计量测试等实际测定的有关数据进行。

6.2.2.1 节能量计算的比较基准

节能量是一个相对的数量。针对不同的具体目的和要求，需采用不同的比较基准。

1）以前期单位能源消耗量为基准。前期一般是指上一年同期、上季同期、上月同期以及上年、上季、上月等。也有以若干年前的年份（例如五年计划的初年）为基准。

由于基准期选择不同，节能量的计算结果也会不同。特别是在计算累计节能量时，有两种方法：

a. 定比法　将计算年（最终年）与基准年（最初年）直接进行对比，一次性计算节能量。

b. 环比法　将统计期的各年能耗分别与上一年相比，计算出逐年的节能量后，累计计算出总的节能量。

如表 6-1 所示，二者计算的节能量不同。

一般评价某一年比几年前的某一年节能水平时，用定比法计算节能量；评价某年至某年几年间的节能量时，用环比法累计计算。

表 6-1　定比法与环比法计算的节能量比较

项　　目	1992 年	1993 年	1994 年	1995 年	累计节能量
钢产量/万 t　　A_i	200	210	220	230	
年综合耗能量（标煤）/万 t　B_i	560	525	528	506	
吨钢综合能耗（标煤）/t　$C_i=B_i/A_i$	2.8	2.5	2.4	2.2	
节能量（标煤）/万 t　环比法　$E_i=(C_i-C_{i+1})A_{i+1}$		63	22	46	131
定比法　$E=(C_0-C_n)A_n$					138

2）以标准能源消耗定额为基准。由行业主管部门根据机器设备、生产工艺、操作水平、原材料、技术和管理等情况，制定符合当前实际的标准能耗定额、先进能耗定额。以此作为比较的基准。

这时，计算的节能量有两种：

a. 名义节能量　与标准能耗定额相比的节能量。它反映企业的实际用能水平。

b. 实际节能量　与企业自身前期相比的节能量。它反映企业在能量利用上的提高与进步。

不同情况的节能效果比较如图 6-1 所

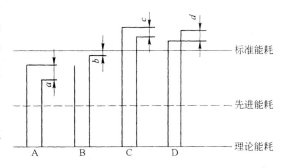

图 6-1　不同情况的节能效果分析
a—有效节能量；b—名义节能量；
c—表面节能量；d—多浪费的能量

示。它又可分为有效节能型（A）；名义节能型（B）；减少损失型（C）；浪费型（D）四种情况。

6.2.2.2　企业节能量的分类与计算

国标 GB/T 13234—91《企业节能量计算方法》中规定了：企业产品总节能量；企业产值总节能量；企业技术措施节能量；企业产品结构节能量；企业单项能源节能量五种节能量的计算方法。具体分类如图 6-2 所示。

1）企业总节能量。企业总节能量是考

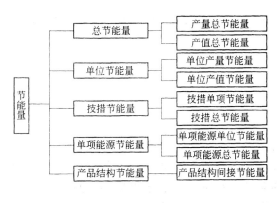

图 6-2　节能量的分类

核企业节能效果的指标之一。但在不同企业之间此指标缺乏可比性。

企业产品总节能量是以企业生产的各种合格产品，计算出各种产品的单位产量节能量，然后计算各种产品节能量的总和，即为企业产品总节能量。它综合反映了一个企业从管理到技术、从设备到工艺、从产品到能源、从数量到质量的节能效果与用能水平，是企业能源管理的重要内容和主要指标。计算公式为

$$\Delta E_c = \sum_{i=1}^{n}(\Delta e_i M_i) \tag{6-1}$$

$$\Delta e_i = e_{0i} - e_{ji}$$

式中　ΔE_c——企业产品总节能量（标煤），t/年（季、月）；

　　　Δe_i——第 i 种产品的单位产量节能量（标煤）t/产量单位；

　　　M_i——第 i 种产品在统计期内的合格产品产量，产量单位/年（季、月）；

　　　e_{ji}——第 i 种产品在基准期的单位产量综合能耗量（标煤）t/产量单位；

　　　e_{0i}——第 i 种产品在计算期的单位产量综合能耗量（标煤）t/产量单位。

计算结果为负，则表示节能；如为正，则表示费能；等于零，表示持平。

2）企业产值总节能量。是以企业产值为依据计算的总节能量。它是国家、地区、部门进行宏观节能量统计、计算、分析的基础。也是衡量企业节能经济效益的依据。计算公式为

$$\Delta E_g = \Delta e_g G \qquad\qquad (6\text{-}2)$$

$$\Delta e_g = e_{g0} - e_{gj}$$

式中　ΔE_g——企业产值总节能量（标煤），t；

　　　Δe_g——企业单位产值节能量（标煤），t/万元；

　　　G——计算期内企业的净产值，万元；

　　　e_{g0}——计算期内企业单位产值综合能耗（标煤），t/万元；

　　　e_{gj}——基期的企业单位产值综合能耗（标煤），t/万元。

需要注意的是，企业单位产值综合能耗实际是各种产品平均的单位产值综合能耗，是按整个企业的净产值来计算的，而不是按各种产品的单位产值综合能耗单独计算节能量后，再相加来确定的。

3）企业技术措施节能量。某项技术措施实施后比采取该项措施前生产相关产品能源消耗减少的数量，称为该项技术措施节能量。各项技术措施节能量之和，等于企业技术措施节能量。

这里的技术措施是指设备的更新改造、采用生产新工艺等。

企业技术措施节能量的计算公式为

$$\Delta E_t = \sum_{i=1}^{m} \Delta E_{ti} \qquad\qquad (6\text{-}3)$$

$$\Delta E_{ti} = \sum_{i=1}^{r} (e_{tbi} - e_{tji}) M_{bi}$$

式中　ΔE_t——企业技术措施节能量（标煤），t/a；

　　　ΔE_{ti}——第 i 种单项技术措施节能量（标煤），t/a；

　　　m——企业技术措施项目数；

　　　e_{tbi}——第 i 种单位产品的生产，或单位工件的加工，在采取某项技术措施前所消耗的能源量（t 标煤/产品单位）；

　　　e_{tji}——第 i 种单位产品的生产，或单位工件的加工，在采取某项技术措施后所消耗的能源量（t 标煤/产品单位）；

　　　M_{bi}——第 i 种单位产品的生产，或单位工件的加工，在采取某项技术措施后一年中共生产出该产品或加工工件的数量（产品单位）；

　　　r——考核该项技术措施效果的产品品种数。

由于技术改造常常只涉及整个生产过程的某个工序，或某一设备，如加热炉的改造只涉及产品加热一道工序能耗的变化。因此，只需考察这一部分采取技术措施前后能耗的变化就可以了。并且，能耗通常是指单项能耗，而不是综合能耗。当要区分评价各项技术措施带来的节能效果时，往往需要通过测试的办法。每项技术措施的节能量只计算一次，要防止交叉重复计算。

技术措施节能量是企业节能量的一部分，其节能效果已反映在企业总节能量中。

4）企业产品结构节能量。企业产品结构节能量是指企业生产的各种合格产品的产量所占的比重发生变化时形成的能源消耗数量的减少。计算公式为

$$\Delta E_{cj} = G \times \sum_{i=1}^{n} (k_{bi} - k_{ji}) e_{jgi} \qquad (6\text{-}4)$$

$$k_{bi} = G_{bi}/G$$

$$k_{ji} = G_{ji}/G_j$$

式中 ΔE_{cj}——企业产品结构节能量（标煤），t；

　　G——计算期内企业的净产值，万元；

　　k_{bi}——第 i 种产品产值在计算期内占企业总产值的比重；

　　k_{ji}——第 i 种产品产值在基准期内占企业总产值的比重；

　　G_{bi}——第 i 种产品在计算期内的产值，万元；

　　G_{ji}——第 i 种产品在基准期内的产值，万元；

　　G_j——基准期内企业的净产值，万元；

　　e_{jgi}——基准期内第 i 种产品的单位产值综合能耗（标煤），t/万元。

为了在计算结果中不包括其他节能因素的作用，所以要用基准期的单位产值综合能耗。

企业产品结构节能量是企业节能量的一部分，其节能量反映在企业产值总节能量中。它是企业内部的间接节能量，用于分析企业节能因素，改善企业经营管理的指标。

5）企业单项能源节约量。企业单项能源节约量是企业按能源品种计算的实物节约量。它是一种专用节能指标，便于分析考核单项能源节约情况。

单项能源节约量分为单项能源单位产量节能量和单项能源总节约量两类。它也是企业节能量的一部分，其节能量已反映在企业总节能量和单位节能量中。

单项能源单位产量节能量的计算公式为

$$\Delta e_j = e_{bi} - e_{ji} \qquad (6\text{-}5)$$

$$e_{bi} = E_{bi}/M_{bi}$$

$$e_{ji} = E_{ji}/M_{ji}$$

式中　Δe_j——单项能源单位产量节能量（能源实物单位/产量单位）；

　　e_{bi}——计算期第 i 种能源的单位消耗量（能源实物单位/产量单位）；

　　e_{ji}——基准期第 i 种能源的单位消耗量（能源实物单位/产量单位）；

　　E_{bi}——计算期某种产品对第 i 种能源的消耗量（能源实物单位）；

　　M_{bi}——计算期某种产品的合格产品产量（产量单位）；

　　E_{ji}——基准期某种产品对第 i 种能源的消耗量（能源实物单位）；

M_{ji}——基准期某种产品的合格产品产量（产量单位）。

单项能源总节约量的计算公式为

$$\Delta E_i = \sum_{j=1}^{m} (e_{bij} - e_{jij}) M_j \tag{6-6}$$

式中　ΔE_i——单项能源总节约量（能源实物单位）；

　　　e_{bij}——计算期第 j 种产品对第 i 种能源的单位消耗量（能源实物单位/单位产量）；

　　　e_{jij}——基准期第 j 种产品对第 i 种能源的单位消耗量（能源实物单位/单位产量）；

　　　M_j——计算期第 j 种产品的产量（产量单位）。

6.2.3　企业节能量与宏观节能量的关系

企业的节能分直接节能与间接节能两种。企业的产品结构节能量是反映间接节能。当企业生产两种或两种以上的产品时，由于产品结构变化，就有间接节能。例如，表 6-2 所示的数据，由于企业没有采取具体的节能措施，各产品的单位产值能耗不变，企业产品总节能量为零。

表 6-2　企业的产品结构节能量和产值总节能量

时　期	产　品	产　量 /t	净产值 /万元	总能耗（标煤） /t	单位产值综合能耗（标煤） /t·（万元）⁻¹
基准期	甲产品	1000	400	4000	10
	乙产品	2000	400	4400	11
	丙产品	3000	300	3600	12
	合　计	6000	1100	12000	10.909
计算期	甲产品	2000	800	8000	10
	乙产品	2000	400	4400	11
	丙产品	2000	200	2400	12
	合　计	6000	1400	14800	10.571

企业的产品结构节能量（标准煤量）为

$$\Delta E_{cj} = 1400 \left[\left(\frac{800}{1400} - \frac{400}{1100} \right) \times 10 + \left(\frac{400}{1400} - \frac{400}{1100} \right) \times 11 + \left(\frac{200}{1400} - \frac{300}{1100} \right) \times 12 \right]$$
$$= -472.7t$$

企业的产值总节能量为

$$\Delta E_G = 1400 \times (10.571 - 10.909) = -472.7t(标煤)$$

由此可见，企业的产品结构节能量和企业的产值总节能量可以反映间接节能量，对于一个行业、一个地区或全国的宏观节能量来说，要求包括全部能源消耗，企业的产值总节能量是企业上报的重要统计指标。

企业的产值总节能量与宏观的产值总节能量不同。同行业各企业的产值总节能量相加，并不等于该行业的产值总节能量；一个地区各企业的产值总节能量相加，并不等于该地区按产值计算的总节能量；各省、市或各行业的产值总节能量相加，也不是全国按产值计算的总节能量。

这是因为有的间接节能量在局部不能得到反映，只有在更大的范围才能得到反映。如表 6-3 所示，即使钢铁企业与机械企业的单位产值能耗都不变，在企业及行业的产值总节能量中不反映有节能，但是，从全国来说，由于机械行业生产单位产品对非能源物质——钢的消耗量减少，将体现出有节能量。这是宏观的间接节能量。

表 6-3　宏观的间接节能量

项目		基准期	计算期
钢铁企业	钢产量/t	10000	10000
	产值/万元	2000	2000
	总能耗（标煤）/t	20000	20000
	单位产值能耗（标煤）/t·（万元）⁻¹	10	10
机械企业	机床产量/台	10000	20000
	用钢量/t	10000	10000
	产值/万元	10000	20000
	总能耗（标煤）/t	10000	20000
	单位产值能耗（标煤）/t·（万元）⁻¹	1	1
整个社会	总产值/万元	12000	22000
	总能耗（标煤）/t	30000	40000
	单位产值能耗（标煤）/t·（万元）⁻¹	2.50	1.82
	节能量（标煤）/t	15000	

6.2.4　节能率

节能率是在生产的一定可比条件下，采取节能措施之后节约能源的数量，与未取节能措施前能源消费量的比值。它表示所采取的节能措施对能源消耗的节约程度。即计算期比基准期的单位产品（或单位产值）综合能耗的降低率的百分数。

产量节能率的计算公式为

$$\xi_c = \Delta E_D / E_{Dj} \tag{6-7}$$

$$\Delta E_D = \Delta E_c / \sum_{i=1}^{n} M_i$$

$$E_{Dj} = E_j / \sum_{j=1}^{n} M_j$$

式中　ξ_c——产量节能率，%；

　　ΔE_D——计算期内单位产量节能量（标煤），t/产量单位；

　　E_{Dj}——基准期内单位产量综合能耗量，或单位产量的标准能耗定额（标煤），t/产量单位；

　　ΔE_c——计算期内的企业产品总节能量（标煤），t；

　　ΣM_i——计算期内总产量，产量单位；

　　E_j——基准期内企业总综合耗能量（标煤），t；

ΣM_j——基准期内总产量，产量单位。

产值节能率的计算公式为

$$\xi_g = \Delta E_g / E_{gj} \tag{6-8}$$

式中 ξ_g——产值节能率，%；

ΔE_g——企业单位产值节能量（标煤），t/万元；

E_{gj}——基准期企业单位产值综合能耗量（标煤），t/万元。

例：以表 6-4 中的数据为例，可以计算出企业产品总节能量为

表 6-4 节能率计算例

年份	产品	产量/台	产值/万元	总综合能耗（标煤）/t	单位产量能耗（标煤）/t·台$^{-1}$	单位产值能耗（标煤）/t·万元$^{-1}$
基准年	甲	200	1000	800	4.0	0.8
	乙	400	1600	800	2.0	0.5
	丙	1000	2000	1000	1.0	0.5
	合 计	1600	4600	2600	1.625	0.565
计算年	甲	500	2500	1800	3.6	0.72
	乙	500	2000	900	1.8	0.45
	丙	1200	2400	960	0.8	0.40
	合 计	2200	6900	3660	1.664	0.531

$$\Delta E_c = \sum_{i=1}^{3} (\Delta E_{bi} M_i) = (3.6 - 4) \times 500 + (1.8 - 2) \times 500 + (0.8 - 1) \times 1200$$

$$= -540 t (标煤)$$

单位产量节能量为

$$\Delta E_D = -540/2200 = -0.2455 t (标煤)/台$$

基准期内单位产量综合能耗为

$$E_{Dj} = 2600/1600 = 1.625 t (标煤)/台$$

企业产量节能率为

$$\xi_c = -0.2455/1.625 = -15.1\%$$

企业单位产值节能量为

$$\Delta E_g = (3660/6900 - 2600/4600) = -0.034 \quad (标煤)t/万元$$

基准期企业单位产值综合能耗量为

$$E_{gj} = 2600/4600 = 0.565 (标煤)t/万元$$

产值节能率为

$$\xi_g = -0.034/0.565 = -6.02\%$$

需要注意的是，当企业有多种产品时，产值节能率是按计算期与基准期的平均单位产值能耗的量来计算的，但是，产量节能率不能用平均单位综合能耗的变化直接计算。

220

6.3 能源技术经济

在能源管理工作中，离不开技术经济问题。为了达到相同的目的和满足相同的需要，可以采用不同的能源技术方案。但是，采用不同的能源种类，不同的热能供应方式，不同的热能转换设备，以及不同的节能措施，就会产生不同的经济效果。例如，工业锅炉烧油和烧煤的经济效果不一样；采用集中供热和分散供热的经济效果也不同；搞不搞余热回收和采用什么样的方式回收，其经济效果也有差别……。因此，不仅要对正在使用的热能利用系统作出技术经济评价，而且在采用某种技术措施以前，必须运用技术经济学的知识，对不同的方案进行有科学根据的计算、比较和论证，从而选取技术上先进、经济上合理的方案。同时，还需考虑对社会和环境的影响，例如对环境的污染程度和对劳动条件的影响等。

6.3.1 热能利用的技术经济比较原则

在进行热能利用的技术方案比较时，要比较不同方案的经济效果。而经济效果包括满足需要和消耗费用两个方面。不同方案要互相进行经济效果比较，必须具备以下四个可比原则和条件，通过对比，从中选出经济效果最好的方案，即所谓最优方案。

6.3.1.1 满足需要的可比

任何一个技术方案，最主要的任务是要满足一定的客观需要，包括数量、质量、品种等方面的指标。例如，锅炉使用不同燃料的方案是为了产生一定数量和一定参数的蒸汽的需要；集中与分散供热方案是为了满足一定热用户的需要，等等。因此，从技术经济观点来看某一种方案若要和另一种方案比较，那么这两种方案都必须满足相同的需要。否则，它们之间不能相互替代，就不能互相进行比较。满足需要的可比是一个最重要的可比原则。

要满足社会的某种需要，不能把额定产量或额定出力相等的各种能源技术方案拿来进行经济比较，而应以净产量或净出力为基准。这是因为各种能源技术方案有着不同的技术特性和不同的运行条件，它本身消耗的能量也不同，所以额定出力和净出力有一定差异。

热能利用不仅有数量的需要，而且还有质量的要求。在比较不同的热能供应方案时，应以满足参数相同和数量相等的热量作为可比条件。有一些技术方案能够满足多方面的需要，属于综合利用方案。例如，热电厂方案能够同时满足热能和电能的需要。如果把这种综合利用方案直接与只能满足某一方面需要的技术方案比较，就不满足需要的可比条件。这种情况下的可比条件应该是，把能够满足多种需要的综合利用技术方案与能够满足相同需要的联合技术方案进行比较。即热电站方案必须同单纯供电的凝汽式电站和单纯供热的锅炉房组成的联合技术方案才能相比较。

6.3.1.2 消耗费用的可比

每个能源技术方案的具体实现都要消耗一定的社会劳动或费用。由于每个技术方案的技术特性和经济特性不同，它们在各个方面所消耗的劳动或费用也不相同。消耗费用必须采用统一的计算原则和方法，才具有可比性。

消耗费用应从总体消耗的观点或系统的观点出发来计算，而不能只从个别部分、个别环节的消耗费用出发来计算。例如，开采煤炭和开采石油两种方案，不仅要考虑它本身在生产、开采方面所消耗的费用，还必须把从生产、加工、转换、储存、运输、分配、直到消费使用在内的整个能源系统各个环节所消耗的费用通盘加以考虑。既包括方案本身的消耗费用，同时又包括与方案密切相关的其他方面的消耗费用。

资金费用有两种形式。一种是固定资金的形式，包括已经建成的设备、厂房等资产。这种资金每年需要折旧回收；另一种是流动资金的形式，它是指那些保证生产所需的工资基金、燃料、动力和原材料消耗、设备维修等每年所需的运行费用。不同的方案，两种形式的费用也不一样，必须同时加以考虑。

有时要求对综合利用性质的技术方案与某个只满足单种需要的技术方案进行经济比较。此时，应该将综合利用方案分解为几个单独的方案，并将其全部消耗费用合理地分配到每一个分解出来的技术方案中，然后才可以进行相应的技术方案的经济比较。例如，焦化厂生产多种产品，可将它分解为生产冶金用焦方案，生产化工原料方案和民用煤气方案，再将综合利用方案的全部消耗费用进行分摊，使分解后的每个方案都分摊到相应的一部分费用。这样，每个方案就具备消耗费用的可比条件，可以和相应的单一生产的技术方案进行经济比较。

6.3.1.3 价格指标的可比

每个技术方案的实现，一方面要消耗各种费用，另一方面又会增加产值，带来经济效益。照例说，无论是消耗费用还是增加产值，都应该按产品的价值来计算。但是，目前实际只能按价格指标计算，它往往并不能确切反映产品的真正价值。因此，应该考虑价格是否合理这一因素。

技术方案本身生产的产品价格和消耗费用中所采用的各种产品的价格，一般都应符合下列价格条件：

$$j = \frac{Z}{G} \tag{6-9}$$

式中 j——单位产品的基本价格，即单位产品消耗的总费用；

Z——产品生产的全部消耗费用；

G——产品的产量。

现行的价格是国家根据价格政策制订的，往往与上述的价格条件不一致。在进行方案比较时，可以不采用现行价格，而采用价格条件，否则就没有可比性。例如，由于电的价格高，煤的价格便宜，按现行价格就会得出电气机车没有蒸汽机车经济的结论。所以，应从全部消耗费用来看，或从国民经济的总效益来看，才具有可比条件，才能得出正确的结论。

由于不同时期的生产技术水平、产品成本不同，各种技术方案的消耗费用也会变化。因此，对不同技术方案进行经济比较时，应该采用相应时期的价格指标。即在比较近期的不同方案时，最好采用近期的价格指标；比较远期的不同方案时，最好采用预测的远期价格指标，否则就没有具备真正的价格指标可比条件。

6.3.1.4 时间的可比

时间的可比对于不同技术方案的经济比较具有很重要的意义。根据经济衡量标准的要求，不同方案的比较应采用相等的计算期作为比较基础。由于不同的方案在投入人力、物力、财力、自然资源和发挥效益的时间方面常常有所差别。相同数量的产品和产值，由于投产时间早晚、服务年限长短等不同，对国民经济起的作用也不同。所以还要考虑效益发挥的时间长短不同这个时间因素，来修正比较的结果。

总之，热能利用技术经济分析和比较的计算，是为了求出各种技术方案某个经济指标的数值，并根据这个经济指标数值的大小来选择经济上最合理的技术方案。由此可见，技术经济比较的计算方法的正确与否，将会直接影响对技术方案的经济评价和最终抉择。所以，正确的技术经济比较方法应该把技术方案的经济衡量标准和经济比较原则两者结合起来加以具体化。

6.3.2　热能利用方案技术经济比较的基本方法

为了满足一定的热能利用要求，可能同时有几个不同的方案。但是，从技术经济角度出发，究竟应该采用哪一个方案，这要通过成对的方案的技术经济比较来判定。计算方法的正确与否，就会直接影响到方案的经济评价和最终抉择。能源技术经济比较方法实际上就是把能源技术方案的经济衡量标准和经济比较原理结合起来，并进一步具体化。对不同的经济衡量标准，有相应的技术经济比较计算方法。实用的计算方法有十几种。在实际工作中，有时为了简化计算，还采用一些简单的方法，例如偿还年限法、年计算费用法等。这些方法虽然不是直接反映技术方案的经济衡量标准，但是，在一定的情况下，它们能够符合技术方案经济衡量标准的要求。

下面介绍两种现行的能源技术经济比较的简单计算方法。

6.3.2.1　偿还年限法

偿还年限法是一种计算最为简单、我国实际应用最广的方法。对初投资费用大的方案，只有它的年成本费用低才有可能成立。偿还年限法就是计算甲方案比乙方案多花的投资需要多少年才能靠节约的年成本费来偿还。如果偿还年限小于或等于规定的标准偿还年限，则甲方案是经济合理的，否则就不如乙方案。

假如有两个不同的技术方案，甲方案的投资费用为 T_1，乙方案的投资费用为 T_2；甲方案的年成本费用为 C_1，乙方案的年成本费用为 C_2。甲方案比乙方案多花的投资费为 $\Delta T = T_1 - T_2$，节省的年成本费为 $\Delta C = C_2 - C_1$。则多花投资的偿还年限（或叫回收年限）为

$$n_f = \frac{\Delta T}{\Delta C} = \frac{T_1 - T_2}{C_2 - C_1} \tag{6-10}$$

如果 n_f 小于标准偿还年限 n_{fb}，则投资大的方案是经济合理的，可以以此作为能源技术方案选择的经济条件。

6.3.2.2　年计算费用法

不同方案的投资不同，设备的使用年限也可能不同。为了便于比较，将所有费用均折算成使用期内的年总费用，即年计算费用法，其中年费用最低的那个方案就是比较经济的方案。

年费用包括投资 T 的每年均摊的偿还费和年成本费（运行费、维修费、人员费等）C，再扣除设备使用期限满后的残余价值折算到使用期内的每年的积资 J。

在进行投资分摊时，应考虑到资金的利息。当年利率为 i，投资回收年限为 n 年时，n 年后应偿还的总金额为 $T(1+i)^n$，每年均摊的投资偿还金额 R 在 n 年后的总金额为

$$R(1+i)^{n-1} + R(1+i)^{n-2} + \cdots + R = R\frac{(1+i)^n - 1}{i}$$

根据回收投资的定义

$$R\frac{(1+i)^n - 1}{i} = T(1+i)^n$$

由此可得分摊到每年应回收的投资金额 R 为

$$R = \frac{i(1+i)^n}{(1+i)^n - 1} \cdot T = f_{th} \cdot T \tag{6-11}$$

式中　f_{th}——均摊投资回收系数。

若设备在 n 年后的残余价值为 A，则它与分摊到每年的积资 J 的关系为

$$A = J \frac{(1+i)^n - 1}{i} = f_{fz} \cdot J$$

$$f_{fz} = \frac{(1+i)^n - 1}{i}$$

由此可得

$$J = \frac{A}{f_{fz}} \tag{6-12}$$

式中，f_{fz}——积资复值系数。

因此，年计算费用为

$$F = R + C - J \tag{6-13}$$

例题 1　为达到某一特定的热能利用目标（收益效果相同），有两个技术上可行的方案。经济数据如表 6-5 所示。年利率 i 按 12% 计，试用年费用法比较哪个方案比较经济。

解　由于收益相同，只要将投资及残值折算成年费用，再计算出总的年费用。使用年限的影响反映在分摊年费用的过程中。计算结果同时列于表 6-5 中。由此可见，B 方案虽然初投资大于 A，但年费用低于 A 方案，所以 B 方案较优。

表 6-5　年费用比较法

经济项目	符号及计算公式	单　位	A 方案	B 方案
初期投资	T	元	110000	140000
年成本（运行及维修费）	C	元/a	11000	9000
年收益	B	元/a	40500	40500
可使用年限	n	a	6	9
贴现率	i	%	12	12
残余价值	A	元	10000	20000
初期投资年偿还费	$R = T \times f_{th}$	元/a	26755	26275
残值折算成年终积资	$J = A/f_{fz}$	元/a	1232	1353
年费用总计	$F = R + C - J$	元/a	36523	33922

年计算费用法比偿还年限法有较多的优点。这种方法的概念比较明确，容易理解，没有因使用年限不同而要作过多的计算。所以，这个方法在实际工作中得到普遍的采用。但是，这个方法仍有不少缺点，特别是时间上的可比因素、满足需要的可比因素和消耗费用方面的可比因素都没有充分考虑。此外，年计算费用法究竟以什么样的客观的经济衡量标准作为依据，也是一个没有很好明确的问题。

在技术经济比较中，采用正确的技术经济计算方法十分重要。除上述简单的方法外，还有更科学的方法。例如纯收入法，它考虑了时间因素、折旧的扣除、流动资金占用的影响

等，较全面地反映了实际情况。

6.3.3 节能措施的经济评价

节能措施是用一定的技术设备投资，以取得某种程度的节能效果。它的经济评价是要预测节能投资将带来多大的经济效益，从而判断该节能措施是否合算。这类问题属于收益性的经济评价范畴的问题。

此外，在满足同样工艺要求的前提下，一项节能措施或工程设计可能有多种不同的方案。这时，就需要从几个方案中选择经济上最合理的方案。这类问题属于比较经济评价范畴的问题。

6.3.3.1 节能经济评价中需要考虑的主要因素

1）投资。包括节能措施所需的设备、器材的购置和安装建设所需的费用。投资费用中的固定资金需要通过折旧逐年回收。

2）成本费用。它是指生产费用或运行维护费用。包括生产过程中消耗的、以货币形式表现的人员工资、原材料、燃料、能源费和固定资产折旧费用的总额。

3）设备使用年限。有两种不同的使用年限的概念。一是设备耐用年限，超过这一年限时，由于设备失效而被迫停用；二是设备限用年限，超过这一年限时，即使设备完整，但因工艺已经陈旧，性能降低而也必须停用。从发挥效益的角度来说，设备的有效使用年限应选取上述两种使用年限中较小的一种。

4）资金的利率。使用资金要有付利息的概念。随着占用资金时间的推移，资金的偿还金额就要增加。在实施节能措施时，如果借贷高利率的资金，就应有较大的节能效果，否则会得不偿失。

5）能源价格的递升率。由于能源价格的递升是发展的总趋势，因此，在节能经济评价中需要考虑价格变动这一因素。

6.3.3.2 节能项目评价的几种常用方法

1）投资回收年限法。简单的节能投资回收年限计算，可以用节能项目的总投资 T 除以每年的节能的净效益 S 求得。即

$$n = \frac{T}{S} \tag{6-14}$$

投资回收年限 n 应小于设备的使用年限，一般取使用年限的 1/2 以下，节能投资才为合理。

实际上，投资的偿还还应考虑到资金的利率。当年利率为 i，年净效益为 S 时，可写出类似式（6-11）的与投资相抵的关系式：

$$S = T \cdot \frac{i(1+i)^n}{(1+i)^n - 1}$$

经整理后可得

$$(1+i)^n = \frac{S}{S - T \cdot i}$$

两边取对数后可求得投资回收年限的公式为

$$n = \frac{\lg\left(\dfrac{S}{S - T \cdot i}\right)}{\lg(1+i)} \tag{6-15}$$

显然，按式（6-15）计算的投资回收年限将比按式（6-14）的简单计算方法求得的年限要长。

当节能的年净收益不是定值，而随年限变化时，或需考虑不同利率下的回收年限时，利用计算机计算更为方便。图 6-3 给出计算投资回收年限的程序框图。

例题 2 为更新某一热力管线的保温层需要投资 60000 元，投产后每年节能的净收益为 15000 元。若按年利率 8% 计，则此节能措施在多少年内可以回收投资。

解 根据式（6-15），投资回收年限为

$$n = \frac{\lg\left(\dfrac{S}{S - T \cdot i}\right)}{\lg(1 + i)} = \frac{\lg\left(\dfrac{15000}{15000 - 60000 \times 0.08}\right)}{\lg(1 + 0.08)} = 5.01a$$

若按简单的投资回收年限计算法，则为

$$n = \frac{T}{S} = \frac{60000(\text{元})}{15000(\text{元}/a)} = 4a$$

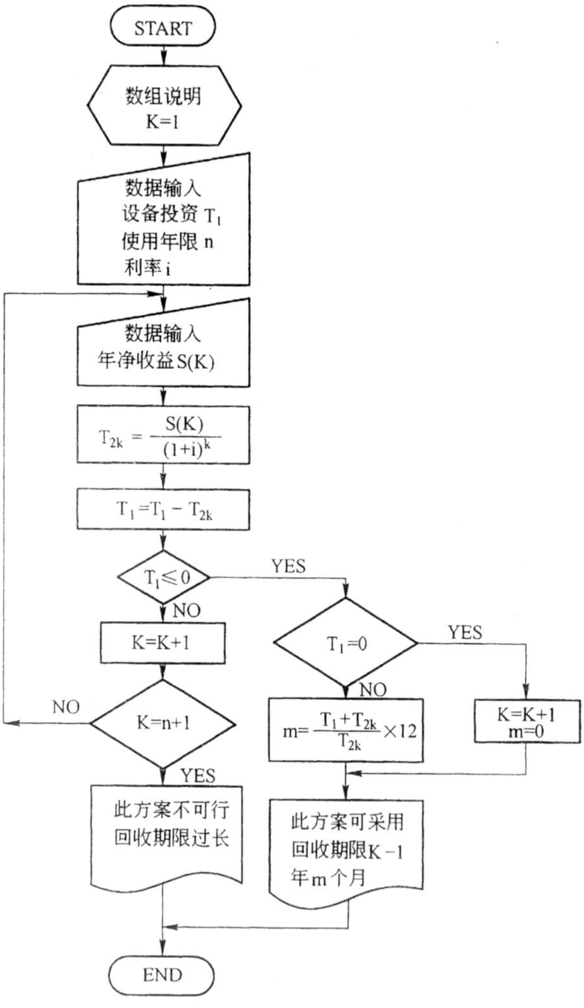

图 6-3　投资回收年限计算框图

2）投资回收率法。投资回收率是一个利率值。当确定了节能项目的投资 T 和每年可取得的节能效益 S 后，可以根据设备的使用年限 n，计算出总收益的现值等于投资时的利率 r。这个利率就叫投资回收率。

根据定义可以写出

$$\sum_{k=1}^{n} \frac{S}{(1 + r)} = T$$

当年收益 S 为常数时，则可求得级数之和为

$$T = S \frac{(1 + r)^n - 1}{r(1 + r)^n} = S \cdot f_{sxz}$$

（6-16）

$$f_{sxz} = \frac{(1 + r)^n - 1}{r(1 + r)^n}$$

式中　f_{sxz}——收益现值系数。

它是均摊投资回收系数的倒数。收益现值系数越小，投资回收率越高。或者说，当投资一定时，年收益越大，则投资回收率越高。所以，投资回收率可以反映节能措施的经济性的好坏。

如果求得的投资回收率 r 大于投资的实际利率 i，则说明该方案在经济上是可行的。当有几种不同的技术方案时，应该选取投资回收率最高，而且

大于投资利率的方案。

根据收益现值系数的公式，无法直接用代数方法解出投资回收率 r。为了方便，可将不同利率和不同回收年限 n 时的 f_{sxz} 列成数据表的形式，然后直接从表中查取相应的结果。也可以用计算机求解。

例题 3 计划用一个热水器（省煤器）回收烟气余热。热水器的投资为 100000 元，使用年限为 15 年。热水器回收的热量每年可以节约燃料费 30000 元。投资贷款的利率为 10%。判断此项节能投资是否合理。

解 根据式（6-16），可求得收益现值系数为

$$f_{sxz} = \frac{T}{S} = \frac{100000}{30000} = 3.333$$

根据 f_{sxz} 的定义式采用试算法，或用计算机求解，当 $n=15$ 时，投资回收率为 $r=29.4\%$。

由于投资回收率 r 远大于投资的利率 i，所以此项节能投资在经济上是合理的。

当一项节能措施的预期收益 S 能够确定，同时该项节能措施的使用年限和投资利率也已知时，则可以根据投资回收率法确定此项投资最大应控制在什么范围内。

例题 4 某厂计划用一台新型锅炉替代原有的效率低的老式锅炉。预期由于热效率提高，每年可以节约燃料费 15000 元。锅炉的使用年限为 15 年，投资利率为 10%，试求该项节能改造措施的投资应控制在什么范围。

解 根据使用年限 n 和利率 i，可以求得收益现值系数为

$$f_{sxz} = \frac{(1+i)^n - 1}{i(1+i)^n} = \frac{(1+0.1)^{15} - 1}{0.1(1+0.1)^{15}} = 7.606$$

由式（6-16）可求得该项节能投资应控制在

$$T \leqslant S \cdot f_{sxz} = 15000 \times 7.606 = 114091 \text{ 元}$$

例题 5 某项节能工程有两种技术方案可供选择。方案 I 需投资 57900 元，每年的节能收益为 8500 元；方案 II 需投资 50850 元，每年的节能收益为 9000 元。但是，方案 I 的设备可用 15 年；方案 II 的设备使用年限只有 10 年。若投资利率均为 10%。试比较两种方案，哪一个方案在经济上较为有利。

解 单从投资金额及年收益看，似乎方案 II 优于方案 I。但是，由于设备的使用年限不同，所以尚需通过计算才能下结论。

根据已知条件，可以分别计算出两种方案的收益现值系数和投资回收率：

	f_{sxz}	r
方案 I	5.847	15%
方案 II	5.650	12%

由计算结果可见，两种方案的投资回收率均高于利率，可以认为在经济上都是合理的。方案 I 由于使用年限长，虽然投资大，年收益较小，但是，投资回收率反而大于方案 II，所以方案 I 更为经济。

作为热能工作者，在进行节能工程项目设计时，应同时掌握有关经济评价的主要因素，并估计到在使用年限内可能发生变化的因素。再利用上述的经济评价方法，对方案作出详细的技术经济比较和评价。只有这样，才能使一项节能工程设计不仅在技术上可行，而且在经济上也合算。

6.4 能源系统模型概述

一个大型企业的各个生产环节紧密相连，企业的能耗水平不仅取决于各个单体设备的节能工作的好坏，还与各个生产工序、各个车间之间的生产协调有关。有的措施从局部来看是节能的，但从总体来看不一定节能。例如，提高钢坯的出炉温度可以减少轧制电能的消耗，但是它将增加加热炉的燃料消耗，并且会增加钢坯的氧化烧损；降低精矿粉的品位可以减少选矿工序的能耗，但是它将增加炼铁工序的能耗。因此，全面的、完善的方法应从系统观点出发，对事物进行分析与综合，从各种可行方案中选取最优的方案，以达到总体最佳效果。换句话说，需要用系统工程的方法分析能源系统，解决能源系统的优化设计、最优规划、最优控制和最优管理问题。这是一门多学科的综合性工程技术。

能源系统的大小取决于研究对象的范围。可以是一个工序，一个企业；也可以是一个部门，一个地区；还可以大至整个国家，甚至世界规模的系统。对于复杂的大系统，先可以分解成较小的子系统，再综合而成大系统。

分析研究系统的基础是建立系统的数学模型。也就是要寻找系统内部的规律以及与外部的关系，用数学方程式的形式表达出来。模型要能正确地反映实际的物理状况与过程。

由于影响实际系统的因素很多，模型要建立得十分精确、并与实际完全等价是做不到的。因此，模型只能是实际系统的一种理想化的近似和简化表示。模型过于复杂反而使问题不易求解，甚至无法求解，这样的模型再精确也毫无实际意义。模型过于简单则与实际差距较大，求解结果不精确，也不能指导实际。因此，系统与模型并没有——对应的关系，同一个系统可以用不同的模型来描述。模型在实践验证的过程中，还可以不断地改进和完善。

能源系统模型有以下特点：

1）能源系统与非能源生产系统关系密切，不可分割，能源系统是为生产提供所需的能量。因此，在建立能源系统模型时，离不开与生产有关的变量以及它们之间的相关关系。

2）能源产品的种类很多，相互之间可以有条件地替换。例如，加热炉既可以选择烧煤气，也可以以重油为燃料；锅炉既可以烧煤粉，也可以烧煤气。因此，相互之间有着复杂的关系。

3）同一种能源由于产地不同，考虑运输费用等，价格也有差异。从经济观点看，需要按不同种的能源分别考虑。

4）对非能源产品及原材料，由于它们在生产过程中也需要消耗能源，因此，从总体观点，也需要考虑在消耗这些物资过程中的间接能源消耗。

5）不同的能源在使用过程中，对环境造成的污染程度不同，防止污染措施的费用也不同。在能源模型中，往往需要同时考虑对环境的影响以及环境法的限制。

6）地球上非再生能源的储量有限，各国的能源资源的情况也不同。每个国家根据能源资源的情况，均制订了相应的能源政策。在能源模型中，也需要考虑到能源政策的约束。

由此可见，要建立一个完善的能源模型是相当复杂的，牵涉的方面很广，需要考虑的因素很多。在建立模型以前，需对系统作全面的分析，再作合理的简化。

系统模型的建立过程如图6-4所示。在物理模型中，方程式的系数和常数往往需要收集大量的数据，经过统计分析后才能得出；有些变量之间的关系过于复杂，只能通过回归分析，建立一个统计模型。因此，在建模过程中，收集整理数据是工作量最大、又是十分重要的工作。

求解模型的计算需要以计算机为工具。也只有计算机的发展才使复杂的、大规模的系统问题的求解有了可能。对于不同类型的模型，各自有相应的求解方法。现在已经开发出许多实用的计算程序。对于不同的系统，需要根据模型的类型，选择合适的求解方法。

建立的模型只有在基本能反映系统特性时，用它分析系统所得的结果才能指导实际，否则就毫无意义。因此，在求解过程中，需要检验模型的准确性。如果与实际的偏差太大，需要对模型作进一步修正。

利用模型对现有能源系统的分析，实际上是通过计算机计算，进行各种方案的试验，从中选取最优的运行方式，或者改进它的性能。因此，这是一种不影响正常生产的、最为经济的试验方法。只要模型符合实际，分析的结果是可信的。

冶金企业是耗能大户，消耗的能源品种多，同时又产生二次能源，还有各种动力消耗，各个生产环节联系

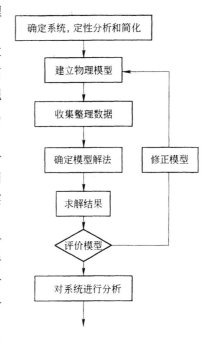

图 6-4　系统模型建立过程

密切，构成一个复杂的能源系统。各工序间的协调作用很大程度上左右着整个企业的能耗水平。因此，必须建立整个企业的能源模型来分析冶金企业的用能的最优问题。

钢铁联合企业的各个生产工序和生产部门之间的关系如图 6-5 所示。它可以划分为能源转换环节、主流程生产环节和生产辅助环节三大部分。能源转换环节包括炼焦、动力等部门。它将外购能源转换成生产所需的焦炭、焦炉煤气、蒸汽、鼓风、供水、氧气、压缩空气、电力等二次能源产品。这些产品本身可以提供能量，而在获得这些产品的过程中又要消耗掉一部分能量，通常称为第二类载能体。

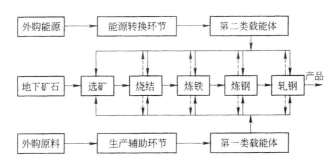

图 6-5　冶金企业各工序间的关系

主流程生产环节包括选矿、烧结（包括球团）、炼铁、炼钢和轧钢五个主要工序，相互之间紧密衔接。它的能耗约占企业总能耗的 75%，是企业能源模型描述的重点。在主流程生产中，除生产出中间产品和最终产品外，还产生出高炉煤气、转炉煤气以及余热回收产生的蒸汽等能源副产品，可供全厂其他工序和部门使用，图中用虚线箭头表示。生产辅助

环节是将外购的原材料加工成生产所需的辅助原材料，例如耐火材料、生石灰以及钢锭模等生产备件。这些物质本身并不提供能量，属于非能源物质。但是，在生产这些物质的过程中也需要消耗一定的能量，所以称为第一类载能体。节约这些物质的消耗也间接地节约了能源，所以也应包括在企业的能源模型之内。但是，相对来说它们的能耗较少，可作一般的、粗略的描述。

在能源模型中的变量不仅要包括各路能流的变量，还应包括物流变量。它们之间的关系可以通过建立能源投入产出模型来确定。根据产品的总需求量，利用能源投入产出模型可以求出企业需要外购的各种能源产品、非能源产品的数量以及企业自产的各种能源产品和非能源产品的数量，同时可以求出它们的单位消耗系数。

主流程各工序用能优化模型与生产工艺密切相关，需要分别建立各个工序（子系统）的模型，确定最主要的操作变量。但是，还需要将子系统模型进一步综合，构成主流程用能优化模型，从整个生产系统的总体观点出发，以总能耗最低为目标，求其最佳参数。

在能源供应系统中，由于一部分能源可以相互替代，而它们的价格及转换效率不同，因此有一最优分配的问题。为此需要建立一个能源分配模型。

将能源投入产出模型、主流程用能优化模型和能源分配模型关联起来，构成整个企业的能源模型。模型可以以总能耗最低以及总效益最大为目标，建立目标函数，运用最优化的方法，借助计算机求解最优方案。

6.5 能源统计模型

如上所述，在建立能源模型时，需要收集大量的生产数据，并进行科学的整理和分析。有些变量之间的相关关系，只有通过数据统计分析，找出它们的经验关系式。在日常的能源管理中，也有必要定期分析生产报表中的数据，从中寻找规律，弄清影响能耗变化的各种因素及其影响程度。这些工作均需用到数理统计的知识。用这种方法建立的经验模型就是统计模型。

6.5.1 基本统计量

从大量的实际数据经过加工处理后的基本统计量有：平均值，方差和标准离差等。

（1）平均值。平均值是作为数据总体的代表值。最简单的平均值是算术平均值，它为数据的总和除以数据个数。即

$$\bar{x} = \frac{1}{n}(x_1 + x_2 + \cdots\cdots + x_n) \tag{6-17}$$

平均值反映了各数据与此值之差的平方和 l_{xx} 为最小，即

$$l_{xx} = (x_1 - \bar{x})^2 + (x_2 - \bar{x})^2 + \cdots\cdots + (x_n - \bar{x})^2 \tag{6-18}$$

$$\frac{\mathrm{d}l_{xx}}{\mathrm{d}\bar{x}} = 2[(x_1 - \bar{x}) + (x_2 - \bar{x}) + \cdots\cdots + (x_n - \bar{x})] = 0 \tag{6-19}$$

需要注意的是，有时算术平均值并不能代表真正的平均值。例如，工厂按月考核能耗指标时，根据月统计的产量 P_i 和能源消耗量 Q_i，可以得出月平均单位能耗 E_i 为

$$E_i = \frac{Q_i}{P_i} \tag{6-20}$$

当计算全年的能耗指标时，则需用全年的总耗能量 Q 除以总产量 P。即

$$E = \frac{Q}{P} = \frac{\sum\limits_{i=1}^{12} Q_i}{\sum\limits_{i=1}^{12} P_i} = \left(\frac{P_1}{P}\right)\frac{Q_1}{P_1} + \left(\frac{P_2}{P}\right)\frac{Q_2}{P_2} + \cdots + \left(\frac{P_{12}}{P}\right)\frac{Q_{12}}{P_{12}}$$

$$= \left(\frac{P_1}{P}\right)E_1 + \left(\frac{P_2}{P}\right)E_2 + \cdots + \left(\frac{P_{12}}{P}\right)E_{12} = \sum_{i=1}^{12} p_i E_i \qquad (6\text{-}21)$$

$$p_i = \frac{P_i}{P}$$

式中　p_i——各月产量占年总产量的比例。

由此可见，年平均单位能耗并不等于月平均单位能耗的算术平均值，而是它们的加权平均值。p_i 即为加权数。

除算术平均值外，根据不同情况，还可取调和平均值、几何平均值、中间值、峰值等作为一组数据的代表值。

（2）数据的偏差。反映数据与平均值的偏离程度的参数有：方差和标准离差等。方差是指数据与平均值之差的平方和除以数据个数。即

$$\sigma_x^2 = \frac{1}{n}\left[(x_1 - \overline{x})^2 + (x_2 - \overline{x})^2 + \cdots + (x_n - \overline{x})^2\right] = \frac{l_{xx}}{n} \qquad (6\text{-}22)$$

方差可以衡量数据波动的大小。

方差的平方根 σ_x 叫标准离差。根据式(6-22)可以推导出根据数据组直接计算方差的公式：

$$\sigma_x^2 = \frac{1}{n}\sum_{i=1}^{n} x_i^2 - \frac{2}{n}\overline{x}\sum_{i=1}^{n} x_i + \frac{1}{n}\sum_{i=1}^{n}\overline{x}^2 = \frac{1}{n}\sum_{i=1}^{n} x_i^2 - \overline{x}^2$$

$$= \frac{1}{n}\sum_{i=1}^{n} x_i^2 - \left(\frac{\sum\limits_{i=1}^{n} x_i}{n}\right)^2 \qquad (6\text{-}23)$$

6.5.2　回归分析

回归分析是处理变量之间相关关系的一种数理统计方法。根据变量的数目以及变量之间的关系形式，可以分为一元回归和多元回归分析、线性回归和非线性回归分析等。例如，焦炉煤气的产量通常整理成与原煤挥发分的线性关系，这种回归分析属于一元线性回归分析；加热炉热耗与产量的关系也属于一元问题，但是，它们之间不是简单的线性关系，应该按非线性处理；影响炼铁焦比的因素很多，并且相互影响，整理它们之间的关系属于多元回归分析的问题。

6.5.2.1　一元线性回归分析

根据数理统计可知，当一组统计数据 (x_i, y_i) 在坐标图上其散布点的分布规律基本呈线性关系时，通过一元线性回归分析，可以求出线性方程 $y = ax + b$ 中的系数 a 和常数 b。a 为回归直线的斜率，叫"回归系数"。

回归系数 a 的计算公式为

$$a = \frac{\sum\limits_{i=1}^{n}(x_i - \overline{x})(y_i - \overline{y})}{\sum\limits_{i=1}^{n}(x_i - \overline{x})^2} \qquad (6\text{-}24)$$

式中，分母即为 l_{xx}，它可表示为与数组的直接关系：

$$l_{xx} = \sum_{i=1}^{n}(x_i - \bar{x})^2 = \sum_{i=1}^{n}x_i^2 - n\bar{x}^2 = \sum_{i=1}^{n}x_i^2 - \frac{\left(\sum_{i=1}^{n}x_i\right)^2}{l} \qquad (6\text{-}25)$$

分子项也可表示成类似的关系，即

$$l_{xy} = \sum_{i=1}^{n}(x_i - \bar{x})(y_i - \bar{y}) = \sum_{i=1}^{n}x_i y_i - \frac{\left(\sum_{i=1}^{n}x_i\right)\left(\sum_{i=1}^{n}y_i\right)}{n} \qquad (6\text{-}26)$$

常数 b 在求得系数 a 后，可按下式确定：

$$b = \bar{y} - a\bar{x} \qquad (6\text{-}27)$$

一元线性回归分析用手工计算也不太复杂。如果将计算中所需的 x_i、y_i、x_i^2、y_i^2、$x_i y_i$ 项列成表格的形式，则计算更为清楚、方便。

检验 x 与 y 之间线性相关的程度，可以由相关系数 γ 的大小来衡量。相关系数定义为

$$\gamma = \frac{l_{xy}}{\sqrt{l_{xx}l_{yy}}} \qquad (6\text{-}28)$$

式中，l_{yy} 的定义与 l_{xx} 相似，即

$$l_{yy} = \sum_{i=1}^{n}(y_i - \bar{y})^2 = \sum_{i=1}^{n}y_i^2 - n\bar{y}^2 = \sum_{i=1}^{n}y_i^2 - \frac{\left(\sum_{i=1}^{n}y_i\right)^2}{n} \qquad (6\text{-}29)$$

相关系数 γ 的值在 -1 与 1 之间。绝对值越接近于 1，说明 x 与 y 之间符合线性关系；$\gamma = 0$，则实验点随机地、无规则地散布着，表示它们之间没有线性关系；γ 为正值，表示回归系数为正，x 与 y 之间呈正比趋势；γ 为负值时，则表示系数为负。

一般，当 $|\gamma| > 0.7$ 时，可以认为两个变量有显著的线性相关关系。当 $|\gamma|$ 在 0.5 左右时，很难判断线性相关是否显著，还需要进一步作相关系数的显著性检验。详细可查阅有关数理统计的专门书籍。

6.5.2.2 一元非线性回归分析

相关系数小并不能说明两个变量之间不存在相关关系，只能说明是非线性关系。至于是什么样的函数关系，可以根据实验点的散布图，再加上经验，估计函数的形式。例如，加热炉的燃料消耗量 B 将随产量 P 的增加而增加。但是，就单位燃耗 b 来说，由于 $b = B/P$，如果将 B 和 P 的关系看成是线性关系，则单位燃耗 b 将随产量 P 的增大而按反比地一直呈减小的趋势，这显然是不符合实际的。对每一炉子来说，在最佳负荷下，单位燃耗有一最小值。在低负荷或超负荷工作时，单位燃耗均会增加，如图 6-6 所示。由此可见，燃耗 B 与产量 P 之间

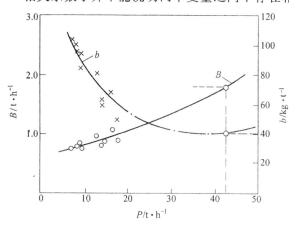

图 6-6 加热炉的热耗与产量的关系

不应是线性关系。根据经验，它们之间的关系可假设为

$$B = B_0 e^{kP} \tag{6-30}$$

对非线性的相关关系，也可以化成线性关系后，再按线性回归方法处理。

对式（6-30）两边取对数后可得

$$\ln B = kP + \ln B_0 \tag{6-31}$$

令 $y = \ln B$，则式（6-31）可化成 y 与 P 的线性关系方程，k 即为回归系数，$\ln B_0$ 即为常数项。因此，按线性回归分析求出 a 和 b 后，很容易计算出式（6-30）中的 B_0 和 k，从而确定出燃耗 B 与产量 P 之间的相关关系。相关结果是否符合实际，同样可用相关系数来检验。

例题 6 根据生产统计，某加热炉的燃油消耗 B（t/h）与产量 P（t/h）的关系如表 6-6 所示。试通过回归分析，找出燃耗 B 与产量 P 的关系方程，并作出 $B \sim P$ 及 $b \sim P$ 的关系曲线，求出最佳负荷工作点。

表 6-6　加热炉特性曲线回归数据

n	$B/t \cdot h^{-1}$	$P/t \cdot h^{-1}$	$\ln B$	P^2	$(\ln B)^2$	$P(\ln B)$	$b/kg \cdot t^{-1}$
1	0.74	7.1	-0.30	50.4	0.09	-2.13	104.0
2	0.77	9.0	-0.26	81.0	0.07	-2.34	85.4
3	0.80	7.9	-0.22	67.4	0.05	-1.74	102.1
4	0.83	8.5	-0.19	72.4	0.04	-1.62	97.6
5	0.84	8.9	-0.17	79.2	0.03	-1.51	94.8
6	0.86	13.7	-0.15	187.7	0.02	-2.06	63.3
7	0.87	17.3	-0.14	299.3	0.02	-2.42	50.0
8	0.90	14.0	-0.11	196.0	0.01	-1.54	60.0
9	1.00	12.6	0.00	158.8	0.00	0.00	81.7
10	1.10	16.0	0.10	256.0	0.01	1.60	68.7
总　计	8.71	115.0	-1.44	1448.2	0.34	-13.76	

解 设回归方程的形式为

$$B = B_0 e^{kP}$$

则

$$b = \frac{B}{P} = \frac{B_0}{P} e^{kP}$$

按式（6-31）将它线性化，并把线性回归计算所需的计算项同时列在表 6-6 中。根据表中的数据可以求得：

$$\overline{P} = \left(\sum_{i=1}^{n} P \right) \Big/ n = 115/10 = 11.5$$

$$\overline{y} = \overline{(\ln B)} = \left(\sum_{i=1}^{n} \ln B \right) \Big/ n = -1.44/10 = -0.144$$

$$\left(\sum_{i=1}^{n}P\right)^2/n = 115^2/10 = 1322.5$$

$$\left(\sum_{i=1}^{n}\ln B\right)^2\Big/n = 1.44^2/10 = 0.20736$$

由此可以计算出

$$k = \frac{\sum_{i=1}^{n}P\cdot\ln B - \left(\sum_{i=1}^{n}P\cdot\sum_{i=1}^{n}\ln B\right)\Big/n}{\sum_{i=1}^{n}P^2 - \left(\sum_{i=1}^{n}P\right)^2\Big/n} = \frac{-13.76 - 115\times(-1.44)/10}{1442.3 - 1322.5}$$

$$= 2.3539\times10^{-2}$$

$$\ln B_0 = \frac{\left(\sum_{i=1}^{n}\ln B\right)}{n} - k\frac{\left(\sum_{i=1}^{n}P\right)}{n} = -0.14 - 2.3539\times10^{-2}\times11.5 = -0.4107$$

则

$$B_0 = 0.6632$$

回归方程为

$$\ln B = -0.4107 + 2.3539\times10^{-2}P$$

即

$$B = 0.6632e^{2.3539\times10^{-2}P}$$

关系曲线如图 6-7 所示。

相关系数为

$$\gamma = \frac{\sum_{i=1}^{n}P\cdot\ln B - \left(\sum_{i=1}^{n}P\cdot\sum_{i=1}^{n}\ln B\right)/n}{\sqrt{\left[\sum_{i=1}^{n}P^2 - \left(\sum_{i=1}^{n}P\right)^2\Big/n\right]\left[\sum_{i=1}^{n}(\ln B)^2 - \left(\sum_{i=1}^{n}\ln B\right)^2\Big/n\right]}} = \frac{2.82}{3.9857} = 0.73$$

$\gamma > 0.7$，可以认为 $\ln B$ 与 P 之间符合线性相关关系。

根据单位燃耗的计算公式，对 P 的导数为 0 可求得极值点。即

$$\frac{\mathrm{d}b}{\mathrm{d}P} = -\frac{B_0}{P^2}e^{kP} + \frac{B_0}{P}ke^{kP} = 0$$

由此可求得单位燃耗为最低的最佳生产率

$$P = \frac{1}{k} = \frac{1}{2.3539\times10^{-2}} = 42.48(\mathrm{t/h})$$

最低单位燃耗为

$$b_{\min} = \frac{B_0}{P_{\mathrm{opt}}}e^{kP_{\mathrm{opt}}} = kB_0e = 2.3539\times10^{-2}\times0.6632\times2.7183$$

$$= 0.0424(\mathrm{t/t}) = 42.4(\mathrm{kg/t})$$

相应的小时耗油量为

$$B = B_0e^{kP_{\mathrm{opt}}} = B_0e = 0.6632\times2.7183 = 1.8(\mathrm{t/h})$$

由于实际操作均在较低的负荷下进行，所以单位燃耗较高。

常数 B_0 的大小反映炉子散热损失的大小；回归系数 k 的大小反映炉子热惯性的大小。

k 值越小，说明炉子的热惯性大，对负荷变化反应不灵敏。

6.5.2.3 多元回归分析

在实际生产中，一个变量可能同时和若干个变量有关。例如，高炉炼铁的焦比不仅与入炉的矿石品位有关，还与热风温度、焦炭灰分、原料粒度、熟料比例、铁水含硅量、渣比等许多因素有关。如果将它们之间的关系用线性函数的形式表示出来，即

$$y = a_1 x_1 + a_2 x_2 + \cdots + a_m x_m + b \tag{6-32}$$

根据已获得的几组观测值（$n \gg m$），通过回归分析，可以求出各个回归系数 a_i 和常数 b，这就是多元线性回归分析。它的原理与一元线性回归相同，只是需要求解 m 个一次联立方程组，才能求出 m 个系数。由于计算机广泛地被应用，多元回归问题也可以方便地解决。已有标准程序可以直接加以利用。

上述的回归方法是把变量 x_i 同等看待，认为均与 y 有关。基于这一假设，去求各个回归系数。但是，实际上各个变量的影响程度是不同的，有的变量影响并不显著，真正重要的变量也可能不多。如果将它们同等看待，既降低了计算效率，还会影响计算精度。因此，较好的方法是采用逐步回归的方法。借助计算机，逐个挑选最重要的变量，通过显著性检验，保证入选的每一个变量都是真正重要的。如果检验结果表明已不显著，逐步回归的计算过程就告结束。由于不重要的自变量始终不进入回归方程，所以可以提高计算效率。逐步回归法的计算程序可以从有关的统计方法的书籍中找到。

6.5.3 时间序列分析

生产统计数据是按一定的时间间隔记录、并按时间顺序排列的。这样的数据叫"时间序列数据"。这些数据可以从生产报表及自动记录仪上得到。在建立能源预测模型时，要根据已有的能源数据随时间的变化规律，预测今后逐年的能源需求，这就需要对时间序列数据作出分析。在对能耗指标随时间变化的分析时，影响能耗指标变化的因素包括产量变化、管理改善、节能措施以及其他偶然因素。要作出正确的因素分析，也需要有时间序列分析的知识。

时间序列分析是统计分析中的一个重要分支，不属于本书内容。这里只能介绍一些必需的基本知识，以便对能源数据作出正确分析。

时间序列数据由于同时受许多因素的影响，各种数据往往会随时间而激烈地变动。图 6-7 是由自动记录仪记录的产量、能耗及水温随时间变化的一例。影响数据变动的因素有随机的、平稳的、周期性的和非周期性的。在自动记录仪上会把一些外界干扰的偶然因素的影响如实地记录下来，使记录曲线发生剧烈波动，通常称为"噪声"。周期性的因素有季节的影响，假日的影响等。

时间序列分析就是首先要消除短周期性成分和偶然因素的影响，以便找出数据总的变化规律。

6.5.3.1 周期性变化的检出

数据的周期性变化有两种情况，一种是长周期的，一种是短周期的。长周期的变化例如以年为周期。气温及冷却水的温度随季节而变化，将会影响到能耗以年为周期的变化；一年中人的劳动效率也会随季节和社会习惯（节假日等）而周期性变化。短周期的变化有以昼夜或星期为周期变化。

检查时间序列数据是否有周期性规律的参数叫"自相关系数"。它反映不同时期观测值

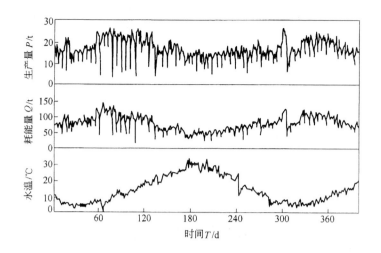

图 6-7　时间序列数据记录

之间的相关关系。与式（6-28）相似，从 t 时期开始的一组观测值 x_t（$t=1$，2，$\cdots$，$n-k$）与从（$t+k$）时期开始的一组观测值 x_{t+k} 之间的自相关系数定义为

$$\gamma(k)=\frac{l_{x_t,x_{t+k}}}{\sqrt{l_{x_t}\cdot l_{x_{t+k}}}}$$

$$=\frac{\displaystyle\sum_{t=1}^{n-k}x_t\cdot x_{t+k}-\left(\sum_{t=1}^{n-k}x_t\right)\left(\sum_{t=1}^{n-k}x_{t+k}\right)\bigg/(n-k)}{\sqrt{\displaystyle\sum_{t=1}^{n-k}x_t^2-\left(\sum_{t=1}^{n-k}x_t\right)^2\bigg/(n-k)}\cdot\sqrt{\displaystyle\sum_{t=1}^{n-k}x_{t+k}^2-\left(\sum_{t=1}^{n-k}x_{t+k}\right)^2\bigg/(n-k)}} \qquad (6\text{-}33)$$

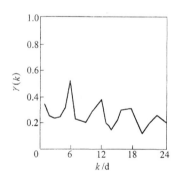

图 6-8　相关图

取不同的滞后时间 k，可以求出不同的自相关系数 $\gamma(k)$，并可画出 $\gamma(k)$ 与 k 的关系曲线，如图 6-8 所示。如果不同 k 值下的自相关系数均接近于 0，则说明该时间序列没有周期性的变化；如果当 $k=\tau$ 时出现 $\gamma(\tau)=1$，说明该序列准确地按周期 τ 变化。实际的 $\gamma(k)$ 与 k 的关系曲线可能是如图 6-8 所示的那样，有规则地按一定的时间间隔出现峰值。此时间间隔就是时间序列变化的周期。图中所示的周期为 6 天，即按星期周期地变化。自相关系数的计算和周期性的确定，这些工作也完全可以由计算机进行。

6.5.3.2　时间序列数据的平稳化

为了识别时间序列的基本特征，找出它的数据模式，需要铲除偶然因素及短周期变化因素的影响。也就是要对序列进行恰当的处理，使它平稳化。

平稳化的实质是对序列进行合理的平均。最简单的方法称为"移动算术平均法"。在利用时间序列作预测时，常用"指数平滑法"使它平稳化。

移动算术平均法是将连续的 l 个序列数据 x_{t+1}、x_{t+2}、$\cdots x_{t+l}$，分别按 $t=0$，1，2，$\cdots$，$n-l$ 对 l 个数据求算术平均值。由平均值构成的一个新序列就是一个平均序列。如果所取的

l 大于短周期 τ，则这个平均序列将可以铲平偶然因素和短周期变化因素的影响。图 6-9 中的实线就是取 $l=25$ 天的对时间序列的移动平均结果。由图可见，经这种方法平均后，序列曲线较为平滑，消除了偶然因素的影响。同时，由于原有序列的变化周期为 6 天，而所取的 $l>6$，所以短周期的影响也被消除。经过这种方法平均的时间序列，可以清楚地看出它的变化趋势。从而可以建立起时间趋势模型，以便进一步外推，进行预测。

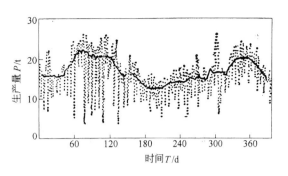

图 6-9　按 25 天的移动平均值（实线）

关于时间趋势模型，一般用时间 T 的多项式来表示：

$$x = C_0 + C_1 T + C_2 T^2 + \cdots + C_n T^n \tag{6-34}$$

通常取 $n=3$，即用三次曲线来近似已足够精确。式中的系数 C_i 可根据最小二乘法确定。也有标准的计算机程序可供使用。

6.5.4　单位能耗的统计分析

在生产现场，最主要的两个统计量是生产量 P 和能源消耗量 Q，从而可以计算出逐月的单位能耗 E，判断能源有效利用程度，并分析其变化趋势。

影响单位能耗变化的原因很多，主要的影响因素有：1）生产量的变动。是否发挥出设备的生产能力；2）是否采取了节能措施；3）日常的能源管理是否适当。如何根据单位能耗的变化，正确判断是什么因素在起着主要的作用，每个因素的影响程度有多大，这对能耗分析有十分重要的意义。

现以某厂一年的逐月生产统计数据为例，进行分析说明。逐月的产量 P（t/h）及耗能量 Q（GJ/h）如表 6-7 所示。

表 6-7　逐月的产量与能耗数据

月份 t	产量 $P/\text{t} \cdot \text{h}^{-1}$	$p = \dfrac{P}{\overline{P}}$	耗能量 $Q/\text{GJ} \cdot \text{h}^{-1}$	$q = \dfrac{Q}{\overline{Q}}$	单位能耗 $E = \dfrac{Q}{P}/\text{GJ} \cdot \text{t}^{-1}$	$e = \dfrac{q}{p} = E' \dfrac{\overline{P}}{\overline{Q}}$
1	3.196	0.94	111.01	1.04	34.73	1.10
2	3.060	0.90	107.81	1.01	35.23	1.13
3	2.856	0.84	103.54	0.97	36.25	1.15
4	2.380	0.70	98.20	0.92	41.26	1.31
5	3.128	0.92	103.54	0.97	33.10	1.05
6	3.434	1.01	106.74	1.00	31.08	0.99
7	4.046	1.19	118.48	1.11	29.28	0.93
8	3.910	1.15	114.21	1.07	29.21	0.93
9	3.434	1.01	105.67	0.99	30.77	0.98

月份 t	产 量 $P/\text{t} \cdot \text{h}^{-1}$	$p=\dfrac{P}{\overline{P}}$	耗能量 $Q/\text{GJ} \cdot \text{h}^{-1}$	$q=\dfrac{Q}{\overline{Q}}$	单位能耗 $E=\dfrac{Q}{P}/\text{GJ} \cdot \text{t}^{-1}$	$e=\dfrac{q}{p}=E\dfrac{\overline{P}}{\overline{Q}}$
10	3.230	0.95	105.67	0.95	32.72	1.04
11	3.706	1.09	101.40	0.95	27.36	0.88
12	4.692	1.38	104.61	0.98	22.30	0.75
平均	3.40	1.00	106.74	1.00	31.19	1.02

根据统计数据，按式（6-20）可以计算出逐月的单位能耗 E_i，按式（6-21）计算出年平均单位能耗。为了方便，将各变量无因次化。产量与耗能量的平均值为

$$\overline{P} = \frac{1}{n} \sum_{i=1}^{n} P_i$$

$$\overline{Q} = \frac{1}{n} \sum_{i=1}^{n} Q_i \qquad (6\text{-}35)$$

定义产量、耗能量及单位能耗的无因次量为

$$p = \frac{P}{\overline{P}}, q = \frac{Q}{\overline{Q}}, e = \frac{q}{p} = E \frac{\overline{P}}{\overline{Q}}$$

首先分析生产量对耗能量的影响。假设 P 与 Q 为线性关系时，则回归方程为

$$Q = Q_0 + aP \qquad (6\text{-}36)$$

当需要考虑产量的绝对值对耗能的影响时，回归方程可以有其他的形式，例如式（6-30）的指数方程的形式，或用以下多项式的形式：

$$Q = Q_0 + a_1 P + a_2 P^2 \qquad (6\text{-}37)$$

这里暂按线性关系考虑。

将式（6-36）无因次化，则

$$\frac{Q}{\overline{Q}} = \frac{Q_0}{\overline{Q}} + a \frac{\overline{P}}{\overline{Q}} \frac{P}{\overline{P}}$$

$$q = q_0 + kp \qquad (6\text{-}38)$$

式中

$$q_0 = \frac{Q_0}{\overline{Q}}$$

$$k = a \frac{\overline{P}}{\overline{Q}}$$

显然

$$q_0 + k = 1$$

根据表格中的已知数据，用一元线性回归方法，可求得 q-p 的回归方程为

$$q = 0.83 + 0.17p$$

将回归直线画在 q-p 坐标图上，如图 6-10 的直线 1 所示。图中同时画出包围所有数据点的上、下限两条直线。上限为直线 2，直线方程为 $q = 0.83 + 0.23p$；下限为直线 3，直线方程为 $q = 0.83 + 0.12p$。系数 k 的

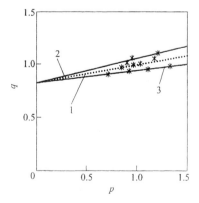

图 6-10　p-q 回归直线

$1—q = 0.83 + 0.17p$；$2—q = 0.83 + 0.23p$；

$3—q = 0.83 + 0.12p$

变动范围为 $\Delta k = (0.23 - 0.12) = 0.11$。

无因次单位能耗为

$$e = \frac{q}{p} = \frac{q_0}{p} + k = \frac{0.83}{p} + 0.17$$

e 与 p 的关系曲线如图 6-11 所示。在图上同样可以画出包围所有数据点的上、下限的曲线。上限为曲线 2，曲线方程为 $e = 0.83/p + 0.23$；下限为曲线 3，方程为 $e = 0.83/p + 0.12$。双曲线的渐近线分别为 $e = 0.23$ 和 $e = 0.12$。

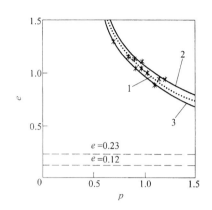

由以上的分析可见，产量 p 越大，单位能耗 e 降低。产量对单位能耗的影响程度取决于常数 q_0（$= 0.83$）的大小，因此，q_0 叫生产量变动因子。系数 k 的大小反映节能措施的效果，称为节能效果因子。而 k 的变动范围 Δk 的大小反映能源管理状况的好坏，称为能源管理因子。

图 6-11　p-e 回归曲线
$1—e = 0.83/p + 0.17;\ 2—e = 0.83/p + 0.23;$
$3—e = 0.83/p + 0.12$

如果对能耗数据作时间序列分析，将单位能耗 e 的时间序列表示在坐标图上，如图 6-12 所示。如果直接对数据进行线性回归，回归方程为

$$e = 1.223 - 0.031t$$

回归直线如图中的虚线 3 所示。

单从回归方程看，能耗随时间呈减小的趋势。但是，它并不能说明是什么原因造成能耗降低的。因此，首先要从中除去产量变动对能耗影响的因素。除去生产量变动因素的方法，如图 6-13 所示。图的纵坐标为单位能耗 E，横坐标为产量 P。图中的曲线 2 和 3 是类似于图 6-11 的单位能耗的上、下限曲线。如果某一数据点 i 对应的单位能耗为 $E(i)$，产量为 $P(i)$，将该点至下限曲线的距离 ia 平移至平均产量 $\overline{P}$ 的位置，使 $ia = cb$，则 c 点对应的单位能耗量 $E_s(i)$ 即为点 i 扣除产量变动因素后的数值。具体证明如下：

根据作图法可知

$$E(i) - E_i = E_s(i) - E_m$$

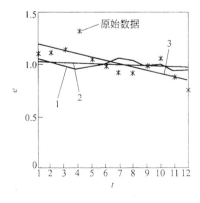

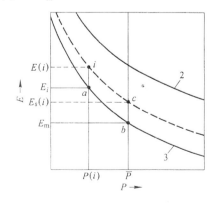

图 6-12　单位能耗的时间序列曲线

图 6-13　除去生产量变动因素的方法

239

则
$$E_s(i) = E(i) + (E_m - E_i) = E(i) + Q_0\left(\frac{1}{P} - \frac{1}{P(i)}\right) \tag{6-39}$$

将式（6-39）改成用无因次量表示，则为

$$e_s(i) = e(i) + q_0\left(1 - \frac{1}{p(i)}\right) \tag{6-40}$$

$$\Delta e_p = e(i) - e_s(i) = q_0\left(\frac{1}{p(i)} - 1\right) \tag{6-41}$$

由式可见，Δe_p 只与生产量变动因子 q_0 有关，与节能措施因子 a（或 k）无关。因此，从时间序列的各数据中，分别扣除相应的 Δe_p 值后的时间序列曲线 e_s 即为除去了生产量变动因素后的新的时间序列曲线，如图中的折线1所示。所剩的是节能措施和能源管理的影响。折线有的部位在原数据点之下，有的部位在原数据点之上，这是取决于 $p(i)$ 是小于1还是大于1。当 $p(i) < 1$ 时，Δe_p 为正值，$e_s(i)$ 在原数据点之下；反之，则 $e_s(i)$ 在原数据点之上。

进一步对新的时间序列 $e_s(i)$ 进行线性回归分析，回归方程为

$$e_s = 1.034 - 0.005t$$

得到的回归直线如图 6-12 中的直线2所示。

回归直线的方差为 0.001，标准离差为 0.037。它说明数据的分散程度，也就是反映能源管理状况的好坏。离差越大，说明加强能源管理尚有节能潜力。

由结果可见，e_s 的回归系数为 -0.005，这说明单位能耗随时间 t 仍有减小的趋势，节能措施有一定的效果。但是，它远小于标准离差，并且，与 e 的回归系数 -0.031 相比，只有它的 $1/6$。这说明能耗的降低主要是由于增产的结果，节能措施的效果并不显著。

6.6 能源系统网络模型

能源系统相当复杂，它包括能源资源、能源生产、能源加工转换、运输、分配直至最终用户等一系列环节，并通过这些环节与国民经济各个部门和所有社会活动联系起来，构成一个种类繁多、涉及面广、互相制约的错综复杂的系统。能源系统的示意框图如图 6-14

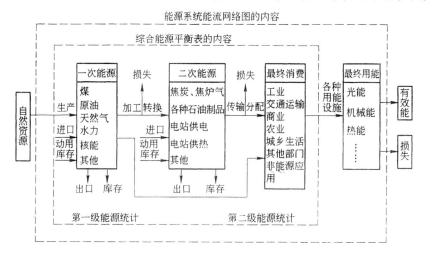

图 6-14　能源系统框图

所示。

能源系统可以分为三级：第一级为能源的生产到投入加工转换；第二级为加工转换到交付终端用户使用；第三级为能源使用部门各种用能设备的用能情况，即能量的最终有效利用情况。根据研究的能源系统的大小，建立能源系统模型，再逐级进行能源统计。其中，第三级的能源统计最为复杂，它包括许多用能设施，各种工艺流程和不同的用能效率。

能源统计数据的量大、面广，必须经过系统化的加工整理，便于计算机进行处理。数据的加工方法是编制能源平衡表和绘制能源系统网络图。网络图就是一种实用性强、反映问题全面、简单直观的数学模型。它是用网络图的形式描述各种能源在整个能源系统中的物料和能量的流向及变化情况。它是以能源平衡表为基础，既可用以描述能源系统（国家或地区）的历史和现状，又可与最优化方法相结合，进行决策分析和技术经济分析。

6.6.1 能源系统网络图的结构

网络图是由节点及有方向的连线组成的抽象形式的图。它包含两个最基本的内容：对象及其关系。节点表示对象，两个节点之间的连线表示两个对象之间的特定关系。在图上还可以标上有关信息，例如名称，能流数量（实物量；折算标煤量），所占比例，过程效率等。通过节点相互连接，形成网络。图 6-15 是一个地区的能流系统网络图的结构示意。

从各种一次能源的开采到消费的整个过程，可以分为图中所示的 9 个基本环节：1）开采与收集；2）加工精炼；3）运输分配；4）集中转换；5）分散转换；6）传输分配；7）用

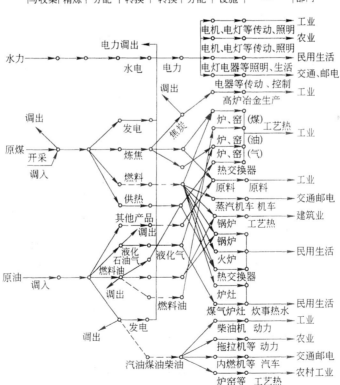

图 6-15　地区能源系统网络流程图

241

能设施；8）最终用户或用途；9）消费部门。每一个环节都对应于能源的物料或能量的一种运动过程。节点表示相邻过程之间的接口，节点之间的连线表示过程，连线的箭头指向表示能源的实物量或能量的转移方向。实线为实际存在的过程，虚线为假想的过程。

6.6.2 能流网络图内过程的效率

能流网络图形像地表示实际能源系统结构关系。但是，要具体表现能源系统的状况，还需要弄清通过网络的各环节内所有过程的能量流及其变化关系，用具体的数据来描述。

能流网络图同样应遵守物料平衡和能量守恒关系，反映为能流平衡关系。由于在各环节上多少有些损耗，因此，网络图上每一过程的输入能流与输出能流一般不会相等。通常用效率来表示各过程的输出能流与输入能流之间的关系。它定义为该过程在研究期间内的输出能流与输入能流量之间的比值。即为该过程得到的有效能量与实际消费的能量之比。

用公式可表示为

$$\eta = \frac{E_{yx}}{E_{gg}} \times 100\% \tag{6-42}$$

$$\eta = \frac{E_{sc}}{E_{sr}} \times 100\% \tag{6-43}$$

式中　η——设备或系统的效率；

E_{yx}——得到的或利用的有效能量；

E_{gg}——实际消费的全部能量；

E_{sc}——从该过程输出的能流量；

E_{sr}——输入该过程的能流量。

对转换环节来说，该效率表示转换过程的效率；对分配输送过程来说，表示输送分配效率。不计损耗时，它的效率为100%。对最终用能设备来说，有效利用的能量难以确切地统一定义，因为衡量能源有效利用程度的出发点或标准不同，或对用能设备的考虑范围和划分方法不同，影响对有效能量的理解。例如，把锅炉作为用能设备，则蒸汽获得的能量是有效能量。但是，蒸汽供后续工艺过程使用时，有效能量则难以确切定义。有时只能以先进的耗汽定额作为计算有效能量的参考数据，或以理论能耗值作为计算有效能量的依据。

当几股能流供给一个部门使用时，它的效率可按总输出与总输入之比计算。也可对各股能流分别定义分效率。例如，用煤和煤气同时向一个部门提供热能时，由于煤和煤气的燃烧效率相差很大，应分别确定它们的转换效率，则能流输入与输出的关系可写为

$$\eta_1 E_{gg1} + \eta_2 E_{gg2} = E_{yx} \tag{6-44}$$

式中　η_1、η_2——分别为煤和煤气的转换效率；

E_{gg1}、E_{gg2}——煤和煤气的供应量；

E_{yx}——有效利用的热能。

每一项效率值需要作大量的调查研究以及对数据进行统计分析后才能取得，要以各部门对能源利用率的测定及分析结果为基础。这是一项十分繁琐而又需要十分仔细的工作，数据的可靠性将影响到最终分析的结果。

6.6.3 能流平衡分析

能流网络图表示能量流动的定量关系，可以用它来进行能源系统的综合平衡分析。根据能源的需求情况，确定各环节中各个过程的能流的大小。

能流的定量关系是指平衡系统处于稳态下的关系。系统内的能量流动是连续的，且在过程内部与过程间处于平衡状态。它应满足下列基本关系：

1）每项工艺过程，输入能流量与输出能流量之间存在着一定的关系。即

$$E_{sc} = \eta E_{sr} \tag{6-45}$$

例如，对集中转换环节的燃煤发电厂的工艺过程来说，它的转换效率为 30% 时，就是说输出的能流量 E_{sc}（电力）为输入的能流量 E_{sr}（煤）的 30%。

2）各过程相互衔接的节点上，流出的能流量等于流入的能流量的总和。即

$$\sum_{i=1}^{n} E_{sri} = \sum_{j=1}^{m} E_{scj} \tag{6-46}$$

此外，对于给定系统来说，在所研究的范围内，还要求节点处各过程间的能流量分配比例有一定关系。每股能流所占的比例取决于所定的方案或工艺条件。例如，炼油厂炼制 1t 油需要消耗一定的电力和蒸汽，因此，供给炼油厂这一工艺过程的原油与电能、蒸汽两股能流之间，在数量上有一定的比例关系。

通过能流平衡分析，除了可以进行能源的供需综合平衡外，还可以用来进行能源系统的技术经济分析比较，并可将它作为能源系统优化模型的约束条件，研究能源系统的优化结构等问题。

实际的能源系统结构一般都很复杂。如果需要详细地描述系统时，所构造的能流网络图也很复杂，难以用手工计算进行大量的方案分析，这时需要用计算机来解决能流平衡分析问题。

6.7　能源系统线性规划模型

在热能系统中，最主要的关系是供应与需求的关系。它直接或间接地决定着热能的生产、转换和利用。因为能量消费在一些方面具有可替换的特性，例如，烧煤、烧煤气和电热均可以提供热能。因此，满足同一目的，可能有许多方案可供选择。决策就是要从彼此之间可以替换的方案中选取最优方案。应用数学方法，科学地选择最优方案的过程，就是决策分析。

能源规划中常用的决策方法，按决策对象可划分为：

单目标决策——仅有一个目标。例如以总能耗最低为目标；

多目标决策——有两个或两个以上的目标。例如，同时以总能耗最低、环境污染最小为目标。还可以考虑以投资最少或经济效益最大为目标。

在决策分析中，最重要的一种方法是线性规划法。由于它编制模型简单，适应性强，计算方法也较成熟，所以应用最为广泛。

在决策时，决定每一种方案均可用一组变量表示，记为 $(x_1, x_2, x_3, \cdots, x_n)$。评价指标可以表示为这些变量的函数，称为目标函数，记为

$$y = f(x_1, x_2, x_3, \cdots, x_n)$$

这样，寻求最优方案的问题就是求目标函数 y 为最大值或最小值时，各变量相应的数值。

变量之间要遵守一定的物理规律，例如物料平衡、能量守恒定律等，并受到具体生产工艺的限制。这些限制用数学上的等式或不等式方程表示，称为约束条件，或约束方程。

在线性规划中，目标函数和约束方程都必须是线性的，即各变量之间的关系都是成比例变化的。

下面以热能供应系统的具体例子，说明能源线性规划模型的建立过程及求解方法。

6.7.1 热能供应系统线性规划模型

图 6-16 是地区热能供应系统简化的网络图。图中的第一列为资源项，有原煤和原油两种；第二列为转换环节，包括煤气厂、炼油厂以及向炼油厂供热、供电的热电厂。煤气厂有三种可供选择的方案：焦化厂、压力气化厂和重油制气厂；第三列为能源产品类型，有燃料煤、人造煤气和重油三种；第四列为最终热用户，一是居民用热，二是工业用热。居民用热的年需求量为 D_1（标煤）t/a，工业用热需求量为 D_2（标煤）t/a。模型中未考虑焦化厂等的用热、用电，因此，这只是一个简化的假想模型。

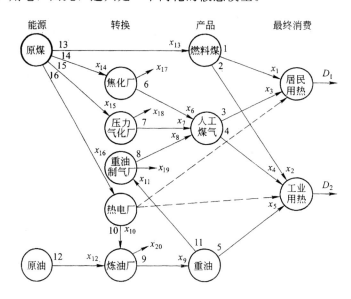

图 6-16　热能供应系统网络图

各股能流用变量 x_i 表示，它们均为待定的未知数。转换或输送效率用 η_i 表示。各股能流的编号、名称、过程的效率、单位投资、单位污染量等分别列于表 6-8 中。焦化厂、压力气化厂和重油制气厂除提供煤气外，还有焦炭等其他能源产品输出，供给本热能系统以外的部门使用，表中也列出了它们的其他能源产品的输出量 x_{17}、x_{18} 和 x_{19}。炼油厂除提供重油给本系统外，其他的轻油等产品供系统外使用，这些产品的总能量用变量 x_{20} 表示。

表 6-8　热能供应系统参数

编号	能流名称	能流比例关系 ρ_i	过程的效率 η_i	单位投资 I_i /万元·（万吨标煤·年$^{-1}$）$^{-1}$	单位 SO$_2$ 排放量 f_i /吨·（万吨标煤）$^{-1}$
1	民用燃料煤		0.15	2.0	117
2	工业用燃料煤		0.50	60.0①	350
3	民用煤气		0.55	600.0①	0

编号	能流名称	能流比例关系 ρ_i	过程的效率 η_i	单位投资 I_i /万元·（万吨标煤·年）$^{-1}$	单位 SO_2 排放量 f_i /吨·（万吨标煤）$^{-1}$
4	工业用煤气		0.65	200.0①	0
5	工业用重油		0.75	50.0	70
6	焦炉煤气			410.0	36
7	气化煤气			490.0	5
8	重油制气			230.0	5
9	炼油厂供重油			②	③
10	热电厂供热供电	$x_{10}=0.05x_{12}$		200.0	
11	制气用重油		0.70		
12	炼油用原油		0.915		
13	燃料煤				
14	焦化用煤		0.81		
15	压力气化厂用煤		0.62		
16	热电厂用煤		0.87		120
17	焦化厂其他产品	$x_{17}=0.73x_{14}$		④	⑤
18	压力气化厂其他产品	$x_{18}=0.05x_{15}$		④	⑤
19	重油制气厂其他产品	$x_{19}=0.20x_{11}$		④	⑤
20	炼油厂其他产品	$x_{20}=0.60x_{12}$		④	⑤

①为计入管线投资；②为已有项目，不计其投资；③为厂址在远郊，忽略其污染；④为投资不计入本系统；⑤为污染包括在 6～9 项内。

6.7.1.1 约束条件

1）需求约束。居民用热的需求量为 D_1，由燃料煤和人造煤气供给，设其使用效率分别为 η_1 和 η_3，则其平衡关系为

$$\eta_1 x_1 + \eta_3 x_3 = D_1 \tag{6-47}$$

工业用热的需求量为 D_2，可由燃料煤、人造煤气和重油供给，设相应的使用效率为 η_2、η_4 和 η_5，则有

$$\eta_2 x_2 + \eta_4 x_4 + \eta_5 x_5 = D_2 \tag{6-48}$$

2）产品分配。燃料煤分配给居民用和工业用，设输送分配效率为 100%，则有

$$x_1 + x_2 = x_{13} \tag{6-49}$$

煤气可由焦化厂、压力气化厂及重油制气厂供应，分配给居民和工业用户。设输送分配效率为 100%，则有

$$x_3 + x_4 = x_6 + x_7 + x_8 \tag{6-50}$$

炼油厂生产的重油除供工业炉用外，还供给重油制气厂。设输送分配效率为 100%，则有

$$x_5 + x_{11} = x_9 \tag{6-51}$$

3）加工转换。此环节包括焦化厂、压力气化厂、重油制气厂、炼油厂及热电厂。设它

的转换效率分别为 η_i，则各自的能量输入-输出的平衡关系分别为

$$\eta_{14}x_{14} = x_6 + x_{17} \tag{6-52}$$

$$\eta_{15}x_{15} = x_7 + x_{18} \tag{6-53}$$

$$\eta_{11}x_{11} = x_8 + x_{19} \tag{6-54}$$

$$\eta_{12}x_{12} = x_9 + x_{20} \tag{6-55}$$

$$\eta_{16}x_{16} = x_{10} \tag{6-56}$$

4）技术工艺条件限制。在本系统中，假设热电厂生产的电能与热能只供炼油厂使用，它提供的能量 x_{10} 应与炼油厂的处理能力 x_{12} 相匹配，其比例关系为

$$x_{10} = \rho_{10}x_{12} \tag{6-57}$$

焦化厂生产的其他能源产品量 x_{17} 取决于它的生产能力。即与原煤处理量 x_{14} 有一定的比例关系。则有

$$x_{17} = \rho_{17}x_{14} \tag{6-58}$$

同样，压力气化厂、重油制气厂及炼油厂的其他能源产品与它们的生产能力均有一定的比例关系。设比例系数分别为 ρ_i，则有

$$x_{18} = \rho_{18}x_{15} \tag{6-59}$$

$$x_{19} = \rho_{19}x_{11} \tag{6-60}$$

$$x_{20} = \rho_{20}x_{12} \tag{6-61}$$

5）供应限制。根据能源供应情况，原煤供应不加限制，而原油供应量的限额为 B_2，则有以下约束条件：

$$x_{12} \leqslant B_2 \tag{6-62}$$

6）产品需求限制。由于焦化厂的主要产品是焦炭，而地区对焦炭的需求量有限，不宜过多发展，因此对焦化厂的规模有一定的限制。设焦化厂提供的焦炉煤气量最多为 H 万 t（标煤）/a，则约束条件为

$$x_6 \leqslant H \tag{6-63}$$

7）环境污染限制。根据环境保护法，对二氧化硫的排放量有一定的限制。而煤、重油在燃烧过程中，以及在制造煤气的过程中，均会产生二氧化硫。设单位能流量排放出的二氧化硫量为 f_i t/万 t（标煤），产生二氧化硫的有关过程有 x_1、x_2、x_5、x_6、x_7、x_8 和 x_{16}。SO_2 排放总量的限制为 G_{SO_2} t/a，则有

$$f_1x_1 + f_2x_2 + f_5x_5 + f_6x_6 + f_7x_7 + f_8x_8 + f_{16}x_{16} \leqslant G_{SO_2} \tag{6-64}$$

6.7.1.2 目标函数

为了比较不同方案之间的优劣，对按上述约束条件确定的系统进行定量分析，根据不同情况，可以用总投资最小或能源消费量最少作为目标函数。

1）总投资最小。为了简化起见，本例中只考虑部分加工转换和使用设施的投资。原煤、原油开采所需的投资均未计入。炼油厂为已建项目，所以其投资也不计入。各加工厂向系统外提供的产品的有关投资也不应计入。因此有

$$\min I = \sum_{i=1}^{8} I_i x_i + I_{10}x_{10} \tag{6-65}$$

式中　I_i——相应能流环节设施的单位投资。

2）能源消费总量最少。在计算能源消费总量时，应从原煤与原油的实际使用量中扣除供系统外产品的能源消耗。因此，这一目标函数的表示式为

$$\min S = \sum_{i=12}^{16} x_i - \left(\frac{x_{17}}{\eta_{14}} + \frac{x_{18}}{\eta_{15}} + \frac{x_{19}}{\eta_{11}} + \frac{x_{20}}{\eta_{12}} \right) \qquad (6\text{-}66)$$

上述的目标函数与约束方程均为线性关系式，因此，此模型为线性规划模型。寻优的方法可采用线性数学规划方法。

6.7.2 线性规划问题的求解

若将表 6-8 中给定的比例系数 ρ_I、单位投资 I_i、效率 η_i、单位 SO_2 排放量 f_i 代入上述方程，并给定居民用热量为 $D_1 = 90$ 万 t（标煤）/a，工业用热量为 $D_2 = 210$ 万 t（标煤）/a，原油供应限制量 $B_2 = 1000$（标煤）万 t/a，焦炉煤气限制量为 $H = 40$（标煤）万 t/a。允许的 SO_2 排放量按高污染 $G_{SO_2} = 50000t/a$ 及低污染量 $G_{SO_2} = 20000t/a$ 计算。则可得到具体的约束方程及目标函数式。将变量移至方程的左边，在约束条件中，小于等于的不等式约束方程有 3 个：

$$x_6 \leqslant 40$$
$$x_{12} \leqslant 1000$$

$117x_1 + 350x_2 + 70x_5 + 36x_6 + 5x_7 + 5x_8 + 120x_{16} \leqslant 50000$ 或 20000 等式约束方程有 15 个：

$$0.15x_1 + 0.55x_3 = 90$$
$$0.50x_2 + 0.65x_4 + 0.75x_5 = 210$$
$$x_1 + x_2 - x_{13} = 0$$
$$x_3 + x_4 - x_6 - x_7 - x_8 = 0$$
$$x_5 + x_{11} - x_9 = 0$$
$$x_6 - 0.08x_{14} = 0$$
$$x_7 - 0.57x_{15} = 0$$
$$x_8 - 0.50x_{11} = 0$$
$$x_9 - 0.35x_{12} = 0$$
$$x_{10} - 0.87x_{16} = 0$$
$$x_{10} - 0.05x_{12} = 0$$
$$x_{17} - 0.73x_{14} = 0$$
$$x_{18} - 0.05x_{15} = 0$$
$$x_{19} - 0.20x_{11} = 0$$
$$x_{20} - 0.60x_{12} = 0$$

本例中没有大于等于的约束方程。但是，20 个变量均需大于 0，即能流不能为负，即

$$x_i \geqslant 0 \quad (i = 1 \sim 20)$$

目标函数为

$$\min I = 2x_1 + 60x_2 + 600x_3 + 200x_4 + 50x_5 + 410x_6 + 490x_7 + 230x_8 + 200x_{10}$$

或　　$\min S = x_{12} + x_{13} + x_{14} + x_{15} + x_{16} - 1.23x_{17} - 1.61x_{18} - 1.43x_{19} - 1.10x_{20}$

对两个目标函数可以分别按单目标处理，即分别求投资最省时的最优解和能源消费量

为最少时的最优解，由此可得出两组不同的求解结果。再考虑两种对污染量的不同限制，共有四组不同的解。

对线性规划问题的求解，是运筹学中最为成熟的方法，最常用的求解方法是用单纯形法。对变量很多的线性规划问题，只能借助计算机计算。已有许多标准程序可供使用。对上例的求解结果如表 6-9 所示。表中示出高污染和低污染两种情况，以及两种不同的目标函数的 4 种求解结果。

表 6-9　供热系统模型计算结果的能源分配表

编号	能源名称	高污染情况		低污染情况	
		投资最少	能耗最少	投资最少	能耗最少
1	民用燃料煤	185.45	0	0	0
2	工业用燃料煤	0	0	0	0
3	民用煤气	113.06	163.6	163.6	163.6
4	工业用煤气	0	0	81.59	98.64
5	工业用重油	280.0	280.0	209.29	194.51
6	焦炉煤气	40.0	40.0	0	40.0
7	压力气化炉煤气	38.06	123.6	245.23	222.28
8	重油制气	35.0	0	0	0
9	炼油厂供重油	350.0	280.0	209.29	194.51
10	热电厂供热供电	50.0	40.0	29.90	27.79
11	制气用重油	70.0	0	0	0
12	炼油厂用原油	1000.0	800.0	597.96	555.75
13	直接供燃料煤	185.45	0	0	0
14	焦化厂用煤	500.0	500.0	0	500.0
15	压力气化厂用煤	66.77	216.9	430.23	389.96
16	热电厂用煤	57.47	45.98	34.37	31.94
17	焦化厂其他产品	365.0	365.0	0	365.0
18	压力气化厂其他产品	3.34	10.8	21.51	19.50
19	重油制气厂其他产品	14	0	0	0
20	炼油厂其他产品	600.0	480.0	358.78	333.45
能源消耗总量（标煤）/万 t·a^{-1}		675.32	568.47	633.27	630.51
总投资/万元		135304	197124	251107	258729
SO$_2$ 排放总量/t·a^{-1}		50000	29266[①]	20000	20000

注：这是计算机运算出的最优方案的结果。如果调整到接近 50000t/a，则与投资最少的情况相同。

由计算结果可见，环境污染的限制对方案有很大的影响。当环境要求严格，允许的 SO$_2$

排放量小时，将会大大增加投资费用。并且，在这种情况下，民用与工业均不允许直接用煤作燃料。当允许的 SO_2 排放量大时，从投资考虑，民用可以烧煤。但是，每年将多消耗107万 t 标煤；从能耗最少考虑，民用也不允许烧煤，污染还可减少 20000t/a，但投资要增加 6 亿多元。对低污染情况，两种目标的计算结果相近。

由此例可见，对复杂的能源系统，单靠直观的或经验的方法，很难找到最佳的结果，只有依靠数学规划的方法，利用计算机求解，才能得到满意的结果。

6.7.3 能源供应系统的多目标决策分析

在能源系统模型中，目标大致可以分为三类：

1) 经济目标。例如投资最少或年度总成本最低等；

2) 资源目标。例如要求化石燃料资源的总消费量最少；

3) 环境目标。即由能源生产和消费引起的环境污染最小等。

这些目标在实际处理中往往需要进行综合考虑。因此，能源供应系统的优化应属于多目标决策问题。这些目标有的互相矛盾，实际上不可能同时达到最优。有的目标还可能只能给出定性指标。因此，决策者难以直观地判断其优劣，需要分清主次，全面地权衡得失，折中考虑，使几个目标相对地达到最优。

如何正确处理多目标决策问题是一个重要的研究领域。

6.7.3.1 化多目标为单目标问题

将多目标问题化为单目标问题的方法很多。一种是确定主要目标，使其达到最优，并兼顾其他目标。可以将次要的目标改成约束条件，限制在某一范围内。上例中对污染量的限制就是按这种方法处理的。另一种方法是对几个目标根据其重要程度进行线性加权，并使各种目标取得相同的量纲，将它们相加后简化成单目标优化的问题。另一种方法叫目标规划法，对各个目标预先确定一个希望值，然后求所有目标与希望值最接近或偏差最小的解。

6.7.3.2 参数分析法

这种方法实质上是对各种目标进行折中考虑的权衡分析方法。现以系统的年度总成本最低和环境污染最小两个目标的问题为例，分析步骤如下：

1) 首先对各目标单独进行分析，另一目标不作为约束条件列入，以求得在不受另一目标约束的情况下的最优方案。在解出总成本最低和环境污染最少两种单目标的结果后，可以分别计算出相应的另一个目标的数值。将两个结果表示在图 6-17 所示的以两个目标为坐标的图上，分别为两个极端值 1 和 2。这是因为这两个目标是互相矛盾的缘故。为了使成本最低，对污染不加限制，则必然会使污染加剧；反之，要使污染最少，要增加环保设备投资，就会使总成本提高。

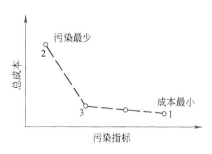

图 6-17 多目标分析示例

2) 在这两个极端值中，选取较次要的一个目标，例如环境污染值作为参数，进行参数分析。即在两个极端值之间取若干个中间参数值，即取几个中间污染值，将它作为约束条件，再对主要目标（总成本最低）进行一系列的优化计算，可获得一组优化结果。将结果画在图 6-17 中，可得出两个目标函数之间的关系曲线。

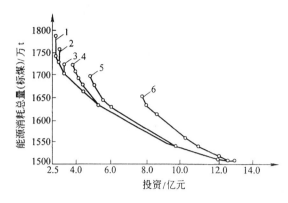

图 6-18　不同污染约束下投资与总能耗的关系

3) 对曲线进行分析判断，以权衡出折中的方案。一般可以看出，适当降低一个目标的指标，对另一个目标就可以获益较大。例如图中的 2-3 区段。在该区段，对污染指标稍加放宽，总成本可以显著降低。3-1 区段表明，欲进一步降低成本，污染会迅速增加。由此可见，点 3 是较为理想的折中方案。

对三个目标的决策问题，可以将其中一个目标（例如污染指标）作参量，选取一组不同的目标值，并分别将它作为一个约束条件处理。对另外两个目标，可按上述的参数分析法，做出关系曲线。图 6-18 是以 6 种不同的污染条件为约束时的能源消耗量与投资的关系曲线。图中的曲线标号愈大，表示污染指标的参数值愈小。由图可见，当能耗量限制在同一水平时，为改善环境而需付出的投资额是相当大的。由图还可看出，对一定的污染指标，投资与节能效果之间并不是呈线性关系。当能耗高时，用较少的投资可以取得较大的节能量。但是，到一定幅度以后；需要花大得多的投资才能取得同样的效果。

线性规划模型是一种较为简单的、应用很广的模型。它不仅可以用来分析能源供应系统，对钢铁企业的能源模型也开始研究和应用，以指导企业的节能工作。

模型能否指导实际，除模型本身是否适当外，正确地确定方程中的系数是非常重要的。这些系数的正确与否将直接影响分析的结果；这需要靠认真的实地调查研究，收集大量的数据，经过统计分析后慎重确定。

6.8　能源投入产出模型

能源是为生产和生活服务的，因此，能源供应系统是区域经济系统的一个重要组成部分，它与各个生产部门之间存在着密切的相互依赖、相互制约的关系。用定量方法研究各部门之间的相互关系的一种主要方法就是"投入产出方法"。

用表格的形式概括所有经济部门的各类投入与各类产出之间的关系，叫"投入产出表"。根据投入产出表建立相应的代数方程组，构成一个反映国民经济结构和社会产品再生产过程的经济数学模型，叫"投入产出模型"。根据此模型对国民经济各部门之间的错综复杂的关系进行定量化的研究，叫"投入产出分析"。

投入产出方法是由俄国人列昂节夫在 1936 年提出的，1973 年因此而获得诺贝尔经济学奖金。投入产出方法在 20 世纪 50 年代到 60 年代，在世界上得到迅速的发展和广泛的应用。在俄国和东欧称为"部门联系平衡法"，日本称为"产业关联法"。目前已有 100 多个国家和地区编制了投入产出表。投入产出分析已经成为经济计量学的一个重要组成部分，是经济计划、统计和管理的有效工具。

投入产出分析应用于能源系统分析已有若干年的历史，并已形成若干规范化的模型和方法，在能源需求预测、节能潜力分析、能源经济分析、以及净能量分析等方面得到广泛的应用，被公认为是一种综合研究能源经济的重要方法。

6.8.1 投入产出分析的基本原理

投入产出分析的基础是投入产出表。投入产出表分为以下几种：

1) 按照计量单位，可分为实物形态和价值形态的投入产出表；
2) 按其所担负的任务，可分为报告表和计划表；
3) 按其编制的范围不同，可分为全国表、地区表、部门表和企业表等。

现以一个假想的投入产出表来说明投入产出表的基本形式及它们之间的关系。表 6-10 是一个以实物为单位的 3×3（即 3 个投入部门和 3 个产出部门）的投入产出表。

表 6-10　钢、煤、电的投入产出表

产出〔投入〕	中间消耗			最终需要	总产量
	钢	煤	电		
钢/万 t	x_{11}	x_{12}	x_{13}	y_1	x_1
煤/万 t	x_{21}	x_{22}	x_{23}	y_2	x_2
电/万（kW·h）	x_{31}	x_{32}	x_{33}	y_3	x_3

假设只研究钢铁、煤炭、电力三个部门的产品生产与分配之间的关系。表中的每一横行表明一个生产部门所生产的一种产品的分配去向。例如，第一行为钢铁部门，每年钢的总产量为 x_1 万 t。其中有 x_{11} 万 t 用于钢铁部门本身，x_{12} 万 t 用于煤炭生产，x_{13} 万 t 用于发电方面的消耗。这些均属于生产过程中的中间消耗。因此，最终提供给上述三个部门以外的产品只有 y_1 万 t，可供社会消费需要。

对每一横行均可写出一个平衡式：

$$x_{i1} + x_{i2} + x_{i3} + y_i = x_i \quad (i = 1,2,3) \tag{6-67}$$

表 6-10 中的每一竖列表示生产某一种产品的各种中间消耗。例如对第 1 列来说，钢铁部门需要消耗掉 x_{11} 万 t 钢，还要消耗掉 x_{21} 万 t 煤和 x_{31} 万 kW·h 的电。由此可见，x_{ij} 表示 j 部门对 i 部门产品的消耗。

如果将 x_{ij} 除以 j 部门产品的总产量 x_j，用 a_{ij} 表示，则

$$a_{ij} = \frac{x_{ij}}{x_j} \tag{6-68}$$

a_{ij} 表示 j 部门生产单位产品对 i 部门产品的消耗，是一个单位消耗系数。由于 x_{ij} 是 j 部门在生产中对 i 产品的直接消耗，所以 a_{ij} 也叫"直接消耗系数"。

根据直接消耗系数的定义，式（6-59）可改写为

$$a_{i1}x_1 + a_{i2}x_2 + a_{i3}x_3 + y_i = x_i \quad (i = 1,2,3) \tag{6-69}$$

对每一行，均可写出一个平衡关系式，构成一个线性方程组。如果将线性方程组用矩阵的形式表示，则为

$$AX + Y = X \tag{6-70}$$

式中　　　　$X = \begin{bmatrix} x_1 \\ x_2 \\ x_3 \end{bmatrix}$ ——表示总产品向量；

$$Y = \begin{bmatrix} y_1 \\ y_2 \\ y_3 \end{bmatrix} \text{——表示最终需要向量;}$$

$$A = \begin{bmatrix} a_{11} & a_{12} & a_{13} \\ a_{21} & a_{22} & a_{23} \\ a_{31} & a_{32} & a_{33} \end{bmatrix} \text{——直接消耗系数矩阵。}$$

式（6-70）即为投入产出数学模型。由此可见，投入产出模型就是用线性代数的方法定量分析各部门之间联系的规律性。

如果把最终需要向量 Y 作为已定条件，且直接消耗系数矩阵 A 可以确定，并视为常数，则可以用矩阵求逆的方法计算出所需总产品的数量 X。对式（6-62）进行移项，并经整理后可得

$$X = (I - A)^{-1} Y \tag{6-71}$$

式中 $I = \begin{bmatrix} 1 & 0 & 0 \\ 0 & 1 & 0 \\ 0 & 0 & 1 \end{bmatrix}$——单位矩阵。

利用式（6-70）形式的投入产出模型，可以进行规划设计及预测。在确定需要指标的情况下，可推算出未来要求的总产量。这是投入产出模型的应用之一。

6.8.2 完全消耗系数

上述的直接消耗系数 a_{ij} 是指 j 部门在生产单位产品时，对 i 部门产品的直接消耗。例如，生产 1t 钢需要直接消耗 $a_{31}\mathrm{kW \cdot h}$ 的电能。但是，在对其他部门产品的消耗过程中，由于这些产品在生产过程中也要消耗电能，对钢的生产来说，实际上还要间接地消耗一部分电能。并且，除了一次间接消耗外，第一个间接环节对其他产品的消耗也需要靠消耗电能才能生产出来，因此，还有二次、三次⋯⋯间接消耗。从生产部门的平衡来说，要保证一定的产品产量，除考虑直接消耗外，还必须同时考虑各次间接消耗，才能满足生产的要求。把直接消耗与各次间接消耗的总和，定义为"完全消耗"。完全消耗系数是指 j 部门生产单位最终产品时，对 i 部门产品的直接和间接消耗量的总和，用 b_{ij} 表示。

根据完全消耗系数的定义，它与直接消耗系数的关系为

$$b_{ij} = a_{ij} + \sum_{k=1}^{n} a_{ik}a_{kj} + \sum_{s=1}^{n}\sum_{k=1}^{n} a_{is}a_{sk}a_{kj} + \sum_{t=1}^{n}\sum_{s=1}^{n}\sum_{k=1}^{n} a_{it}a_{ts}a_{sk}a_{kj} + \cdots$$
$$\begin{pmatrix} i = 1,2,\cdots,n \\ j = 1,2,\cdots,n \end{pmatrix} \tag{6-72}$$

式中，右边第一项为 j 部门生产单位产品对 i 部门产品的直接消耗；第二项为对 i 部门产品第一次间接消耗的总和；第三项为第二次间接消耗的总和；⋯⋯由此构成一个无穷级数。

对 n 个部门，共有 n 个完全消耗系数方程式构成的方程组。将它表示成矩阵的形式，则为

$$B = A + A^2 + A^3 + A^4 + \cdots \tag{6-73}$$

式中 B——完全消耗系数矩阵。

$$\boldsymbol{B} = \begin{pmatrix} b_{11} & b_{12} & \cdots & \cdots & b_{1n} \\ b_{21} & b_{22} & \cdots & \cdots & b_{2n} \\ & \cdots & \cdots & \cdots & \\ & \cdots & \cdots & \cdots & \\ b_{n1} & b_{n2} & \cdots & \cdots & b_{nn} \end{pmatrix}$$

当直接消耗系数为价值型时，$\boldsymbol{A}$ 具有以下两种性质：

1）所有元素均为非负，即

$$a_{ij} \geqslant 0 \quad (i,j = 1,2,\cdots,n)$$

2）各列元素之和均小于 1，即

$$\sum_{i=1}^{n} a_{ij} < 1 \quad (j = 1,2,\cdots,n)$$

根据线性代数理论可以证明，

$$(\boldsymbol{I} - \boldsymbol{A})^{-1} = \boldsymbol{I} + \boldsymbol{A} + \boldsymbol{A}^2 + \boldsymbol{A}^3 + \cdots$$

因此，式（6-65）可写为

$$\boldsymbol{B} = (\boldsymbol{I} - \boldsymbol{A})^{-1} - \boldsymbol{I} \tag{6-74}$$

完全消耗系数与直接消耗系数的关系也可从图 6-19 看出，j 部门对 i 部门的完全消耗系数 b_{ij} 为

$$b_{ij} = a_{ij} + \sum_{k=1}^{n} b_{ik} a_{kj} \quad (i,j = 1,2,\cdots,n) \tag{6-75}$$

它表示在生产单位 j 产品时，对 i 产品的完全消耗等于直接消耗系数 a_{ij} 加上消耗所有产品时（直接消耗系数为 a_{kj}，$k=1, 2, \cdots\cdots, n$），间接对 i 产品的完全消耗的总和。式中的 b_{ik} 是 k 部门的单位产品对 i 产品的完全消耗，它是一个待求量。因此，用式（6-75）并不能直接求出 b_{ij}。只有将 n 个方程式联立求解，才能求出各个完全消耗系数。将式（6-75）的 n 个联立方程写成矩阵的形式，则为

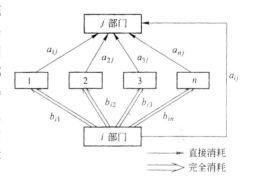

$$\boldsymbol{B} = \boldsymbol{A} + \boldsymbol{BA} \tag{6-76}$$

图 6-19 完全消耗系数与直接消耗系数的关系

根据矩阵运算规则，经整理后可得

$$\boldsymbol{B}(\boldsymbol{I} - \boldsymbol{A}) = \boldsymbol{A}$$
$$\boldsymbol{B} = \boldsymbol{A}(\boldsymbol{I} - \boldsymbol{A})^{-1} \tag{6-77}$$

式（6-76）也可改写为

$$\boldsymbol{B} - \boldsymbol{BA} + \boldsymbol{I} - \boldsymbol{A} = \boldsymbol{I}$$

由此可得

$$\boldsymbol{B} = (\boldsymbol{I} - \boldsymbol{A})^{-1} - \boldsymbol{I}$$

此式与式（6-74）的结果完全相同，说明两种分析方法是一致的。

根据式（6-74）或式（6-77），在已知直接消耗系数矩阵 $\boldsymbol{A}$ 时，通过矩阵求逆运算，便可求出完全消耗系数矩阵 $\boldsymbol{B}$。

将式（6-74）代入式（6-71），可得

$$X = (I - A)^{-1}Y = (B + I)Y = BY + Y \tag{6-78}$$

根据式（6-78），由产品最终需要向量 Y 及完全消耗系数矩阵 B，也能直接确定出产品的总生产量。因此，式（6-78）是投入产出模型的另一种形式。

完全消耗系数在数值上一定大于（至少等于）直接消耗系数。现举某地区的几种产品对电能的直接消耗系数与完全消耗系数的计算结果为例，如表 6-11 所示。

表 6-11 电力消耗系数例 a_{ij}，b_{ij} kW·h/t

产　品	直接消耗系数 a_{ij}	完全消耗系数 b_{ij}	b_{ij}/a_{ij}
生铁	194.63	373.93	1.92
钢	199	690	3.47
钢材	196	1146	5.85
铁合金	4976	5888	1.13
铝	16576	18339	1.11

一些工业先进国家的电力消耗系数显著地低于表中的数据。例如，某国 1966 年生产 1t 钢对电力的直接消耗系数为 67.1kW·h/t，完全消耗系数为 223.8kW·h/t，只有表中数据的 1/3 左右。由此可见，通过投入产出分析，可以发现存在的主要问题，提出改进的主攻方向。

由表还可以看出，从铁到钢再到成材，随着加工深度增加，由于后部工序的完全能耗中将包括前部工序的间接能耗，因此，完全消耗系数与直接消耗系数的比值也增大。

6.8.3　能源投入产出分析

能源投入产出分析首先要建立能源投入产出模型。它是一种以研究能源问题为主要内容的投入产出模型，把能源问题同整个经济系统联系在一起进行综合分析研究，可用于分析能源和非能源物资的消耗结构，预测能源需求，也可以构成优化分析或方案决策时所必需的约束条件的一部分。

企业的能源投入产出模型的基本格式如表 6-12 所示。它可分为自产产品和外购产品两大类，其中又分别有非能源产品和能源产品两类。中间产品仅对自产产品而言。因此，表中的矩阵 X_{11}，X_{21}，X_{12}，X_{22} 是表示企业内部各部门之间的物流与能流之间的关系，称为结构矩阵。矩阵 X_{31}，X_{32}，X_{41}，X_{42} 表示企业内部各部门在生产过程中所消耗外购产品的数量，叫消耗矩阵。

根据投入产出表的平衡关系，可以求出直接消耗系数矩阵 A，并可写出类似于式（6-71）的能源投入产出模型。

能源投入产出模型在研究能源问题中，有以下几方面的应用：

1）分析能源结构。根据能源投入产出表，可以看出各种能源产品的供、需平衡情况，各种能源产品的分配使用情况。把各部门同能源消费之间的相互依存关系定量地表达清楚，以便从综合平衡的观点去考察能源的生产、供应、转换和消费情况。

能源投入产出表还可以用价格的形式表现，弄清各部门生产成本中各种能源费用所占

的比例。将投入产出模型同能源平衡表或能源网络流程图结合起来，组成能源经济模型体系，可以对能源经济系统进行综合分析。

表 6-12　企业能源投入产出模型基本表

产　出／投　入			中间产品		最终产品	总产品
			$1, 2, \cdots k$	$k+1, \cdots n$		
自产产品	非能源产品	1 2 $\vdots$ k	X_{11}	X_{12}	Y_1	X_1
	能源产品	$k+1$ $k+2$ $\vdots$ n	X_{21}	X_{22}	Y_2	X_2
外购产品	非能源产品	$n+1$ $n+2$ $\vdots$ l	X_{31}	X_{32}	Y_3	X_3
	能源产品	$l+1$ $l+2$ $\vdots$ m	X_{41}	X_{42}	Y_4	X_4

2）进行**直接能耗**分析与**完全能耗**分析。根据直接消耗系数矩阵，对 j 部门有关能源产品的消耗系数 a_{ij} 分别乘以相应的折算系数，其和即为 j 部门单位产品的能耗。当该部门有二次能源产出时，则应相应扣除。对企业的中间产品，相当于工序能耗，也就是直接能耗。

除直接能耗外，由于非能源物资在生产过程中也需要消耗能源，因此，对非能源物资的消耗也就间接地消耗了能源。这种间接能耗也有多次。与完全消耗系数的概念相类似，完全能耗是指单位产品的直接能耗与各次间接能耗之总和。

[完全能耗]＝[直接能耗]＋[各次间接能耗]

完全能耗也可以根据完全消耗系数矩阵中的能源消耗项，乘以折算系数后求其总和来计算。

根据完全能耗的概念，无论对能源物资还是非能源物资的消耗，都直接或间接地消耗了能源。从广义节能的角度，即从整个社会来说，不仅要减少能源的直接消耗，也要设法减少原材料或中间产品（非能源物资）的消耗。对这些间接能耗，也称为"潜在能耗"（PEC 为 Potential Energy Consumption）。

为了研究能耗问题的方便，无论是能源物资还是非能源物资，均可把它们称为**载能体**。单位物质蕴含的能量称为该物质的**载能值**。

如前所述，对于各种原材料、中间产品等非能源物质，叫**第一类载能体**，它的载能值等于它们的完全能耗；对于各种能源物质，称为**第二类载能体**，它们的载能值等于它们所能提供的能量（例如燃料的发热量）与生产过程中的潜在能耗之和。例如，1kg 重油的发热量为 $4.169 \times 10^4 kJ/kg$，而制得 1kg 重油产品需要消耗 $0.318 \times 10^4 kJ/kg$ 的能量，因此，重油的载能值为两者之和，即 $4.487 \times 10^4 kJ/kg$。

通常把地下未开采的天然矿物的载能值定为 0。散在的废料，例如废钢铁、氧化铁皮、瓦斯灰等的载能值一般也取作 0。

引入完全能耗及载能值的概念，便于找出耗能大户，寻找节能潜力所在和分析节能效果。直接节能体现了某一生产部门由于改进了技术或管理，使直接能耗指标下降；间接节能体现由于生产部门的物耗水平下降，引起完全能耗指标下降。由于各部门的相互关系，一个部门的直接能耗的降低，可以使其他部门的完全能耗下降。

3）能源需求量预测。能源投入产出模型表示各部门之间的相关关系。因此，利用能源投入产出模型进行能源预测，将保持各部门之间的综合平衡，并使各部门的产出量保持协调。

根据能源投入产出模型，在假定消耗系数不变时，可以预测当生产结构调整时，对能源需求量的影响，或预测最终需求结构变化时对能源需求量的影响。

在作较长时期的规划时，需要对消耗系数作适当的修正。根据逐年消耗系数的变化，对消耗系数进行趋势性预测，或根据在规划期内的技术措施和工艺进步，对系数进行修正。然后再根据生产规划，计算出规划期内对各种能源的需求量。

6.8.4 载能值的计算

载能值与物质的完全能耗有关。但是，企业的能源投入产出模型中，不包括外购产品的完全能耗，因此，无法从局部的能源投入产出模型中计算出它的载能值。

要严格地计算载能值是十分困难的，因为每种产品牵涉到许多种原材料。因此，一般只能抓住主要的、载能值高的物质。常用的计算载能值的方法有两种：

6.8.4.1 累计法

任何产品均是以天然资源为原料，经过若干道加工工序制成。在生产过程中，还要消耗许多种辅助原材料和能源物质。因此，计算产品的能值可以从天然资源开始，按生产工序逐级计算出单位产品的载能值。包括生产单位产品所消耗的主原料、辅助原材料和能源的能值。上道工序的产品为下道工序的主要原料。生产下道工序的产品对主原料有一个消耗系数，再考虑下道工序本身对辅助原材料及能源的消耗，可以计算出该工序产品的载能值。依此类推，直到最终产品为止，就可以得出最终产品的载能值。

图 6-20 表示第 k 道生产工序与下道（$k+1$）工序之间载能值的关系。工序对各种辅助原材料和能源消耗（包括燃料、动力消耗）均具有能值。把生产单位产品对这些物资消耗的能值之总和称

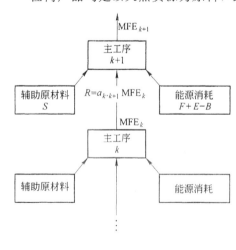

图 6-20 产品的燃料当量

256

为**工序燃料当量**，用 PFE 表示（Process Fuel Equivalent 之缩写），则

$$PFE = F + E + S - B \tag{6-79}$$

式中　F——工序生产单位产品消耗的燃料的能值，kJ/单位产品；

　　　E——工序生产单位产品消耗的动力的能值，kJ/单位产品；

　　　S——单位产品消耗各种辅助原材料的能值，kJ/单位产品；

　　　B——工序单位产品向外提供副产煤气、蒸汽等能源物质的能值，kJ/单位产品。

工序燃料当量加上该工序单位产品消耗的主原料的能值，即为该工序产品的载能值，也叫做**产品燃料当量**，用 MFE 表示（Material Fuel Equivalent 的缩写）。

$$MFE = PFE + R \tag{6-80}$$

式中　R——工序生产单位产品消耗的主原料的能值，kJ/单位产品。

当 $k+1$ 道工序对 k 道工序产品的消耗系数为 $a_{k,k+1}$ 时，则

$$R_{k+1} = a_{k,k+1}(MFE)_k \tag{6-81}$$

用这种累计法计算产品能值时，如果工序多，则计算很繁杂，并且累计误差也大。

6.8.4.2　线性方程组求解法

根据能源投入产出模型，可以知道各部门之间的相互关系，并可求出直接消耗系数。在假定每个部门只有一种产品能值的情况下，可以列出能量平衡的线性方程组，由此可以解出各产品的载能值。现以图 6-21 所示的一个简化模型为例，来说明载能值的计算方法。

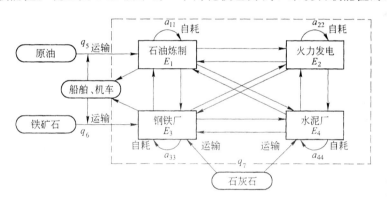

图 6-21　载能值的计算

假设有炼油、电力、钢铁、水泥四个工业部门组成一个系统。每个部门只有一种产品，除自耗一部分外，还分别供应给其他 3 个部门。相互关系如图中的连线所示，直接消耗系数为 a_{ij}。炼油、炼钢及水泥生产所需的原料来自系统之外的原油、铁矿石及石灰石，它们经开采、加工和运输后，也具有一定的载能值，设分别为 q_5、q_6 和 q_7。

假设炼油、电力、钢铁、水泥四个部门的产品能值分别为 E_1、E_2、E_3、E_4，则根据能量平衡关系，可以列出四个线性方程：

$$\left.\begin{aligned}
E_1 &= a_{11}E_1 + a_{21}E_2 + a_{31}E_3 + a_{41}E_4 + a_{51}q_5 \\
E_2 &= a_{12}E_1 + a_{22}E_2 + a_{32}E_3 + a_{42}E_4 \\
E_3 &= a_{13}E_1 + a_{23}E_2 + a_{33}E_3 + a_{43}E_4 + a_{63}q_6 + a_{73}q_7 \\
E_4 &= a_{14}E_1 + a_{24}E_2 + a_{34}E_3 + a_{44}E_4 + a_{74}q_7
\end{aligned}\right\} \tag{6-82}$$

在外部购入的原材料的载能值 q_i 为已知，消耗系数 a_{ij} 根据投入产出模型预先求得时，则解线性方程组（6-82），可以求出各部门产品的载能值。

对更一般的情况，设系统内共有 m 个部门（例如企业内部有 m 个车间），每个部门只有一种产品，每种产品的能值分别为 E_1，E_2，$\cdots$，E_m，相互的消耗系数为 a_{ij}。另有外部供给的原材料及能源 $n\text{-}m$ 种，它们的载能值分别为 q_{m+1}，q_{m+2}，$\cdots$，q_n，各部门对它们的消耗系数为 a_{kj}（$k=m+1$，$m+2$，$\cdots$，n；$j=1$，2，$\cdots$，m），则可写出类似于式（6-82）的 m 个方程构成的线性方程组。可用矩阵形式表示：

$$\begin{bmatrix} E_1 \\ E_2 \\ \vdots \\ \vdots \\ E_m \end{bmatrix} = \begin{bmatrix} a_{11} & a_{21} & \cdots & \cdots & a_{m1} \\ a_{12} & a_{22} & \cdots & \cdots & a_{m2} \\ \vdots & \vdots & \vdots & & \vdots \\ \vdots & \vdots & \vdots & & \vdots \\ a_{1m} & a_{2m} & \cdots & \cdots & a_{mm} \end{bmatrix} \begin{bmatrix} E_1 \\ E_2 \\ \vdots \\ \vdots \\ E_m \end{bmatrix} + \begin{bmatrix} a_{m+1,1} & \cdots & \cdots & a_{n1} \\ a_{m+1,2} & \cdots & \cdots & a_{n2} \\ \vdots & \vdots & & \vdots \\ \vdots & \vdots & & \vdots \\ a_{m+1,m} & \cdots & \cdots & a_{nm} \end{bmatrix} \begin{bmatrix} q_{m+1} \\ q_{m+2} \\ \vdots \\ \vdots \\ q_{m+m} \end{bmatrix} \tag{6-83}$$

或写成

$$\boldsymbol{E} = \boldsymbol{A}_1^T \boldsymbol{E} + \boldsymbol{A}_2^T \boldsymbol{Q}$$

经整理后可得

$$(\boldsymbol{I} - \boldsymbol{A}_1^T)\boldsymbol{E} = \boldsymbol{A}_2^T \boldsymbol{Q}$$
$$\boldsymbol{E} = (\boldsymbol{I} - \boldsymbol{A}_1^T)^{-1} \boldsymbol{A}_2^T \boldsymbol{Q} \tag{6-84}$$

在已知消耗系数矩阵和外购物资的载能值矩阵的情况下，可以按式（6-84）求出各产品的载能值。

在实际情况下，消耗系数矩阵中的很多元素为 0，上述的计算主要是矩阵求逆运算。当产品种类很多时，手工计算是非常复杂的，甚至是不可能的。但是，利用计算机进行运算很容易求解。

表 6-13 列出了按上述方法计算出的一些产品的载能值。为了简化计算，假设一部分原料、工业用水和国内运输的能值为 0。不同国家的生产条件和技术水平不同，计算条件不同，得出的载能值有较大的差别。

表 6-13 部分产品的载能值

产品	消耗的原材料 单位	重油 kl	电力 kW·h	钢铁 t	水泥 t	其他
重 油	kL	0.05948	25.37	0.00148	0.00020	原油 1.059kL
火力发电	kW·h	0.24968×10^{-3}	0.058735×10^{-3}	0.7×10^{-6}	0.3×10^{-6}	
钢铁（厚板）	t	0.16927	261.98	0.02158	0.02854	
铝	t	0.0400	14920	0.02785	0.04233	氧化铝 1.95t
铜	t	1.10078	733.00	0.02457	0.01907	
水 泥	t	0.09667	130.35	0.00014	0.00063	

项　目	产品发热量	潜在能耗	载能值	美国数据
产　品 ＼ 单　位	kJ/单位产品	kJ/单位产品	kJ/单位产品	kJ/单位产品
重　油　　kL	41.4×10^6	3.18×10^6	44.58×10^6	
火力发电　kW·h	3600	8246	11846	
钢铁（厚板）　t	0	11.1×10^6	11.1×10^6	20.3×10^6
铝　　　　t	0	203.6×10^6	203.6×10^6	182.8×10^6
铜　　　　t	0	58.4×10^6	58.4×10^6	118.0×10^6
水　泥　　t	0	5.86×10^6	5.86×10^6	7.66×10^6

表 6-14 给出钢铁生产用的一些原材料的载能值,可供计算钢铁企业内部各工序中间产品及最终产品的载能值时参考。

表 6-14　钢铁生产用原材料的载能值

品　名	单　位	载能值/kJ·单位产品$^{-1}$
铁矿	t	0.7542×10^6
球团矿	t	2.7628×10^6
烧结矿	t	2.6055×10^6
石灰石（100mm 以下）	t	0.2532×10^6
石灰（炼钢用）	t	5.7491×10^6
高炉铁水	t	24.3886×10^6
废钢	t	0
萤石	kg	1674
锰铁	kg	52744
矽铁（75%）	kg	129750
铝	kg	263970
耐火材料	kg	29050
石墨电极	kg	186025
硝酸铵（炸药）	kg	69780
盐酸	kg	9758
电力	kW·h	11285
蒸汽（余热锅炉）	kg	2327
蒸汽（0.7MPa）	kg	3257

表 6-15 所列的是一些常用燃料的载能值。它们的载能值均大于它们的发热量。

表 6-15　一些燃料的载能值

品　　名	单　　位	载能值/kJ·单位燃料⁻¹
无　烟　煤	kg	26790
烟　　煤	kg	26370
焦　　煤	kg	27420
冶　金　焦	kg	29010
焦　　粉	kg	22140
焦油和沥青	L	44580
汽　　油	L	34830
柴　　油	L	38720
残　渣　油	L	41820
天　然　气	m³	37250
焦炉煤气	m³	18630
高炉煤气	m³	3540

例题 7　某钢铁厂有烧结、焦化、炼铁、炼钢、初轧五个车间。每个车间只有一种产品，分别为烧结矿、焦炭、铁水、钢锭、钢坯。已给出各车间的原材料、能源的消耗系数与它们的载能值的乘积的数据，并折合成标准煤总消耗量。对烧结车间为 90kg（标煤）/t 烧结矿；对炼焦车间除消耗 1150kg（标煤）/t 焦炭外，同时向外供应相当于 200kg（标煤）/t 焦炭的焦炉煤气；炼铁车间消耗 200kg（标煤）/t 铁水，同时回收相当于 100kg（标煤）/t 铁水的高炉煤气，另外还消耗企业内部的中间产品：2t 烧结矿/t 铁水和 0.5t 焦炭/t 铁水；炼钢车间消耗 270kg 标煤/t 钢锭的能源和辅助原材料，同时消耗 0.7t 铁水/t 钢锭和 0.38t 废钢/t 钢锭；初轧车间消耗 85kg 标煤/t 钢坯的能源和辅助材料，另外消耗主原料 1.1t 钢锭/t 钢坯。试求各车间产品的载能值。设铁精矿及废钢的能值为 0。

解　根据已知条件，厂内各车间之间的消耗系数矩阵 A_1^T 为

$$A_1^T = \begin{bmatrix} a_{11} & a_{21} & a_{31} & a_{41} & a_{51} \\ a_{12} & a_{22} & a_{32} & a_{42} & a_{52} \\ a_{13} & a_{23} & a_{33} & a_{43} & a_{53} \\ a_{14} & a_{24} & a_{34} & a_{44} & a_{54} \\ a_{15} & a_{25} & a_{35} & a_{45} & a_{55} \end{bmatrix} = \begin{bmatrix} 0 & 0 & 0 & 0 & 0 \\ 0 & 0 & 0 & 0 & 0 \\ 2 & 0.5 & 0 & 0 & 0 \\ 0 & 0 & 0.7 & 0 & 0 \\ 0 & 0 & 0 & 1.1 & 0 \end{bmatrix}$$

对外购原材料及能源消耗的能值为

$$A_2^T Q = \begin{bmatrix} 90 \\ 1150 - 200 \\ 200 - 100 \\ 270 \\ 85 \end{bmatrix} = \begin{bmatrix} 90 \\ 950 \\ 100 \\ 270 \\ 85 \end{bmatrix}$$

根据式（6-76），可得产品载能值的矩阵为

$$E = (I - A_1^T)^{-1} A_2^T Q = \begin{bmatrix} 1 & 0 & 0 & 0 & 0 \\ 0 & 1 & 0 & 0 & 0 \\ -2 & -0.5 & 1 & 0 & 0 \\ 0 & 0 & -0.7 & 1 & 0 \\ 0 & 0 & 0 & -1.1 & 1 \end{bmatrix}^{-1} \begin{bmatrix} 90 \\ 950 \\ 100 \\ 270 \\ 85 \end{bmatrix}$$

通过矩阵求逆运算及矩阵相乘,最后可得

$$E = \begin{bmatrix} E_1 \\ E_2 \\ E_3 \\ E_4 \\ E_5 \end{bmatrix} = \begin{bmatrix} 90 \\ 950 \\ 755 \\ 798.5 \\ 969.4 \end{bmatrix}$$

载能值的单位为 kg(标煤)/t 产品。由计算结果可见,随着加工深度增加,从烧结矿→铁水→钢锭→钢坯,载能值随此顺序增加。尤其是从烧结矿到铁水,载能值增加最多。说明在炼铁工序的能耗占的比例最大。

上例已对实际情况作了极端简化,仅仅是为了介绍载能值的计算方法。要真正计算钢铁厂每一种产品的载能值,需要详细考虑各项消耗。但是,要毫无遗漏地计算各项数值也是过于繁杂。所以只能根据其影响的大小,考虑有限的几种主要物资,其他物资的载能值或者予以忽略不计,或者只给定一个估计值。经这样计算,可以得到较为切合实际的载能值。

如上所述,投入产出方法有很大的实际用途。但是,它也有一定的局限性。例如,它假设每个工业部门只生产一种同质产品,如果要按品种细分,则消耗的分配十分复杂。此外,它是一种静态模型,把直接消耗系数看成固定不变,忽略了技术进步与劳动生产率提高的因素。如果要对消耗系数进行修正,也是很复杂的。另外,它把投入与产出的生产函数关系简单地看成是线性关系。这些假设就会影响分析的正确性。即使如此,用它来分析能源问题仍不失为一种有效的方法。并且,现在正在不断研究克服和减少这些局限性的方法。

6.9 能源预测技术概述

所谓预测技术,就是采用一定的方法,根据过去和现在的资料,对未来的事物进行科学的推断。预测是一门科学,它立足于系统地研究自然过程和社会现象,借助数学和统计学的方法,通过建立数学模型来建立相关事物的数量关系,然后根据提出的假设或条件进行预测。预测技术是研究未来学的重要工具。

能源需求预测就是随着社会的不断发展,根据国民经济、科学技术和人民生活水平的现状、发展趋势和能源构成情况,借助于逻辑推理和数学手段,找出能源需求量与各种因素的关系,从而估计、计算未来若干年内各种能源的需求量、构成比例和发展趋势,明确在能源需求方面将相应地发生什么变化,及其变化规律,以便对今后的能源发展作出统筹安排,使能源供应同经济发展需要相适应。因此,能源需求预测是能源规划的重要内容,也是制订能源政策和能源经济政策的重要依据。

影响能源消费需求的因素有国民经济发展速度及其结构、人口增长速度、生产技术水平、能源生产和消费构成等，从中找出某些规律和定量的关系。

能源需求预测任务可分为短期、中期和长期预测。短期一般指 5～10 年，中期预测为 10～20 年，长期预测在 30 年以上。短期的预测值比较可信，能对国民经济起到指导作用；长期的预测值较为粗糙，可信度差，往往只能做趋势性的预测。但是，它可以做多种方案的比较，指导重大的能源决策。

科学的预测技术首先要建立某种型式的数学模型。但是，由于影响的因素很多，有定量的、也有定性的，有客观的、也有主观的因素，这就增加了准确预测的困难。有的需要预先做些假定条件，以分析各种因素对未来发展的影响。因此，同一问题的预测允许有不同的模型，也允许有不同的预测结果。

在能量供应系统中，能源需求预测不仅要预测最终能源需求量的发展，还需要预测各项技术指标随时间的变化。例如各种设备的能量转换效率，各种产品的能量消耗系数等。它们的变化将最终影响到能源需求量。而这些因素也是会随时间推移而变化的。

能源预测的方法可分为三大类：

1）类比法：根据国内外大量统计资料进行归纳整理，通过分析、类比来预测本国或本地区的能源消费需求量。

2）外推法：根据历史资料，按其发展趋势进行外推。即进行时间序列分析。

3）因果分析法：把影响能源消费需求的各种因素进行联系分析，找出其因果关系，并通过一定的数量关系（预测模型）来预测需求量。

具体的预测方法很多，上述的投入产出法也是预测的一种方法。此外还有弹性系数法、技术分析法、回归函数法、部门分析法、经济计量模型法等等。

6.9.1 弹性系数法

能源消费弹性系数是为了分析能源消费量的增长同国民经济发展关系的一个宏观指标。它是指能源消费增长率与国民经济年增长率之比，用 ε 表示。其数学表达式为

$$\varepsilon = \frac{\mathrm{d}E/E}{\mathrm{d}M/M} = \frac{\mathrm{d}E}{\mathrm{d}M} \frac{M}{E} \tag{6-85}$$

式中　E——年能源消费总量，它不顾及能源的形式；

M——衡量国民经济水平的指标，可用国民经济总产值，工农业总产值，或国内生产总值（GDP）等。

在求得能源消费弹性系数后，就可以根据未来的国民经济发展速度，粗略地估计所需的能源消费总量。这种预测方法简单、直观，不需要太多的统计数据就可以宏观地粗略估计未来的能源需求量。但是，由于它归纳得过于笼统，只可能提供一个趋势性的参考值，不宜作为规划的依据。

能源消费弹性系数最常用的计算方法是几何平均法。假设从 t_0 年到 t 年期间内的能源消费量从 E_0 增加到 E_t，国民经济产值由 M_0 增加到 M_t，则它们与能量消费的年平均增长率 α 及国民经济产值的年平均增长率 β 的关系分别为

$$E_t = E_0(1 + \alpha)^{(t - t_0)} \tag{6-86}$$

$$M_t = M_0(1 + \beta)^{(t - t_0)} \tag{6-87}$$

由上述两式可计算出 α 和 β 为

$$\alpha = \frac{\Delta E}{E} = \left(\frac{E_t}{E_0}\right)^{1/(t-t_0)} - 1 \tag{6-88}$$

$$\beta = \frac{\Delta M}{M} = \left(\frac{M_t}{M_0}\right)^{1/(t-t_0)} - 1 \tag{6-89}$$

则能源消费弹性系数 ε 可写成

$$\varepsilon = \frac{\alpha}{\beta} = \frac{\left(\dfrac{E_t}{E_0}\right)^{1/(t-t_0)} - 1}{\left(\dfrac{M_t}{M_0}\right)^{1/(t-t_0)} - 1} \tag{6-90}$$

这种计算方法由于 α、β 是统计期内的年平均增长率，只取决于初始年份及终止年份的数值，不反映中间年份的过程。它随初始年份及终止年份的不同而得到不同的数值。表 6-16 是某地区 1973～1979 年期间内的能源消费弹性系数。分母是以工农业总产值的增长率为基准的。

表中，对角线上的数字表示各年份的真实弹性系数，对角线以上的数字表示不同始终年份期间的平均弹性系数。由于它是平均值，数值较为稳定，不像真实弹性系数那样起伏大，适宜用于预测外推。

表 6-16 能源消费弹性系数三角形

终止年份 初始年份	1974	1975	1976	1977	1978	1979
1973	1.189	1.186	1.413	1.195	1.051	0.919
1974		1.191	1.442	1.197	1.045	0.910
1975			3.140	1.205	0.977	0.813
1976				0.885	0.809	0.683
1977					0.744	0.581
1978						0.354

由表 6-16 可见，真实弹性系数有时大于 1，有时小于 1，个别情况还远离 1。这完全取决于各时期的特点。影响能源消费弹性系数变化的主要因素是单位能耗的变化率。若设单位国民经济生产总值的能耗为 e，则其变化率为 de/e。它与总能耗的关系为

$$E = eM$$

$$\frac{dE}{E} = \frac{de}{e} + \frac{dM}{M}$$

因此

$$\varepsilon = \frac{dE/E}{dM/M} = 1 + \frac{de/e}{dM/M} \tag{6-91}$$

由式（6-91）可见：

当 $de/e = 0$，即单位能耗没有变化时，$\varepsilon = 1$；

当 $de/e > 0$，即单位能耗越来越大时，则 $\varepsilon > 1$。这相当于能源消费增长率大于国民经济总产值的增长率的情况；

当 $de/e < 0$，即单位能耗逐渐降低时，则 $\varepsilon < 1$。也就是能源消费增长率低于国民经济总产值增长率的情况。

de/e 与能源管理及技术水平有关。如果技术水平提高，各种节能措施发挥效益，de/e 将小于 0，则 $\varepsilon < 1$；反之，单位能源消费相对增大，ε 也会增加。显然，由于不同部门的单位能耗不同，部门生产结构的比例变化，也会对弹性系数带来很大影响。

能源消费弹性系数也可以根据能源总消费量 E 与国民经济总产值 M 之间的统计模型来计算。一般认为，它们之间的函数关系为

$$E = kM^b \tag{6-92}$$

两边取对数后可得

$$\ln E = \ln k + b \cdot \ln M$$

根据统计数据，按上式的关系进行线性回归处理，可以求出常数 k 和系数 b。

由于

$$\frac{\mathrm{d}E}{E} = b\frac{\mathrm{d}M}{M}$$

所以

$$b = \frac{\mathrm{d}E/E}{\mathrm{d}M/M} = \varepsilon \tag{6-93}$$

由此可见，求得的回归系数 b 即为能源消费弹性系数 ε。

用弹性系数法进行能源预测时，首先要对弹性系数本身进行趋势外推。考虑到在预测期影响弹性系数的各种因素的变化，经分析修正后，再进行预测。

6.9.2 部门分析法

如上所述，弹性系数法是一个能源预测的"总量模型"。实际上，国民经济各部门对能源的消耗，以及所需要的能源形式是不同的，它们的单位产值能耗也不同。

部门分析法是通过一个分部门的能源消费需求预测模型，对国民经济各部门进行能源需求量预测。由于它是对能源使用部门进行分解研究，因此，每一个部门的发展速度、技术进步、节能措施的实施等各种因素的变化对能源需求量的影响，在模型中均可定量地得到表示。

部门的划分可以根据研究的需要与实际的可能，比较灵活地划分。它可以与现有的计划管理部门的统计相一致，有利于利用现有的统计数据与技术经济资料进行计算，也可充分利用计划统计人员的经验。因此，这种方法便于实际推广应用。

一个国家或地区的能源总消费量 E 是各个使用部门的能源消费量的总和。若有 n 个部门，每个部门的能源消费量为 E_i，则

$$E = \sum_{i=1}^{n} E_i \tag{6-94}$$

设各部门的产值为 M_i，单位产值能耗为 e_i，则

$$E_i = M_i e_i \tag{6-95}$$

代入式（6-94）可得

$$E = \sum_{i=1}^{n} M_i e_i = \sum_{i=1}^{n} m_i M e_i = M \cdot \sum_{i=1}^{n} m_i e_i \tag{6-96}$$

因此

$$e = \sum_{i=1}^{n} m_i e_i \qquad (6-97)$$

式中　m_i——第 i 部门的产值占总产值 M 的比例。

由式（6-97）可以看出，由于 e 与各部门的结构比例有关，加速发展单位产值能耗低的轻工、电子等工业部门，可以使单位总产值能耗的指标降低。反之则升高。各部门均衡发展时，e 保持不变。对各部门来说，均采用单位产值能耗这个指标来综合反映能源消费的技术水平和管理水平。

在计算时，以基准年 t_0 的产值水平及能源消费量等参数为基准，避免历史发展中不规则因素的直接影响。对每一部门在 t 年的产值水平及能源消费量、单位产值能耗可分别表示为

$$E_{it} = E_{i0}(1 + \alpha_{it})^{(t-t_0)}$$
$$M_{it} = M_{i0}(1 + \beta_{it})^{(t-t_0)} \qquad (6-98)$$
$$e_{it} = e_{i0}(1 + \gamma_{it})^{(t-t_0)}$$

式中　α_{it}、β_{it}、γ_{it}——分别为各部门的三个变量在该时期的平均增长率。

根据此模型，可以用来预测该时期的能源总需求量、总产值及单位总产值能耗。即

$$\sum_{i=1}^{n} E_{it} = E_t = E_0(1 + \alpha_t)^{(t-t_0)}$$
$$\sum_{i=1}^{n} M_{it} = M_t = M_0(1 + \beta_t)^{(t-t_0)} \qquad (6-99)$$
$$\sum_{i=1}^{n} m_{it} e_{it} = e_t = e_0(1 + \gamma_t)^{(t-t_0)}$$

式中　α_t、β_t、γ_t——分别为一个国家或地区的总能源消费量、总产值及单位总产值能耗在该期间内的平均增长率。

这种方法较适宜中、近期的能源需求预测。由于在中、近期内各部门技术的进步和管理水平提高后，由它带来的单位产值能耗的变化可以进行估算，发展计划也有安排。因此，可以利用各个部门的产值及单位产值能耗的变化来预测中近期的能源消费需求量。

本模型也适用于一个部门内各种产品结构、工艺技术以及能源消费之间的关系的研究。

这种方法易为计划部门掌握和运用，有较大的实用性，并且计算均已规范化，便于利用计算机进行多方案计算，为规划提供更多选择的余地。但是它没有考虑各部门之间的有机联系。对各部门的单位产值能耗变化率 γ_{it}，虽然可以考虑到该部门的产品结构、技术进步和科学管理等因素的影响，但是一般只能做宏观估计。因此，此模型也有一定的局限性。

思考题与习题

6-1　能源管理包括哪几个方面的内容，如何对能源进行科学的管理？

6-2　节能可以从哪几个方面进行工作？

6-3　企业节能量与宏观节能量如何进行计算？

6-4　为什么产品结构节能量是反映间接节能?

6-5　为什么宏观产值节能量不等于企业产值节能量之和?

6-6　不同的节能方案怎样才能具有可比性?

6-7　进行技术经济比较最常用的有哪几种方法?

6-8　节能措施的技术经济评价应考虑哪几方面的因素?

6-9　节能项目的评价常用哪几种方法?

6-10　能源系统模型有什么特点?

6-11　怎样对能源统计数据进行时间序列分析,区分出节能措施、管理水平及生产量的变动对能耗的影响?

6-12　能源系统网络有怎样的结构,输入输出能流之间具有怎样的关系?

6-13　如何将线性规划方法用于能源系统模型上,目标函数及约束条件如何确定?

6-14　对多目标的能源系统决策问题,如何进行简化求解?

6-15　什么是投入产出模型中的直接消耗系数和完全消耗系数,他们之间有怎样的关系?

6-16　如何运用投入产出模型来分析直接能耗、间接能耗、完全能耗?

6-17　什么叫载能体,什么叫载能值?载能值如何计算?

6-18　什么叫能源消费弹性系数,它大于、等于、小于1表示什么意义?

6-19　某能源工程,设备价值20000元,使用5年后残值3000元。为了保持能源利用效益,采用设备折旧办法更新设备。求该设备每年的折旧费该是多少?(复利率 $i=4\%$)逐年的折旧累计金额是多少?(假定5年后设备价格不变)

6-20　某车间计划安装一台废热回收装置需投资12000元,每年可回收金额4500元。取年利率10%,问多少年可回收投资?(分别用静态和动态计算)

6-21　现有两个能满足同样需要的能源利用方案,具体数值见下表。试判断哪一个方案较好。分别用净现值法、年费用法进行计算。

项　目	初投资	年成本费	年收入	经济寿命	残值	年复利率
单　位	元	元/a	元/a	a	元	%
方案甲	110000	11000	20300	20	10000	6
方案乙	140000	9000	20300	30	20000	6

6-22　为提高链条锅炉热效率,采用工业型煤炉前成型新技术。配4t/h链条炉的炉前成型装置的费用为7000元,改造前、后热效率由70.5%提高到78%。若锅炉原先耗煤为600kg/h,年运行6000h,煤价为80元/t。试评价此项技术改造的经济收益。

6-23　利用计算机对例题6的加热炉燃耗数据进行回归分析,并对结果进行比较。

6-24　利用计算机对热能线性规划模型的实例的数据,按能耗最低和污染最小两个目标进行分析,并对结果进行比较。

6-25　利用计算机程序,对例题7中的钢铁厂各个产品的载能值进行计算。

参考文献

1　董树屏，李天铎．热能转换及利用．北京：机械工业出版社，1985

2　陈听宽等．新能源发电．北京：机械工业出版社，1982

3　周凤起，周大地．中国中长期能源战略．北京：中国计划出版社，1999

4　中国科学院可持续发展研究组．2000中国可持续发展战略报告．北京：科学出版社，2000

5　叶大均．能源概论．北京：清华大学出版社，1990

6　汤学忠等．动力工程师手册．北京：机械工业出版社，1999

7　陆钟武．冶金工业的能源利用．北京：冶金工业出版社，1986

8　黄志杰等．能源管理．北京：能源出版社，1984

9　清华大学核能所等．能源规划与系统模型．北京：清华大学出版社，1985

10　赵冠春，钱立伦．㶲分析及其应用．北京：高等教育出版社，1984

11　杨东华．㶲分析和能级分析．北京：科学出版社，1986

12　袁一，胡德生．化工过程热力学分析法．北京：化学工业出版社，1985

13　宋之平，王加璇．节能原理．北京：水利电力出版社，1985

14　（日）信泽寅男．エクセルギー入門，オーム社，1980

15　（日）エネルギー变换懇话会．エネルギー利用工学，オーム社，1980

16　（美）J.E.艾亨．能量系统的㶲分析方法．北京：机械工业出版社，1984

17　（德）H.D.贝尔．工程热力学．北京：科学出版社，1983

18　GB/T14909—94．能量利用中的㶲分析方法技术导则．北京：中国标准出版社，1994

19　（美）A.W.卡尔普．能量转换原理．北京：机械工业出版社，1987

20　陈听宽．节能原理与技术．北京：机械工业出版社，1988

21　王仁辅，蒋斐．能源利用与开发．北京：机械工业出版社，1986

22　企业热平衡编写组．节能技术．北京：机械工业出版社，1984

23　（日）高田秋一．大型热泵与排热回收．烃加工出版社，1986

24　程祖虞．蒸汽蓄热器的应用和设计．北京：机械工业出版社，1986

25　冶金工业部．钢铁企业能源平衡及能耗指标计算办法的暂行规定，1982

26　（西德）H.L.库伯．热泵的理论与实践．北京：中国建筑工业出版社，1986

27　林宗虎．强化传热及其工程应用．北京：机械工业出版社，1987

28　钱滨江等．简明传热手册．北京：高等教育出版社，1984

29　郎逵等．热管技术与应用．沈阳：辽宁科技出版社，1984

30　（日）高效热交换器数据手册编委会．高效热交换器数据手册．北京：机械工业出版社，1987

31　（日）中山恒．热交换技术入门．オーム社，1981

32　（日）白井隆．流動層．科学技术社，1982

33　（日）尾花英朗．热交换器设计手册．北京：石油工业出版社，1984

34　卿定彬．工业炉用热交换装置．北京：冶金工业出版社，1986

35　何英介．工业炉节能技术．济南：山东科技出版社，1984

36　（美）J.L.博延．热能回收．北京：化学工业出版社，1985

37　郭丙然．最优化技术在电厂热力工程中的应用．北京：水利电力出版社，1986

38　（日）高松武一郎．省エネルギーシステム技术．日刊工业新闻社，1983

39　（美）R.欧考纳．投入产出分析及其应用．北京：清华大学出版社，1984

40　（美）P. M. 迈尔. 能源规划概论. 北京：能源出版社，1984

41　W. C. TURNER："ENERGY MANAGEMENT HANDBOOK"，John Wiley & Sons，Inc. 1982

42　J. W. MITCHELL："ENERGY ENGINEERING"，John Wiley & Sons，Inc. 1983

43　G. BECKMANN & P. V. GILLI："THERMAL ENERGY STORAGE"，Springer-Verlag/Wien，
　　1984

44　陈锡康，李秉全. 投入产出技术. 北京：中央广播电视大学出版社，1983

45　陈锡康，李秉全. 投入产出技术参考资料. 北京：中央广播电视大学出版社，1983